Drechseln
mit Ellsworth

ulmer

David Ellsworth

Drechseln mit Ellsworth

Schalen und Hohlformen meisterhaft fertigen

David Ellsworth, LOW ORB, 2007.
Gestockter Zuckerahorn; 11,5 cm hoch, 20 cm Ø.

Die in diesem Buch enthaltenen Empfehlungen und Angaben sind vom Autor mit größter Sorgfalt zusammengestellt und geprüft worden. Eine Garantie für die Richtigkeit der Angaben kann aber nicht gegeben werden. Autor und Verlag übernehmen keine Haftung für Schäden und Unfälle. Bitte setzen Sie bei der Anwendung der in diesem Buch enthaltenen Empfehlungen Ihr persönliches Urteilsvermögen ein. Der Verlag Eugen Ulmer ist nicht verantwortlich für die Inhalte der im Buch genannten Websites.

Bibliografische Information der Deutschen Nationalbibliothek
Die Deutsche Nationalbibliothek verzeichnet diese Publikation in der Deutschen Nationalbibliografie; detaillierte bibliografische Daten sind im Internet über http://dnb.d-nb.de abrufbar.

Diese Ausgabe wird unter Lizenz der Fox Chapel Publishers international Ltd., veröffentlicht.

Wollgrasweg 41, 70599 Stuttgart (Hohenheim)
E-Mail: info@ulmer.de
Internet: www.ulmer.de
Projektleitung: Lisa Seibel
Übersetzung: Reinhold Ege
Lektorat: Claus Keller
Herstellung: Jürgen Sprenzel
Umschlag-Gestaltung: Antje Warnecke, nordendesign.de
Satz: r&p digitale medien, Echterdingen
Printed in China

ISBN 978-3-8186-0963-4

Der Reichtum eines Mannes bemisst sich an der Größe seines Holzstoßes.

(altes mexikanisches Sprichwort)

Vorwort

Jedes Buch muss einen Anfang und ein Ende haben. Das Ende ist einfach: Man hört einfach auf, wenn man nichts mehr zu sagen hat. Der Anfang ist schwieriger. Meine Schreibmethode war immer, quasi eine Bühne bereitzustellen, die Darsteller und ihre Rollen einzuführen und dann das Spiel sich entwickeln zu lassen. Dies klingt ein wenig theatralisch, möglicherweise zeitaufwendig. Aber selbst in einem Buch über Technik sind die Zusammenhänge wichtig.

Daher beginne ich mit einer Diskussion über das Arbeiten mit nassem (grünem) und mit trockenem Holz. Unabhängig davon, welche Objekte wir herstellen, welche Technik wir anwenden oder welche Werkzeuge wir auswählen – es ist das Material, das uns verbindet: Holz. Wenn dies ein Buch über Töpfern wäre, hätte ich möglicherweise ganz leicht eine Böschung an einer einsamen Straße irgendwo in Utah finden können, wo ich beim Ausgraben Lobreden über den besten Töpferton hätte halten können … lassen wir das.

Ein paar andere Sachen kommen mir in den Sinn …

Der Leser wird bald entdecken, dass ich, ob aus Veranlagung oder absichtlich, „low tech" beim Herstellen von Gegenständen bin. Das schließt die meisten meiner Werkzeuge und viele meiner Methoden ein.

Und während ich sicherlich die wundervollen technischen Spielereien bewundere, die für Holzdrechsler über die Jahre entwickelt wurden, bin ich doch sehr dafür, dass Sie zum Lösen von Problemen Ihren eigenen Instinkt und Ihren gesunden Menschenverstand benutzen sollten. Diese gehören zu den wenigen Dingen im Leben, die man nicht mit einem Tastendruck und einer Kreditkarte erwerben kann, weshalb ich sie für wertvoll und erhaltenswert ansehe.

Und zweitens denke ich, dass es gut ist, Regeln zu brechen oder neue aufzustellen, vor allem, was die klassischen „Regeln des Drechselns" betrifft. Sehen Sie es also als eine gute Sache an, wenn Sie sich in einem Zwiespalt wiederfinden, zwischen dem, wie ich manche Sachen angehe, und dem, wie es andere machen. Wenn wir alle demselben Pfad folgten, würden unsere Werke vermutlich alle sehr ähnlich aussehen und wir wären vom Drechseln gelangweilt anstatt begeistert. Bleiben Sie daher offen für alle Methoden und schauen Sie, welche Ihnen am besten liegen.

David Ellsworth, Serienarbeit – Salz-, Pfeffer- und Zuckerstreuer, 1976. Walnuss und Zebraholz; links und rechts 5,7 cm hoch und 5,7 cm ∅; Mitte 5 cm hoch und 14 cm ∅.

David Pye, ohne Titel, um 1990. Englischer Berg-Ahorn; 6,5 cm hoch, 43–45 cm ∅.

Danksagungen

Ich möchte mich bei allen meinen Freunden aus der Künstlerszene bedanken, die einen so großen Teil meines Lebens ausmachen und deren persönliche Freundschaft und Unterstützung wesentlich zu meinem eigenen Überleben als schaffendes, kreatives Wesen beigetragen haben.

Ich möchte meinen vielen Schülern danken, die meine Methoden und meine Philosophie überlebt haben und die mich immer daran erinnern, dass ich, um ein guter Lehrer zu sein, immer auch ein guter Schüler sein muss.

Ich möchte meinem Herausgeber und alten Freund John Kelsey danken, der mich davon überzeugt hat, dass ich nach fünfzig Jahren an der Drechselbank möglicherweise genug gelernt habe, um einen sinnvollen Text zu schreiben.

Ich möchte den mehr als hundert kreativen Leuten danken für die Energie, die aus ihren Objekten strömen, von denen meine Frau und ich täglich umgeben sind. Einige der Objekte sind in diesem Buch abgebildet.

Und ich möchte mich bei Wendy, meiner wundervollen Frau, bedanken, die – ich hoffe, dass es nicht zu schmerzvoll für sie war – die vielen Stunden meiner Abwesenheit überstanden hat, während ich auf einen Computer-Bildschirm starrte und versuchte, meine Ideen in einen Text zusammenzufassen, den auch andere als ich selbst lesen und verstehen können.

Inhalts-verzeichnis

David Ellsworth, MAPLE POT, 2006.
Ahorn; 5 cm hoch, 28 cm ∅.
Sammlung Jane und Arthur Mason.

Einführung
Der kreative Prozess

Mein Vater Ralph Ellsworth, ein wissenschaftlicher Bibliothekar, brachte mir von früher Jugend an bei, dass ein Leser zu Recht einen gewissen Zugewinn an Weisheit von jedem Buch, das er gelesen hat, erwarten kann. Diese Erwartung mag für ein Buch über Holzdrechseln anspruchsvoll klingen, aber ich will versuchen, ihr gerecht zu werden. Ich frage mich, ob man ein gewisses Alter braucht, um weise zu werden. Insgesamt vertrete ich den konventionellen Standpunkt, dass der kreative Prozess, ähnlich der Zellteilung, ständig fortschreitet. Wenn ich etwas das erste Mal vergeige, dann gibt es immer noch eine zweite Chance. Und eine dritte.

Dieses Buch behandelt die Entwicklung von Schalen und Hohlkörpern aus Holz, hergestellt auf einer Drechselbank. Das ist das, was ich beruflich mache. Und ich verwende ganz bewusst das Wort „Entwicklung", weil ich, obschon von Kindesbeinen an ein Macher von Objekten, erst in meinen frühen 30er-Jahren begann, den Fokus meiner kreativen Energie auf das Dechseln zu lenken. Obwohl es meine Absicht ist, eine komplette Zusammenfassung aller meiner Kenntnisse vor Ihnen auszubreiten, so muss ich dennoch davon ausgehen, dass diejenigen von Ihnen, die mir nachfolgen, unsicher herumprobieren werden und zunächst bei diesen Objekten, vor allem den Hohlkörpern, scheitern. Aber Scheitern ist gut! Es ist ein Teil des Prozesses. Und wenn Ihnen nicht wenigstens ein paar Objekte um die Ohren geflogen sind, dann haben Sie entweder rechtzeitig gekniffen oder Sie nehmen insgesamt die Drechselei viel zu ernst.

Der große Wert des Drechselns liegt nicht so sehr darin, *was* Sie machen, sondern im *Prozess*, den Sie erfahren, während Sie es machen. Es ist die Kraft dieses Prozesses, die es Ihnen erlaubt, sich Ihr ganzes Leben lang von Objekt zu Objekt weiterzuentwickeln: in der direkten Auseinandersetzung mit einem gegebenen Material etwas herzustellen, das Sie sich ausgedacht haben, und die totale Verantwortung über Erfolge und Fehlschläge zu übernehmen.

David Ellsworth, SPIRIT FORM, 2000. Perlholz; 5 cm hoch, 15 cm ∅. Diese niedrigen Formen gehören zu meinen Favoriten. Sie entwickelten sich aus den niedrigen Formen mit harten Kanten, die ich in der Mitte der 1970er-Jahre fertigte.

David Ellsworth, *WALNUT POT*, 2006. Claro-Walnuss-Maserknolle; 15 cm hoch, 20 cm ∅. *Von Zeit zu Zeit kreiere ich diese vollvolumigen Formen, um die Schönheit des Holzes für sich selbst sprechen zu lassen.*

Wie fühlt es sich an, eine Beziehung mit einem Material durch einen Prozess aufzubauen? Können Sie lachen, diesen inneren Stolz genießen, wenn etwas genauso herauskommt, wie Sie es geplant hatten, oder sogar nicht geplant hatten? Oder möglicherweise ist es Ihnen einfach gelungen, sich Zeit ganz für sich selbst zu nehmen – nur für die Gelegenheit, zu erleben, wie es ist, etwas zu erschaffen.

Um zu erklären, was ich fühle, wenn ich an der Drehbank arbeite, mag es helfen, von einem kleinen Jungen zu erzählen, der in zwei Welten aufwuchs. Die erste Welt, seine Winterwelt, begann in der Mitte der Vereinigten Staaten: 1944 in Iowa, mit schneereichen, grauen Wintern, kalt genug, um durch *alle* Schichten des wollenen Schneeanzugs bis auf die Knochen zu frieren. In Iowa in den 1940ern und den 1950ern aufzuwachsen, gab einem Jungen ein solides Fundament für fast alles. Man lernte nach der Goldenen Regel zu leben, also alle Menschen so zu behandeln, wie man selbst behandelt werden wollte, man ging zur Kirche, erhielt eine gute Erziehung, man wusste, dass Freundschaften ewig halten würden, und der Horizont war immer in Sichtweite. Iowa war ein guter Platz, um dort aufzuwachsen, und wenn man doch einmal wegzog, blieb es ein guter Ort, um von dort abzustammen.

Die zweite Welt des Jungen, seine Sommerwelt, begann mit der jährlichen Fahrt der Familie zum Sommerwohnsitz in den Bergen von Colorado. Das war dort, wo die Dinge wirklich geschahen, wo seine Fantasien Wirklichkeit wurden und wo seine Einbildungskraft von keinem Horizont beschränkt wurde. In dieser Welt spielte man nicht einfach Cowboy und Indianer; man *wurde* zu Cowboys und Indianern. Seine Aufgabe war es, die Spielzeugwaffen herzustellen: Pfeile, Bogen und Köcher, Tomahawks und Schleudern, Messer, Speere, Peitschen und Gewehre. Alle wurden aus Holz und Leder gemacht mit den einfachsten Werkzeugen: eine Handsäge, ein Messer, ein Beil und ein Nagel als Locheisen. Hier erforschte der Junge den Wald und die Flüsse und forderte die Föhnwinde heraus, indem er sich auf felsigen Klippen gegen sie lehnte. Die Geräusche und Gerüche, die Oberfläche des Landes und das Licht der Dämmerung wurden seine Lehrer. Und hier war es, wo er lernte, wie wertvoll es sein kann, allein zu sein, ohne sich einsam zu fühlen.

In der Sommerwelt hörte der Junge viele Geschichten der amerikanischen Ureinwohner von einem älteren Blackfoot mit Namen Charles Eagle Plume. Die Geschichte, die er am meisten liebte, erzählte unter anderem, wie ein Krieger geräuschlos durch den Wald gehen konnte – sogar bei Nacht. Und daher brachte er sich selbst bei, sich geräuschlos zu bewegen, indem er jeden Fuß zuerst nur mit den Zehen aufsetzte und entdeckte, wie sich die Erde hob und wie er ihr mit gleicher Kraft begegnen konnte. Danach lernte er die Bäume und Felsen mit ausgestreckten Armen zu ertasten, zuerst bei Tageslicht mit geschlossenen Augen und dann im Dunkeln, entdeckte ihre Energie, die Abstrahlung ihrer Wärme und ihren Geruch.

Dieser Junge war ich, und obwohl über die Jahre die meisten meiner Spielsachen verschwunden sind, blieben die Erinnerungen der Austauschs mit der Natur erhalten. Und doch brauchte es viele Jahre, bevor ich mir darüber klar wurde, dass diese kindlichen Handlungen direkt mit meinen heutigen Erfahrungen im Holzdrechseln verbunden sind.

Im Besonderen lernte ich, die Schneide des geschärften Werkzeugs den Energiefluss des Holzes suchen zu lassen, nicht als ein Eroberer, sondern als gleichwertiger Partner. Und mir wurde klar, dass ein erfolgreicher Schnitt nur geschehen kann, wenn ich das Werkzeug dem Holz so darbiete, als würden die beiden sich die Hände schütteln. Ich lernte die sich ändernden Dichten meines Materials abzuschätzen und die Energie der Schnitte so anzupassen, dass ich gleichermaßen 75 cm wie 7,5 cm von der Handauflage entfernt arbeiten konnte. Töne halfen die Wandstärke abzuschätzen, nicht nur, weil eine dünne Wand einen Ton von sich gibt, wenn sie mit einem Werkzeug geschnitten wird, sondern weil die Gleichmäßigkeit der Wandstärke in direktem Bezug zu den entstehenden Tönen steht.

Und da sind die vielen Gerüche: Gelb-Kiefer und Pinyon-Kiefern, die immer ein Teil meiner Umgebung zu sein scheinen, der frisch geschnittene Zuckerahorn aus der ersten Schreinerwerkstatt, die ich besuchte, als ich zwölf war, den süßlichen Geruch des Palisanders und den ätzenden Geruch des Zebraholzes, der mich husten ließ und bei dem ich an Kameldung dachte, wie immer dieser auch riechen mag.

Sich ohne Lehrer selbst ein Handwerk beizubringen ist anstrengend, aber letztendlich erfüllend und befriedigend. Ich lernte, dass jeder Fehler, den ich an dem einen Tag machte, ein Lehrstück für den nächsten Tag war, und Fluchen war gar keine so schlechte Sache, wenn es mir dabei half zu verstehen, dass das Einhaken des Werkzeugs im Holz nicht die Schuld des Werkzeugs war … und auch nicht die des Holzes. Ich lernte, meine eigenen Werkzeuge herzustellen, meine eigenen Techniken zu entwickeln und die Grenzen meiner Erfahrungen herauszufordern. Genauso wichtig war: Ich wurde ein Problemlöser. Jahre später merkte ich, dass alle geschickten Handwerker ebenso geschickte Problemlöser sind.

Wenn ich auf meine ersten Erfahrungen mit hohl gedrehten Formen Mitte der 1970er zurückblicke, komme ich zu dem Schluss, dass *irgendetwas* uns täglich voranträgt, von dem Punkt, an dem wir sind, zu dem Punkt, zu dem wir gelangen wollen. Und das geht über die Schönheit des Holzes, die Raffinesse unserer Werkzeuge oder die Kraft, Zerbrechlichkeit, Feinheit oder Großartigkeit unserer Objekte hinaus. Es bezieht sich auf unsere Einstellung gegenüber dem, was wir als *zentralen Prozess* sehen. Ich habe zahlreiche andere kreative Leute von derselben Erfahrung berichten hören, unabhängig davon, ob es um Zeichnen geht, Töpfern, Glasblasen, oder Perlstickerei. Ich nenne es einfach den Prozess, das wundervolle Element des *persönlichen Geheimnisses* zu entdecken. Daher werde ich durch das ganze Buch mein Bestes tun, alle meine Kenntnisse und Fertigkeiten an Sie weiterzugeben, aber ich werde Ihnen nicht das Recht nehmen, Ihr ganz persönliches Geheimnis zu entdecken, das sich Ihnen durch den Drechselvorgang erschließt. Dieses Geheimnis ist Ihr Geschenk an sich selbst … und so soll es auch sein.

David und Wendy Ellsworth, COLLABORATIVE MANDALA PLATTER, 1990. Satinholz und Glasperlen; 2,5 cm hoch, 33 cm ∅.

David Ellsworth, SCHALE MIT NATURRAND, 2008. Pappel; 17,7 cm hoch, 20 × 17,7 cm.

Kapitel 1

Arbeiten mit grünem & mit trockenem Holz

Bei allen Arbeiten mit Holz gilt ein universelles Gesetz: *Holz verzieht sich*. Im Deutschen sagt man: Holz arbeitet. Trockenes Holz, das seine Feuchtigkeit bereits abgegeben und sich dabei verzogen hat, ist berechenbarer und stabiler als grünes, d. h. nasses Holz, dessen Fasern noch mit Wasser gesättigt sind. Doch selbst trockenes Holz arbeitet. Natürlich unterscheiden sich die Arbeitsweisen mit nassem und getrocknetem Holz, obwohl auch für luftgetrocknetes oder kammergetrocknetes Holz keine Garantie abgegeben werden kann, dass es sich nicht verzieht. Egal, ab Sie mit trockenem oder nassem Holz arbeiten, immer gilt die alte Schreinerweisheit: „Holz arbeitet!", und das erklärt die unterschiedlichen ästhetischen Ansätze, Designausführungen und Arbeitsmethoden im Holzhandwerk.

David Ellsworth, Hickory Pot, 2006.
Hickory; 17,5 cm hoch, 20 cm × 17,5 cm.
Das Mark verläuft schräg durch die Form und erzeugt Verformungen durch das gesamte Stück.

David Ellsworth, SCHALE, 2004. Pappel; 10 cm hoch, 23 × 17,5 cm. Diese roh gedrechselte Schale zeigt die vom Kern beim Trocknen aufgeworfene Randzone, wo die schwindenden Langholzfasern die Endholzfasern hochgedrückt haben.

Man muss verschiedene Faktoren abwägen, wenn eine Holzart für ein Objekt auswählt wird. Die Wahl wird durch Farbe, Textur, persönliche Vorlieben und die Funktion des Objekts beeinflusst. Allerdings muss auch das innere Potenzial für Verzug in Erwägung gezogen werden, weil es letztendlich die Art der Oberflächenbehandlung und die Möglichkeiten der Holzverbindungen beeinflusst – ja sogar, ob sich dieses Holz überhaupt für Holzverbindungen eignet. Dazu kommt, dass die Größe und Richtung des Verzugs bei manchen Holzarten ungleichmäßig ist. Deshalb werden Sie im Allgemeinen wohl nie Madrone-Maserknollen, Eukalyptus oder Pockholz benutzen, um Schwalbenschwanzverbindungen herzustellen … d. h. wahrscheinlich nicht öfter als ein einziges Mal! Erfolgreiches Schreinern beruht auf angemessen orientierter Faserrichtung, dem richtigen Leim und einem funktionalen Finish. Der schönste Entwurf kann versagen, wenn das Arbeiten des Holzes nicht berücksichtigt wurde. Bewegungen im Holz haben einen entscheidenden Einfluss auf die Gestaltung und sogar auf die Art des Objektes überhaupt. Alle sinnvoll angewandten Herstellungsmethoden beziehen diese Besonderheit des Materials mit ein.

Arbeiten mit Grünholz oder trockenem Holz

Es ist verlockend, Holzhandwerker in zwei Gruppen einzuteilen dahingehend, ob sie mit nassem oder trockenem Holz arbeiten. Wenn mit trockenem Holz gearbeitet wird, ist das Ergebnis vorhersehbar und sollte dem ursprünglichen Entwurf entsprechen. Fast immer sind Zeichnungen nötig, und wenn Sie sich daran erinnern, immer zweimal zu messen, bevor Sie sägen, wird das fertige Objekt der Zeichnung sehr ähnlich sehen. So gesehen, gleicht das Arbeiten mit trockenem Material dem Fotografieren in Farbe: Sie bekommen, was Sie sehen.

Im Gegensatz dazu ist Arbeiten mit Grünholz so ähnlich wie das Herumprobieren in der Dunkelkammer mit der Absicht, das ultimative Schwarz-Weiß-Bild zu erzeugen. Wenn Sie mit Grünholz arbeiten, können Sie tüfteln und herumspielen, aber Sie können nicht garantieren, dass ein Brett über Nacht flach bleiben wird, geschweige denn im Wechsel der Jahreszeiten. Sie können damit keine Schwalbenschwanzverbindung machen. Sie können nicht schleifen, ohne dass das Schleifpapier sofort zusetzt. Und weil das Holz darunter nass ist, wird auch kein Finish abtrocknen. Mit Skizzen anzufangen ist immer eine gute Sache, aber detaillierte Zeichnungen sind hier nutzlos. Schlimmer noch, Ihre Kunden haben kein Verständnis für dieses ausdruckstarke „Plopp“, mit dem ihre neue Schreibtischplatte mitten in der Nacht der Länge nach durchreißt.

Warum mit Grünholz arbeiten?

Worin also liegt der große Anreiz, mit etwas zu arbeiten, das man nicht unter Kontrolle hat?

Als ich in den späten 1970er-Jahren anfing, mit Grünholz zu arbeiten, merkte ich schnell, dass *kontrollieren* der falsche Ansatz war. Sobald ich diesen Ausdruck durch *entdecken* ersetzte, stieß ich auf einen völlig neuen Weg in der Holzbearbeitung. Die große Herausforderung beim Arbeiten mit grünem Material besteht darin, vorherzusehen, in welche Richtung der Verzug gehen und wie groß er sein könnte.

So gesehen muss ein Grünholzdrechsler die wesenhafte Natur seines Materials – und seinen Verzug – kennenlernen, um ein erfolgreicher Designer und Hersteller zu werden.

Der Verzug in den Grünholzschalen, die hier gezeigt werden, ist vorhersehbar und deswegen kann man ihn leicht in den Entwurf einbeziehen. Die Randverformung in der Pappelholzschale (links) ist subtil, während JoHannes Michelsens *Cowboy-Hut* aus Madrone-Maser (unten) sich dramatisch verformt hat. Der *Hickory-Pot* (siehe Foto auf Seite 6) fällt mit einer sehr unüblichen Form ins Auge: Der Holzverzug wurde absichtlich dadurch erreicht, dass das Mark diagonal durch die Form orientiert wurde. Dies hebt die Form aus dem Bereich der Schalen auf die Eben einer Plastik, einer Skulptur.

Das Risiko beim Grünholzdrechseln besteht jedoch darin, dass eine Schale nicht notwendigerweise zu einer guten Schale wird, bloß weil sie sich verzogen hat. Über die Jahre habe ich einen Haufen unbrauchbares Zeug produziert, während ich lernte, Grünholz so zu behandeln, dass das Ergebnis meinen Bestrebungen entsprach. Jeder neue Klotz oder jede Wurzel oder Maserknolle wird zur Herausforderung. Ich versuche immer, ein Gleichgewicht herzustellen zwischen dem, was ich weiß, und dem, was ich noch zu lernen habe. Eine meiner frühen Lernerfahrungen war die Apfelholz-Hohlform auf Seite 10. Bei einem Durchmesser von 23 cm und einer Wandstärke von 1,5 mm war ihre Herstellung eine echte Herausforderung. Nach dem Trocknen merkte ich, wie sehr die Verformungen der Oberfläche mit der allgemeinen Form konkurrierten. Der scharfkantige Rand

JoHannes Michelsen, COWBOY HAT, 2001. Madrone-Maserknolle; 1,9 cm hoch, 5 cm lang, 3,8 cm breit. Die Oberflächendeformationen in diesem Hut spiegeln die inneren Spannungen der Maserknolle während des Trockenprozesses.

und die wellige Oberfläche ließen die Form seltsam aussehen.

Tatsächlich suchen wir „Grünen" nach den Bewegungen in unserem Werk, während die „Bretterleute" sie zu vermeiden trachten. Sie sollten keine Herabsetzung in diesen Bezeichnungen sehen; meine Möbel bauenden Freunde und ich nehmen uns gegenseitig auf den Arm, seitdem ich angefangen hatte, mit Grünholz zu arbeiten. So viel Neckerei muss sein! Sie wiederum geben zurück mit der Bemerkung, dass meine Grünholzkommoden ein bisschen schwer zu verkaufen sein würden. Und ich antworte: „Ja, aber mein alter Herr machte damals in den 1940ern eine Zweisitzerbank aus grünem Zitterpappelholz und ich bin der lebende Beweis, dass das gut funktionierte!" Und so geht es weiter.

David Ellsworth, VESSEL, 1978. Apfel; 10 cm hoch, 23 cm ∅, Wandstärke 1,5 mm. Die Verformung konkurriert mit dem scharfkantigen Design und beweist, dass nicht alle Grünholzformen als Gewinner dastehen.

David Ellsworth, VESSEL, 1978. Walnuss; 17,5 cm hoch, 20 cm ∅. Bei diesem Stück machte ich den klassischen Fehler, die größtmögliche Hohlform aus einem gegebenen Klotz machen zu wollen, und positionierte das Mark genau neben die Öffnung. Das gab zwar der Öffnung einen interessanten Schwung, aber ich sah darin einen Widerspruch zur allgemeinen Form. Frühe Experimente sind manchmal die besten Lehrmeister.

Ein außergewöhnlicher Schatz an Rohmaterial

Man kann viel zugunsten von uns Grünholzleuten anführen. Wir können auf einen außergewöhnlichen Schatz an Rohmaterial zugreifen, von dem das meiste kostenlos oder sehr preisgünstig ist. Wir benehmen uns so, als ob wir richtige Waldarbeiter wären, stapfen im Wald herum, hören die Vöglein singen und nehmen all die Wunder wahr, die Mutter Natur uns bietet. Wir lernen, wie ein Baum tatsächlich aussieht, einschließlich seiner Gestalt, Farbe, Rinde und Blätter. Wir gewöhnen uns an, die Schlingtriebe des Giftsumach von gefällten Bäumen zu ziehen, und entscheiden uns, mit welchem Teil des Baumes wir gerne arbeiten würden: dem Stamm, den Ästen, den Astgabeln, dem Baumstumpf oder gar den seltenen Maserknollen.

Möglicherweise treffen wir den Eigentümer des Landes, von dem der Baum stammt, und machen vielleicht einen guten Tausch gegen ein paar fertige Salatschüsseln. Und wenn wir wirklich richtig viel Glück haben, können wir danach am Ende eines Tages mit harter Arbeit einen ähnlich günstigen Tauschhandel mit unserem Chiropraktiker abschließen.

Abgesehen davon, dass es schwierig ist, eine Schubladenkommode aus Grünholz zu schreinern, ist das Hauptproblem beim Arbeiten mit frischem Holz, dass man keine Kurse besuchen kann, um es zu lernen. Sondern man muss hinausgehen, schmutzig werden und es einfach tun. Wenn Sie einmal die Farben eines frisch gefällten Baums gesehen, seinen Geruch eingeatmet und die Muster der Maserung in verschiedenen Teilen des Baumes betrachtet haben, werden Sie nie wieder eine Schale oder eine Hohlform oder ein fertiges Möbelstück ohne stille Bewunderung anschauen. Je mehr Sie über Ihr Rohmaterial wissen, desto größer wird Ihr Erfahrungsschatz werden und desto fließender wird Ihnen die Arbeit als Designer und Kunsthandwerker von der Hand gehen.

David Ellsworth, BLACK-POT-DAWN (Ausschnitt), 2000. 17,5 cm hoch, 9 cm ∅. Dieses Stück Esche zeigt den Effekt von Feuer. Die weichen Frühholzfasern sind von den Flammen tief angesengt mit dem Ergebnis eines geriffelten Musters, das die Bewegung der Maserung durch die Form aufzeigt. Mehr über die Anwendung von Feuer siehe Kapitel 16 „Finishing" auf Seite 218.

Kapitel 2

Das Rohmaterial: Holz

Bevor Sie einen Klotz Grünholz drechseln können, *müssen* Sie ein paar Arbeitsschritte durchführen. Eine Anzahl weiterer Schritte *können* Sie nach Belieben durchführen.

Wenn Sie das Holz nicht sofort verarbeiten, müssen Sie es angemessen einlagern. Wenn Sie es wollen, können Sie im Holz bestimmte Effekte erzeugen, zum Beispiel Stocken, das heißt Linien und Verfärbungen durch Zersetzungspilze. Eine Maserknolle zum Drechseln vorzubereiten, benötigt darüber hinaus besondere Aufmerksamkeit. Wenn es darum geht, das vorhandene Material zu konservieren, muss die wichtigste Überlegung sein, wie man Verzug im Holz minimieren könnte. Doch bevor ich darauf eingehe, will ich zuerst die Grundlagen erläutern: Was ist Holz? Und wie reagiert es auf Veränderungen?

Diese klassische Maserknolle zeigt Markstrahlen, die vom Zentrum des Stammes in Richtung Rinde verlaufen und sich an der Oberfläche als Punkte abzeichnen.

Charaktermerkmale von Holz

Stahlanker werden von Baumchirurgen oft verwendet, um Gabelungen eines Baumes zu unterstützen.

Alle Holzarten haben drei Eigenschaften gemeinsam: Masse, Spannungen und eine auf Zellen aufgebaute Struktur. Jeder Aspekt der Behandlung und der Konservierung dieses Materials wird durch das Verständnis der subtilen Beziehungen innerhalb dieser drei Elemente beeinflusst.

Holz reagiert nicht besonders gut (in unserem Sinne) auf extreme Schwankungen der Temperatur und der Luftfeuchtigkeit. Daher ist es erst einmal wichtig, den Zustand des Holzes zu kennen, in dem Sie es erhalten. Und es ist genauso wichtig, das Klima des Ortes, in dem Sie es einlagern und letztendlich verarbeiten wollen, in Betracht zu ziehen.

Man kann eine Menge über die inneren Spannungen im Holz beim Betrachten eines trockenen Furnierstreifens erfahren. In einem Furnier ist so wenig Masse enthalten, dass sich die natürlichen Spannungen innerhalb der Fasern schnell über ihre Elastizität abbauen, wenn es vom grün-feuchten zum trockenen Zustand übergeht. Das Resultat ist eine gekniterte oder gerippte Oberfläche. Eine 5 cm starke Bohle aus demselben Baum wird dagegen spezifische Spannungen aufweisen und wegen ihrer Masse bedarf es besonderer Sorgfalt beim Trocknen, um ein Reißen zu verhindern.

Einige Holzarten, z. B. Cocobolo, sind mit Harzen vollgepackt, während andere, z. B. Esche, keine Harze zu enthalten scheinen. Einige, wie Buchsbaum, haben Fasern so fein wie Seidenfäden, während bei anderen, z. B. der Schwarz-Pappel, die Fasern an Trinkhalme erinnern. Einige, z. B. Pockholz, nehmen nur ein dünnes, oberflächiges Finish an, während andere, z. B. alle Pappeln, ihr halbes Eigengewicht an Öl aufsaugen. Einige, z. B. Eukalyptus, enthalten Kieselsäuren, was unsere Werkzeuge so schnell stumpf macht, während andere, z. B. Stechpalmen, sich so leicht drechseln lassen, dass man kaum die Werkzeuge nachschärfen muss. Einige Bäume enthalten sogar ihr eigenes, menschengemachtes Stützsystem (siehe Foto oben).

Spannungen im Holz

Unabhängig davon, wie ein Stück Holz getrocknet wurde oder wie lange es schon herumliegt, es verbleiben immer Spannungen in den Fasern. Diese Schale aus Mooreiche ist ein gutes Beispiel, wie viele Spannungen Holz noch enthält, sogar nachdem es ein paar Tausend Jahre in einem Sumpf gelegen hat. Überlegen Sie einmal, was geschieht, wenn Sie einen antiken Tisch von Philadelphia (gleichmäßig feuchtes Klima an der Ostküste der USA) nach Phoenix (heiß-trockenes Wüstenklima im Westen) umziehen. Kein Wunder, dass die Platte reißt!

David Ellsworth, Bog Oak Bowl, 2003. Irische Mooreiche; 5 cm hoch, 17 × 12,5 cm. Spannungen verursachten selbst bei diesem sehr alten Stück Mooreiche Verformungen.

Haltbarmachen des Materials

Die Frage ist: Was tun wir, um unser Rohmaterial zu konservieren, nachdem wir es erhalten haben? Hier haben es die Schreiner leichter als wir Drechsler. Sie können ihre Bretter im Voraus auswählen und in ziemlich jedem Raum hölzeln (aufstapeln), in dem Temperatur und Luftfeuchtigkeit einigermaßen konstant sind. Drechsler und speziell wir Grünholzdrechsler sind mit einer Situation konfrontiert, in der es heißt „schlemmen oder verhungern". Wir müssen auf einen Schlag mit ganzen Stämmen, Wurzelstöcken oder Maserknollen fertig werden. Wie können wir das Reißen oder Verrotten während der Zeit kontrollieren, die es braucht, einen ganzen Stamm in Drechselware zu verarbeiten?

Die Antwort: Laden Sie eine Anzahl Freunde ein und teilen Sie den Stamm auf! Das ist die übliche Praxis bei Drechslerclubs und Drechslerforen im Internet.

Einen Stamm aufzuschneiden ist vergleichbar mit dem Aufgraben ihres Vorgartens: Es können böse Überraschungen zum Vorschein kommen. Zuerst sollten Sie daher überlegen, was Sie mit dem Material anfangen wollen, außer es am Stück zu lassen.

Die übliche Methode ist es, den Stamm mit der Kettensäge grob in die gewünschte Form zu schneiden und dann das Hirnholz mehrfach mit einer Endversiegelung, z. B. Anchorseal, zu bestreichen. Das Hirnholz einzuwachsen oder mit Farbe zu beschmieren, ist nicht so empfehlenswert, da beim Schrumpfen des Holzes dort Feuchtigkeit austritt und die Farbe oder das Wachs einfach weggedrückt wird. Dieses Problem gibt es mit handelsüblicher Endversiegelung nicht, da sie einerseits in das Holz eindringt, andererseits die Feuchtigkeit kontrolliert und langsam entweichen lässt.

Im nächsten Schritt werden die Blöcke in einer kühlen, neutralen Umgebung gelagert, nicht in der Sonne oder in Zugluft. Garagen und Scheunen sind ideal, vor allem weil man sie mit dem Wagen samt Anhänger leicht anfahren kann. Klimaanlagen sind vom Übel sowohl für nasses als auch trockenes Holz, weil die Feuchtigkeit zu schnell aus dem Holz gezogen wird.

Wenn Sie beabsichtigen, die Blöcke innerhalb der nächsten Wochen auf die Drehbank zu nehmen, ist eine gute Lösung, sie in Plastiksäcke zu verpacken. Das isoliert sie und lässt keinerlei Feuchtigkeit entweichen. Aber Vorsicht! Lassen Sie die Blöcke nicht zu lange in der Plastikumhüllung, denn dann kann das Holz verrotten oder faulen.

Im ariden Klima (in Mitteleuropa während eines sehr heißen Sommers) ist das Einpacken die einzige Möglichkeit, nasse Blöcke zu bewahren. Manche Leute sägen die Stämme gleich nach dem Fällen auf und packen die Klötze an Ort und Stelle in Plastik, weil sie fürchten, dass das Holz bereits auf dem Weg zur Werkstatt auf dem Anhänger reißen könnte. Etliche Drechsler halten den Rohling mithilfe einer Sprühflasche sogar während des Drechselns nass. Konstante Hitze und Trockenheit sind der Grund, warum so viele Drechsler in trockenen Klimazonen dazu übergegangen sind, segmentverleimte Hölzer zu drechseln. Kleine Stücke kammergetrockneter und verleimter Hölzer zeigen keinerlei signifikante Formänderung mehr, sodass auch die allgemeine Verformung daraus gedrechselter Stücke in diesen Klimazonen vernachlässigbar ist.

In kaltem Klima ist Einfrieren der Blöcke die beste Möglichkeit. Meine ersten Erfahrungen mit gefrorenem Holz machte ich, als ich 1977–1981 in den Bergen von Colorado lebte. Das war die Zeit, in der ich mit dem Drechseln von Grünholz begann. Es lag auf der Hand, dass grüne Blöcke und Stammabschnitte in dem sehr trockenen und eisigen Winterklima in Höhenlagen von 2.500 m nicht lange durchhalten würden. Ich löste das Problem, indem ich das Rohholz den Winter über in Schneehaufen vergrub und wieder hervorholte, wenn ich es bearbeiten wollte.

Ich lebe nun in dem etwas feuchteren Klima von Pennsylvania, wo ich mit dichten Hartholzwäldern gesegnet bin. Ich kann mein Holz unter dem Blätterdach des Waldes liegen lassen, außerhalb des direkten Sonnenlichts, und es bleibt mehrere Monate in gutem drechselbarem Zustand. Es ist ein zusätzliches Plus für mich, dass die kombinierten Einflüsse von dichter Laubabdeckung, feuchtem Klima und hoher Bodenfeuchtigkeit das Holz in wenigen Monaten stocken lassen, denn ich arbeite gerne mit gestocktem Holz (siehe „Verpilztes Holz" auf Seite 16). Die Schwierigkeit ist hier, dass manche Hölzer, z. B. Ahorn, so schnell von Pilzen befallen werden, dass es kaum möglich ist, einen Baum zu verarbeiten, bevor der ganze Stamm verrottet ist. Aber der spannende Teil ist, dass sich die Formen der hergestellten Objekte verändern, während ich mich durch den Stamm arbeite, genauso wie der Zustand des Holzes sich verändert – das erste Stück vom frisch gefällten Baum und das letzte aus bereits stark verpilztem Holz.

Verpilztes Holz – Weißfaulen – Stocken

Verrotten ist die Methode, mit der Mutter Natur Bäume und anderes organisches Material in Walderde verwandelt. Stocken oder Weißfaulen nennen Holzhandwerker den ersten Teil des Vorgangs, bei dem Pilze die Zellen von organischem Material angreifen. Das geschieht in toten oder sterbenden Bäumen, Blättern und jedem anderen kompostierbaren Material. Mir wurde gesagt, dass diese Pilze überall auf der Erdoberfläche vorkommen, aber sie können nur dann gedeihen, wenn genügend Wärme und Feuchtigkeit vorhanden sind. Ich vermute, dass dies die Polarregionen, die meisten Hochgebirgsregionen und die Wüsten ausschließt.

Pilze zerlegen die Zellen im Holz, wodurch auch die natürlichen oder durch das Wachstum entstandenen Spannungen reduziert werden. Das ist wichtig für mich, weil ich weiß, dass ich etwas weniger an Verformungen erhalten werde, wenn ich ein verpilztes Stück Holz drechsle, verglichen mit einem nicht gestockten Holz. Tatsächlich sind manche gestockten Hölzer bereits so weit zersetzt, dass keinerlei Spannungen mehr im Holz vorhanden sind. Daher tritt selbst dann fast keine Verformung mehr im fertigen Objekt auf, wenn das Holz beim Drechseln noch tropfnass war.

Viele Drechsler verarbeiten gestocktes Holz, weil das Material atemberaubend schön sein kann. Die dunklen Linien – genannt Demarkationslinien –, die durch das Stocken hervorgebracht werden, verkünden vom Fortschritt der Pilzaktivitäten bei ihrer Wanderung durch das Holz. Diese Linien treten in verschiedenen Farben von Braun bis Schwarz auf, je nach Art des Holzes und des Pilzes. Sie wirken in boshafter Weise zerstörend auf jedes scharfe Schneidwerkzeug, beispielsweise auf Kettensägen ebenso wie auf Bandsägen, weil sie kein Holz mehr sind, sondern eine karbonisierte, eisenbasierte Zusammensetzung aufweisen.

Dunkle Demarkationslinien, die von Pilzaktivitäten herrühren, können sehr schön sein, aber sie stumpfen die scharfen Schneiden Ihrer Werkzeuge rasch ab.

Ob das Arbeiten mit verpilztem Holz ein gesundheitliches Risiko darstellt, ist eine nicht abschließend beantwortete Frage. Ich habe sie den Ärzten unter meinen Kursteilnehmern gestellt und habe gleichlautende Antworten erhalten, die ungefähr so klangen: „Die aktiven Sporen in gestocktem Holz verursachen keine direkt nachweisbaren Lungenerkrankungen. Aber wie jeder Holzstaub können sie in Lungenbläschen eindringen, was dann zu Lungenerkrankungen führen kann." Und weiter: „Bei manchen Menschen können Schimmelpilze zu Allergien führen." Ich empfehle daher, vorsichtig zu sein und beim Arbeiten mit gestocktem Holz eine Staubmaske zu tragen, auch beim Ausfegen der Werkstatt.

Bei anderen Gelegenheiten säge ich die Stämme in Rundlinge auf, deren Länge der Höhe oder dem

Erzeugen von Stock-Effekten im Stamm

Ich habe mehrere Methoden entwickelt, um Mutter Natur zu helfen, in ausgesuchten Stammabschnitten interessante Effekte zu erzeugen. Beispielsweise ließ ich vor einigen Jahren unbeabsichtigt einen Eschen-Abschnitt mit dem Hirnholz direkt auf der Erde sitzen. Ich hatte ihn vergessen, bis ich ihn ein Jahr später umgedreht und den Dreck entfernt habe. Die Kapillarkräfte hatten Mineralien aus dem Boden in den Stamm gesogen und den Rundling vom ursprünglichen Weiß des Eschenholzes in ein tiefes Grau bis Honigbraun verfärbt. Ich habe unterschiedliche Ergebnisse erzielt beim Versuch, diese Methode mit anderen Hölzern, z. B. Ahorn und Eiche, anzuwenden; in den meisten Fällen habe ich einfach nur normale Verpilzung erzielt, gelegentlich mit etwas Verrottung. Die Lehre daraus: Seien Sie nicht ängstlich beim Experimentieren, wenn Sie einen gewissen Effekt zu erreichen suchen. Wer weiß, was sich Mutter Natur ausdenkt?

Durchmesser der beabsichtigten Objekte entspricht. Ich lasse dann den Stamm auf der Erde liegen, mit gerade mal sägeschnittbreitem Abstand zwischen den Rundlingen. Je nach Regen oder Sonnenschein durch das Blätterdach, möglicherweise durch etwas Bier oder Hefe unterstützt, bekomme ich Pilzbefall, der von beiden Seiten des Rundlings ausgeht.

Wenn ich andererseits Stocken nur von einer Seite her möchte, bedecke ich ein Ende mit Plastikfolie und lasse das andere den Elementen ausgesetzt. Die Ergebnisse können interessant sein – manchmal richtig dramatisch, manchmal einfach unbrauchbar. Man muss seine Erfindungsgabe benutzen und experimentieren, um zu sehen, was dabei herauskommt.

Gelegentlich drechsle ich eine Hohlform außen grob fertig, dann wickele ich sie in Plastik und gebe einige Späne von sehr stark verpilzten Holzstücken dazu. Nach ein paar Monaten fängt die Außenseite der Form an zu stocken und ich kann die Form nachdrehen und aushöhlen. Das Ergebnis ist eine gestockte Oberfläche genau da, wo ich sie haben will. Um den Verrottungsprozess zu beenden und den Pilz abzutöten, genügt es, das Holz auszutrocknen.

In den späten 1980ern wollte ich einige Grautöne im Splint einer Redwood-Maserknolle initiieren, an der ich gerade arbeitete. Um die Grautöne im Splint zu erhalten, wickelte ich das Holz zusammen mit verpilzten Ahorn-Spänen ein, die einen guten Anteil an Holzwürmern enthielten. Meine Hoffnung war, dass die Holzwürmer Löcher in das Holz fressen würden, die das rasche Vordringen des Pilzes beschleunigen könnten. Es hat funktioniert, aber es dauerte eineinhalb Jahre, weil ich nicht daran gedacht hatte, wie widerstandsfähig Redwood gegenüber Schädlings- und Bakterienbefall ist. Das war die längste Zeit, die ich je mit der Bearbeitung eines Objektes verbrachte (siehe Foto auf Seite 20).

Erfahrung ist ein gewichtiger Faktor beim Bearbeiten von Grünholz, aber ich denke, die wichtigste Lehre ist, zu verstehen, dass sich Holz *auf jeden Fall* verändern wird. Durch Lernen und Offenheit gegenüber Veränderungen haben sich mir viele Designmöglichkeiten eröffnet. Ich habe auch Veränderungen in mir selbst erfahren, die meine Ansprüche an Ästhetik wachsen ließen. Am Wichtigsten ist, einen offenen Geist zu behalten und sich nicht an irgendwelche letztendlich nur angenommene oder tradierte Regeln festzuklammern, sondern offen zu bleiben für das, was möglich ist.

Eigenes Holz verpilzen

Manchmal lässt Mutter Natur keine Pilze an der Stelle in einem Stamm wachsen, wo man sie gerne hätte. Doch man kann ihr helfen. Wenn Sie in einem feuchten Klima leben, lassen Sie das Holz im Freien und den Elementen ausgesetzt, um ihm beim Verpilzen zu helfen. Dazu lasse ich zwischen den Stammabschnitten etwas Luft. Schütten Sie Bier darüber oder Hefe, wenn Sie den Prozess beschleunigen wollen. Wenn Sie in einem trockenen Klima leben, verpacken Sie die Klötze zusammen mit Spänen von bereits gestocktem Holz.

Lassen Sie die Stammabschnitte auf dem Waldboden liegen, damit sie verpilzen. Lassen Sie einen schmalen Luftspalt zwischen den Klötzen und streuen Sie Hefe oder spritzen Bier über die Klötze, um den Prozess zu beschleunigen. Späne von einem bereits befallenen Klotz helfen ebenfalls.

Nach ein paar Monaten sägen Sie eine dünne Scheibe vom Hirnholz ab und kontrollieren den Grad des Pilzbefalls.

Wie man sehen kann, war der Versuch erfolgreich; die Verpilzung hat sich über den gesamten Klotz ausgebreitet.

Arbeiten mit Maserknollen

Ich habe nie eine zufriedenstellende Erklärung gehört, warum sich Maserknollen bilden. Die beste Geschichte kam von einem alten Neuengländer, der sagte, dass man im Winter einem Baum seitlich einen Schlag versetzen müsste, damit im Frühling genau gegenüber eine Maserknolle zu wachsen beginne. Klang recht hübsch für mich.

Ich glaube nicht so recht an die Idee, dass Maserknollen krebsartige Wucherungen sind, weil ihr Wachstumsmuster eher regelmäßig als zufällig ist. Sie sind ganz sicher für den Baum nicht tödlich, außer in der Rinde würden sich Spalten öffnen, durch die Wasser eindringen und Fäulnis auslösen könnte. Einen überwallten Ast kann man mit einer Maserknolle verwechseln, da sie in alten Bäumen oft ganz ähnlich aussehen. Aber ausentwickelte Überwallungen sind Wulste, die einen abgebrochenen Ast umgeben und sie haben immer ein Loch in der Mitte.

Es ist für manche Bäume möglich, geradezu in eine einzige Maserknolle zu explodieren. Hier ein norwegischer Ahorn.

Anlieferung von Maserknollen

Manchmal werden Knollen mit Lastwagen angeliefert, oft in Kisten. Es geht nichts über das Gefühl, wenn man ein paar Tonnen Redwood-Maserknollen aus Kalifornien angeliefert bekommt!

Eine Kiste mit einer Schwarz-Eschen-Maserknolle wird aus dem Sattelauflieger gezogen. Meine lange und gewundene Zufahrt ist für Lastwagen nicht befahrbar, daher komme ich mit meinem kleineren Pick-up entgegen und ziehe die Knollen herunter. Bei extrem schweren Knollen setze ich meinen Pick-up fest und der Fahrer des Sattelschleppers fährt einfach los und lässt mich mit der Knolle auf der Straße allein.

Eine Redwood-Maserknolle auf dem Sattelauflieger, die ich 1986 aus Kalifornien bezog, sie wog 3,3 Tonnen.

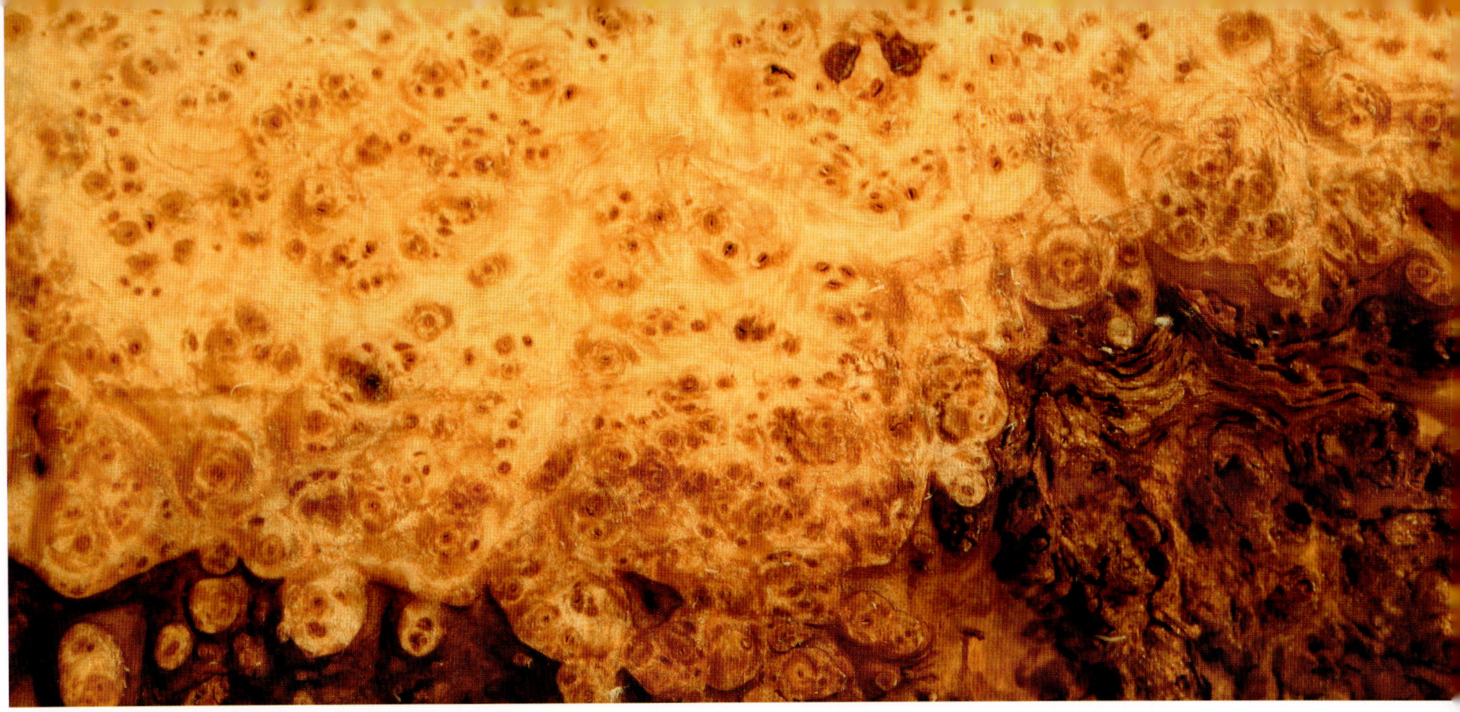

Die unterhalb der Triebe geschnittene Oberfläche zeigt die klassische Vogelaugenmaserung.

Varianten von Maserknollen

Es gibt zwei grundsätzliche Arten oder Wachstumsmuster von Maserknollen, die jeweils einer Baumart zugeordnet sind; d. h., verschiedene Baumarten weisen entweder die eine oder die andere Maserknollenart auf, aber nie beide. Die erste Art ist die „klassische" oder „nadelartige" Maserknolle, die zweite bezeichne ich als „Zwiebelknolle".

Die klassische oder nadelartige Maserknolle

Die meisten Holzwerker sind mit der klassischen oder nadelartigen Maserknolle vertraut. Bei diesem Muster beginnt die Knolle als Anhäufung sehr kleiner Zweige zu wachsen, die direkt aus einem Punkt in Zentrumsnähe des Baums entspringen. (Anmerkung des Übersetzers: Im Deutschen nennt man junge Maserknollen auch „Hexenbesen".) Während sich die Knolle entwickelt, bildet sie Linien oder Strahlen, die sich bis zur Oberfläche der Knolle erstrecken und die vom jährlichen Zuwachs des Baumes lagenweise immer wieder durchwachsen werden. Diese kreuzweise Struktur macht das Holz der Maserknolle extrem zäh (eine Knolle kann nicht gespalten werden), aber ich glaube nicht, dass sie härter ist als das Holz des Stammes.

Wenn man eine Knolle parallel zu diesen Strahlen aufsägt, kann man sehen, wie diese Triebe vom Mark des Stammes zur Oberfläche aufsteigen und wie sie von den Jahresringen gekreuzt werden. Es erinnert irgendwie an Silvesterraketen. Aber wenn man quer zu diesen Trieben sägt, bekommt man die klassische „Vogelaugenmaserung", die man so oft in Möbelfur-

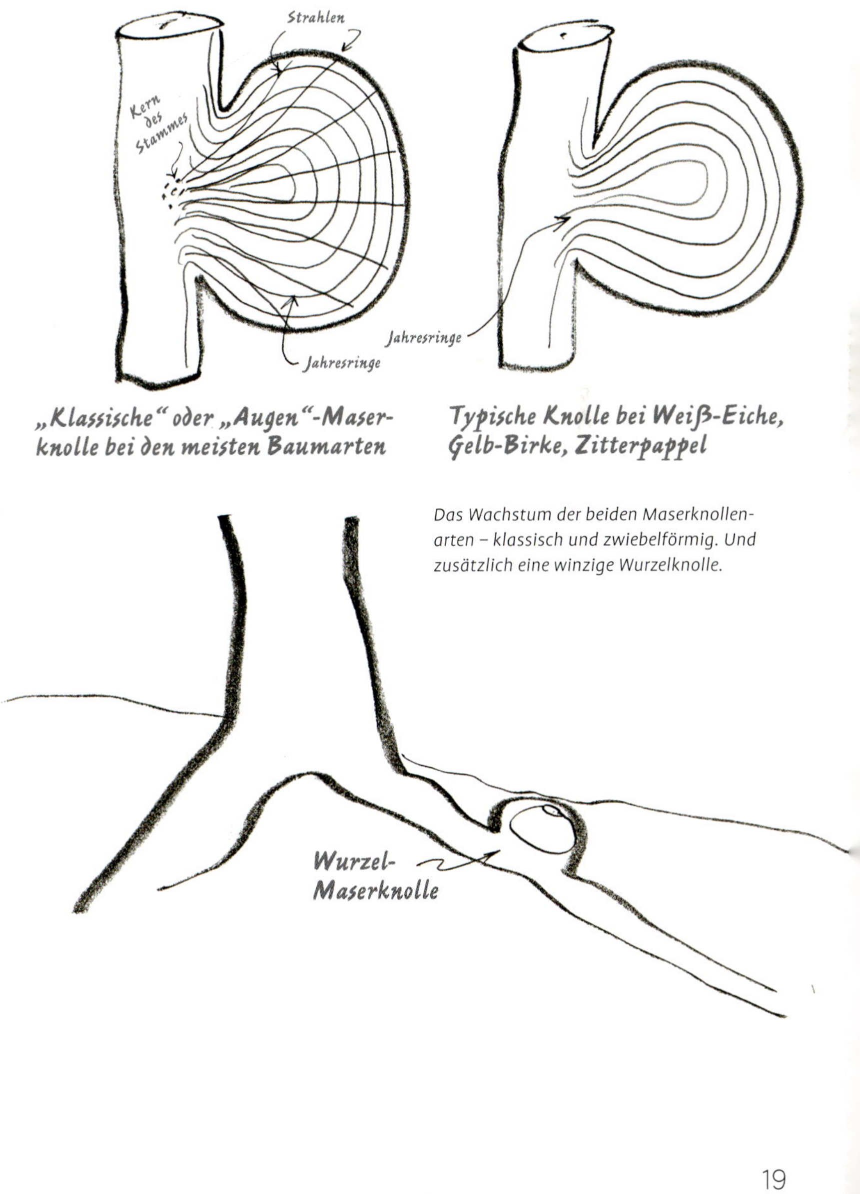

Das Wachstum der beiden Maserknollenarten – klassisch und zwiebelförmig. Und zusätzlich eine winzige Wurzelknolle.

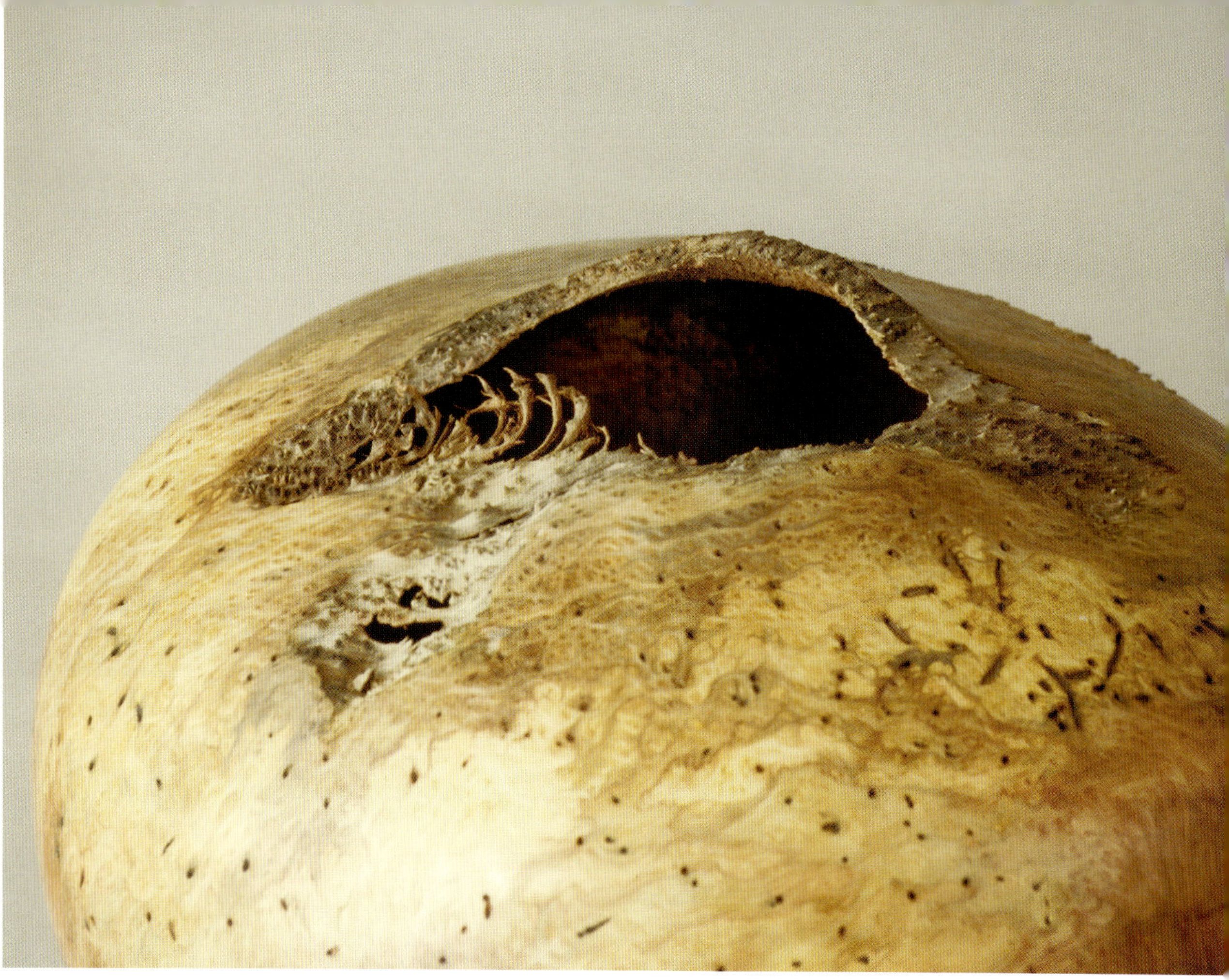

David Ellsworth, Redwood Burl Vessel, 1990. Redwood-Maserknolle; 33 cm hoch, 38 cm ∅. Sammlung Robyn und John Horn. Die Löcher in diesem Objekt sind das Werk von Holzwürmern.

David Ellsworth, White Oak Pot, 2001. Weiß-Eiche; 33 cm hoch, 20 cm ∅. Dieses Objekt wurde aus einer, wie ich es nenne, „Zwiebel-Maserknolle“ hergestellt. Das Objekt wurde mit dem oberen Ende nahe dem Zentrum der Knolle orientiert und mit dem unteren nahe der Rinde. Dies richtet die Jahresringe der Knolle waagrecht aus und lässt sie die Form umkreisen.

nier sieht. Wenn man Hohlformen aus Maserknollen drechselt, bekommt man beide Arten der Maserung innerhalb eines Objekts.

Die Zwiebel-Maserknolle

Die zweite Art von Maserknollen, auch „Kropf“ genannt, ist ähnlich einer Zwiebel aufgebaut, insofern als die Wachstumsringe schichtförmig aufgebaut sind; jede Schicht entspricht dem Wachstum eines Jahres – ganz ähnlich wie im Stamm. Dieses Muster kommt typischerweise bei Weiß-Eiche, Gelb-Birke und Amerikanischer Zitterpappel (Espe) vor. Ich habe schon einmal überlegt, dass es spannend sein könnte, so eine Knolle aufzusägen, abzukochen und dann jeden Ring einzeln loszulösen. Ich würde eine ganze Menge wunderschöner, sehr dünnwandiger Gefäße erhalten, eines für jedes Wachstumsjahr.

Mit Maserknollen arbeiten

Maserknollen kommen in allen denkbaren Größen, Formen und Holzarten, aber das grundlegende Ziel ist immer, zuerst alle Teile, von denen man weiß, dass sie nicht gebraucht werden, zu entfernen, sodass das übrig bleibt, was man tatsächlich haben will.

Schalen und andere Hohlformen können in unterschiedlicher Weise in einer Knolle positioniert werden. Hier ein paar Anregungen für den Anfang.

Nach den Tauchschnitten mit der Kettensäge erhalte ich eine zum Drechseln ausreichend runde Form.

Diese Art, mit der Kettensäge eine Maserknolle freizulegen, empfehle ich ausdrücklich nicht. Deshalb schauen Sie ruhig weg, wenn Sie es nicht sehen wollen. Der Klotz, an dem ich gerade arbeite, umfasst etwa ein Viertel der ursprünglichen Redwood-Maserknolle.

Eine Knolle zerlegen

Die wunderschöne, an den Hut eines Pilzes erinnernde Form der Streifen-Ahorn-Maserknolle (siehe Foto rechts oben) verlangte nach der Anfertigung einer einzigen hohlen Form.

Das Entfernen des überschüssigen Materials durch Tauchschnitte mit der Kettensäge brachte eine runde Form von 48 cm Durchmesser zum Vorschein, gerade richtig für meine Drehbank mit 25 cm Spitzenhöhe.

Wenn ich eine Maserknolle zerlege, entferne ich oft kreisförmig alle äußeren Knötchen mit der Spitze der Kettensäge, danach beginne ich, vom Ende der Knolle her zu arbeiten, wo ich alle Stammabschnitte entfernen kann, ohne diejenigen Teile der Knolle zu beschädigen, die ich benutzen will. Danach arbeite ich mich durch den Stamm, hinterschneide alle Klötze und nehme sie einen nach dem anderen heraus. Diese Art zu schneiden benötigt zahlreiche Tauchschnitte zwischen jedem Klotz. Es sind gefährliche Schnitte und Sie sollten sie niemals anwenden, ohne ausreichende Unterweisung (z. B. bei einem Kettensägenkurs, den jedes Forstamt anbietet), nie ohne Schutzausrüstung und nur mit ausreichender Erfahrung mit der Kettensäge. Aber das ist der einzige Weg, sich vernünftig durch eine große Maserknolle zu arbeiten, ohne Material zu vergeuden.

Eine teilweise zerlegte Maserknolle in einem norwegischen Ahorn. Die Knollen sind ideal um den Stamm verteilt und erlauben die Herstellung von neun oder zehn Objekten.

Kapitel 3

Drechsel-werkzeuge

Jedes Mal, wenn ich einen Drechselkatalog zur Hand nehme, erschlägt mich fast die Anzahl der neu entwickelten Werkzeuge. Als ich zu drechseln anfing, waren nur einfache Flachmeißel, Schaber und Röhren erhältlich. Verglichen damit ist die heutige Fülle ein gewaltiger Fortschritt. Es ist aber, vor allem für Anfänger, auch eine gewaltige Herausforderung sich vorzustellen, welches Werkzeug am besten für eine anstehende Aufgabe geeignet sein könnte. Wird es bei Grünholz genauso gut arbeiten wie bei trockenem? Bei Balsa genauso gut wie bei Palisander?

Über die Jahre entwickeln die meisten Drechsler eine enge Beziehung mit ihren Werkzeugen oder mindestens eine gewisse Sicherheit darin, welche Aufgabe ein Werkzeug vollbringen soll und wie man es dazu bringen kann, dies zu tun. Aber sie kratzen sich ratlos am Kopf, wenn es darum geht zu verstehen, *wieso* ein Werkzeug funktioniert (oder nicht funktioniert). Es ist eben sehr viel leichter zu sagen: „Das ist mein Lieblingswerkzeug", als: „Dies ist der Grund, wieso mein Werkzeug funktioniert." Und über dieses „wieso" möchte ich nun sprechen.

Zum Innenausdrehen werden gebogene Werkzeuge benutzt. Sie können in vielen Größen und Winkeln angefertigt werden, um jede Stelle im Inneren einer Hohlform zu erreichen.

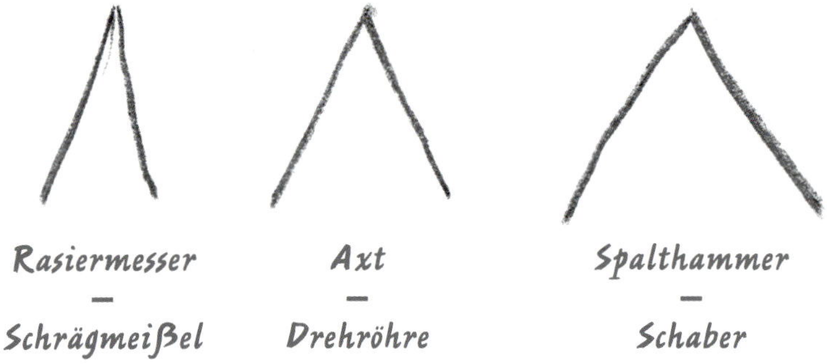

Beachten Sie die Querschnitte von Rasiermesser/Schrägmeißel, Axt/Röhre und Spalthammer/Schaber. Schrägmeißel sind am schärfsten, aber verlieren diese Schärfe am schnellsten. Schaber halten die Schneide am längsten, aber sie können aufgrund ihres Keilwinkels nicht sehr scharf werden. Den Kompromiss stellt die Röhre dar, sie ist nicht so scharf wie der Flachmeißel, hält aber dafür die Schneide länger.

Altes Drechslersprichwort: Lass die Fase gleiten oder das Werkzeug schlägt zurück.

Die Fase ist die geschliffene Fläche am Ende einer Röhre, die mit der Hohlkehle (engl.: Flute) zusammen die Schneide bildet. Es ist die Fase, die geschärft bzw. abgezogen wird. Wenn man mit der Röhre schneidet, lässt man die Fase auf dem Holz gleiten und schiebt die Schneide vorwärts, um den Schnitt zu machen. Dadurch stabilisiert die Fase die Schneide in ähnlicher Weise, wie der Parallelanschlag das Holz an der Kreissäge oder einer Abrichthobelmaschine führt. Ohne die Unterstützung durch die Fase (oder den Parallelanschlag) würde der Schnitt ungenau, möglicherweise geradezu gefährlich.
Auch beim Arbeiten mit dem Schrägmeißel bei Langholz lässt man die Fase gleiten. Die meisten Drechsler haben es selbst erlebt: Wenn versehentlich während eines Schnittes die Fase vom Holz abgehoben wird, sodass nur noch die Schneide Kontakt hat, wird die Schneide einhaken und zurückwandern. Dies ist normalerweise für den Drechsler selbst nicht gefährlich, aber es wird eine recht tiefe, spiralförmige Furche im Holz hinterlassen, deren kraftvolle Schönheit nur übertroffen wird durch die kraftvollen Ausdrücke, die der Drechsler von sich gibt. Dieser Vorgang kann als „das Werkzeug schlägt zurück" bezeichnet werden oder kurz als „Schlag" oder in deutscher Drechslersprache als „Nürnberger". Schon die Vielzahl der Bezeichnungen lässt erahnen, wie oft sich dieser Vorgang ereignet.

Wie „Schärfe" funktioniert

Lassen Sie mich mit einigen grundlegenden Fakten beginnen, die für *alle* unsere Schneidwerkzeuge zutreffen. Der erste Faktor ist die *Funktion von Schärfe*. Ohne das Wissen, zu welchem Zweck ein Werkzeug entworfen wurde und wie es aussehen sollte, haben Sie keinerlei Hinweis, wie Sie es formen, schärfen oder einsetzen sollen.

Beispiel: Sie stehen morgens auf, frühstücken und greifen danach zum Rasiermesser, um sich zu rasieren. Dann nehmen Sie Ihre Axt, gehen in den Wald und fällen den Baum, aus dem Sie ein paar Schalen drechseln wollen. Nach dem Mittagessen spalten Sie die Stammabschnitte mit einem Spalthammer. Das Rasiermesser, die Fällaxt und der Spalthammer sind alles Schneidwerkzeuge. Es sind sehr effektive Werkzeuge, aber jedes hat eine ganz bestimmte Funktion und keines kann dazu benutzt werden, die Aufgabe eines der beiden anderen zu übernehmen … na ja, zumindest nicht sehr effektiv.

Betrachten Sie mit dem Auge des Drechslers die Querschnittskizzen der Werkzeuge auf der linken Seite und denken Sie an die verwandtschaftliche Ähnlichkeit von Rasiermesser und Schrägmeißel, von Axt und Röhre, von Spalthammer und Schaber. Alle weisen zwei ebene Flächen auf, die zusammentreffen und eine Schneide bilden, und sie haben eine gewisse Masse, die die Schneide stützt oder nicht stützt – das Rasiermesser hat die wenigste Masse, der Spalthammer die meiste.

Der Schräg- oder Flachmeißel hat eine scharfe Schneide, aber weil so wenig Masse dahinter ist, bleibt die Schneide nicht lange scharf. Das bedeutet, je weniger Masse eine Werkzeugschneide stützt, desto weniger *dauerhaft* wird sie sein, wenn sie im Holz schneidet.

Schaber andererseits haben viel Masse hinter der Schneide, daher können sie die Schneide länger halten. Allerdings können sie nie wirklich richtig scharf gemacht werden wegen des großen Keilwinkels, den die beiden Flächen bilden, weshalb man einen Grat anzieht, damit dieser das Holz schneidet, man nennt das „die Schneide aufwerfen".

Drechselröhren, kurz: Röhren, stellen einen Kompromiss zwischen diesen beiden Werkzeugtypen dar. Mit ihrer mäßigen Masse hinter der Schneide opfern sie die Schärfe des Flachmeißels, dafür bekommen sie etwas von der Dauerhaftigkeit des Schabers.

Schneiden statt schaben

Es gibt beim Drechseln zwei grundsätzliche Methoden, Holz zu entfernen: durch Schneiden oder durch Schaben. Die einfachste Methode, sich den Effekt des Schabens vorzustellen, ist, mit dem Fingernagel auf der Schultafel zu kratzen, während das Schneiden eher dem Schnitzen eines Stockes entspricht.

Schneiden geschieht, wenn die Schneide nach oben gerichtet ist, während das Holz sich nach unten dreht (siehe Abbildung unten links). Schneiden kann sehr subtil vor sich gehen oder sehr aggressiv, je nachdem, wie viel von der Schneide dem Holz dargeboten wird. Das Schöne an der Schneid-Methode ist, dass die Holzfasern sauber durchtrennt und nicht abgehackt werden. Daher werden die Fasern unterhalb der Oberfläche des Holzes nicht herausgerissen, was den Arbeitsaufwand beim Schleifen reduziert. Schneiden kann eine Menge Holz entfernen und kann gelegentlich außer Kontrolle geraten, wenn das Werkzeug nicht korrekt angesetzt wird.

Schaben geschieht, wenn die Schneide des Werkzeugs ungefähr unter 90 Grad in das Holz eingreift (siehe Abbildung unten rechts). Schaber sind am effektivsten, wenn sie an sehr dichten und trockenen Hölzern eingesetzt werden, während die aufgeworfene Schneide dazu neigt, die weichen Fasern in Grünholz auszureißen.

Schaber sind gegenüber schneidenden Werkzeugen – z. B. Röhren – etwas im Vorteil, weil es manche Drechsler leichter finden, lange, fließende Kurven am Boden offener Schalen schabend zu bearbeiten. Andererseits sind Röhren effektivere Schneidewerkzeuge und reduzieren merklich die Zeit, die mit dem Schleifen der Oberfläche verbracht wird. Meiner Erfahrung nach steht der Schwung einer Kurve in einer Schale in direkter Beziehung zum Schwung des Körpers der Person, die das Werkzeug hält, unabhängig davon, welches Werkzeug benutzt wird. Als ich damals, in der Mitte der 1970er-Jahre, mit der Drechselszene in Kontakt kam, tobte gerade ein erbitterter Kampf zwischen „Schneidern" und „Schabern". Ich fand es ziemlich erheiternd, wie diese ansonsten erwachsenen Männer aufeinander losgingen, denn es schien bei der Diskussion keine Rolle zu spielen, welche *Objekte* sie machten, sondern welche *Werkzeuge* sie dabei benutzten. Ich erinnere mich, dass diejenigen, die den meisten Lärm machten, gewöhnlich auch die schrecklichsten Schalen produzierten, unabhängig davon, wie sie die Werkzeuge benutzten. Möglicherweise weil ihre Körper zu sehr verkrampft waren.

Bleibt noch anzumerken, dass viele Werklehrer die Schabmethode unterrichteten, weil es für ihre Schüler sicherer war. Glücklicherweise wurden von frühen Autoren und Lehrern wie Peter Child, Russ Zimmermann, Dale Nish und vielen anderen die Vorzüge beider Methoden erkannt und weiterentwickelt.

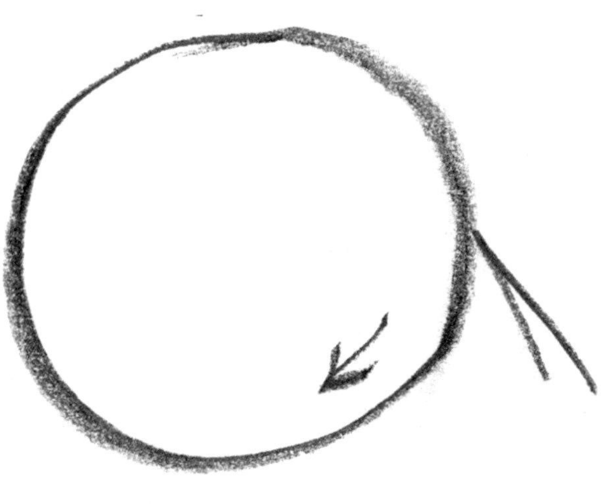

Schneiden

Das Werkzeug schneidet, wenn die Schneide nach oben gegen das Holz gehalten wird.

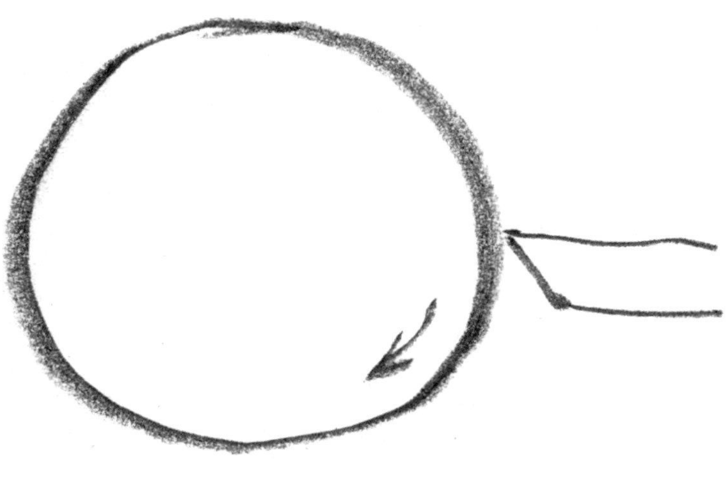

Schaben

Schaben bedeutet, dass das Werkzeug die Oberfläche des Holzes unter etwa 90 Grad berührt.

Reibung und Abrieb

Reibung und Abrieb wird jedes Werkzeug abstumpfen, obwohl die Lebensdauer der Schneiden in heutigen Werkzeugen durch HSS- und PM-Stähle sowie durch kryogen behandelte Stähle verlängert wird. Aber einige Hölzer sind so abrasiv, dass sie schnell die Schneide eines jeden Werkzeugs wegschleifen. Diese Hölzer sind u. a. Wurzel-Maserknollen, die gewöhnlich kleine sandgefüllte Hohlräume enthalten, viele Arten von Eukalyptus, die Kieselsäure enthalten, und jeder Baum, dessen Rinde kleine Spalten aufweist, die vom Wind mit Staub aufgefüllt wurden.

Und dann gibt es natürlich noch die gestockten Hölzer, der Albtraum jeder frisch geschärften Schneide. Die schwarzen Demarkationslinien in gestocktem Holz sind streng genommen kein Holz mehr, sondern mineralisierte Ablagerungen, die der Pilz auf seinem zerstörerischen Weg durch das Holz hinterlassen hat. Soweit es den Einfluss auf die Werkzeugschneide betrifft, könnte man genauso gut Muschelschalen drechseln. Ein einziger kräftiger Schnitt und die Schneide Ihres Lieblingswerkzeuges ist futsch. Aus diesem Grund säge ich niemals gestocktes Holz mit der Bandsäge. Das Schärfen meiner Sägekette reicht mir.

Langholzdrechseln und Querholzdrechseln

Das Drechseln zwischen den Spitzen (Langholzdrechseln) ist wahrscheinlich die älteste Form des Drechselns, weil es früher einfacher war, ein Stück Holz zwischen zwei Spitzen zu spannen und zu drehen, als es nur einseitig zu befestigen. Drechselarbeiten, bei denen die Fasern des Holzes parallel zur Drehachse verlaufen, bezeichnet man als Langholzdrechseln. Beispiele sind Stuhlbeine, Verandapfosten oder Kugelschreiber. Typische Langholzwerkzeuge sind Schrägmeißel, flache Röhren und Abstechstähle.

Aber bereits die Kelten beherrschten die Kunst, Schalen, Teller und Hohlgefäße auf der Drehbank herzustellen, also Querholz zu drechseln. Dazu wird das Holz mit der Faser quer zur Drehachse eingespannt, sehr oft einseitig mithilfe einer Planscheibe, eines Klebefutters oder eines Backenfutters. Typische Querholzwerkzeuge sind tiefe Röhren und Schaber.

Einzelne Werkzeuge

Betrachten wir die praktischen Anwendungen der einzelnen Werkzeuge und wie die Relation zwischen Schärfe und Masse die Effektivität beim Schneiden von Holz beeinflusst.

Schrägmeißel

Der Schrägmeißel, auch Flachmeißel oder einfach Meißel genannt, ist ein Werkzeug zum Langholzdrechseln, das zum Vordrehen ebenso wie zum Fertigdrehen von Objekten wie Federhaltern, Werkzeuggriffen und Baseballschlägern benutzt wird. Ich benutze den Schrägmeißel bei meinen Hohlformen nur, wenn ich die Außenseite einer längs aufgespannten Form – wie bei einer Vase – drechsle, die schließlich auch nur ein Langholz mit großem Durchmesser ist. Der Schrägmeißel ist nicht für das Drechseln von Querholz wie Schalen und Hohlformen gedacht, weil die lange Schneide in die Kopfholzfasern hineingezogen wird und einen schrecklichen und gefährlichen Schlag verursacht.

Der Schneidenquerschnitt eines Flachmeißels kann unterschiedliche Winkel (Keilwinkel) aufweisen, die aber generell kleiner sind als der Keilwinkel einer Röhre. Flachmeißel haben eine große Schärfe, aber eine geringe Schnitthaltigkeit. Flachmeißel werden nach dem Formen auf dem Schleifbock generell abgezogen, um eine superglatte Oberfläche auf dem Holz zu erreichen.

Traditionelle Flachmeißel weisen eine gerade Schneide auf, aber ich neige eher zu einer leicht gerundeten Schneide, wie sie als „runde“ Flachmeißel angeboten werden. Das lässt etwas weniger Schneide in das Holz eingreifen, was einen etwas präziseren Schnitt und weniger Gelegenheit zum Einhaken ergibt.

Der Flachmeißel ist ein reines Langholzwerkzeug, das beim Drechseln von Hohlformen selten gebraucht wird. Beachten Sie die lange Schneide, die sehr scharf, aber nur begrenzt dauerhaft ist. Ich neige zum runden Flachmeißel, weil weniger Schneide in Kontakt mit dem Holz ist, was die Schnitte sicherer und präziser macht.

Abstechstähle

Abstechstähle werden vorwiegend zum präzisen Vorstechen an wichtigen Stellen bei Langholzarbeiten verwendet, bevor das Objekt mit Flachmeißel oder Röhre ausgeformt wird. Beispiele für diese Stellen sind die beiden Endpunkte des Objekts, die maximalen und minimalen Durchmesser bei Hohlkehlen und Rundstäben oder jedes anderen Designelements, das dem Drechsler helfen wird, die Form zu erfassen. Aber ich habe den Abstechstahl auch zum Bearbeiten von Gefäßen im unteren Viertel nahe des Fußes der Form angewandt, dort wo das Klebefutter, die Planscheibe oder das Backenfutter ansetzt.

Einer meiner alten Abstechstähle in **Standard-Diamantform** mit konkaven Schneidfasen oberhalb und unterhalb der Spitze ist oben rechts zu sehen.

Der **„Barrakuda“-Abstechstahl** (zweiter von oben), den ich heute benutze, hat eine konvexe Fase unterhalb der Spitze und eine konkave Fase oberhalb. Der Grund für diesen Anschliff ist ganz einfach, dass ich mehr Masse unterhalb der schneidenden Spitze haben wollte, damit er effizienter und mit weniger Vibrationen schneidet.

Der **messerförmige Abstechstahl** (zweiter von unten), den Chris Stott entworfen hat, besitzt eine ähnliche Form wie der Barrakuda-Stahl: Die leichte Abschrägung unterhalb der Spitze verleiht ihm mehr Stabilität beim Schneiden.

Und was ich **„das Biest“** nenne, ist nichts anderes als ein alter Rundschaber, den ich in einen Abstechstahl umgeschliffen habe. Ich machte ihn in den späten 1970ern, nachdem mir Ed Moulthrop erklärt hatte, dass durch das Tieferlegen der Spitze unter die Mittellinie die Vibrationen deutlich reduziert würden.

Verglichen mit den anderen Abstechstählen ist der Standard-Diamant-Abstechstahl einfach zu dünn an der Spitze und kann seine Schärfe nicht halten, und er neigt bei dichten, trockenen Hölzern zu Vibrationen.

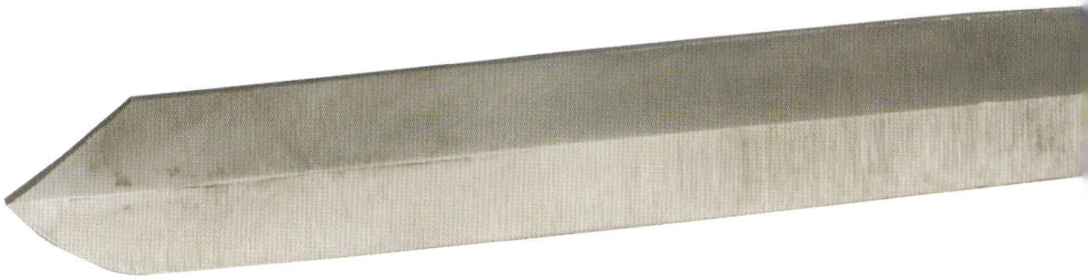

Ich entwarf den „Barrakuda“-Abstechstahl, um eine gute Schneidespitze mit wenig Vibrationen zu erhalten. Dies ist der Abstechstahl, den ich heute am meisten benutze.

Chris Stott entwickelte diesen messerartigen Abstechstahl mit der Abschrägung unterhalb der Spitze, um dem Werkzeug während des Schnittes Stabilität zu verleihen.

„Das Biest“ ist meine Schöpfung aus den 1970ern. Ich schliff einen alten Rundschaber um in einen Abstechstahl. Die tief unter der Mittellinie liegende Schneide reduziert die Schwingungen.

Ausdrehwerkzeuge

Alle meine Ausdrehwerkzeuge sind Schaber, keine Schneidwerkzeuge. Ich arbeite mit großem Überhang über die Werkzeugauflage hinaus und durch sehr enge Öffnungen mit relativ dünnen Werkzeugschäften. Würde ich mit einem Schneidwerkzeug arbeiten, dann wäre die Schneidspitze viel zu effizient für den Schaftdurchmesser und ich könnte den Schnitt nicht unter Kontrolle halten. Auch hier gelten die weiter oben beschriebenen Prinzipen, was Schärfe und Masse angeht. Tatsächlich sind sie hier noch dramatischer.

Die Werkzeuge, die ich heute benutze, sind deutlich höher entwickelt als meine ersten Werkzeuge aus den 1970ern. Die Schneideinsätze bestehen nun aus einem speziellen HSS-Stahl mit 10 % Kobalt anstelle der früheren gebogenen und geschärften Rundlinge aus ölgehärtetem Werkzeugstahl. Die Schäfte sind jetzt rund, nicht mehr vierkantig, und daher kann ich sie auf der Werkzeugauflage drehen. Die gebogenen Schäfte bieten bessere Unterstützung, da ihre Masse näher zur Spitze des Werkzeuges verlagert ist. Ich benutze Schneiden direkt vom 80er- bis 100er-Stein des Schleifbocks, mitsamt dem aufgeworfenen Grat. Das Abziehen der Schneide mit einem Diamantstein wäre zwar möglich, aber ich finde die Schneide wird zu schnell abgenutzt, wodurch eine glatte Oberfläche entsteht, die das Holz nicht mehr schneidet.

Es gibt sechs Prinzipien, die erklären, wie Ausdrehwerkzeuge funktionieren. Ein Grundverständnis dieser Prinzipien ist notwendig, wenn man wissen will,

Zwei meiner ersten Ausdrehwerkzeuge: Das größere ist von 1976 aus 12,5-mm- Vierkant-Werkzeugstahl; das kleinere stammt von 1977 mit der schwer erkennbaren, ziemlich abgenutzten Spitze aus HSS-Stahl, die an einen 6,5-mm-Schaft aus Werkzeugstahl hartgelötet ist.

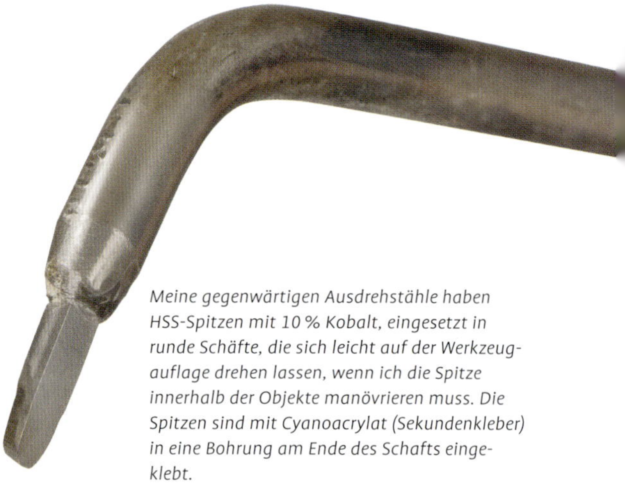

Meine gegenwärtigen Ausdrehstähle haben HSS-Spitzen mit 10 % Kobalt, eingesetzt in runde Schäfte, die sich leicht auf der Werkzeugauflage drehen lassen, wenn ich die Spitze innerhalb der Objekte manövrieren muss. Die Spitzen sind mit Cyanoacrylat (Sekundenkleber) in eine Bohrung am Ende des Schafts eingeklebt.

Warum man die Basis mit einem Abstechstahl formen sollte

Wenn man die Fotos rechts betrachtet, ist es leicht zu erkennen, wie eingeschränkt der Platz am Fuß eines Stückes ist und warum größere Röhren hier nicht passen. Mit dem Abstechstahl kann ich nicht nur diesen Bereich vorformen, sondern auch mit einem Scherschnitt die Unterseite der Form endformen. Es gibt nichts Besonderes zu dieser Schneide zu sagen, außer dass sie mit einem Winkel von 45 Grad zum Holz angesetzt wird, was für einen kurzen Scherschnitt in diesem engen Bereich ideal ist. Die Schneide kommt frisch vom Schleifbock und ihre Schärfe hält nur wenige Schnitte. Aber sie macht einen exzellenten Job.

Mit einer Röhre ist es nahezu unmöglich, in dieser beengten Umgebung zu arbeiten (links), aber die Benutzung eines Abstechstahls macht das Formen hier zum Kinderspiel.

ob diese Werkzeuge korrekt schneiden, zumal man nicht sieht, was innerhalb einer Hohlform vorgeht.

Prinzip 1: Die effektivsten und am besten kontrollierbaren Schnitte erhält man mit dem Schaft des Werkzeugs horizontal ausgerichtet und der Schneide in Achshöhe des Werkstücks. Schneidet man unterhalb der Achshöhe, dann schleift das Werkzeug über das Holz, und beim Schneiden über der Achshöhe kann das Werkzeug in das Holz gezogen werden, was unausweichlich einen Schlag verursacht.

Prinzip 2: Je größer die Fläche ist, die mit der Werkzeugschneide Kontakt hat, desto glatter wird der Schnitt sein.

Allerdings bedeutet größerer Oberflächenkontakt auch, dass größere Kräfte an der Werkzeugschneide angreifen, was oft in einen Schlag mündet. Aus diesem Grund benutze ich 6,5 mm breite Schneidspitzen an meinen geraden und 4,8 mm breite Spitzen an meinen gebogenen Werkzeugen. Tatsächlich gehe ich nie höher als 4,8 mm bei meinen gebogenen Werkzeugen, weil bereits die 6,5 mm breiten Spitzen sehr viel Zug und exzessive Vibrationen entwickeln, wenn in der Tiefe einer Hohlform geschnitten wird.

Prinzip 3: Je weiter man sich mit der Schneidspitze von der Unterstützung der Werkzeugauflage entfernt, desto schwieriger wird es, das Werkzeug beim Schneiden unter Kontrolle zu halten.

Ein Teil der Herausforderung beim Drechseln von Hohlformen besteht aber nun einmal darin, in einiger Entfernung von der Werkzeugauflage schneiden zu müssen. Jedenfalls ist es entscheidend, dieses Prinzip zu verstehen. Es betrifft jeden Designaspekt eines jeden Schneidwerkzeugs.

Wenn man Holz drechselt, muss das Werkzeug umso länger sein, je weiter entfernt von der Handauflage man schneidet. Das bedeutet aber auch längere Werkzeuggriffe, um genug Hebelwirkung zu erzeugen, damit beim Schneiden die Spitze des Werkzeugs nicht nach unten durchgeschlagen wird. In ähnlicher Weise muss auch, wenn man tiefer in ein Objekt eindringt, der Schaft des Werkzeuges proportional in der Stärke zunehmen.

Leider gibt es keine spezifische Formel, die aussagt, welcher Durchmesser und welche Länge eines Werkzeugs bei unterschiedlichen Abständen von der Handauflage am besten schneidet. Und gäbe es eine solche Formel, dann bräuchte man nur die Dichte oder Trockenheit des Holzes verändern, und schon kann man die Zahlen vergessen. Hier werden Versuch und Irrtum und gesunder Menschenverstand zum besten Ratgeber. Und wie immer ist es besser, auf der sicheren Seite zu bleiben, was die Unterstützung betrifft. Wenn der Werkzeugschaft anfängt, sich durchzubiegen oder zu vibrieren, dann sollten Sie entweder einen größeren Durchmesser, einen längeren Schaft oder eine kleinere Schneidenbreite wählen – oder am besten alle drei.

Die Fasenwinkel (Keilwinkel) beeinflussen die Schärfe und die Standzeit der Schneide. Die linke Schneide ist sehr steil angeschliffen, was die Schneide zwar scharf macht, aber die Standzeit verringert. Die mittlere Spitze ist nicht scharf genug und die Fase kann gegen die Holzoberfläche reiben. Die rechte Spitze überwindet diese Probleme durch einen Keilwinkel von 65 Grad, der sowohl scharf ist als auch standfest, und effizient und kontrolliert schneidet.

Prinzip 4: Der Fasenwinkel (Keilwinkel) an einem Innenschaber bestimmt die Effektivität des Schnitts.

Der ideale Fasenwinkel beträgt ungefähr 60 Grad (rechte Spitze im Foto oben). Wenn der Fasenwinkel flacher ist, sagen wir 45 Grad (linke Spitze), wird die Schneide selbstverständlich schärfer. Aber es ist auch eine schwächere Schneide, die auf dem Holz vibriert, speziell bei dichten und trockenen Hölzern. Das heißt, es ist nicht genug Masse hinter der Schneide, um sie zu unterstützen. Im Gegensatz dazu kann ein Fasenanschliff mit 85 Grad (mittlere Spitze) nicht scharf genug sein, um das Holz zu schneiden. In den meisten Fällen wird das dazu führen, dass Sie die Schneide härter in das Holz drücken müssen als nötig. Unglücklicherweise werden dann unkontrollierbar die Fasern herausgerissen, statt dass sie sauber durchgeschnitten werden.

Das Problem wird verschärft, wenn Sie an Formen mit sehr dünnen Wandstärken arbeiten, bei denen die Oberfläche unter dem Druck der Schneide nachgeben kann.

Prinzip 5: Wenn Sie an einem dünnwandigen Gefäß arbeiten, mit etwas Abstand von der Handauflage und aus Versehen einen zu tiefen Schnitt machen, dann wird das gebogene Werkzeug mit der Schneidenspitze nach unten wegschlagen, *weg* von dieser dünnen Oberfläche, und so verhindern, dass es die Wand der Hohlform aufreißt.

Umgekehrt wird ein gerades Werkzeug, dessen Spitze direkt in Verlängerung des Werkzeugschaftes liegt, durch die Wand brechen, bevor Sie eine Chance haben, es zurückzuziehen. Ich finde es ein interessantes Phänomen, dass bei gebogenen Werkzeugen diejenige Werkzeugspitze mit der geringsten Unterstützung durch den Schaft den besten Job macht.

Prinzip 6: Die beste Unterstützung für das Werkzeug erhalten Sie, wenn Sie mit Ihrem Körper Dreiecke bilden. Dreiecke maximieren die Kraft im Schnitt und minimieren die Ermüdung der Muskeln. Mehr darüber, wie Sie diese Dreiecke aufbauen können, finden Sie in Kapitel 8 „Der Körper“, Seite 98.

Wenn Sie diese Prinzipien zusammenfassen, dann kommen Sie zu einem grundlegenden Verständnis dessen, was *Unterstützung* bedeutet. Es ist eine Kombination aus der Schneide, die von einer gewissen Masse in der Spitze unterstützt wird, mit einer Spitze, die von einer gewissen Masse im Schaft unterstützt wird, mit einem Werkzeugschaft, der lang genug ist, um den Schnitt weit weg von der Handauflage zu unterstützen, und mit einem Körper, der komfortable Dreiecke bildet, um das Werkzeug auszubalancieren und zu unterstützen. Alle diese Faktoren müssen zusammenarbeiten, um effiziente, sichere und vibrationsfreie Schnitte zu ermöglichen.

Das gerade Ausdrehwerkzeug wird benutzt, um die einleitenden Schnitte in das Innere einer Hohlform zu machen. Die Schnitte werden knapp links der Mitte in Richtung Zentrum durchgeführt mit einer eintauchenden Bewegung. Dadurch wird eine Höhlung von gewisser Tiefe erzeugt, die danach aufgeweitet wird, um Platz für die Einführung eines gebogenen Werkzeuges zu machen.

Das gebogene Ausdrehwerkzeug wird benutzt, um weiteres Material aus dem Inneren zu entfernen und die endgültige Oberfläche jeglicher beabsichtigten Wandstärke herzustellen.

Haken- und Ringwerkzeuge

Ausdrehhaken und Ringwerkzeuge wurden vor allem in Europa und Japan schon jahrhundertelang benutzt, und zwar fast ausschließlich für Hirnholzbearbeitung in Schalen, Vasen und Hohlformen. Es sind schneidende Werkzeuge im Gegensatz zu den schabenden Werkzeugen, die ich benutze, und sie entfernen schneidend die Fasern von einem zentral gebohrten Loch aus. Der Hauptgrund, warum ich sie nicht verwende, liegt darin, dass die überwiegende Mehrheit meiner Objekte Querholzformen sind, aber auch darin, dass die Eingangslöcher meiner Hohlformen zu klein sind, um mit den Ausdrehhaken hineinzukommen.

Das gerade Ausdrehwerkzeug wird benutzt, um die ersten Schnitte im Inneren einer Hohlform zu machen und um das gröbste Material herauszuholen.

Nachdem eine zentrale Öffnung mit dem geraden Ausdrehwerkzeug hergestellt wurde, wird das gebogene oder gekröpfte Ausdrehwerkzeug benutzt, um die Innenseite bis zur endgültigen Wandstärke fertigzuschneiden.

Die Drehröhre

In die allgemeine Gruppe der Röhren fallen viele Typen von Schneidwerkzeugen. Sie umfassen flache Röhren für Langholzdrechseln, tiefe Röhren für Schalendrechseln und Detailröhren. Einige sind wie die meisten guten Werkzeuge für mehrere Zwecke nutzbar. Aber alle Röhren sind bevorzugt Schneidwerkzeuge und weniger Schabwerkzeuge (siehe Abbildung Seite 25).

Ich lege hier den Schwerpunkt auf den Fasenwinkel mit der effektivsten Funktion für die Schnitte, die beim Drechseln von Schalen und Hohlformen gemacht werden. Ohne jeden Zweifel schneiden alle Röhren das Holz, aber sie arbeiten nicht in allen Situationen gleich gut. Die traditionelle Röhre mit einem Fasenwinkel von 45 Grad ist extrem effektiv, aber nicht so vielseitig wie die 60-Grad-Röhre mit seitlichem Anschliff. Die 85-Grad-Röhre kann nicht die Aufgaben einer traditionellen oder einer seitlich angeschliffenen Röhre übernehmen, aber sie kann die schlecht zugänglichen Bereiche einer offenen Schale schneiden, die die beiden anderen Röhren nicht erreichen.

Was wir normalerweise als eine **konventionelle oder traditionelle Röhre** bezeichnen, ist erkennbar an ihrer U- oder V-förmigen Flute und daran, dass die Schneide am Schnittpunkt der Oberfläche der Flute mit der Fase liegt. Diese Röhren werden grundsätzlich zur Bearbeitung von Langholz, flachen Schalen und den Außenflächen von Schalen und Hohlgefäßen verwendet.

Die **10-mm-Detailröhre** ist eine der Wunderwaffen des Drechslers. Ich wurde zuerst in den späten 1970ern auf diese Röhre aufmerksam gemacht, als ich Rude Osolnik traf, und später durch Michael Mode, als ich 1981 nach Pennsylvania umzog. Ich bin sicher, dass sie beide unabhängig voneinander diese Röhre erfanden, was bei gutem Design oft vorkommt, weil ich weiß, dass sie sich damals noch nicht kannten. Heutzutage benutzt Michael Hosaluk ein ähnliches Werkzeug von größerem Durchmesser für die meisten seiner Langholzarbeiten und Schalen.

Das Foto rechts zeigt eine normale 10-mm-Röhre, die ich in eine Detailröhre umgeformt habe, indem ich eine durchgehende konvexe Fase anschliff anstelle der geradlinigen Fase, die man an traditionellen Röhren sieht. Der Vorteil ist, dass es keine scharfkantige Ecke am Boden der Fase gibt, die beim Schnitt die Fasern zusammenpresst und eine Spur am Holz hinterlässt.

Beachten Sie die U-förmige Flute und die Schneidenform dieser traditionell angeschliffenen Röhre. Röhren sind schneidende Werkzeuge.

Ähnlich wie bei einem Flachmeißel ist der Keilwinkel mit 25 bis 30 Grad sehr klein, also vorhersehbar sehr scharf, aber nicht sehr dauerhaft.

Das Geheimnis bei der Benutzung der Detailröhre ist, dass man den Schnitt mit der Fase auf dem Holz gleitend beginnt, mit der Spitze des Werkzeugs in nach oben gerichteter Position. Sobald die Röhre schneidet, dreht man sie axial um 10 Grad bis 30 Grad, um den Schnitt fortzuführen. Sie müssen immer, während des ganzen Schnittes, die Fase auf dem Holz gleiten lassen, anderenfalls schlägt das Werkzeug zurück, genauso wie es ein Flachmeißel tun würde.

Ich benutze den kleinen Radius der Schneide für die feinen Details am Fuß oder am Rand einer Schale. Oder ich nutze sie wie eine normale traditionelle Langholzröhre, indem ich die Fase gegen das Holz halte und dann mit der Seite der Schneide vom Hochpunkt eines Rundstabes zum Grund einer Hohlkehle schneide. Diese Röhre ersetzt keinen Flachmeißel, aber bei kleinformatigen Rundstäben und Hohlkehlen ist es ein grandioses Werkzeug, das nicht so ausgeprägt zum Einhaken neigt, wie es Flachmeißel tun.

Ich formte diese 10-mm-Detailröhre (oben) durch Umschleifen einer normalen Langholzröhre (unten). Beachten Sie, dass sie eine durchgehend konvexe Fase aufweist und keine Fase mit gerader Oberfläche. Es gibt hier keine scharfe Schulter am Grund der Fase, die auf dem Holz Druckspuren hinterlässt.

Herstellung einer Holzperlenkette mit der 10-mm-Detailröhre

Ich erinnere mich, Mitte der 1990er-Jahre einen ganzen Monat damit verbracht zu haben, Holzperlen für meine Familie herzustellen, gerade noch rechtzeitig für Weihnachten. Jeder Perle wurde mit der 10-mm-Detailröhre gedrechselt. Es machte Spaß, die Perlen rechts und links gleich zu formen, und es war einfach, die gleichen Längen und Durchmesser jeder Perle zu erreichen. Am schwierigsten war, eine volle, gleichmäßige Kurve in jeder Perle zu bekommen. Ich glaube, die kleinsten Perlen hatten knapp über 3 mm ∅, das war eine große Herausforderung und eine Freude. Ich machte insgesamt fünf Halsketten und zwei Paar Ohrringe.

David Ellsworth, EARRINGS, 2000. Pink Ivory, Rosenholz. Die Querhölzer in der afrikanischen Halskette und in jedem Ohrring wurden exzentrisch gedrechselt und danach geschnitzt. Die Stifte, die die senkrechten Teile in den Ohrringen halten, sind 10 mm lang bei 0,8 mm ∅.

David Ellsworth , AFRICAN NECKLACE, 2000. Pockholz, Ahorn-Maser, Rosenholz, Pink Ivory, Grenadill; 30 cm hoch und 12,5 cm breit.

David Ellsworth , COCOBOLO NECKLACE, 2000. Cocobolo-Maser, Pink Ivory, Sonora-Eisenholz, Grenadill; 20 cm hoch und 12,5 cm breit. Es brauchte mehrere Anläufe, bis sich meine Schrägmeißel an diese kleinen Dimensionen gewöhnt hatten. Die Schwierigkeit war nicht, die Perlen rechts und links anzupassen, sondern lag darin, die Kurve voll und gleichmäßig gekrümmt hinzubekommen.

Die **tiefe 85-Grad-Schalenröhre** hat ihren Namen vom Winkel der Schneide am Grund der Flute gemessen. Diese Röhre wird benutzt, um den Grund offener Schalen zu drechseln oder die Innenseite sehr tiefer Kelchformen oder den Bauch von Schalen, deren Öffnung kleiner ist als ihr größter Durchmesser. Aufgrund der extrem steilen Fase stößt der Schaft nicht am Rand der Schale an, was das Werkzeug für diesen Einsatzzweck unverzichtbar macht. Es kann außerdem bei Quer- und Hirnholz verwendet werden, weshalb es sich ausgezeichnet zum Schneiden der Innenflächen von Kelchen eignet.

Diese Röhre zeigt die Bedeutung einer auf dem Holz gleitenden Fase auf, ohne dieses Gleiten würde der Schnitt nicht funktionieren. Es ist wirklich eine Freude, damit zu schneiden. Der Werkzeuggriff vollführt beinahe einen Drittelkreis, während sich der Schnitt von der linken Seite zur Mitte der Schneide verlagert.

Zwei Ausführungen von 85-Grad-Röhren: mit tiefer Flute (oben) und eine modifizierte Ellsworth-Signature-Röhre mit seitlichem Anschliff (unten). Beachten Sie, dass der Fasenwinkel am Grund der Flute bei beiden Werkzeugen 85 Grad beträgt.

Vergleich der 85-Grad-Röhre mit der Ellsworth-Signature-Röhre

Der 85-Grad-Winkel erlaubt mir, Bereiche in Schalen mit hinterdrehtem Rand zu erreichen, die mit anderen Röhren, z. B. der Signature-Röhre, nicht erreichbar sind. Um zu zeigen, wie diese Werkzeuge funktionieren, habe ich eine Schale in der Mitte durchgeschnitten. Mit der gerade nach oben gerichteten Flute beginnt der Schnitt bei der 85-Grad-Röhre mit ihrer linksseitigen Schneide, geht in der Kurve der Schale zur Mitte der Schneide über und beendet den Schnitt über den Boden mit der rechten Seite der Schneide. Der Fasenwinkel der 60-Grad-Signature-Röhre ist zu steil, um den Kontakt zum Holz während des ganzen Schnittes aufrechtzuerhalten. Mehr über die Signature-Röhre auf Seite 34 und im Kapitel 9 „Drechseln einer offenen Schale mit geschnittenem Rand“ auf Seite 108.

Ich führe die 85-Grad-Röhre mit der Flute nach oben zeigend ein. Mit der linken Schneide beginne ich den Schnitt.

Der Schnitt verlagert sich näher zur Mittellinie der Schneide, wenn die untere Kurve des Bodens erreicht wird.

Am Schluss rollt der Schnitt zur Mitte der Schneide, wenn der Boden der Schale geschnitten wird. Beachten Sie, dass der 85-Grad-Fasenwinkel verhindert, dass der Werkzeugschaft den Rand der Schale berührt. (Anmerkung des Übersetzers: Beachten Sie, dass die Röhre geschwenkt UND gedreht wurde.)

Der Versuch, mit der linken Seite der 60-Grad-Signature-Röhre zu schneiden, gelingt nur, solange man die Seitenwand dieser Schale mit der engen Öffnung drechselt.

Beachten Sie, dass bei der unteren Kurve die Fase vom Holz abhebt, weil der Rand der Schale den Werkzeugschaft behindert.

Die Signature-Röhre kann den Fasenkontakt beim Schnitt über den Boden nicht aufrechterhalten. Hier und im Fall der unteren Kurve würde ich die 85-Grad-Röhre benutzen, wie oben beschrieben.

Die hintere Hand erzeugt die Kraft des Schnittes, während die vordere Hand einfach nur den Schaft des Werkzeugs auf die Handauflage drückt. Das heißt, die hintere Hand drückt die Schneide direkt in das Holz, was die Schneide zum Schneiden nach rechts zwingt, geleitet durch die Fase und durch den Drehpunkt auf der Handauflage. Währenddessen müssen Ihre Beine breit gespreizt sein, mit lockeren Knien, sodass der Handgriff seinen vollen Schwung durchführen kann, ohne dass Ihr Körper im Weg ist. Das ist sehr aufregend. Und es braucht ein bisschen, bis man sich daran gewöhnt hat. Aber es ist leicht, das nötige Selbstvertrauen zu gewinnen, solange Sie die Fase gegen das Holz gepresst halten.

Erfreulicherweise können Sie fast jede Röhre mit jeder Flutenform für diesen Schnitt benutzen, mit Ausnahme der flachen Spindelformröhren. Sie müssen nur darauf achten, dass der Schaft lang und stark genug ist und die Schneide mit 85 Grad angeschliffen ist. Wenn ich eine Schale drechsle, ist es nicht ungewöhnlich, dass die Schneide 10 bis 12 cm über die Handauflage hinausragt, weshalb ich mindestens eine 16-mm-Röhre benutze, um maximale Stabilität für diesen Schnitt zu erhalten.

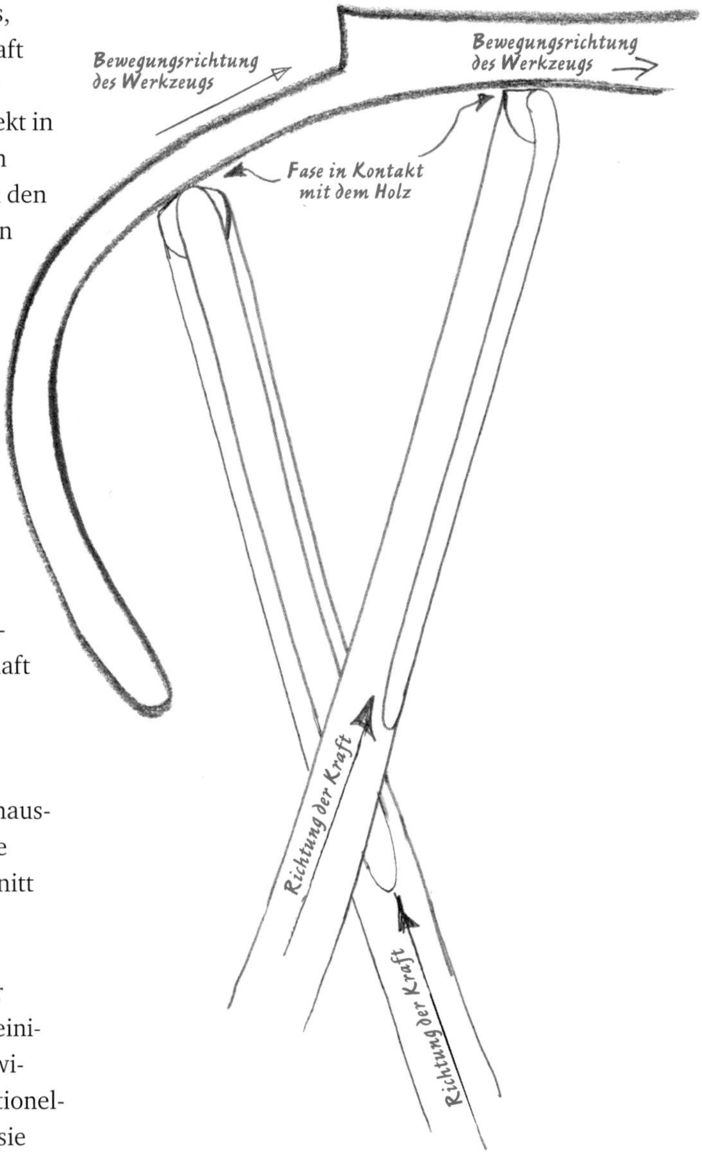

Um den inneren Schnitt zu machen bewegt sich die 85-Grad-Röhre von links zum Mittelpunkt der Schale, wobei die Fase ständig im Kontakt mit dem Holz ist. Beachten Sie, wie die Kräfte in Richtung des Schnittes verlagert werden.

Die **Ellsworth-Signature-Röhre** wurde von mir selbst entworfen, angeregt durch die Entwürfe einiger anderer Drechsler. Der Hauptunterschied zwischen meiner Signature-Röhre und den konventionellen oder traditionellen Röhren liegt darin, dass sie vielseitiger ist, vor allem was die schneidenden und scherend-schabenden Schnitte angeht, die durch die lang nach hinten gezogene Seitenfase ermöglicht werden. Auch gibt es Unterschiede in der Herangehensweise an den Prozess des Schneidens, besonders den ziehenden Schnitt beim Vordrechseln und beim Gestalten der Form, statt das Werkzeug zu schieben. Das vermindert Ermüdungserscheinungen und steigert die Effektivität. Zudem erlaubt dieses Werkzeug ein sehr fließendes Vorgehen beim Schneiden des Holzes, was zu mehr Bewegung des ganzen Körpers führt und Müdigkeit vermindert. Mit der Signature-Röhre können Sie fünf Schnitte ausführen: den Schrupp- oder Grobschnitt zum Vordrechseln, den Schälschnitt oder Schneidschnitt, den Schabschnitt, den scherenden Schabschnitt (auch als schabender Scherschnitt oder schneidender Schabschnitt bezeichnet) und den feinen Oberflächenschnitt im Inneren.

In den meisten Fällen ist es möglich, eine komplette Schale nur mit der Signature-Röhre zu drechseln. Ich drechsle ebenso die Außenform aller meiner Hohlformen – die kleinen wie die großen – mit diesem Werkzeug.

Um Ihnen ein bisschen Hintergrund zu vermitteln: Meine ersten Erfahrungen mit einer seitenschneidenden Schalendrehröhre machte ich 1982. Liam O'Neill aus Irland zeigte sie mir, auch Michael O'Donnell aus Schottland, Ray Key aus England und Richard Raffan aus Australien hatten Variationen dieses Werkzeugdesigns hergestellt. Tatsächlich beschuldigte ich jeden von ihnen im Spaß, beim Schleifen ihrer Röhren die Sache vermasselt zu haben und versehentlich mit etwas Neuem und Besseren herausgekommen zu sein. Jedenfalls modifizierte ich die Form von Liams

Schneide, sodass das Werkzeug für meine Art zu Drechseln effektiver war und unterschiedlichere Schnitte erlaubte.

Beachten Sie, dass die Bezeichnung „Ellsworth-Signature-Röhre" auf einen Durchmesser von 12,5 bis 16 mm hinweist mit einem langen seitlichen Anschliff und einer nicht unterbrochenen parabolischen Kurve der Flute. Während ich das meiste meiner Arbeit mit dem 16-mm-Werkzeug erledige, ist das Werkzeug mit 12,5 mm Durchmesser gut für sehr kleine Objekte. Allerdings wird es wegen seiner fehlenden Masse vibrieren, wenn es zu weit über die Handauflage hinausragend verwendet wird oder wenn es scherend-schabende Schnitte in dichten oder trockenen Hölzern vollbringen soll.

Am anderen Ende des Spektrums würde eine 19-mm-Röhre viel zu viel Schneide in das Holz bringen, sodass es sehr schwer wäre, den Schnitt unter Kontrolle zu halten. Die Relationen zwischen der Länge der Schneide, dem Durchmesser und dem Gewicht des Werkzeugs können einen riesigen Unterschied in der Gesamtleistung ausmachen.

Beachten Sie die Unterschiede zwischen der 85-Grad-Röhre (links) und der tiefgekehlten 85-Grad-Röhre (rechts). Die Form der Fluten ist verschieden, aber der 85-Grad-Anschliff an beiden Werkzeugspitzen ist gleich. Im Wesentlich erfüllen sie den gleichen Zweck, aber die Röhre mit der tiefen Flute ist besser für innere Schnitte über den Boden von kleineren Formen, z. B. Kelchen.

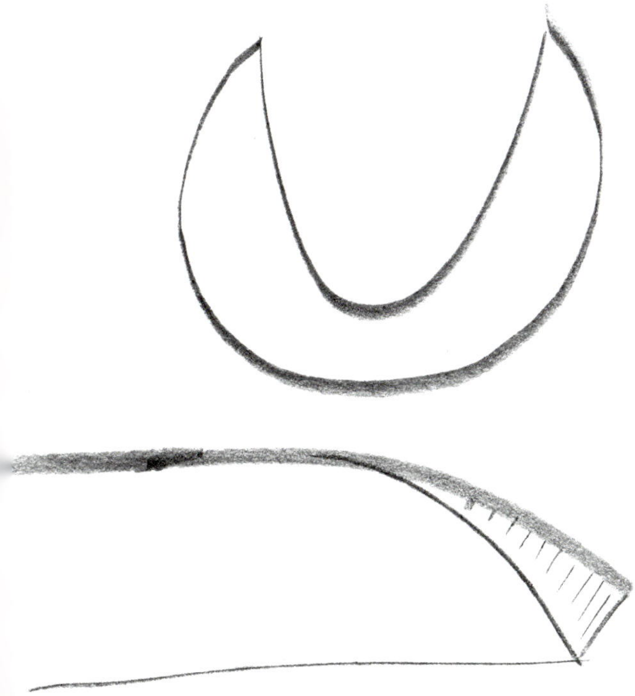

Die End- und Seitenansicht der Signature-Röhre zeigt die parabolische Flute. Der konvexe Anschliff in Richtung Spitze erlaubt fünf verschiedene Schnitte.

Ebenso wichtig für das Design der Signature-Röhre ist die Form der Flute (siehe Abbildung unten und Foto oben). Ich bevorzuge eine gleichmäßige parabolische Kurve ohne Unterbrechung der Oberfläche. Dadurch erhalte ich eine gleichmäßig ansteigende konvexe Schneide, maximal angepasst an jeden der fünf Schnitte, die mit der Röhre möglich sind.

Die Signature-Röhre wurde entworfen, um diese fünf Grundschnitte auszuführen, sodass sie mit gleicher Effektivität an der Außenseite von Hohlformen und der Innen- und Außenseite von offenen Schalen eingesetzt werden kann. Ich empfehle sie nicht für Langholzdrechseln, einfach deswegen, weil dies nicht so effektiv wäre wie ein Schrägmeißel oder eine Spindelformröhre. Selbstverständlich ermutige ich Leute zu experimentieren und Werkzeuge für ein breites Spektrum an Anwendungen zu gebrauchen, solange sie sich dabei sicher fühlen. So gesehen ist Werkzeugdesign wie eine Sprache: Sie erweitert sich mit der Zeit und den Anforderungen. Die Geschichte der Drechselröhre ist eine Geschichte des Experimentierens; wer weiß, womit andere Drechsler aufwarten werden?

Für mehr Informationen über die fünf Schnitte und die Benutzung der Signature-Röhre siehe Kapitel 9 „Drechseln einer offenen Schale mit geschnittenem Rand" auf Seite 108.

Kapitel 4

Herstellen von Werkzeugen & Werkzeuggriffen

Das Selbermachen von Werkzeugen – besonders von Ausdrehwerkzeugen – ist eine sehr befriedigende Sache. Man weiß genau, was man braucht und wie man es bekommt. Man lernt schnell, wie ein Werkzeug funktioniert oder wie es eben nicht funktioniert. Man entdeckt neue Anwendungen für Werkzeuge und neue Formen, bei denen sie angewandt werden können. Manchmal muss man erst Vorrichtungen erfinden, um die Werkzeuge bauen zu können, ohne zu wissen, dass irgendjemand irgendwo genau diese Vorrichtung für einen anderen Verwendungszweck bereits gebaut hat. Aber das macht nichts. Man kann so vertieft in den Bau eines Werkzeugs sein, dass man ganz vergisst, welches Objekt man eigentlich drechseln wollte. Oft macht man ein Werkzeug so spät in der Nacht, dass niemand mehr da ist, um es zu bewundern. Oft sehen hausgemachte Werkzeuge schrecklich aus, aber wenn man sie zum ersten Mal an das Holz hält, ist es, als würde man mit einer heißen Kettensäge durch Käsekuchen schneiden. Ich habe schon so lange hässliche Werkzeuge benutzt, dass sie auf mich schön wirken. Gibt es etwas, was mehr zufriedenstellt?

Mithilfe eines Propangasbrenners und eines Schraubstocks kann man seine eigenen gebogenen Ausdrehwerkzeuge herstellen.

Ein Werkzeug wird hergestellt, wenn es einen Bedarf gibt. Wenn man die Geschichte des Werkzeugdesigns für Holzdrechsler seit den späten 1970er-Jahren betrachtet, dann wird es ziemlich klar, dass wir eine sehr bedürftige Gruppe sein müssen. Mit Ausnahme einiger Standardröhren, Meißel und ein paar Abstechstählen sind alle diese Spezialwerkzeuge, die Sie bestaunen können, von Herstellern entworfen worden, die noch am Leben sind, und die meisten Werkzeuge werden auch von ihnen hergestellt und vertrieben.

Ich liebe es, Werkzeuge zu bauen, weil es mir eine spezielle Genugtuung verschafft, dass ich ein Problem lösen kann, wenn eines auftaucht. Oft besteht das Problem darin, einen Bereich im Inneren einer Hohlform zu erreichen, den ich mit einem bereits vorhandenen Werkzeug nicht erreichen kann, ohne einige Gestaltelemente zu opfern, z. B. die Öffnung einer Hohlform zu vergrößern, um ein größeres Werkzeug hineinzubringen. Ich tat das einmal und es endete als derart lausiges Stück, dass ich damit meine Werkstatt gut fünf Minuten lang heizte.

Die meisten Drechsler haben keine Ahnung, wie man ein Werkzeug baut. Drechselneulinge haben noch nicht das Wissen oder die Erfahrung, welche Art Werkzeug sie überhaupt brauchen. Nebenbei ist es auch viel einfacher, eine Kreditkarte zu nehmen, ein paar Tasten auf dem Computer zu drücken und irgendetwas zu bestellen, vorausgesetzt, der Händler hat das, was Sie zu brauchen glauben. Manche haben es, manche nicht.

Wenn es darum geht, Ausdrehwerkzeuge herzustellen, sind Logik und Einfachheit der Schlüssel zum Erfolg. Als ich auf die Idee mit den stark hinterdrehten Öffnungen meiner „*Homage Pot*“-Serie kam, war ich nicht bereit, eine gute Idee zu opfern, bloß weil ich nicht das richtige Werkzeug dafür hatte. Ich stellte sieben Werkzeuge aus Inbusschlüsseln her, aus etwas Werkzeugstahl und aus einem Schraubendreher (das ist der mit der Klebebandwicklung, siehe Foto oben links). Meine Philosophie ist: Passe nicht das Drechselstück an das Werkzeug an, sondern umgekehrt. Glauben Sie mir, es lohnt sich!

Einfach anfangen

Wie lange dauert es im Schnitt, ein durchschnittliches Werkzeug anzufertigen? Etwas länger als ein durchschnittlicher Internetbesuch. Und je mehr Werkzeuge Sie anfertigen, desto weniger kosten sie, weil Sie bereits die wichtigsten Zutaten besitzen.

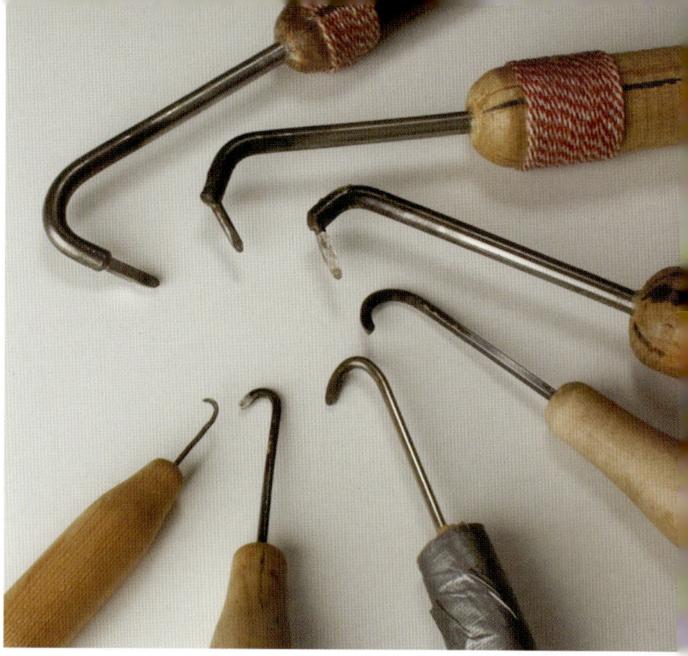

Ich mache J-förmige Werkzeuge aus Schraubendrehern (das Werkzeug mit der Klebbandwicklung), Inbusschlüsseln (die anderen mit den kleinen Griffen) und ölhärtendem Werkzeugstahl (die drei oberen), um hinterdrehte Öffnungen in meinen HOMAGE POTS zu bearbeiten.

Die Werkzeuggriffe sind umsonst, weil Sie einfach nach draußen gehen und ein paar Stücke von kleineren Bäumen absägen können, oder Sie besuchen Ihren freundlichen Schreiner und bitten um ein paar Abfallstücke oder tauschen sie gegen ein paar Schalen. Keiner von Ihnen braucht das, was er gerade hat, also ist es ein Geschäft auf Gegenseitigkeit.

Wenn Sie nicht mögen, wie das Werkzeug arbeitet, wenn der Griff zu lang ist oder zu kurz, wenn der Winkel der Biegung zu klein ist oder zu groß, ändern Sie es ab – oder noch besser: Bauen Sie es neu. Aber bewahren Sie das erste Werkzeug auf, weil Sie immer eine Verwendung dafür finden werden, irgendwann. Sie können nichts falsch machen. Es gibt keine schlechten Werkzeuge, nur welche, die Sie nicht so oft benutzen.

Ohne Erfahrung können Sie nicht vorhersagen, wie ein Werkzeug auf dem Holz reagieren wird, bevor Sie es nicht ausprobiert haben. Es ist genau dieses Ausprobieren, dieses Ausknobeln, was ein Werkzeug tun wird und was nicht, das Ihnen beim Problemlösen hilft und Sie in eine neue Richtung führt. Wenn das Werkzeug auf trockenem Holz nicht funktioniert, versuchen Sie es auf Grünholz. Ich habe ein paar Werkzeuge mit 12-mm-Schäften und extremen Biegungen, die 10 cm hinter die Biegung reichen und die besser arbeiten als die dickeren 16-mm-Schäfte mit derselben Biegung. Warum? Normalerweise reagieren die Schneidspitzen, die *weniger* Unterstützung durch den Schaft bekommen, *empfindsamer* auf die Oberfläche, die ich bearbeite. Logik sagt mir, dass mehr Unterstützung besser wäre. In diesem Fall irrt die Logik.

Spannen Sie den Werkzeugschaft in einen Schraubstock, um das Befestigungsloch für eine Schneidspitze zu bohren. Benutzen Sie einen Bohrer im Durchmesser deutlich kleiner als der Werkzeugschaft.

Material und Werkzeuge

Diejenigen, die abenteuerlustig genug sind, um ihre eigenen Werkzeuge herzustellen, finden hier eine Liste der Materialien und Werkzeuge, die sie (vielleicht) brauchen werden. Möglicherweise haben Sie schon die meisten benötigten Werkzeuge. Wenn das der Fall ist, müssen Sie nicht sehr viel Geld investieren.

- ein paar meterlange Stangen runder Werkzeugstahl, ölhärtbar (O1), in verschiedenen Durchmessern (in Deutschland häufig Silberstahl genannt)
- ein paar kobalthaltige HSS-Drehstahlrohlinge für Kleindrehbänke mit 4 oder 6 mm Querschnitt, auch als Drehlinge bezeichnet
- ein paar ganz normale 4- bzw. 6-mm-HSS-Bohrer für Stahl
- einen Satz langer Inbusschlüssel
- einen guten Schraubstock
- einen leistungsfähigen Propangasbrenner, ausreichend für Hartlöten
- eine Handbohrmaschine
- Feststellzangen oder Gripzangen (ein Paar)
- einen Schleifbock
- eine Metallsäge
- eine Tube Sekundenkleber (Cyanoacrylat)

Herstellen von Werkzeugschäften

Jeder kann Werkzeuge herstellen und ich glaube, es ist der beste Weg um ein „Macher“ zu werden. Die grundlegenden Schritte, um ein Drechselwerkzeug nach meiner Art herzustellen, sind einfach (siehe auch Fotos auf Seite 42):

- Sägen Sie den Rundstahl mit der Metallsäge auf die Länge, die Sie brauchen, und schleifen Sie das Ende ab, damit Sie einen Bohrer ansetzen können. Das wird der Schaft.
- Benutzen Sie einen Metallbohrer, im Durchmesser passend zur HSS-Schneidspitze, um ein Loch am Ende des Schaftes zu bohren, da wo Sie es haben wollen.
- Kürzen Sie den Drehling an der Kante des Schleifsteins auf die gewünschte Länge und formen Sie die Enden. Das gibt die Schneidspitzen.
- Kleben Sie die Schneidspitze in das Loch am Ende des Schaftes. Bewahren Sie den Rest des Drehlings für ein weiteres Werkzeug auf.
- Drechseln Sie einen Griff, bohren Sie ein Loch in das eine Ende und kleben Sie den Schaft hinein.
- Wickeln Sie eine Verstärkung um das vordere Ende des Handgriffs.
- Schärfen Sie die Spitze des Schneidstahls und schon können Sie loslegen.

Herstellen eines gebogenen Schaftes

Bevor man mit der Herstellung eines gebogenen Schaftes beginnt, sollte man die Holzspäne von der Werkbank kehren, damit die Werkstatt nicht in Flammen aufgeht, wenn man die Eisenstange erhitzt. Das Loch für die Spitze sollte bereits gebohrt sein. Dann spannt man den Stab so in den Schraubstock, dass die Stelle, an der gebogen werden soll, mindestens 5 cm oberhalb der Backen ist, damit der Schraubstock die Hitze nicht aus dem Schaft ziehen kann.

Als Nächstes erhitzen Sie den Schaft, bis er leicht rot ist, und schieben dann einen anderen Metallstab mit einem passend gebohrten Loch über das Ende des Schaftes (noch besser geht es mit einem passenden Stahlrohr von einem dreiviertel Meter Länge).

Ich habe ein paar dieser Metallstangen mit eingebohrten Löchern von unterschiedlichem Durchmesser für die verschiedenen Schaftdurchmesser griffbereit. Dies ist einfacher, als das Ende der erhitzten Stange mit einer Gripzange zu fassen. Nun können Sie den Schaft auf ungefähr 45 Grad biegen. Wenn der Schaft während des Biegens abkühlt, erhitzen Sie ihn nochmals und machen dann weiter.

Lassen Sie den Schaft abkühlen, entweder in Wasser oder an der Luft. Es ist nicht nötig, den Schaft zu härten, mir hat sich noch keiner im Gebrauch verbogen. Zum Schluss kleben Sie noch die Schneidspitze mit zähflüssigem, spaltfüllendem Cyanoacrylat-Kleber in das vorbereitete Loch und das war's. Fast jedenfalls. Sie sollten noch das hintere Ende des Schaftes mit dem Schleifbock aufrauen, damit es besser im Griff hält. Bearbeiten Sie ungefähr 4 cm vom Ende des Schaftes bei kleinen Werkzeugen bis etwa 17 cm Länge und 7 cm bei längeren Werkzeugen bis etwa 30 cm Länge.

Der Winkel des Werkzeugs

Ich mache auch gebogene Werkzeuge mit einem Winkel größer als 45 Grad, um schwierige Bereiche zu erreichen, aber kleinere Winkel als 45 Grad können Probleme bereiten, weil die Werkzeuge beim Drechseln zum Hüpfen oder Vibrieren neigen.

Einen gebogenen Schaft herstellen

Diese Fotografien zeigen, wie ich einen gebogenen Schaft mache. Versuchen Sie es mit MAPP-Gas (im Baumarkt erhältlich) anstelle von Propan. Es brennt heißer.

Der Schaft mit dem gebohrten Loch für die Schneidspitze wird senkrecht im Schraubstock eingespannt. Erhitzen Sie den Bereich des Schaftes, an dem er gebogen werden soll, bis zur Rotglut.

Benutzen Sie eine größere, angebohrte Stange oder ein Stück Metallrohr, um den heißen Stab zu fassen, und biegen Sie ihn auf 45 Grad.

Herstellen einer Schneidspitze

Ich mache Schneidspitzen in zwei Größen: 3/16 Zoll (ca. 4,8 mm) Querschnitt für alle gebogenen Werkzeuge und ¼ Zoll (ca. 6,5 mm) für gerade Ausdrehstähle. (Anmerkung des Übersetzers: Das Maß ist nicht kritisch, hierzulande übliche metrische Querschnitte von 4 mm und 6 mm gehen auch.) Die Drehlinge kommen in verschiedenen Längen, müssen also zuerst in passende Stücke geschnitten werden. Dazu kann man sie gegen die Kante einer Schleifscheibe halten und eine v-förmige Kerbe gut drei Viertel des Querschnitts tief in den Drehling schleifen, die entstehende Ecke kann man sehr gut in die Spitze des Werkzeugs integrieren.

Im nächsten Schritt wird das andere Ende der Schneidspitze abgerundet, damit sie in das Loch im Schaft passt. Ich habe dazu eine Serie von Vorrichtungen, aber man kann es auch leicht in einer Hobbywerkstatt machen. Halten Sie die Spitze mit einer Gripzange, um jede der vier Ecken auf dem Schleifbock abzurunden. Das abgerundete Ende sollte 10 bis 12 mm lang sein. Mit etwas Übung ist es leicht, ein schönes, rundes Pass-Stück zu schleifen. Es braucht nicht exakt rund zu sein, nur so rund, dass es sich in das Loch am Ende des Schaftes einschieben lässt. Epoxy oder dickflüssiger Sekundenkleber werden dann die Spalten auffüllen. Übertreiben Sie es nicht mit Abschleifen, das schwächt die Schneidspitze.

Zuletzt wird die Schneidspitze in das in dem Schaft gebohrte Loch eingeklebt.

Auf Seite 42 ist die ganze Herstellung in Abbildungen zu sehen.

Wiederverwenden von Schneidspitzen

Wenn die Spitzen meiner Ausdrehwerkzeuge durch den Gebrauch zu kurz werden, kann ich sie immer noch für verschiedene Zwecke benutzen. Zum Beispiel ist ein stark gebogenes Werkzeug gut für den Gebrauch in der Schulter einer Hohlform, aber wenn die Spitze durch Abnutzung kürzer wird, entferne ich sie und setze sie als Spitze in ein weniger gebogenes Werkzeug ein, sodass ich sie zum groben Vordrehen benutzen kann. Wenn die Spitze richtig kurz wird, schleife ich sie um zu einem Werkzeug für das mittige Vordrehen von kleineren Formen.

Wenn die Schneidspitzen abgenutzt sind, können sie in verschiedenen Werkzeugen weiterhin genutzt werden. Von unten: Was einmal als lange Spitze für das Drechseln von Schultern in einem gebogenen Werkzeug diente, eignet sich noch als Spitze für das grobe Vordrechseln und möglicherweise noch als Spitze für ein gerades Bohrwerkzeug.

Eine Schneidspitze herstellen

Hier wird das Vorgehen zur Herstellung und Befestigung einer Schneidspitze in Bildern gezeigt.

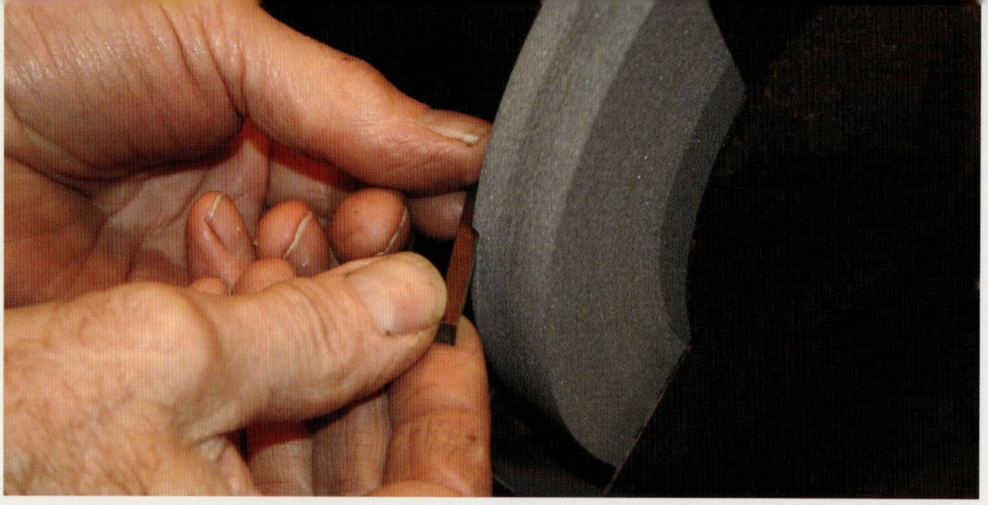

Schleifen Sie den Drehling bei der gewünschten Länge an der Kante der Schleifscheibe fast ganz durch. Halten Sie den 45-Grad-Winkel ein.

Wenn Sie mit dem Schleifen fertig sind, hängen die beiden Teile des Drehlings immer noch zusammen.

Mit dem Schraubstock und einer Gripzange können Sie den Drehling durchbrechen. Biegen Sie in Richtung der eingeschliffenen Kerbe.

Schleifen Sie die Kanten des Rohlings ab, bis er in das Loch im Schaft passt. Beginnen Sie oben an der Schleifscheibe und arbeiten Sie nach unten. Der abgerundete Bereich sollte ca. 10 mm lang sein.

Wenn dieser Schritt noch nicht zuvor erledigt wurde, spannen Sie den Schaft des Werkzeugs im Schraubstock fest und bohren ein passendes Loch für das abgerundete Ende der Schneidspitze.

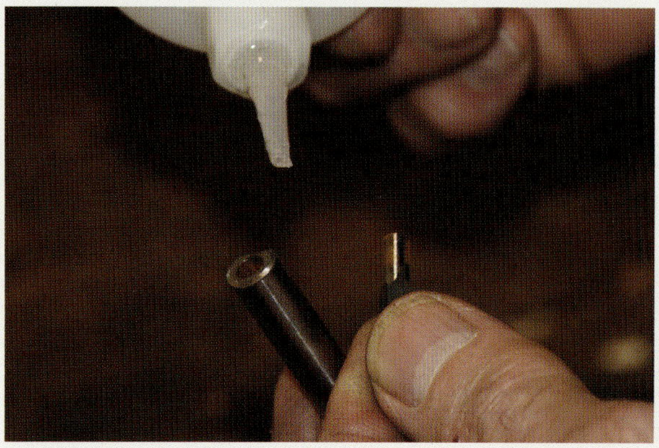

Geben Sie Sekundenkleber in das Loch im Schaft und sprühen Sie Beschleuniger auf die abgerundete Schneidspitze.

Führen Sie die Schneidspitze in das Loch ein. Beachten Sie, dass die Oberseite der Schneidspitze parallel zur Abschrägung des Schaftes direkt oberhalb des Loches ist. Das stellt sicher, dass sich diese Spitze in korrekter waagrechter Position befindet.

Die Umnutzung von Werkzeugen wie Schraubendreher, Inbusschlüsseln und Mauernägeln wird Ihnen ermöglichen, kleinere Hohlformen auszudrechseln. Die ersten vier Werkzeuge von links wurden aus Inbusschlüsseln hergestellt. Die nächsten beiden sind aus Mauernägeln; zur Verdeutlichung liegt ein unbearbeiteter Nagel dazwischen. Die letzten beiden Werkzeuge ganz rechts sind umgearbeitete Schraubendreher.

Ausdrehwerkzeuge aus anderen Werkzeugen herstellen

Sie werden feststellen, dass Sie in Ihrer Werkstatt bereits einige Materialien besitzen, um Ausdrehwerkzeuge für kleinere Objekte herzustellen: Schraubendreher, Inbusschlüssel und Nägel. Ich habe seit den späten 1970er-Jahren Schraubendreher und Inbusschlüssel benutzt, um das Innere meiner kleineren Hohlformen zu bearbeiten. Sie sind leicht erhältlich, preisgünstig und effektiv und die meisten Drechsler besitzen sie bereits. Ich kann sie mit einem Gasbrenner biegen, die Spitzen formen, wie ich will, und Griffe dafür machen, die meinen Ansprüchen genügen.

Schraubendreher

Schraubendreher sind für die neue Aufgabe schon weitgehend fertig. Sowohl Schlitz- als auch Kreuzschlitzschraubendreher funktionieren und ich forme die Spitze in einen einfachen Rundschaber oder einen Fingernagelschaber um. Schraubendrehergriffe sind für meine Hände zu klein, daher umwickle ich sie mit mehreren Lagen Schaumstoff und Panzerband. Durch den Gebrauch hinterlassen meine Hände Eindrücke im Schaum und das Griffgefühl sagt mir immer, ob die Werkzeugspitze waagrecht ausgerichtet ist.

Bei Schlitzschraubendrehern ist es besser, wenn man die Spitze mindestens 12 mm zurückschleift, damit die Stärke der Schneide wenigstens die Hälfte der Schaftstärke beträgt, um Vibrationen beim Schneiden vorzubeugen.

Inbusschlüssel

Genauso wie Schraubendreher sind Inbusschlüssel nicht die härtesten Werkzeuge in der Kiste, aber sie halten eine Schneide bemerkenswert gut. Nachdem sie auf dem Schleifbock geformt wurden, benutze ich eine Diamantfeile, um die Schneide scharf zu halten. Ich schleife das kurze Ende auf etwa ein Drittel seiner Länge zurück, außer ich brauche die volle Länge, um einen bestimmten Bereich in einer Hohlform zu erreichen. Danach erhitze und biege ich die Spitze mit einem Gasbrenner in die benötigte Form. Es ist sehr wichtig, diese Werkzeuge sehr scharf zu halten, andernfalls rattern sie nur an der Innenwand entlang.

Mauernägel

Die sehr harten Mauernägel oder Betonnägel aus Stahl gibt es in verschiedenen Längen und Durchmessern in jedem Baumarkt. Man könnte stattdessen auch einen Schraubendreher mit entsprechend dickem Schaft verwenden, aber die Nägel sind preisgünstiger und oft hat man schon einen passenden Griff oder gerade Lust, einen zu drechseln.

Formen der Fase an einem umgenutzten Werkzeug

Wie bei allen schabenden Werkzeugen sollte der Keilwinkel ungefähr 75 bis 85 Grad betragen, entsprechend Ihren Anforderungen. Wenn Sie die Fase mit 45 Grad schleifen, wird die Schneide nicht genügend Masse haben und auf dem Holz vibrieren.

Herstellen von Werkzeuggriffen

Ergonomische Gesichtspunkte spielen eine wichtige Rolle beim Entwurf von Drechselwerkzeugen, speziell von Handgriffen. Seit den späten 1980er-Jahren habe ich ovale Handgriffe an meinen größeren Ausdrehwerkzeugen verwendet, als ich begann, größere Werkzeuge herzustellen, um größere Objekte zu drechseln. Ich hatte festgestellt, dass ich die runden Handgriffe mit viel zu viel Kraft festhalten musste und meine rechte Hand begann tatsächlich zu pochen. Ich wachte nachts auf und mein ganzer rechter Unterarm fühlte sich an wie ein Nadelkissen. Was tun?

Ich erinnerte mich an die Zeit Anfang 1970, als ich Handgriffe für Keramiktöpfe machte. Wenn ich die Griffe aus Ton langzog, wurden sie natürlicherweise oval im Querschnitt und passten wunderbar in die Hand. Danach erinnerte ich mich an die alten Schraubendreher mit den ovalen Griffen und wie viel Kraft man damit auf die unsäglichen Schlitzschrauben ausüben konnte. Versuchen Sie einmal, ein Gartenhaus mit einem runden Hammerstiel zu bauen. Es würde keine halbe Stunde dauern und der Hammer würde Ihnen aus der Hand rutschen. Oval muss sein! Unsere Hände sind nicht dafür gebaut, perfekt runde Sachen festzuhalten, warum also sollten unsere Werkzeugstiele rund sein? Die einfache Antwort: Runde Stiele sind leichter herzustellen.

Einen Werkzeuggriff drechseln

Um einen ovalen Griff für meine Ausdrehwerkzeuge herzustellen, drehe ich den Griff zuerst rund. Dann versetze ich das hinteren Ende im Reitstock um 6–7 mm und benutze eine Drehröhre, um etwas von dem Extraholz am hinteren Ende wegzuschneiden. Das ergibt eine ovale Form in dem Bereich, in dem ich das Werkzeug mit der größten Kraft greifen muss. Man kann sich diesen Bereich regelrecht in die Hand formen. Wenn Sie zu viel wegdrehen, werden Sie eine runde Form erhalten, die vom Rest des Griffes um 6 mm versetzt ist.

Ich drehe dieses Oval bis ungefähr 15 cm vom hinteren Ende des Griffes, aber Leute mit kürzeren Armen können bis zu 30 cm gehen. Das gibt ihnen mehr ovale Grifffläche, wenn sie mit wenig Überhang in einer Hohlform drechseln. Ich lasse auch eine raue Oberfläche am Griff, um meiner Hand etwas mehr Halt zu geben. Über die Jahre habe ich in den Werkstätten anderer Leute eine Menge wunderhübscher Werkzeuge gesehen, aus ausgefallenen Hölzern und mit glatten Oberflächen. Sie werten ein gutes Werkzeug weiter auf, und es macht eine Menge Spaß, sie herzustellen. Aber ich frage mich, wie effektiv sie sein mögen in Bezug auf Handlichkeit – man muss härter zugreifen, um damit zu arbeiten. Es ist Geschmackssache. Meine Handgriffe sind absichtlich grob.

Zum Schluss drechsle ich einen 3 mm tiefen Absatz, etwa 35 mm lang am vorderen Ende des Griffes, um eine gewickelte Zwinge anzubringen, nachdem der Schaft eingeklebt ist. Auch runde ich das Griffende ab, sodass er mir komfortabel in der Hand liegt.

Ein Loch für den Schaft bohren

Um das Schaftloch zu bohren, benütze ich ein Bohrfutter am Spindelstock und stütze das hintere Ende des Griffs am Reitstock ab. Ich benutze entweder einen Holzspiralbohrer oder einen Flachfräsbohrer mit demselben Durchmesser wie der Schaft des Werkzeugs, da normale Spiralbohrer zu wandern anfangen, wenn das Loch im Hirnholz tiefer wird. Ich markiere die beabsichtigte Bohrtiefe mit Klebeband am Bohrer, ergreife den Griffrohling mit einer Hand, schalte die Drehbank an und drehe die Reitstockspindel vorwärts. Wenn ich die gewünschte Bohrtiefe erreicht habe, lasse ich den Handgriff los und schalte den Motor ab. Auf diese Weise komme ich nicht in Gefahr, wenn beim Bohren etwas schiefläuft.

Werkzeuggriff herstellen

Ein oft übersehener Vorteil selbst gemachter Drechselwerkzeuge ist, dass Sie dazu gezwungen sind, Ihre eigenen Handgriffe herzustellen. Sie können die Griffe aus Ästen machen oder aus zugeschnittenem Hartholz. Der Durchmesser des Handgriffs sollte bequem zu Ihren Händen passen und die Länge richtet sich danach, wie Sie das Werkzeug nutzen wollen. Für Ausdrehwerkzeuge benutze ich gerne einen 38 cm langen Griff für einen 15 cm langen Schaft und einen 70 cm langen Griff für einen 30 cm langen Schaft. Versuchen Sie mal, Handgriffe aus Kanteln mit 5 cm Seitenlänge zu drechseln oder benutzen Sie einen kleinen Astabschnitt.

Halten Sie die Röhre in Schneideposition, um den Rohling abzudrehen. Formen und glätten Sie den Handgriff.

Drehen Sie einen Absatz von 3 mm an und runden Sie die vordere Kante etwas ab.

Versetzen Sie das hintere Ende des Handgriffs am Reitstock um ungefähr 6 mm. Die Richtung spielt keine Rolle, es muss nur exzentrisch sein.

Schälen Sie ein bisschen Holz am unteren Ende des Griffes ab, um ihn oval zu machen. Der ovale Bereich soll wenigstens 15 cm lang in Richtung Schaft reichen. Gehen Sie bis 30 cm, wenn Sie kurze Arme haben. Probieren Sie den Griff aus, ob er gut in der Hand liegt.

Runden Sie das hintere Ende ab, damit es bequemer in der Hand liegt.

Setzen Sie ein Bohrfutter im Spindelstock ein und sichern Sie das hintere Ende des Werkzeuggriffs im Reitstock. Markieren Sie die Tiefe der Bohrung von 6 cm am Bohrer mit Klebeband.

Schalten Sie die Drehbank ein und drehen Sie den Reitstock vorwärts. Halten Sie den Werkzeuggriff fest, solange Sie bohren. Wenn Sie die vorgesehen Tiefe gebohrt haben, lassen Sie den Handgriff los und schalten Sie die Maschine ab. Vergewissern Sie sich, dass die Bohrung im Zentrum verläuft.

Befestigung des Schaftes am Griff und Knüpfen einer Zwinge

Hier zeige ich, wie ich den Werkzeugschaft im Handgriff befestige und wie ich eine Zwinge anbringe. Wenn Sie sich dafür entscheiden, Epoxidharzkleber statt Sekundenkleber zu verwenden, um den Schaft zu befestigen, sollten Sie knapp oberhalb des Endes der Sacklochbohrung ein 1,5-mm-Loch in die Seite des Griffes bohren, damit überflüssiger Kleber austreten und der Werkzeugschaft am Boden des Loches aufsitzen kann.

Ich knüpfe die Zwinge gerne mit dem Griff in der Drehbank, aber auch auf dem Schoß. Probieren Sie aus, was Ihnen am besten liegt.

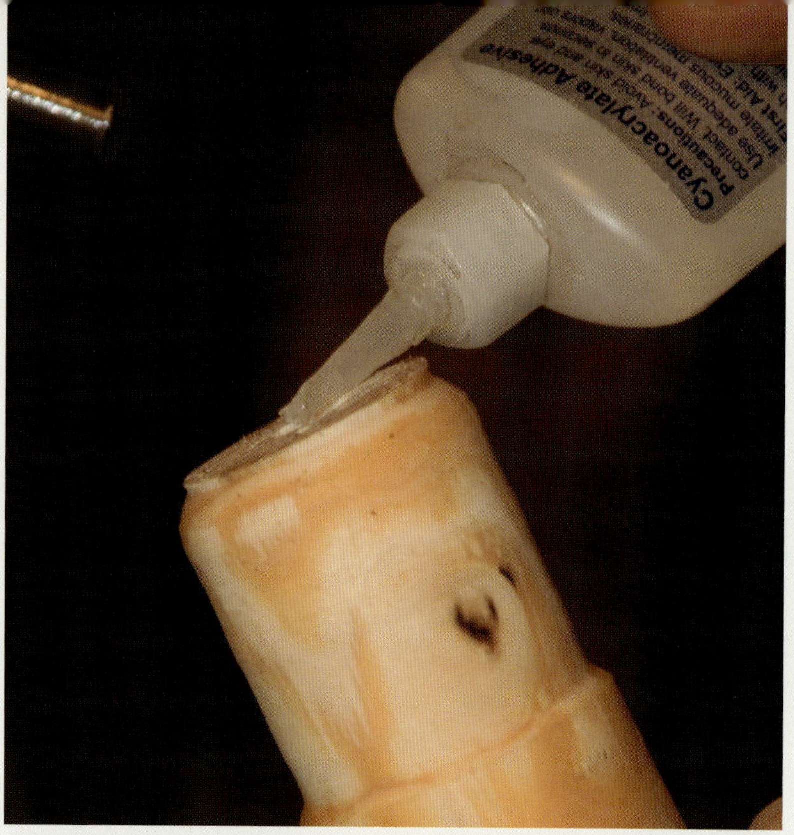

Der Schaft wird so im Schraubstock eingespannt, dass die Spitze in der horizontalen Schneidposition liegt. In das Loch im Griff wird Sekundenkleber gegeben. Das Ende des Schaftes wird mit Beschleuniger (Aktivator) besprüht.

Drücken Sie den Griff mit beiden Händen auf den Schaft. Greifen Sie den Griff mit der hinteren Hand so, wie Sie ihn beim Drechseln greifen würden, damit Sie sicher sein können, dass die Schneidspitze beim Zusammenbau in korrekter Position ist.

Legen Sie mit Nylonkordel eine Schleife über den Absatz. Das freie Ende der Kordel sollte etwa 15 cm über den Griff hinausragen. Vergewissern Sie sich, dass die Schleife über den Rand des Absatzes hinausgeht.

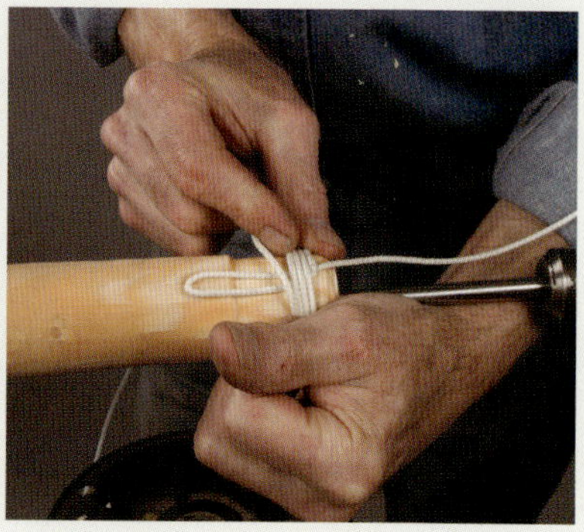

Beginnen Sie mit dem Wickeln der Kordel um das Ende des Griffs. Wickeln Sie eng und stramm!

Wenn Sie die Kordel über den gesamten Absatz gewickelt haben, schneiden Sie sie mit ca. 10 cm Überlänge ab. Fädeln Sie dieses Ende durch die Schleife.

Ziehen Sie an der Kordel am Ende des Griffes. Dadurch ziehen Sie mit der Schlaufe das lose Ende unter die Wicklung.

Schneiden Sie beide Enden ab.

Befestigen des Schaftes im Handgriff

Spaltfüllender Sekundenkleber ist perfekt, um den Schaft im Griff zu befestigen. Wenn ich einen noch feuchten Astabschnitt für den Griff verwende, muss ich mich beeilen, nachdem ich den Kleber eingebracht und den Schaft mit Beschleuniger besprüht habe. Ich habe nur wenige Sekunden, bevor der Kleber hart wird. Deshalb gehe ich so vor: Ich spanne den Schaft so in den Schraubstock, dass die Schneide waagerecht ausgerichtet ist. Dann kann ich beim Drechseln fühlen, dass die Schneide innerhalb der Hohlform waagerecht liegt, wenn der Griff gut in meiner Hand liegt. Danach tropfe ich den Kleber in das Loch, besprühe das Ende des Schaftes mit Beschleuniger und ramme den Griff auf, mit meiner Hand am Ende, wo sie sich auf dem ovalen Griff wohlfühlt. Epoxidharzkleber funktioniert genauso gut, aber es ist ratsam, seitlich ein kleines Loch auf Bodenhöhe des großen Loches zu bohren, damit überschüssiges Harz entweichen kann; sonst kann es passieren, dass sich der Schaft nicht ganz bis auf den Boden des Loches einschieben lässt.

Eine Zwinge wickeln

Danach wickle ich die Zwinge. Ich benutze Nylonkordel anstelle einer Messing- oder Kupferröhre, weil ich so viele unterschiedliche Durchmesser bei meinen Griffen habe, dass ich den ganzen Laden leerkaufen müsste, um immer die korrekte Rohrgröße im Haus zu haben. Stattdessen wickle ich eine Art Takling und bedecke ihn mit Sekundenkleber. Der Kleber ist neuzeitlich, aber die Schnurwicklung ist die älteste bekannte Zwinge der Menschheit und ich habe immer eine passende Größe zur Hand.

Eine Menge der Zwingen, die man an selbst gemachten oder gekauften Griffen sehen kann, haben einen zu kleinen Durchmesser, um sinnvoll zu funktionieren. Eine Zwinge, die ich gesehen habe, ließ nur 3 mm Holz zwischen ihr und dem Schaft zu, und ich habe so meine Zweifel, ob das unter Belastung halten wird. Ich glaube nicht, dass der Sinn einer Zwinge darin besteht, zu verhindern, dass das Holz unter der Belastung eines Schlages wegbrechen könnte. Sie ist da, um das Herausfliegen des Schaftes aus einem geborstenen Griff zu verhindern. Wenn das alles ist, was sie tut, ist es eine gute Sache. Ich habe schon oft darüber nachgedacht, dass eine hübsch im Fischgrätmuster geflochtene Zwinge aus verschiedenfarbigen Schnüren meine Griffe optisch aufhübschen könnte.

Halten Sie das Werkzeug so, dass die Schneide waagrecht ist. Markieren Sie die Oberseite des Griffes mit einer langen schwarzen Linie, sodass Sie immer sehen können, dass das Werkzeug im Inneren einer Hohlform in der horizontalen Schneidposition ist. Markieren Sie eine rote Linie seitlich der schwarzen.

Das Werkzeugheft markieren

Die Griffe werden mit schwarzen und roten Linien markiert, damit ich weiß, ob die Schneidspitze waagrecht ist, wenn ich im Inneren einer Hohlform arbeite. Schwarze Linie oben – alles in Ordnung. Rote Linie oben – es drohen Probleme!

Große Werkzeuggriffe komfortabler machen

Wenn ich mit großen, gebogenen Werkzeugen arbeite, umwickle ich oft das Ende des Griffes mit Schaumstoff und Panzerband. Der Schaumstoff sorgt für einen komfortablen Griff und übernimmt die Eindrücke meiner Hand, was mir einen weiteren Anhaltspunkt gibt, ob das Werkzeug in der korrekten waagrechten Schneidposition ist.

ROTATION
8" GRINDER
TWO SPEED
1725/3450 R.P.M.
Do not expose to rain or use in damp locations.

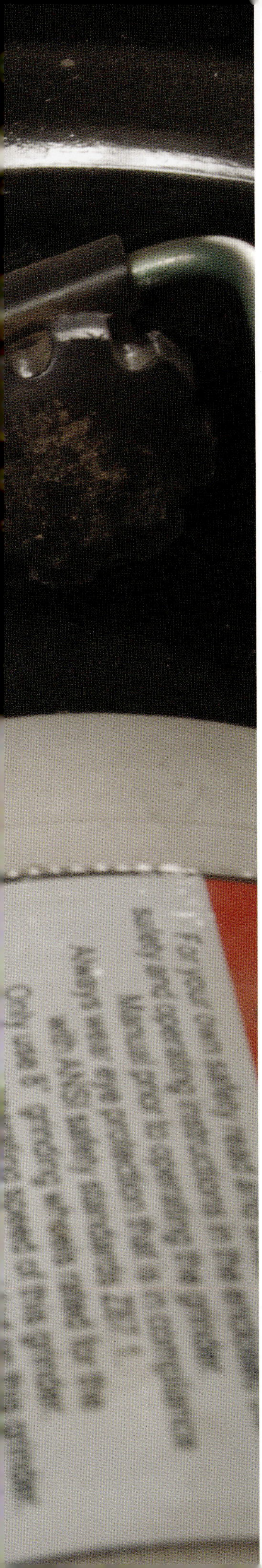

Schärfen

Jeder, der einmal beobachten konnte, wie ein erfahrener Drechsler an einer Schale oder einer Spindel arbeitet, wird bemerken, wie zwanglos und effizient er mit den verschiedenen Schnitten ist und wie flüssig er von einem Schnitt zum anderen übergeht. Dies gilt vor allem bei Langholzdrechslern, die ständig mit lang gestreckten Objekten arbeiten, bei denen sie sich gleichmäßig nach rechts und links bewegen müssen.

Das gilt überwiegend auch beim Schärfen. Wenn Sie es gründlich gelernt haben, verliert es jeglichen Schrecken und ist eine bleibende Fähigkeit.

Seine Werkzeuge scharf zu halten, ist ein sehr wichtiger Aspekt des Drechselns. Ohne scharfe Schneiden an Ihren Werkzeugen wird Ihre Drechselei in Frustration enden.

Keine Angst. Wir alle können Geschicklichkeit beim Schärfen entwickeln und die Freuden dieses Vorgangs anstelle der Qualen empfinden. Schärfen *ist* ein Vergnügen, besonders wenn man weiß, dass diese ganzen Anstrengungen ein Werkzeug hervorbringen, das genau das tut, was es soll, und dass Sie einen Prozess gemeistert haben, der oft von Mysterien und Verwirrung umgeben ist.

Es gibt zwei Lernstufen beim Werkzeugschärfen. Die erste ist, überhaupt einmal zu lernen, wie Schärfe funktioniert, was ich in Kapitel 3 „Drechselwerkzeuge" auf Seite 24 erläutert habe. Die zweite Stufe besteht darin, das Schärfen zu üben, ohne Angst, zu viel wegzuschleifen und die Form des Werkzeugs zu ruinieren.

Der Prozess des Schärfens

So wie Schreiner das Mantra „zweimal messen, einmal sägen" herbeten, könnten Drechsler einen ähnlichen Denkspruch entwickeln: „zweimal üben, einmal schärfen". Tatsächlich reichen ein oder zwei leichte Berührungen des Schleifsteins, um ein Werkzeug wieder aufzufrischen, wenn die Fase erst einmal korrekt geformt ist. Wenn das für Sie als Anfänger etwas respekteinflößend klingen mag, dann bedenken Sie, dass Sie nicht zum Schleifbock gehen, um das Werkzeug *zu schleifen*, sondern dass Sie ganz einfach versuchen, die Fase aufzufrischen.

Ich betone das Wort *üben*, weil ich seit Mitte der 1970er durch meine Arbeit mit Kursteilnehmern weiß, dass die meisten Drechselanfänger nicht wissen, was dieses Wort bedeutet. Üben ist viel mehr, als am Schleifbock zu stehen und die gleichen Bewegungen zu wiederholen. Tatsächlich lernt man so nichts, außer wie man ein Werkzeug wegschleift. Es ist leicht, schlechte Schärfmethoden zu üben, ohne es zu merken. Sie können den Schleifbock in falscher Höhe haben, die falsche Körperhaltung mit geschlossenen Beinen einnehmen, alles Dinge, die in Ihrem Körper Spannungen erzeugen, die sich direkt fortpflanzen in eine schlecht geformte oder facettierte Schneide.

Vier häufige Probleme, die aus einer Verspannung entstehen

Problem	Ergebnis	Lösung
Zu hoher Abtrag und Überhitzung wegen zu starkem Druck des Werkzeugs gegen die Schleifscheibe	Eine Verschwendung an Energie und Geld sowohl für Werkzeuge als auch für Schleifscheiben	Gehen Sie nicht zum Schleifer mit der Absicht, das Werkzeug abzuschleifen, sondern um die Fase zu schärfen oder aufzufrischen
Mehrfache Facetten auf der Fase	**Ungleichmäßiger Schnitt auf der Holzoberfläche**	**Benützen Sie glatte und fließende Bewegungen beim Schärfen. Achten Sie darauf, nicht an manchen Stellen länger zu verweilen**
Schlecht geformte Schneide	Ein Werkzeug, das nicht arbeitet, was wieder zusätzliche Verspannung erzeugt	Sehen Sie sich nochmals die Abbildungen der Schneiden an, um etwaige Formprobleme zu verstehen. Korrigieren Sie, wo nötig
Abrutschen von der Schleifscheibe	**Schleifen in die Oberfläche Ihrer Schärfvorrichtung, wenn Sie Glück haben, oder in die Finger bis auf die Sehnen, wenn Sie Pech haben! Sehr gefährlich!**	**Atmen, entspannen und schärfen Sie in flüssigen, gleichmäßigen Bewegungen**

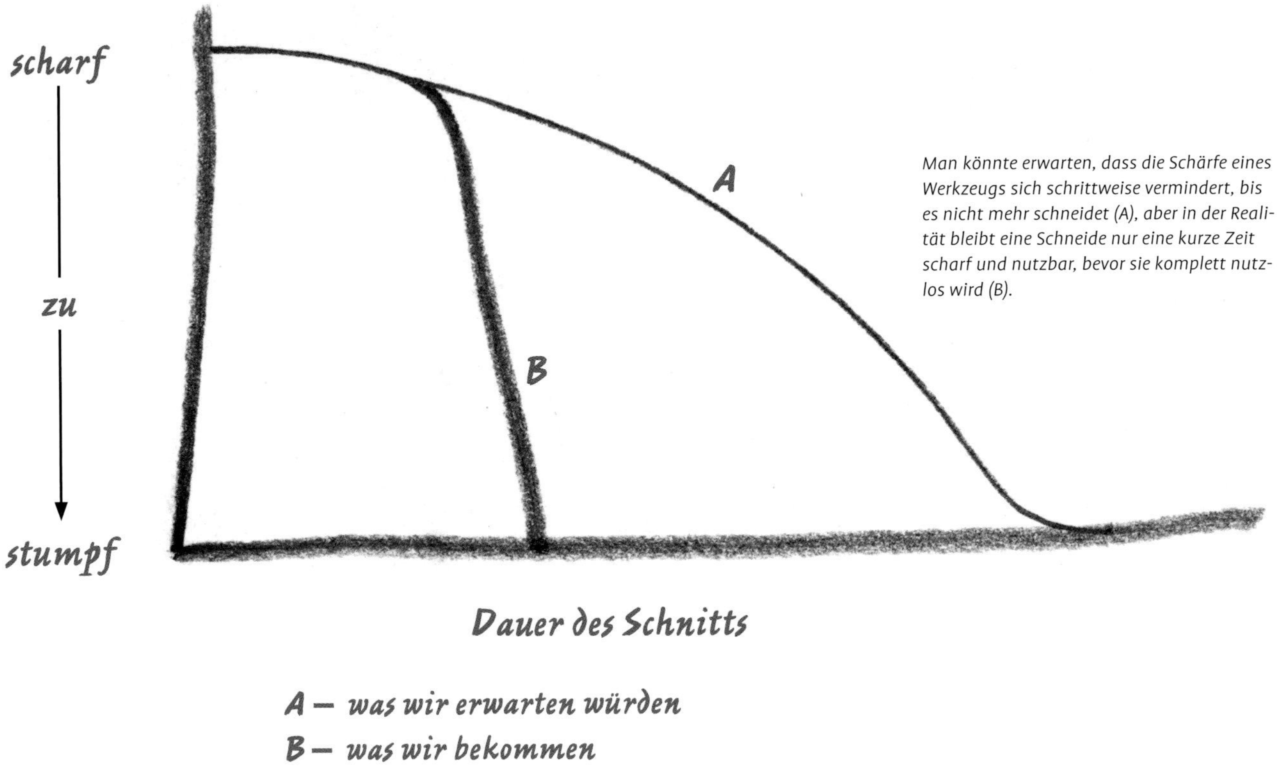

Man könnte erwarten, dass die Schärfe eines Werkzeugs sich schrittweise vermindert, bis es nicht mehr schneidet (A), aber in der Realität bleibt eine Schneide nur eine kurze Zeit scharf und nutzbar, bevor sie komplett nutzlos wird (B).

Körperspannung

Beinahe alle Unfälle am Schleifbock stehen direkt in Beziehung zu übermäßiger Spannung im Körper. Spannung kommt von zu viel Nervosität, und Nervosität kommt von einem Mangel an Erfahrung. Unfälle am Schleifbock können leicht geschehen, z. B. durch zu hartes Drücken gegen die Schleifscheibe, sodass die Röhre abrutscht und ein großes V vom Rand der Scheibe in die Röhre geschliffen wird. Schlimmer – und nur einen Millimeter entfernt –: Sie rutschen ein Stück weiter und die Scheibe schleift etwas von ihren Knöcheln ab. Noch schlimmer, Sie rutschen ein weiteres Stück weiter und bringen einen oder zwei Finger unter die Scheibe, die sofort die Finger erfasst und an der Schutzhaube oder der Schleifauflage einklemmt, und dann wird es richtig blutig. Worauf ich hinaus will: Es lohnt sich zu lernen, wie man entspannt schleifen kann. Die Tabelle links zeigt vier häufige Beispiele, wie sich Verspannungen am Schleifbock äußern.

Der Kurvenverlauf der Schärfe

Bevor ich weitermache, möchte ich ein paar Punkte mehr im Zusammenhang mit dem Hauptthema ansprechen: Was ist scharf?

Es wäre wunderbar, wenn Werkzeuge nach und nach ihre Schärfe verlieren würden (siehe oben Kurve A). Sie könnten Ihre Werkzeuge über einen längeren Zeitraum benutzen, bevor sie nachgeschärft werden müssen. Leider ist es nicht so. Stattdessen ist die Schneide für eine kurze Zeit scharf – die Nutzzeit – und plötzlich wird sie stumpf und ist nicht mehr zu gebrauchen (Kurve B). Die Schwierigkeiten vieler Drechsler rühren daher, dass sie so ins Drechseln vertieft sind, dass sie mit einem nutzlosen Werkzeug weiter zu drechseln versuchen, obwohl es offensichtlich ist, dass nichts Produktives mehr geschieht. Es ist paradox, niemand würde sich trotz der Schmerzen mit einer stumpfen Rasierklinge weiter rasieren. Und doch, obwohl man geradezu hören kann, wie das Holz fleht „Bitte, bitte, schärfe das Werkzeug“, machen die meisten Drechsler einfach weiter.

Abgezogene oder aufgeworfene Schneide

Abziehen oder nicht abziehen? Das ist eine gute Frage und scheint ein immerwährendes Streitthema in Drechslerkreisen zu sein. Lassen Sie mich versuchen, das etwas aufzudröseln. Jedes Mal, wenn ein Drechselwerkzeug auf der Schleifscheibe geschärft wird, wird ein Grat auf der Schneide gebildet, dessen Größe von der Korngröße des Schleifsteins abhängt. Unter dem Mikroskop kann dieser Grat aussehen wie winzige Sägezähne oder wie die Reißzähne eines hungrigen Bären. Abziehen ist eine einfache Methode, diesen Grat zu entfernen: Um eine glattere Schneide zu erhalten, streicht man mit einem Wetzstein oder einem Diamantstein über die Schneide. Eine abgezogene Schneide schneidet besser als eine nicht abgezogene, weshalb ein Cowboy sein abgezogenes Rasiermesser einem Bowiemesser vorzieht, außer vielleicht im Film. Das Problem ist, dass abgezogene Schneiden nicht lange halten. Abrieb, Hitze vom drehenden Holz und fehlende Masse hinter der Schneidkante sind die Hauptursachen. Aus diesem Grund müssen Sie sowohl Rasiermesser als auch Schrägmeißel sehr oft abziehen, damit sie ordnungsgemäß funktionieren.

Schreiner haben immer schon ihre Hobeleisen abgezogen. Auch für Drechsler war es ganz natürlich, ihre Schrägmeißel und Spindelformröhren abzuziehen. Die Schalenröhren dagegen sind anders. Auf Seite 24 im Kapitel 3 sehen Sie deutlich, dass der Keilwinkel einer Schalenröhre größer ist als der eines Flachmeißels oder einer Spindelformröhre. Dies gibt der Schalenröhre eine dauerhaftere Schneide, allerdings etwas auf Kosten der Schärfe, verglichen mit Flachmeißel und Spindelformröhre. Die Schalenröhre braucht mehr Stabilität, weil sie bei jeder Umdrehung sowohl Langholz als auch Hirnholz schneiden muss. Schrägmeißel und Spindelformröhren schneiden dagegen überwiegend Langholz.

Grundsätzlich ist eine Schalenröhre kein Flachmeißel und daher ist es auch nicht notwendig, sie mit derselben Aufmerksamkeit zu behandeln. Genauso, wie Sie auch Ihre Schaber und Abstechstähle nicht abziehen. Sie erzeugen hier absichtlich einen Grat oder benutzen sie direkt vom Schleifer. Was wäre die Folge, wenn Sie Ihren Schrägmeißel oder Ihre Röhre mit einem 60er-Stein schleifen würden anstelle eines 120ers? Das würde eine andere Schneide ergeben, selbst wenn Sie diese nach dem Schleifen abziehen. Die Schneide vom 60er-Stein wäre auch abgezogen deutlich rauer.

Es gibt bei den Werkzeugen, die Sie benutzen, keine Einheitsform für alle Zwecke. Von daher könnte man die Frage, ob abziehen oder nicht, besser so stellen: Welche Schneide ist für meine Zwecke besser geeignet?

Bei meiner Arbeit benutze ich den aufgeworfenen Grat. Allerdings verwende ich Edelkorundscheiben mit Korngröße 100–120, weshalb die Grate sehr fein sind, damit ich eine sehr saubere Oberfläche auf dem Holz bekomme. Eine 60er-Scheibe erzeugt einen sehr groben Grat, der schnell wieder abgenutzt ist und zudem Spuren auf dem Holz hinterlässt. Eine Schneide von der 60er-Scheibe ohne Grat lädt sich schnell mit Staub auf und verlangsamt den Schnitt auf dem Holz. Und eine abgezogene Schneide wird zu schnell abgenutzt und damit kann ich nicht mehr arbeiten.

Nach meiner Erfahrung kann ich einen scherenden Schabschnitt ohne den Grat nicht anwenden – den wichtigsten und letzten Schnitt vor dem Schleifen des Holzes. Die Schneide mit Grat wird sich genauso abnutzen wie eine abgezogene Schneide. Aber der winzige Grat, den ich benutze, hält länger als eine abgezogene Schneide.

Ich drechsle zudem eine Menge von gestocktem Holz, das schwarze Linien aufweist, die die Schärfe jeder Schneide sofort abstumpfen, abgezogen oder nicht. Meine Antwort darauf ist, fünf oder sechs frisch geschärfte Röhren auf dem Drehbankbett aufzureihen und mit jeder Röhre nur einen Feinschnitt von nicht mehr als 3 bis 5 cm vorzunehmen, wobei ich die einzelnen Übergänge sauber anpasse. Würde ich mehr bearbeiten, würden die Demarkationslinien die Schneiden so schnell abstumpfen, dass ich die Holzfasern herausreißen statt abschneiden würde.

Heißt das, Sie sollten Ihre Schalenröhren nicht mehr abziehen? Nein! Stattdessen rege ich an, mit der enormen Vielfalt neuer Technologien zu arbeiten, die für die Drechsler der letzten Jahrhunderte nicht zur Verfügung standen, einschließlich härterer und dauerhafterer Stähle, neuer Werkzeugformen und neuer Schneidmethoden. Wir sollten flexibler sein, neue Konzepte akzeptieren und herausfinden, was am besten funktioniert.

Stumpfe Schneiden erkennen

Wie erkennen Sie, wenn eine Schneide stumpf wird? Die einfache Antwort ist, dass entweder das Werkzeug aufhört zu schneiden oder Sie es stärker als notwendig gegen das Holz drücken müssen. In weicheren Hölzern reißt eine stumpfe Schneide die Fasern heraus. In vielen Fällen wird das Werkzeug beginnen, auf dem Holz zu flattern. Ein Werkzeug, das nur ein kleines bisschen weniger als scharf ist, wird die Hirnholzfasern weniger effektiv schneiden als die Langholzfasern. Daher werden Hirnholzfasern die Schneide des Werkzeugs zurückstoßen.

Und wie können Sie testen, ob Ihr Werkzeug scharf ist, bevor Sie es zum Schnitt ansetzen? Ganz einfach: Schärfen Sie nur eine Seite des Werkzeugs. Dann streichen Sie zum Vergleich in gleicher Richtung mit ihrem Daumen über beide Seiten der Schneide und lernen Sie den Unterschied erkennen. Aber seien Sie vorsichtig!

Beachten Sie, wie die stumpfe Schneide links eine flache Kante (silberne Linie) aufweist, die das Licht reflektiert, während die rechte Seite scharf und dünn ist, ohne Lichtreflexion.

Schleifböcke und Schleifsteine

In meiner Werkstatt verwende ich normale 20-cm-Schleifböcke mit Edelkorundsteinen (Aluminiumoxid) von 80er-Korn für grobe Arbeiten und 100er- bis 120er-Korn für meine Signature-Röhre und Ausdrehspitzen. Diese Schleifscheiben wurden besonders für die heutigen härteren Drechselwerkzeuge entwickelt. Benutzen Sie keine billigen Schleifsteine, die meist auf neuen Schleifern vormontiert sind, weil sie nur für weicheres Metall gedacht sind. Es gibt heutzutage verschiedene Typen von Schleifscheiben auf dem Markt. Sie unterscheiden sich nach Schleifkornart, Korngröße und Bindung. Die Farbe zeigt die Art des Schleifkorns an. Grün oder graugrün entspricht Siliziumkarbid; weiß, rosa, rubinrot oder hellgrau entspricht Edelkorund (Aluminiumoxid); braun oder dunkelgrau ist technisches Karborundum (Siliziumkarbid) und blau ist Keramik. Die Zahlenangaben beziehen sich auf die Korngröße: 60er sind recht grob und 120er recht fein. Und dann gibt es noch Kennbuchstaben A bis Z, die die Härte des Bindemittels beschreiben, das die Scheiben zusammenhält. Es kann ein bisschen verwirrend sein, die am besten geeignete Scheibe herauszufinden.

Generell kann man sagen, je weicher die Bindung (niedrige Buchstaben), desto kühler schneidet sie – das heißt, sie erzeugt weniger Reibung – und desto schneller nutzt sie ab. Je feiner das Korn (höhere Zahlen), desto feiner der Grat, der sich auf der Schneide bildet. Wenn Sie häufig viel Material abtragen wollen, können Sie eine höher drehende Maschine (mehr als 3000 U/min) mit einer gröberen Scheibe benutzen. Sonst empfiehlt sich ein langsam laufender Schleifbock (ca. 1500 U/min) mit Edelkorundscheiben (60er und 100er). Die meisten Drechsler, die ich kenne, verwenden 20-cm-Scheiben, weil diese Scheiben mehr Oberfläche aufweisen und sie mehr aus ihnen herausholen können.

Wie Holzfasern geschnitten werden

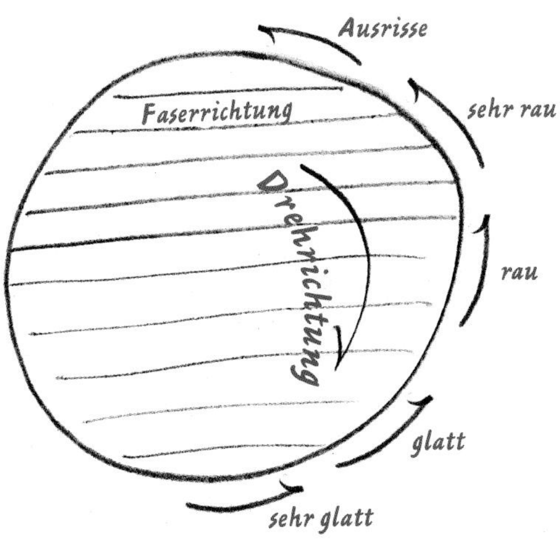

Wenn ihr Drechselwerkzeug stumpf ist, fühlt sich der Schneidvorgang recht grob an. Die Hirnholzbereiche werden besonders schwer zu schneiden sein.

Viele Leute haben Angst, ihre Werkzeuge auf schnell laufenden Schleifböcken zu „verbrennen". Hitze ist zweifellos ein wichtiger Faktor beim Schleifen, denn Überhitzen oder „Verbrennen" eines Werkzeuges wird ihm seine Härtung nehmen und damit seine Fähigkeit, die Schärfe zu halten.

Da die Legierungsbestandteile der Drechselwerkzeuge unterschiedlich sind, ist entsprechend die akzeptable Wärmespanne für jedes Werkzeug verschieden. Ältere Drechselwerkzeuge haben einen hohen Kohlenstoffanteil und eine sehr niedrige Wärmeschwelle (ca. 280 °C), bei der der Stahl seine Härte verliert. Zu viel Druck am Schleifbock lässt sehr schnell die Schneide blau oder rot anlaufen, daher muss man sie immer wieder in Wasser kühlen. Die meisten modernen Drechselwerkzeuge aus HSS-Stahl haben viele Legierungsbestandteile, die sowohl den Stahl härten als auch die Wärmeschwelle hochtreiben – einen glühenden HSS-Stahl in Wasser zu kühlen, kann winzige Risse im Stahl erzeugen. Sie können diese modernen HSS-Stähle beim Schleifen blau anlaufen lassen (bei ca. 400 °C), während der Punkt, bei denen sie ihre Härtung verlieren, bei 760 °C liegt. Nach meiner Erfahrung reicht ein kleines bisschen mehr Druck beim Schleifen, um die Temperatur von der blauen in die rote Zone zu treiben, daher ist bei jedem Stahl Vorsicht beim Schleifen geboten. Besonnenheit und etwas überlegtes Herangehen an den ganzen Schleifprozess werden alle diese Überhitzungsprobleme vermeiden.

Die meisten professionellen Drechsler schwören auf ihren bevorzugten Typ Schleifstein und sie können sich selten auf einen Typ einigen. Da ist wenig Hilfe für einen Drechselanfänger zu erwarten, der versucht, mit wenig Geld eine Werkstatt einzurichten. Mein Rat ist, nicht nach irgendwelchen Empfehlungen einzukaufen, sondern sich auf Handwerksmessen und bei Drechslertreffen umzuschauen und verschiedene Schleifsteine auszuprobieren, bis Sie einen finden, der Ihnen liegt und Ihren Ansprüchen genügt.

Beachten Sie: Bevor Sie anfangen zu schleifen, stellen Sie sicher, dass Ihre Schleifsteine sauber ausbalanciert und abgerichtet sind. Es kommt nichts Gutes dabei heraus, wenn der Schleifer vibriert oder die Schleiffläche voller Abrieb ist

Die grundsätzliche Körperhaltung beim Schleifen

Es ist extrem wichtig, das Schleifen ohne Angst und nicht verschüchtert anzugehen. Geradezu lebenswichtig ist, wie Sie stehen, wie Sie das Werkzeug halten, wo sich Ihr Kopf befindet und wie Ihr Körper und Ihre Hände sich bewegen. Folgen Sie der Beschreibung und lernen Sie die grundlegende Körperhaltung beim Schleifen. Dann können Sie alle Drechseleisen schleifen.

Als ersten Schritt schalten Sie den Schleifer *aus* und legen das Werkzeug auf die Werkbank. Dann stellen Sie sich fest hin, die Füße etwas weiter als Schulterbreite auseinander. Legen Sie die Hände auf Ihre Oberschenkel und beugen Sie leicht die Knie, sodass sie federn können (Foto nächste Seite oben links). Halten Sie die Füße unbeweglich und drehen Sie Ihren Oberkörper nach links, bis er im rechten Winkel zur Werkbank steht, also in derselben Ebene wie die Schleifscheiben (Foto oben Mitte). Führen Sie diese Drehung auch nach rechts aus, immer in langsamer Bewegung, sodass Sie jede Spannung in Ihren Beinen, Füßen oder der Hüfte spüren können (Foto oben rechts). Schließen Sie die Augen und wiederholen Sie langsam diese Bewegungen mehrmals. Mit geschlossenen Augen konzentrieren Sie sich auf Ihren Körper – Ihre Zehen, Ihre Waden, Ihre Knie –, sodass Sie damit vertraut werden, wie sich diese Bewegungen anfühlen. Wenn Sie merken, dass sich irgendwelche Muskeln versteifen, verändern Sie die Stellung der Füße, bis Sie lernen, diese Muskeln zu entspannen. Zu lernen, wie und wohin Sie die Füße während dieser Bewegung zu stellen haben, ist ein Weg, um eine Basis zu schaffen, aus der heraus alle Drechsel- und Schleifaktivitäten beginnen, und wie Sie sich angenehm fühlen und Selbstvertrauen aufbauen können, noch *bevor* Sie nach einem Werkzeug greifen.

Nehmen Sie das Werkzeug, das geschärft werden soll, und bringen Sie es zum Schleifbock. Mit Ihren Füßen gespreizt und bei ausgeschalteter Maschine tun Sie so, als ob Sie schleifen möchten. Beachten Sie Ihren Kopf in Relation zum Schleifstein. Wenn Ihr Kopf stark geneigt ist, um zu sehen, wie die Fase den Schleifstein berührt, werden Sie bald einen steifen Hals bekommen und das Werkzeug zu stark anschleifen. Jedes Mal, wenn Ihr Körper außer Balance ist, überkompensieren Sie mit einem zusätzlichen Muskel. Das Ergebnis ist, dass Sie sich nicht länger anmutig bewegen und zu viel Druck mit dem Werkzeug gegen den Schleifstein ausüben.

Die Grundhaltung beim Schleifen

Um richtig zu schleifen zu können, ist es hilfreich, die Grundhaltung zu verstehen, die Sie einnehmen sollten. Schauen Sie sich meine Haltung auf den Fotos an.

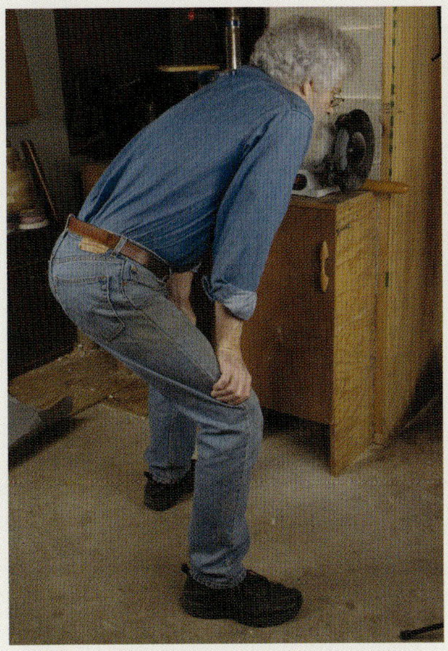

Mit Ihren Füßen etwas mehr als Schulterbreite auseinander, beugen Sie locker die Knie und legen Ihre Hände auf die Oberschenkel.

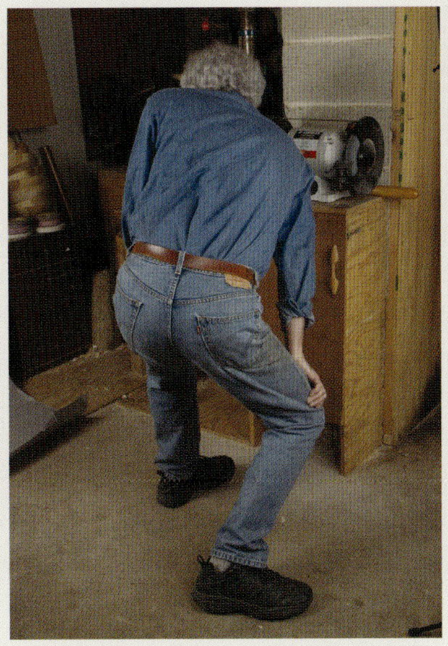

Drehen Sie Ihren Körper nach links, sodass Ihre Schultern rechtwinklig zur Werkbank und parallel zu der Schleifscheibe sind.

Drehen Sie Ihren Körper nach rechts, bewegen Sie sich langsam und lösen Sie jede Verspannung, die Sie in Ihren Muskeln fühlen.

Beugen Sie sich nicht vor, um zu sehen, wie die Fase geschärft wird. Sie werden einen steifen Hals bekommen und das Werkzeug zu viel schleifen.

Wenn Sie korrekt vor dem Schleifstein stehen, sollte Ihr Kopf erhoben sein und Sie sollten nur die Oberseite des Werkzeugs sehen.

Benützen Sie Ihre Finger, um das Werkzeug zu unterstützen, ohne es fest zu greifen. Nur das Gewicht des Werkzeugs sollte auf die Schleifscheibe drücken, um Überhitzen zu vermeiden.

Legen Sie den Werkzeuggriff gegen die Seite Ihres Beins. Halten Sie das Ende des Griffs nur mit den Fingerspitzen und drehen Sie ihn sanft nach rechts und nach links. Dies wird die Röhre gleichmäßig auf beiden Seiten der Spitze schärfen.

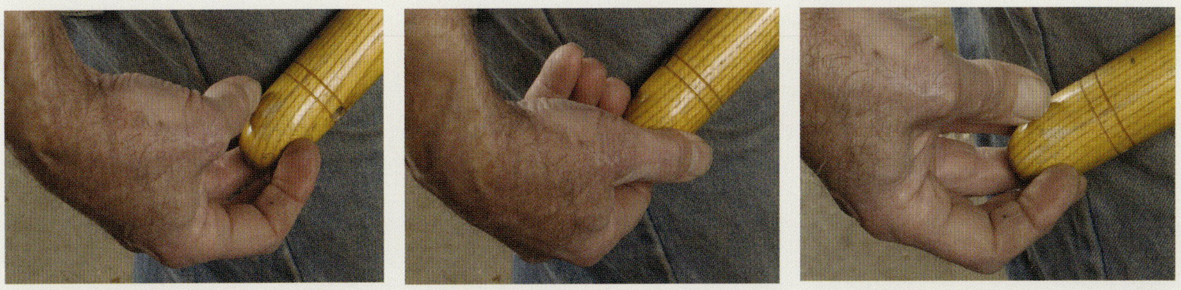

Stattdessen heben Sie Ihren Kopf und stehen aufrecht, sodass Sie nur die Oberseite des Werkzeugs sehen, aber nicht die Fase auf der Schleifscheibe. Bei aufrechter Haltung können Sie die Knie etwas beugen und Sie werden beim Schleifen etwas flüssiger in Ihren Bewegungen. Wenn ich die Fase schleife, um eine Röhre zu schärfen, kann ich nicht sehen, wie die Fase den Stein berührt. Aber ich weiß, dass ich eine scharfe Schneide erhalten habe, wenn ich sehe, wie Funken über die Schneide kommen und die Flute hinunterfliegen.

Das Werkzeug sollte nur durch sein eigenes Gewicht auf der Schleifscheibe aufliegen, mit Ihrer Hand auf der Werkzeugauflage und dem Werkzeug zwischen Ihren Fingern. Greifen Sie das Werkzeug nicht fest. Es würde nur Spannungen in dieser Hand erzeugen. Ich benütze die Fingerspitzen und meinen Daumen, um das Ende des Griffes zu halten. In dieser Position kann ich das Werkzeug voll und gleichmäßig von rechts nach links drehen. Ich lasse meine Hand an meinem Bein ruhen, in einer Höhe, die mir den gewünschten Winkel der Fase gegen den Schleifstein ergibt. Tatsächlich verwandle ich mich selbst in eine Art Schleifvorrichtung, sodass ich die Fase gleichmäßig schleifen kann, ohne Verspannungen in meinem Körper zu erzeugen. Um den richtigen Fasenwinkel (Keilwinkel) zu erzeugen, können Sie die Höhe der Hand an Ihrem Knie orientieren. Langholzröhren liegen höher auf der Schleifscheibe, sodass Sie Ihre untere Hand tiefer am Bein anlegen müssen. Sie müssen Ihre untere Hand etwas anheben, wenn Sie tiefe Schalenröhren schleifen, und ein ganzes Stück höher für die 85-Grad-Röhre, die in Kapitel 3 auf Seite 32 beschrieben wird.

Ich erachte die beschriebene Haltung für eine Grundstellung beim Schärfen. Von ihr aus können Sie die Füße und Hände ganz nach Bedarf verändern, wenn Sie andere Werkzeuge, z. B. Schrägmeißel oder Abstechstähle, schleifen wollen. Treten Sie mit erhobenem Kopf und aufrechtem Oberkörper an den Schleifer. Mit einem bisschen Flexibilität in Ihren Beinen können Sie sich während des ganzen Schleifvorgangs entspannen. Machen Sie sich keine Sorgen, weil Sie die Fase nicht auf der Scheibe aufliegen sehen können. Durch gefühlvolles Drehen der Röhre durch die gesamte Bewegung von rechts nach links, können Sie die Fase leicht sehen, wenn sie bei der Drehung erscheinen wird.

Beim Schärfen eines Werkzeugs gibt es einige Vorgänge, die es wert sind, geübt zu werden, bevor man anfängt. Lassen Sie den Schleifer ausgeschaltet, stellen Sie sich bequem hin, halten Sie das Werkzeug sicher, aber leicht in den Händen, schließen Sie die Augen und drehen Sie das Werkzeug mit den Fingerspitzen. Sie üben die flüssige Bewegung des Werkzeugs mit Ihren Händen und die Weise, wie sich Ihr gesamter Körper als eine Einheit bewegt, um den Schleifvorgang zu unterstützen. Solange der Schleifer ausgeschaltet ist, können Sie diese Bewegungen ganz leicht mit geschlossenen Augen lernen, weil Sie nichts ablenkt. Wenn Sie dann die Augen öffnen und den Schleifer anschalten, fahren Sie fort, sich auf die Bewegungen zu konzentrieren, und lassen Sie sich nicht durch die Geräusche und die Funken ablenken.

Wenn Sie merken, dass sich irgendeine Spannung aufbaut, schalten Sie den Schleifer ab, üben die Bewegung und richten sich neu aus. Das Problem wird normalerweise in Ihren Füßen liegen, aber es kann auch sein, dass Sie den Kopf geneigt haben, um zu sehen, was Sie tun. Das ist ein ganz natürlicher Instinkt, aber es stört den ganzen Vorgang. Sie brauchen es nicht zu sehen – lernen Sie es fühlen!

Zum Schluss prüfen Sie die Höhe des Schleifers. Er kann zu hoch oder zu tief stehen. Professionelle Drechsler haben sehr verschiedene Vorlieben für die Höhe ihres Schleifers. Wir sind alle unterschiedlich gebaut. Die Standardhöhe einer Werkbank muss nicht unbedingt die richtige Höhe für Sie sein. Ein Langholzdrechsler und ein Hohlformendrechsler gehen ihre Sache verschieden an, daher gibt es keinen Grund anzunehmen, sie bräuchten einen Schleifer in gleicher Höhe. Jegliche Maßangabe für die Schleiferhöhe wäre für die Hälfte von uns nicht anwendbar. Wonach Sie suchen, ist Ihre eigene Komfortzone. Spreizen Sie die Beine ein bisschen mehr, um Ihren Körper ein paar Zentimeter abzusenken, oder stellen Sie sich auf ein paar Bücher, um sich größer zu machen. Was immer sich gut anfühlt, ist das, was Sie brauchen.

Individuelle Werkzeuge schärfen

Hier nun einige Empfehlungen, wie meine Werkzeuge geschärft werden, mit Schwerpunkt darauf, einige der Körperverspannungen zu entdecken und abzubauen, die das Schärfen erschweren. Diese Methoden werden am besten individuell geübt, um zu verstehen, was im Körper vorgeht, Muskel um Muskel. Dann sollten Sie ein entspanntes und effektives Schleiferlebnis haben.

Konventionelle Langholz- und Schalenröhren

Konventionelle Röhren können mit einer der vielen Schleifvorrichtungen, die heute auf dem Markt sind, geschärft werden. Wenn Sie gerade mit Drechseln anfangen und keine der prächtigen und teuren Spielereien haben oder wollen, ist das in Ordnung. Alle Werkzeuge können aus der Grundstellung heraus von Hand geschärft werden. Außerdem kann auch die Benutzung einer Schleifvorrichtung nicht verhindern, dass Sie ein Werkzeug verhunzen. Wichtig ist, dass Sie, bevor Sie anfangen, verstehen, wie die Werkzeugschneide aussehen sollte. Wenn sie anfängt, fremdartig auszusehen, ist es Zeit aufzuhören und das Problem zu analysieren.

Die 10-mm-Detailröhre

Sie können eine 10-mm-Detailröhre aus jeder Langholzröhre mit 10 mm Durchmesser herstellen, mit Ausnahme von Querholzröhren mit tiefer Flute, das würde nicht funktionieren.

Runden Sie die bestehende Fase dadurch ab, dass Sie die Röhre im rechten Winkel zur Schleifscheibe halten, sodass die Seite der Spitze die Schleiffläche berührt. Halten Sie die Flute nach oben und, beginnend mit der Schneidkante, rollen Sie die Röhre von der Schneide weg. Wiederholen Sie das, bis Sie eine schön geformte, konvexe Schneide auf der halben Röhrenspitze haben. Nehmen Sie die Röhre auf die andere Seite und wiederholen Sie den Vorgang. Stellen Sie sicher, dass die Flute nach oben zeigt, sodass Sie von der Schneidkante weg schleifen. Wenn Sie mit der Fase anfangen und auf die Schneide zu arbeiten, werden Sie die Schneide überschleifen, was damit endet, dass Sie das ganze Werkzeug neu schleifen müssen. Da ist schnell mal ein halber Zentimeter futsch.

Gleichen Sie die beiden Seiten der Röhre an, dann wechseln Sie zu einem Tellerschleifer oder ähnlichem

Herstellen einer 10-mm-Detailröhre

Sie können eine 10-mm-Detailröhre aus den meisten Röhren herstellen. Es ist wichtig, die bestehende Fase abzurunden.

Die Aufsicht auf eine ordentlich geschärfte 10-mm-Detailröhre wird ausgewogen erscheinen (oben), während eine schlecht geformte Spitze unausgewogen wirkt (unten).

Halten Sie die Röhre mit der Flute nach oben, rechtwinklig zur Scheibenebene. Berühren Sie mit der Seite der Spitze die Schleifscheibe und rollen Sie von der Schneide weg, nicht auf sie zu, um ein Überschleifen zu vermeiden.

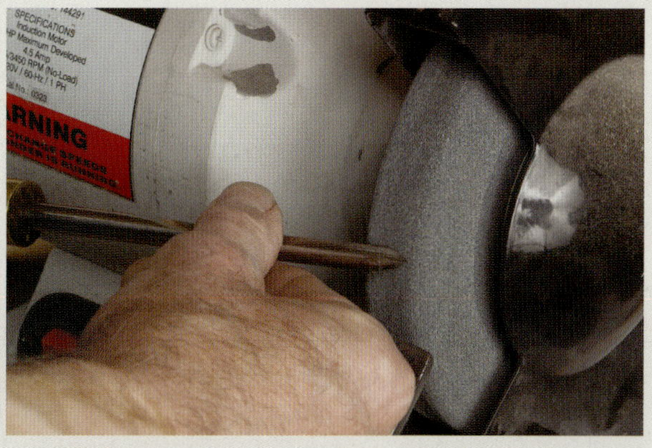

Halten Sie die Röhre auf die gegenüberliegende Seite der Schleifscheibe und wiederholen Sie den Schleifvorgang. Stellen Sie sicher, dass am Anfang die Flute nach oben zeigt.

Gerät mit 150er-Schleifpapier, um die Facetten zu entfernen. Gehen Sie weiter zu 400er-Papier, um die Oberfläche zu polieren. Eine polierte Oberfläche verhindert, dass sich Harze aus dem Holz an der Fase festsetzen. Um die Schneide zu erhalten, verwende ich eine runde Diamantfeile. Aber passen Sie auf, dass Sie die Schneide nicht abrunden, sonst müssen Sie die ganze Spitze nochmals schleifen.

Die Ellsworth-Signature-Röhre

Dieses universelle Werkzeug ist nicht ganz einfach zu schärfen, weil es eine längere Schneidenkante als eine konventionelle Röhre hat und weil die Keilwinkel von einer Seite zur anderen so oft wechseln. Um alle Flächen der Schneide zu erreichen, bedarf es eine Menge zusätzlicher Körperbewegungen. Daher möchte ich mich bei allen meinen Schülern der frühen Jahre, die meine Lektionen über das Schärfen dieses Werkzeugs über sich ergehen lassen mussten, entschuldigen. Aber zumindest haben sie ein grundlegendes Verständnis des Freihandschärfens erworben, denn wenn man dieses Werkzeug von Hand schärfen kann, kann man alles schärfen.

Daher entwickelte ich für die Ellsworth-Signature-Röhre eine Schärfvorrichtung, die den Vorgang zum Vergnügen macht. Ich benutze sie immer, daheim in der Werkstatt und unterwegs. Ich bekomme durch sie stets eine perfekte Schneidenform und sie nimmt nur eine mikroskopische Menge Stahl vom Werkzeug weg. Wenn ich zurückblicke auf die Methode, mit der ich die Signature-Röhre früher zu schärfen pflegte – von Hand –, stelle ich fest, dass ich die rechte Seite geringfügig der linken vorzog. Mit dem Resultat, dass ich gelegentlich recht viel Stahl wegschleifen musste, um die Spitze wieder in das Gleichgewicht zu bekommen. Das bewies mir, dass ich immer noch zu viel Druck auf den Schleifstein ausübte.

(Anmerkung des Verlags: Wer die original Schärfvorrichtung nicht aus den USA importieren möchte, kann sie recht einfach selbst anfertigen. Im Internet finden sich dazu einige Anleitungen. Auch andere im Handel erhältliche Schleifvorrichtungen, z. B. von Wolverine, erzeugen korrekt eingestellt den gleichen Schliff.)

Um die Ansprüche sowohl von Handschärfern als auch Vorrichtungsbenutzern zu befriedigen, habe ich ein paar Methoden für beide Parteien aufgeführt, sodass Sie nun mit dem Schärfen anfangen können und daran Freude haben. Ich liebe geradezu die Auseinandersetzungen darüber, wie „richtige“ Drechsler

Aufbau der Ellsworth-Schleifvorrichtung, © 1994

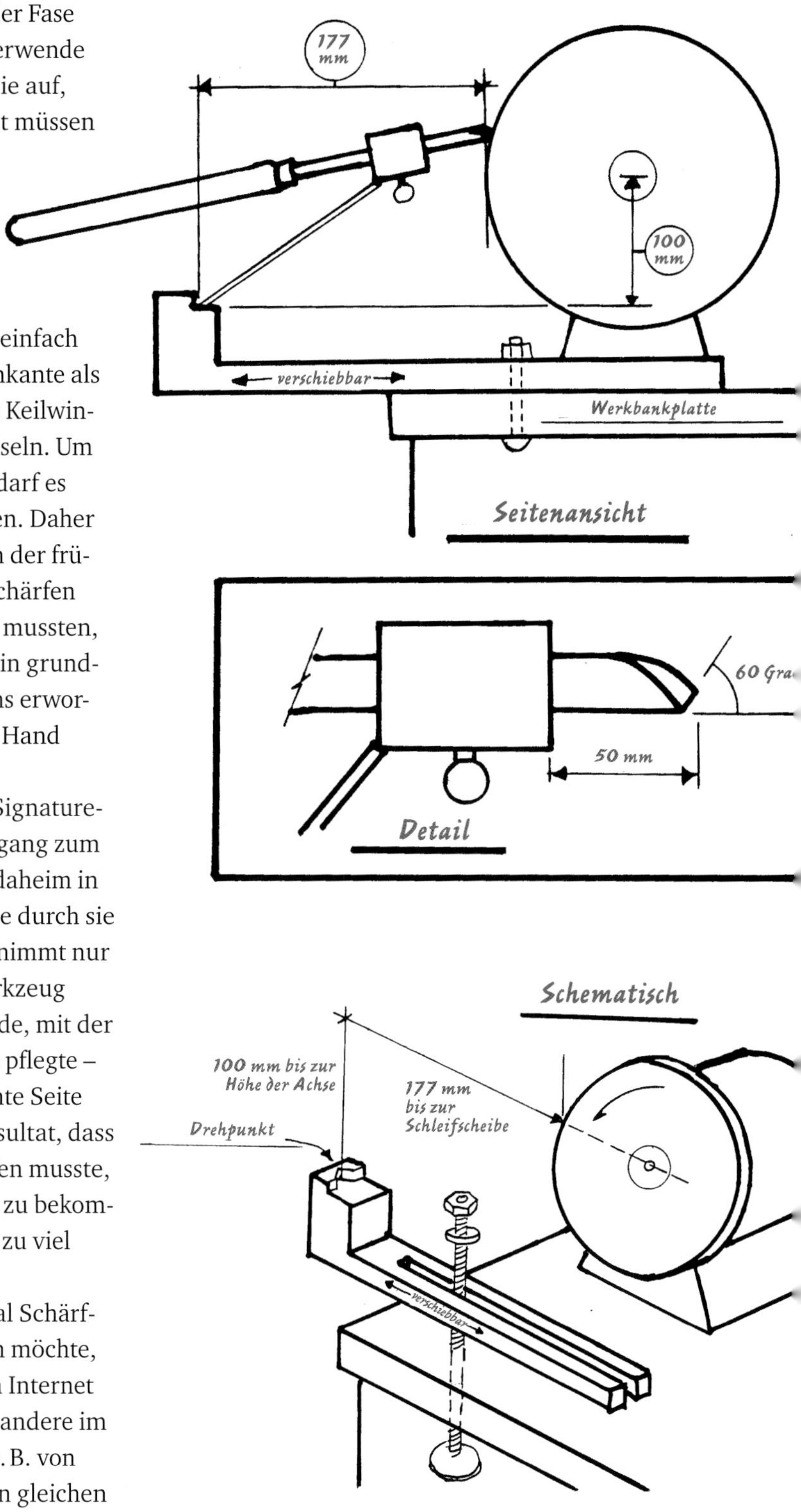

Um die Signature-Vorrichtung einzurichten, stellen Sie sicher, dass ihr Drehpunkt (in dem der Stiel der Vorrichtung ruht) 177 mm von der Oberfläche der Schleifscheibe entfernt ist und 100 mm unterhalb des Mittelpunkts der Achse. Was immer Sie als Drehpunkt benutzen, es sollte verschiebbar sein, weil sich der Durchmesser der Schleifscheiben durch Abnutzung ändert.

das Schärfen von Hand lernen sollten, statt eine Vorrichtung zu benutzen. Das erinnert mich an die alten Tage, als „richtige" Drechsler nur mit Schabern arbeiteten, während andere „richtige" Drechsler nur Röhren verwendeten. Persönliche Vorlieben sollten der Maßstab sein! Benutzen Sie die Methoden, die Ihr Vertrauen stärken, damit Sie damit weitermachen können, weshalb Sie dieses Buch aufschlugen: Drechseln zu lernen.

Das Schärfen der Signature-Röhre von Hand: Folgen Sie genau der schrittweisen Anleitung und vergewissern Sie sich, dass Sie alles verstanden haben.

Halten Sie die Röhre mit der Flute nach oben und der rechten Fase gegen die Oberfläche der Schleifscheibe, positionieren Sie Ihren Kopf links der Schleifscheibe, sodass Sie direkt auf die Oberfläche der Scheibe blicken können. Achten Sie auf den bündigen Kontakt zwischen der Fase und der Oberfläche der Scheibe. Dann halten Sie die Röhre ganz leicht mit beiden Händen und drehen Sie sie, bis Sie die Spitze erreichen und das Werkzeug von der Schleifscheibe heben können. Wiederholen Sie diesen Bewegungsablauf für die linke Seite, und immer heben Sie am Ende des Schleifvorgangs die Spitze ab. Falls notwendig, stellen Sie sich direkt vor den Schleifbock und gleichen die beiden Seiten der Röhre an der Spitze an.

Schärfen der Signature-Röhre mit der Schleifvorrichtung: Der Drehpunkt muss 100 mm unterhalb des Mittelpunkts der Schleifscheibe sein, 177 mm vor der Oberfläche der Scheibe (horizontal gemessen), und die Spitze der Röhre muss 50 mm an der Vorderseite der Vorrichtung herausragen. Ich ziehe es vor, mit einem 60-Grad-Winkel zu arbeiten, aber jeder Winkel zwischen 55 und 65 Grad wird es auch tun. Eine schärfere Schneide mit weniger frei liegender Fase braucht 55 Grad, während ein 65-Grad- Winkel mehr Fase für tiefere Schalen bieten wird bei nur geringfügig reduzierter Schärfe. Die Länge der seitlichen Fasen unterliegt persönlichen Vorlieben. Alles zwischen 10 und 28 mm wird funktionieren. Passen Sie auf: Je länger die Schneide, desto eher werden die Seiten flach oder konkav anstatt konvex. Es gibt keinen Grund, sie länger als 28 mm zu machen, außer Sie wollten die Seiten der Röhre als Schaber benutzen. Ich arbeite mit ca. 25 mm.

Stehen Sie eher seitlich des Schleifers statt direkt davor wie bei einer konventionellen Röhre. Dann prüfen Sie, ob die Spitze der Röhre 50 mm aus der Vorrichtung ragt, und ziehen die Schraube fest.

Halten Sie die Schleifvorrichtung mit den Fingerspitzen *beider* Hände. Halten Sie *nicht* den Schaft

Schärfen der Signature-Röhre von Hand

Es ist möglich, die Signature-Röhre von Hand zu schärfen, obwohl ich sie normalerweise mit einer Schleifvorrichtung schärfe. Versuchen Sie einmal die hier gezeigten Schritte. Beachten Sie, dass es in diesem Fall wichtig ist zu sehen, dass die Fase vollen Kontakt mit der Schleifscheibe hat, obwohl ich weiter oben dargestellt habe, warum es ein Fehler ist, die Fase zu beobachten.

Halten Sie die Röhre mit der Flute nach oben und Ihren Kopf links der Scheibe. So können Sie sehen, ob die Fase voll an der Schleifscheibe anliegt.

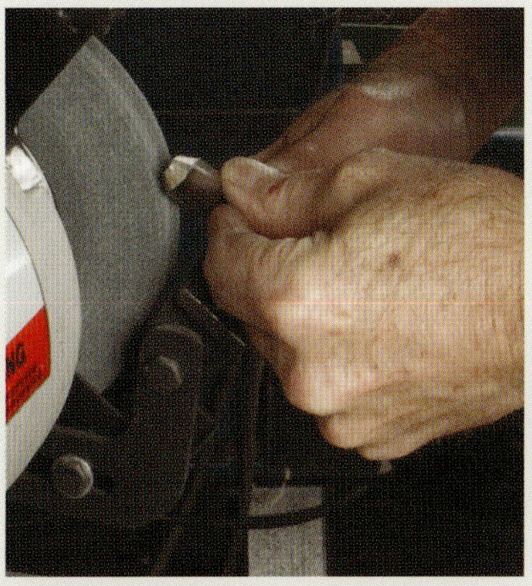

Starten Sie an der seitlichen Fase und drehen Sie in Richtung Zentrum. Passen Sie auf, dass Sie den Kontakt zwischen Fase und Scheibe nicht verlieren.

Drehen Sie die Röhre in Richtung Spitze und heben Sie das Werkzeug von der Schleifscheibe ab, wenn Sie die Mitte der Spitze erreicht haben.

oder den Griff der Röhre. Lassen Sie die Schleifführung ihre Arbeit tun, beim Vor- und Zurückschieben der Röhre, wie es nötig ist.

Wenn Sie die Röhre festhalten, werden sich Spannungen in Ihren Händen aufbauen und Sie werden die Seiten des Werkzeugs überschleifen. Beachten Sie, wie ich auf den Fotos Seite 61 die Schleifvorrichtung mit den Fingern beider Hände halte, was mir einen gleichmäßigen Druck gegen die Scheibe sowohl links als auch rechts der Röhre erlaubt. Mit ausgeschalteter Maschine legen Sie den unteren Teil der langen seitlichen Schneide der Röhre gegen die Schleifscheibe und drehen das Werkzeug mit einer flüssigen Bewegung nach oben bis zur Spitze. Nehmen Sie die Spitze von der Scheibe und wiederholen Sie den Vorgang auf der anderen Seite der Röhre. Nehmen Sie immer die Röhre von der Scheibe, wenn Sie die Spitze erreichen, und vermeiden Sie überschleifen.

Üben Sie diesen Vorgang so oft, bis Sie die Röhre in der Mitte der Schleifscheibe halten können, wenn Sie beide Seiten der Spitze bearbeiten. Wenn Sie versehentlich an der Kante der Scheibe abrutschen, solange die Maschine läuft, werden hässliche Dinge mit der Röhre, der Schleifvorrichtung und möglicherweise Ihrer Hand passieren! Wenn Sie sich mit dem Vorgang vertraut fühlen, versuchen Sie einmal, mit geschlossenen Augen (bei ausgeschalteter Maschine) diese Vorgänge zu wiederholen. Und wieder: Üben Sie langsam, damit Sie eventuelle Verspannungen in Ihrem Körper fühlen können, die eine flüssige Bewegung verhindern. Wenn Spannungen auftreten, öffnen Sie die Augen und überlegen Sie, wie Sie das Problem lösen können. Meistens sind die Füße zu nahe beieinander oder die Knie sind unbeweglich oder – der häufigste Fall – die Hände halten die Führung viel zu fest. Finden Sie einen Weg, sich zu entspannen, und überstürzen Sie es nicht.

Wenn Sie den Schleifer einschalten, konzentrieren Sie sich auf die Bewegungen Ihrer Hände, Handgelenke und Beine. Mit etwas Übung und nur der Fingerspitzen als Unterstützung der Führung werden Sie beide Seiten der Röhre schleifen können, ohne die Schulter oder den Kopf zu bewegen. Mit etwas Übung werden Sie mit einer einzigen flüssigen Bewegung vom Grund der einen Seite zur anderen Seite schwenken können.

Tipps und knifflige Punkte

Die Spitze der Ellsworth-Signature-Röhre soll mit einem gleichmäßigen Radius geformt sein, mit leicht gebogenen oder konvexen Seiten. Wenn die Spitze zu sehr geschliffen wird, bildet sich ein Rücksprung mit zusätzlichen Flügeln auf jeder Seite und Sie werden nicht imstande sein, am Rand einer Schale sicher einzustechen oder innere Feinschnitte auszuführen.

Zu vieles Schleifen an den Seiten wird die Schnittkante von einer konvexen zu einer konkaven Form verschieben, was Flügel direkt hinter der Spitze produzieren wird, und Sie werden keine Schneide für einen außenliegenden scherenden Schabschnitt bekommen. Ich empfehle vom Ansatz der Schneide in Richtung Spitze zu arbeiten, denn wenn Sie bei der Spitze beginnen und zurückarbeiten, dann ist es leicht, die seitlichen Schneiden zu überschleifen. Drechsler werden oft nervös, die Körper geraten aus der Balance oder sie können einfach nicht sehen, was sie gerade tun. Als Ergebnis verweilen sie zu lange an einer Stelle der Spitze und überschleifen.

Wenn hohe Flügel entstehen, schleift man sie herunter, indem nur die Flügel gegen die Schleifscheibe gehalten werden, um Überschleifen der benachbarten Bereiche zu vermeiden. Wenn die Flügel verschwunden sind, wird die gesamte Spitze leicht geschliffen, um alles auszugleichen.

Alle diese Elemente sind notwendig, um den ganzen Nutzen dieses Werkzeugs zu erhalten. Sie können Probleme vermeiden, wenn Sie die Fotos der Schneiden in diesem Buch studieren, sodass Sie wissen, wie eine gute Spitze aussehen soll. Die gute Sache ist, dass alle Änderungen an der Gestalt einer Spitze normalerweise recht langsam eintreten, nicht auf einen Schlag. Wenn Sie also sehen, dass etwas schiefläuft, sollten Sie den Grund dafür herausfinden, bevor alles aus den Fugen gerät und Sie die ganze Spitze der Röhre neu anschleifen müssen.

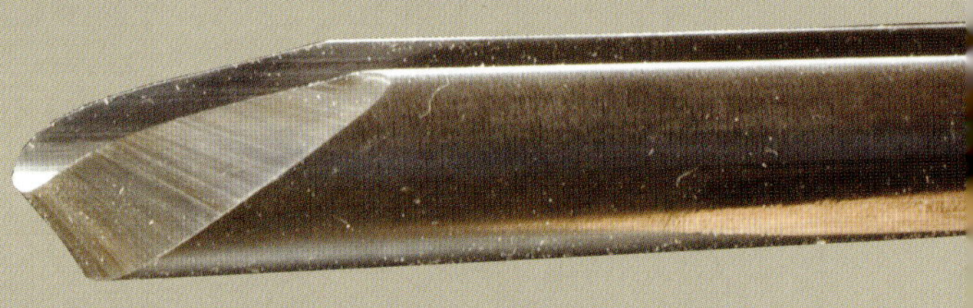

Eine sauber geschärfte Signature-Röhre wird einen gleichmäßigen Radius am Ende der Spitze aufweisen und leicht konvexe Seiten.

Eine schlecht geschärfte Signature-Röhre kann Flügel an den Seiten haben, die einen sicheren Schnitt verhindern.

Schärfen der Signature-Röhre mit der Schärfvorrichtung

Die sicherste und genaueste Methode, die Signature-Röhre zu schärfen, ist mithilfe der speziellen Schleifvorrichtung oder einer vergleichbaren eines anderen Herstellers. Versuchen Sie meinen Schritten zu folgen.

Die Spitze der Röhre muss 50 mm aus der Lehre vortreten. Um dieses Maß konstant einzuhalten zu können, habe ich einen kleinen L-förmigen Metallwinkel an die Werkbank geschraubt.

Eine Alternative ist, ein 50 mm tiefes Loch in die Kante der Werkbank zu bohren und eine passende Münze am Grund der Bohrung als Anschlag einzukleben.

Halten Sie die Schleifvorrichtung ganz vorsichtig mit den Fingerspitzen. Vermeiden Sie einen harten Griff, da er zu ungleichem Druck auf die Schleifscheibe führt.

Üben Sie die Bewegung der Röhre auf der Schleifscheibe mit ausgeschaltetem Schleifer. Starten Sie jeweils am unteren (hinteren) Ende der Fase und bewegen Sie sich auf die Spitze zu.

Wechseln Sie die Seite der Röhre und gleiten Sie in Richtung Spitze. Verweilen Sie nicht auf der Spitze oder Sie schleifen zu viel ab.

Schärfen eines Abstechstahls

Wenn ich einen Abstechstahl schärfe, forme ich auf der oberen Seite eine konkave (hohle) Fläche und auf der unteren Seite eine konvexe (gebogene).

In der Seitenansicht sieht man bei einem ordentlich geschärften Abstechstahl die konkave obere Fläche und die konvexe unterhalb der Spitze.

Um die konkave Fläche zu erzeugen, halten Sie die Schneidkante ganz leicht gegen den Umfang der Schleifscheibe.

Zum Formen der konvexen Fläche nehmen Sie den Griff etwas nach unten und lassen das Werkzeug auf der Scheibe nach oben gleiten.

Der Abstechstahl

Dieser Abstechstahl wird waagrecht benutzt, mit der konkaven Seite nach oben und der konvexen nach unten. Um ihn zu schärfen, wird der Schaft senkrecht auf der Schleifauflage positioniert und die obere bzw. untere Hälfte des Werkzeugs zur Scheibe gebracht. Ob Sie eine 15- oder 20-cm-Scheibe benutzen, macht wenig Unterschied bei Abstechstählen, da der Radius der Fläche das Schneiden des Holz kaum beeinflusst.

Formen Sie die konkave Seite der Schneide durch vorsichtiges Auflegen auf die Schleifscheibe. Um die konvexe Seite zu formen, setzen Sie knapp unterhalb der Spitze an und nehmen den Handgriff nach unten, gleichzeitig schieben Sie das Werkzeug etwas höher auf die Schleifscheibe.

Benutzen Sie einen Diamantabrichter, um damit einen kleinen Radius an beiden Kanten einer feinen Schleifscheibe (100er–120er) zu formen.

Ausdrehwerkzeuge

Die geraden und gebogenen Ausdrehwerkzeuge, die ich zum Aushöhlen meiner Formen benutze, sind Schabstähle, die einen quadratischen Querschnitt mit 4,8 bzw. 6,5 mm (gerundete Zollmaße) Kantenlänge haben. Das Schärfen der geraden und gebogenen Werkzeuge läuft sehr ähnlich ab: Ich bringe die halbrunde Form zum Schleifstein und schleife die Fase mit einem Keilwinkel von 65 bis 70 Grad. Die kleinen Schneidkanten zu schleifen, kann schwierig sein, weil die Werkzeuge selbst normalerweise groß und unhandlich sind, was es leicht macht, von den Schneidspitzen zu viel abzuschleifen. So kann man den Vorgang vereinfachen:

Mit dem Diamantabrichter runde ich die Kanten eines 100er- bis 120er-Schleifsteins ab. Ich meine, dass dieses feine Korn genau den richtigen Grat auf den Schneidspitzen aufwirft, der lange hält. Es ist möglich, diese Schneidspitzen abzuziehen, wenn Sie zwischen den Schleifgängen einen Diamantabziehstein benutzen.

Um die linke Seite eines gebogenen Werkzeugs zu schärfen, halten Sie die Spitze parallel zur Schleifscheibenebene und berühren die rechte Kante der Scheibe.

Um die rechte Seite des Werkzeugs zu schärfen, berühren Sie mit der Schneidkante die linke Kante der Schleifscheibe und halten Sie die Schneidspitze parallel zur Schleifscheibenebene.

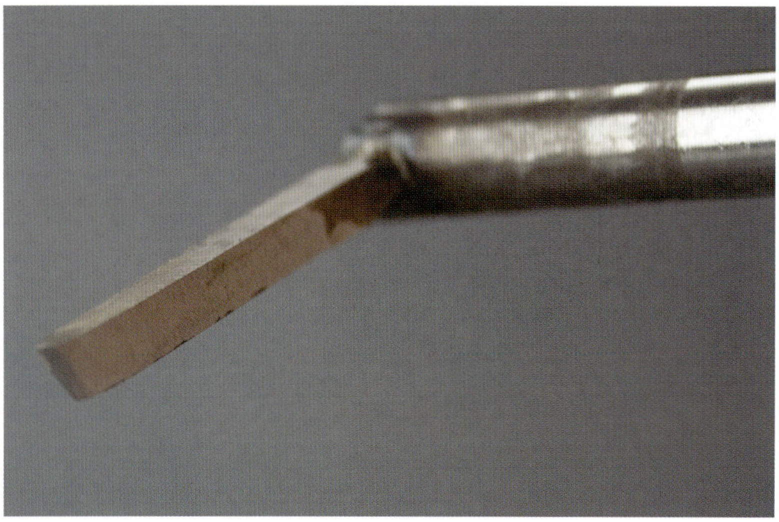

Wenn Sie die linke Seite der Schneidspitze bei einem gebogenen Werkzeug weiter nach hinten schärfen – möglicherweise bis zurück zur Einsatzstelle im Schaft –, können Sie die Oberfläche direkt unterhalb der Eintrittsöffnung in einer Hohlform bearbeiten.

Um ein gebogenes Werkzeug zu schärfen, dessen Spitze mit 4,8 mm Querschnitt aus HSS-Stahl mit 10 % Kobalt eingesetzt ist, schauen Sie nochmals in die Anleitung zum Schärfen eines geraden Ausdrehstahls. Die Arbeitsschritte sind sehr ähnlich.

Der einzige Unterschied ist, dass Sie den Handgriff links von Ihrem Körper und mit Ihrer rechten Hand halten. Dann, genau wie bei einem geraden Werkzeug, richten Sie die Spitze parallel zur Ebene des Schleifsteins aus und schleifen auf der rechten bzw. linken Kante des Steins, um eine gleichmäßige Schneide zu bekommen. Beachten Sie, dass Sie den Griff ein oder zwei Grad drehen müssen, um eine leichte Abschrägung an den Kanten der Spitze zu bekommen. Genau wie beim geraden Werkzeug sollten Sie vermeiden, die Lauffläche der Schleifscheibe mit der Spitze zu berühren.

Bei einigen gebogenen Werkzeugen möchte man die linke Seite der Spitze weiter hinauf schleifen, bis zu der Stelle, wo sie in den Schaft eingelassen ist (siehe unteres Foto). Das macht es möglich, direkt unter der Oberseite einer Hohlform und um die Innenseite des Eingangsloches herum Holz zu entfernen oder zu glätten.

Um ein gerades Ausdrehwerkzeug zu schärfen, dessen Spitze mit 6,5 mm Querschnitt aus HSS-Stahl mit 10 % Kobalt eingesetzt ist, arbeiten Sie nach der folgenden Anleitung, die für rechtshändige Drechsler gilt. Wenn Sie Linkshänder sind, vertauschen Sie die genannten Richtungen.

Halten Sie den Werkzeuggriff gegen Ihren Oberschenkel mit der rechten Hand. Legen Sie Ihre linke Hand auf die Werkzeugauflage des Schleifers und unterstützen Sie den Schaft mit den Fingern und dem Daumen. Benutzen Sie nur die Fingerspitzen, um den Schaft zu halten, und vermeiden Sie festes Zugreifen. Positionieren Sie die Spitze parallel zur Schleifscheibenebene, dann bringen Sie die Seite der Schneidspitze zur rechten Kante der Scheibe. Drehen Sie den Werkzeuggriff ein klein wenig im Uhrzeigersinn, damit Sie eine kleine Abschrägung auf der Seite der Spitze erhalten. Ziehen und schieben Sie die linke Seite der Spitze sehr behutsam über die rechte Kante der Schleifscheibe (siehe Foto rechts). Wiederholen Sie das auf der linken Seite der Scheibe, um die rechte Seite der Spitze zu schärfen. Drehen Sie den Griff ein klein wenig im Gegenuhrzeigersinn, um eine geringe Abschrägung auf der rechten Seite der Schneide zu erhalten. Vermeiden Sie die Berührung mit der Oberfläche des Steins, Sie würden eine kleine Fläche an der Spitze anschleifen, die den Verlauf der Kurve unterbrechen würde.

Schärfen eines geraden Ausdrehwerkzeugs

Wenn Sie die Ausdrehwerkzeuge so schärfen wie ich, benutzen Sie beide Seiten des Schleifsteins. Versuchen Sie, beide Seiten des Werkzeuges parallel zu den Seiten des Schleifsteins zu halten.

Benutzen Sie beide Kanten des Schleifsteins, um die Schneidspitze des Ausdrehwerkzeugs zu schärfen.

Benutzen Sie die rechte Kante des Schleifsteins, um mit sanftem Drücken und Ziehen die linke Seite der Spitze zu schärfen.

Benutzen Sie die linke Kante des Schleifsteins, um die rechte Seite der Spitze zu schärfen. Drehen Sie den Griff ein klein wenig im Gegenuhrzeigersinn, um eine kleine Anschrägung anzuschleifen.

Kapitel 6

Spannfutter, Klebefutter & Planscheiben

In einer Vorlesung am Minneapolis Institute of Art 2001 sagte der Drechsler und Bildhauer Mark Lindquist: „Die allerwichtigste technische Errungenschaft in der Holzdrechslerei seit Mitte der 1980er-Jahre ist, dass wir endlich gelernt haben, wie man Holz auf der Drehbank befestigen kann." Ich stimme vollkommen zu und jeder, der schon einmal Objekte mit mehr als 25 kg Gewicht gedreht hat, wird genau wissen, was gemeint ist. Warum in den mittleren 1980ern? Das war damals, als die neuseeländische Firma Teknatool® International, der Hersteller der Nova-Tools®, als Erster mit einem Spannfutter herauskam, das mit seinen ringförmigen Backen Schalenrohlinge sicher hielt. Vorher hatten wir nur Klebefutter, Planscheiben und ein paar Schraubenfutter. Wenn wir richtig Glück hatten, kamen wir an ein altes Drei- oder Vierbackenfutter von einer Metalldrehbank, das sich an unsere Drehbankspindel anpassen ließ. Das Problem war, dass diese Futter gebaut wurden, um Metall zu spannen, nicht Holz, und wenn wir einen zu tiefen Schnitt ansetzten oder die Schneide eines Werkzeuges einhakte, dann folgte eine Flugschau, die nur ein leidenschaftlicher Frisbee-Spieler völlig zu schätzen wusste.

Klebefutter (links), Spannfutter (Mitte) und Planscheibe (rechts) sind die drei grundsätzlichen Futter, um einen Holzklotz auf der Drehbank zum Drechseln einzuspannen. Das abgebildete Klebefutter wird von einem Schraubenfutter gehalten.

Heutzutage haben wir eine umfassende Auswahl an Spannfuttern, Klebefuttern und Planscheiben, und daraus ergibt sich die Frage: Wann benutzen wir welche Methode, um auf der Drehbank Holz einzuspannen, und warum? Ich werde ein paar Beispiele nennen. Ich habe immer versucht, meinen Schülern einzuhämmern, dass alle Werkzeuge und all die mechanischen Hilfsmittel, die wir beim Drechseln benutzen, Vorteile *und* Nachteile aufweisen. Das trifft auch auf die Spannvorrichtungen vollkommen zu, mit denen wir Objekte sicher auf der Drehbank festmachen. Die Alternative ist, dass das Holz von der Drehbank fliegen wird und alles zerschmettern, was ihm in den Weg kommt – Ihren Fuß, ein Fenster, einen Zuschauer …

Es gibt einen weiteren interessanten Aspekt, diese Futter betreffend, der möglicherweise nicht so offensichtlich ist: Weil jedes dieser Futter seine eigenen spezifischen Grenzen hat, werden wir oft dadurch eingeschränkt, was sie für uns tun oder eben nicht tun. Ihr Fortschritt im Drechseln kann sehr wohl ins Stocken geraten, wenn Sie nur eines der Spannfutter benutzen. Nutzen Sie alle! Dann gibt es keine Grenzen für Ihren persönlichen Fortschritt.

Zusätzlich zu der Möglichkeit, ein Stück Holz INNERHALB *der Backen zu fassen, kann die* AUSSENSEITE *der Backen auch in einer Vertiefung in einem Schalenrohling nach außen spannen.*

Moderne mechanische Futter haben Einsätze, die ungefähr wie Finger funktionieren, die ein Objekt umfassen. Die Klemmbacken werden um einen Zapfen – ein Stück vorspringendes Holz aus dem Rohling – gespannt oder spannen in einer Vertiefung nach außen, die zu diesem Zweck in das Holz gearbeitet wurde. Es sind verschiedene Größen und Ausführungen von Spannfuttern erhältlich.

Spannfutter

Ich beginne mit einer Diskussion über Spannfutter, weil sie für uns eine achtspurige Autobahn mit lauter neuen Ideen eröffnet haben. Spannfutter halten Objekte, indem die Klemmbacken sich um einen kleinen Zapfen schließen oder indem sie sich in gebohrten oder gedrehten Aushöhlungen ausdehnen. Spannfutter sind relativ sicher und leicht zu bedienen, sodass es ein Wunder ist, dass sie nicht früher von den Drechslern entdeckt wurden. In der Metallbearbeitung gibt es Backenfutter schon sehr lange und wir alle haben zwei Hände mit Fingern dran, die sehr gut geeignet sind, alles Mögliche zu ergreifen. Spannfutter funktionieren ganz ähnlich.

Argumente für Spannfutter

Spannfutter sind vielseitig nutzbar. Mit kleineren Abänderungen an den Rohlingen, z. B. ein Loch in eine dünne Bohle bohren oder einen Zapfen an der Basis eines Schalenrohlings andrehen, kann man eine Vielzahl von Tellern, Schalen und Hohlformen drehen, ohne lästige Schraubenlöcher oder Leimlinien. Spannfutter erlauben sogar, eine lange Kantel (Vierkantholz) am Ende zu spannen und einen Kerzenständer, einen Weinkelch oder einen Billardstock zu drehen.

Argumente gegen Spannfutter

Der Nachteil eines Spannfutters kommt zum Vorschein, wenn die Objekte größer und länger werden, besonders, wenn sie aus Grünholz oder gestocktem Holz sind.

Das erste Problem mit einem Spannfutter besteht darin, dass Sie jedes Mal, wenn Sie einen Schnitt etwas weiter entfernt vom Spindelstock machen, Vibrationen erzeugen können. Vibrationen verursachen nicht nur Schnitte schlechter Qualität auf dem Holz, sie können auch das Objekt geradezu aus dem Futter peitschen und Sie damit am Körper, Gesicht oder Kopf verletzen. Stellen Sie sich vor, Sie versuchen ein Langholzstück von 45 cm Länge zu drechseln, das von einem Spannfutter ohne Unterstützung durch den Reitstock gehalten wird, dann verstehen Sie mich. Ähnlich verhält es sich mit der Dicke der Futter, die meist ca. 65 mm beträgt, was bedeutet, dass der Fuß eines *jeden* Objekts, das Sie drechseln, 65 mm vom Spindelstock entfernt ist. Jedes Mal, wenn Sie die Unterstützung durch die Masse des Spindelstocks verlieren, entstehen Vibrationen.

Das Problem beim Arbeiten mit Grünholz liegt nicht an einem Konstruktionsfehler des Futters. Die Klemmbacken spannen um einem Zapfen, der aus elastischen grünen Fasern besteht. Die Klemmbacken quetschen nicht nur diese Fasern zusammen, sondern sie quetschen sie mehr im weichen Längsholz als im dichteren Hirnholz. Als Ergebnis kann sich das Holz im Futter lösen, während Sie daran arbeiten, oder es kann komplett aus dem Futter fliegen. Spannt man das Objekt fester ein, wird es normalerweise leicht exzentrisch. Wegen seiner weichen Fasern können die meisten gestockten Hölzer unmöglich mit einem Spannfutter gehalten werden.

Nicht korrekte Zapfenlänge kann kritisch werden. Vergewissern Sie sich, dass die Vorderseite der Klemmbacken an der Standfläche anliegt. Wenn der Zapfen zu hoch (lang) ist, wird das Futter nicht sicher klemmen und der Zapfen kann abreißen. Ein Zapfen reißt ganz leicht ab, wenn Sie ihn in Relation zu Größe und Gewicht des Werkstücks im Durchmesser zu klein machen. Das kann genauso mit trockenem Holz passieren, daher muss bei *jedem* Stück, das in ein Futter gesteckt wird, gesunder Menschenverstand und Vorsicht angewandt werden.

Hier noch ein paar Lösungsvorschläge für diese Probleme: Spannen Sie das Futter öfter nach, wählen Sie einen größeren Zapfendurchmesser, unterstützen Sie das Werkstück so lange wie möglich mit einer mitlaufenden Körnerspitze im Reitstock und gehen Sie sacht vor, wenn Sie eine Röhre benutzen … vor allem meine Signature-Röhre.

Ein Spannfutter kann einen Zapfen wie diesen leicht und sicher halten.

Achten Sie darauf, dass die Vorderseite der Backen an der Standfläche des Rohlings anliegt.

Vorsicht: Wenn der Zapfen zu lang geschnitten wurde, kann die Vorderseite der Backen die Standfläche des Werkstücks nicht erreichen – die Einspannung ist instabil und der Zapfen kann abreißen.

Einspannung eines Stückes in ein Spannfutter

Als Vorbereitung für eine Einspannung mache ich zwei Schälschnitte mit der Röhre an der Standfläche der Form. Der erste definiert den Durchmesser und die Höhe des Zapfens. Für die meisten Spannfutter ist ein Winkel von 90 Grad zwischen Zapfen und Standfläche richtig. Wenn ich ein Futter mit Schwalbenschwanzbacken verwende, nehme ich einen zuge-

Ich nehme eine Röhre, um den Zapfen am Fuß der Form anzudrehen, als Vorbereitung für die Montage in einem Spannfutter. (Anmerkung des Übersetzers: Das Tragen von Fingerringen bei Arbeiten an der Drehbank ist nach den Unfallverhütungsvorschriften strengstens untersagt. Es sind schon viel zu viele Finger am Ring erfasst und abgerissen worden!)

spitzten Schaber oder eine sehr kleine Röhre mit winziger Spitze, um eine Schräge an den Zapfen zu drehen. Auch ein Schrägmeißel, der flach auf der Handauflage liegt, funktioniert großartig. Mit dem zweiten Schnitt bearbeite ich die spätere Standfläche. Zuletzt schieben Sie den Zapfen in das Futter, sodass das Futter eben mit der Standfläche ist. Ziehen Sie die Backen an.

Klebefutter

Klebefutter sind ein uraltes Hilfsmittel. Wie ich mich recht erinnere, wurde alles, was wir im Werkunterricht drechselten, mit Klebefuttern eingespannt. Wir schmierten einen Berg von Ahorn-, Eichen- und Walnussholz mit Weißleim ein und drückten dann ein Stück Sperrholz auf den Boden, mit etwas Kraftpapier dazwischen. Durch die Papierschicht konnten wir die Leimfuge später mit Hammer und Stechbeitel wieder aufspalten. Als Jungs spannten wir selbstverständlich die Schraubzwingen mit aller Kraft an; das heißt, wir drückten den meisten Leim wieder aus der Fuge. Danach schraubten wir eine dieser dünnen 7,5-cm-Planscheiben aus Zinkguss an das Sperrholz, vergewisserten uns, dass der Typ vor uns nicht „versehentlich“ die Geschwindigkeit der Drechselbank auf Maximum gestellt hatte, und drückten den Einschalter.

In den meisten Fällen ging alles gut … das heißt, die magere Klebefuge hielt, die drei winzigen Schrauben rissen nicht aus dem Holz, das Sperrholz trennte sich nicht auf und wir erinnerten uns irgendwie daran, den Reitstock gegen das ganze Ding zu drücken, sodass, als wir den großen, alten Schaber in das Hirnholz rammten, der Block nicht von der Maschine sprang und wie eine Rakete in das Fenster schoss. Schafften wir es, die Schale wie geplant fertig zu drechseln, dann ruinierten wir zum Schluss eine gute Schleifpapierscheibe, um all den Leim und das Papier vom Boden der Schale wieder wegzukriegen.

Die ganzen Gefahren, die ich beschrieben habe, sind heute noch genauso ernst zu nehmen, wie sie schon immer waren. Die Methoden, mit denen wir die heutigen Klebefutter verwenden, um verschiedene Objekten auf der Drehbank einzuspannen, sind dagegen supersicher und supereffektiv. Eine Vielzahl von Objekten kann mit einem Klebefutter gespannt werden, dank der Verwendung von Sekundenkleber (Cyanoacrylat), ohne den wir immer noch wie die Jungs wären, mit Schraubzwingen und ausgemagerten Leimfugen.

Klebefutter sind nützlich, um Material sicher zu halten, das sich für Spannfutter oder Planscheiben nicht gut eignet wie Grünholz, gestocktes Holz oder exotisches Material, das Sie nicht zusammenpressen oder mit Löchern versehen wollen.

Argumente für Klebefutter

Es ist möglich, sehr kleine Objekte, so wie meine Mini-Hohlformen, mithilfe eines Klebefutters zu drehen, das in einem Spannfutter oder mit einem Schraubenfutter gehalten wird. Klebefutter sind die perfekte Wahl, um gestocktes Holz zu spannen, weil die gesamte Leimfläche einen einheitlichen Antrieb für das Objekt bildet. Oder denken Sie an all diese sündhaft teuren Materialien, in die Sie keine Löcher bohren wollen, oder exotische Materialien wie Alabaster, Knochen oder die verschiedenen Acrylglassorten. Alle Grünhölzer, einige noch triefend nass, können leicht mit Sekundenkleber auf einem Klebefutter befestigt werden und sind nach einer halben Minute fertig zum Vordrechseln.

Ach ja, ich vergaß die Rolle der verschmierten Papierschleifscheiben beim Fertigmachen des Schalenbodens. Es hat nie eine gute Methode gegeben, um den Boden einer Schale gleichmäßig genug gegen einen Tellerschleifer zu halten, um ihn flach zu bekommen. Die Schale neigt sich dabei immer nach einer Seite. Stattdessen nehmen Sie einen Abstechstahl und schneiden genau an der Klebefuge hinunter, dann schalten Sie die Drehbank aus und brechen oder stechen mit einem Stechbeitel das Objekt ab, drehen es herum und montieren es in einem Klemmfutter und drehen den Rest der Klebefuge ab. Oder Sie drehen im Klemmfutter das gesamte Klebefutter weg, einschließlich der Leimfuge (siehe Kapitel 14 „Klemmfutter und Vakuumfutter“ auf Seite 190).

Argumente gegen Klebefutter

Sie müssen bei Klebefuttern zwei Vorsichtsmaßnahmen beachten. Erstens: Seien Sie vorsichtig mit Sekundenkleber (Cyanoacrylat). Das Einatmen der Dämpfe, vor allem des Beschleunigers, steigert Ihre Herzfrequenz, oft sogar dramatisch. Und es kann Kopfweh, Benommenheit und Lethargie verursachen, bei längerer Einwirkung in sehr ernsthafter Form. Ich bin so empfindlich gegenüber Sekundenkleber geworden, dass ich nicht einmal an einer geöffneten Flasche des Beschleunigers vorbeigehen kann, ohne unwillkürlich einen Umweg zu machen. Daher der Rat: Vorsicht! Lüften! Ventilatoren oder Absauganlagen benutzen! Tun Sie alles, was nötig ist, um sich zu schützen. Vor allem, atmen Sie den Dampf *nicht* ein, der von der Holzoberfläche aufsteigt, wenn Sie Spalten oder Risse füllen.

Eine andere Vorsichtsmaßnahme ist, billiges Sperrholz oder andere Billighölzer für Klebefutter zu vermeiden. Sperrholz kann sich leicht aufspalten und Sie brauchen nur ein einziges Objekt zu verlieren, damit Sie das verinnerlichen. Stattdessen benutzen Sie gutes, trockenes Holz wie Birke, Ahorn, Eiche, Walnuss oder Buche. Ich empfehle Kirsche nicht, sie enthält kleine Harzeinschlüsse in den Wachstumsringen, die zum Aufspalten neigen. Wenn Sie diese Hölzer nicht auftreiben können, suchen Sie einen Schreiner im Telefonbuch und bitten ihn, seine Restekiste durchsuchen zu dürfen.

Vorbereiten eines Klebefutters

Die Methoden, die ich anwende, um ein Klebefutter herzustellen, sind recht einfach. Ich schraube den Klotz auf ein Schraubenfutter, drehe die Oberfläche mit Schabschnitten flach und prüfe die Oberfläche mit der Seite einer Röhre, um Hochpunkte zu entdecken.

Dann stelle ich die Spindel fest, drücke den Holzrohling mit dem Reitstock gegen das Klebefutter, wobei die Zentrierspitze einen Abdruck hinterlässt Danach schmiere ich großzügig Sekundenkleber auf die Klebeseite meines Rohlings, drücke ihn gegen das Klebefutter und ziehe ihn wieder ab. Nach einem Schuss Beschleuniger auf den Kleber schiebe ich mit der Reitstockspitze mein Objekt wieder an das Klebefutter, drehe es ein wenig und ziehe dann den Reitstock fest. Dieser letzte Dreh stellt sicher, dass beide Oberflächen guten Kontakt haben.

Um sicher zu gehen, dass es kein Leck gibt, gebe ich eine kleine „Schnur" des Klebers rund um die gesamte freiliegende Oberfläche der Klebefuge, sprühe etwas Beschleuniger darüber, bis alles trocken ist. Dann bringe ich die Werkzeugauflage nahe zum Werkstück, stelle mich seitlich und schalte die Maschine ein. Wenn sich auf der Auflage herausgespritzter Kleber zeigt, weiß ich, dass ich nochmals sprühen muss, und bin dankbar, dass die Tröpfchen nicht in meinen Augen gelangten.

Ein Klebefutter herstellen

Ich ziehe es vor, gute Holzqualitäten für meine Klebefutter zu benutzen, z. B. kammergetrocknetes Birkenholz oder Ahorn. In Mitteleuropa ist Buche ideal.

Schrauben Sie den Klotz, der aus gutem Hartholz und nicht aus Sperrholz sein soll, auf ein Schraubenfutter.

Drehen Sie mit einem Schabschnitt die Oberfläche des Klotzes eben, um einen guten Kontakt zwischen ihm und dem zu drechselnden Objekt sicherzustellen.

Vergewissern Sie sich, dass die Vorderseite des Klotzes eben ist. Halten Sie die Seite der Röhre leicht gegen die Oberfläche, solange die Maschine läuft. Hochpunkte werden sich als polierte Ringe abzeichnen.

Ein Klebefutter vorbereiten

Hier beschreibe ich einen Weg, wie ein Holzrohling an einem Klebefutter festgemacht werden kann. Die Kontaktflächen beider Teile müssen eben sein, sonst riskieren Sie, den Rohling zu verlieren.

Halten Sie den Rohling gegen das Klebefutter. Blockieren Sie die Spindel und pressen Sie den Reitstock so gegen den Rohling, dass dort ein Eindruck entsteht.

Nehmen Sie den Reitstock zurück und schmieren Sie Sekundenkleber auf die Klebeseite des Rohlings.

Drücken Sie kurz die mit Kleber eingestrichene Seite des Rohlings auf das Klebefutter.

Positionieren Sie den Rohling mit dem Eindruck gegen den Reitstock und halten ihn so. Sprühen Sie etwas Beschleuniger auf den Kleber.

Drehen Sie die Reitstockspindel vor, bis sich die beiden Oberflächen berühren. Geben Sie dann dem Rohling eine leichte Drehung, um sicherzustellen, dass beide Flächen guten Kontakt haben.

Geben Sie eine kleine „Schnur" Sekundenkleber um die Klebefuge. Sprühen Sie etwas Beschleuniger auf, bis der Kleber abbindet. Bringen Sie die Werkzeugauflage nahe zum Werkstück, gehen Sie aus der Schusslinie und schalten Sie die Drehbank ein. Wenn Sie auf der Werkzeugauflage weggeschleuderte Klebertropfen finden, sprühen Sie nochmals mit Beschleuniger.

Planscheiben

Planscheiben scheinen seit der Einführung der mechanischen Spannfutter etwas aus der Mode gekommen zu sein … und das ist sehr schade. Ein Grund kann sein, dass die Leute heute so viel Geld für Holz ausgeben, dass sie Angst haben, ein paar Schrauben hineinzudrehen. Wer mag sie deshalb schelten? Ein anderer Grund ist, dass Drechselanfänger in einer ständig wachsenden Drechslergemeinde immer in der Überzahl sind und die Werke daher überwiegend kleines bis mittleres Format haben. Bei dieser Größenordnung sind mechanische Futter ideal, während Planscheiben umständlich zu benutzen sein können. Betrachten wir einmal umgekehrt die Größe der verwendeten Drehbänke. 20 cm Spitzenhöhe sind die Norm, 30-cm-Maschinen gibt es häufig und meine Thompson-Drehbank (Sonderanfertigung) spannt 42 cm Spitzenhöhe bei 1,5 m Spitzenweite. Bei einer steigenden Zahl von Drechslern steigt naturgemäß auch die Zahl der Fortgeschrittenen, und für diejenigen, die die Ausrüstung dafür haben, ist es ganz normal, dass sie immer größere Objekte herstellen wollen – und Planscheiben sind ideal für große Stücke.

Seien Sie erfinderisch. Alte Kettenräder wie dieses 25-cm-Exemplar können als sehr stabile Planscheiben benutzt werden. Schauen Sie nur darauf, dass die Objekte, die darauf gedreht werden sollen, im Durchmesser größer sind als der Zahnkranz, damit Sie nicht angeknabbert werden.

Diese 96 cm lange Vasenform aus Redwood-Maser wird von einer Planscheibe mit 23 cm Durchmesser und 3 cm Stärke gehalten. Ich würde Ihnen keine andere Methode vorschlagen, um dieses Stück auf der Drehbank zu befestigen. Planscheiben halten am stärksten.

Planscheiben können auch für empfindliche Objekte verwendet werden. Dieses ausgehöhlte Objekt aus gestocktem Ahorn dreht sich mit 800 U/min.

Argumente für die Planscheibe

Wenn man Planscheiben verwendet, braucht man den gesunden Menschenverstand nicht so sehr bemühen. Wenn der Rohling sehr lang oder schwer ist oder unrund oder wenn er aussieht, als würde er Ihren Fuß zermalmen und nicht nur einen Zeh, dann brauchen Sie nicht zweimal nachzudenken – schrauben Sie ihn auf eine Planscheibe. Der Kernpunkt ist, dass nichts ein Stück Holz fester und mit weniger Vibrationen auf der Drehbank hält als eine Planscheibe.

Durch die Benutzung einer Planscheibe wird der Rohling nah am Spindelstock positioniert, und es werden wenig oder gar keine Vibrationen am Drechseleisen ankommen, wenn das Stück gedreht wird. Aber wenn Sie das Holz weiter vom Spindelstock entfernen würden, indem Sie es beispielsweise in ein Spannfutter einspannen, dann würden sich sofort Vibrationen aufbauen.

Eine andere Sache, die Vibrationen beeinflusst, ist die Masse der Planscheibe. Gusseisen und massive Stahlplatten sind am besten, vor allem, wenn sie dick sind oder einen dicken Gewindeflansch haben. Aluminiumplanscheiben sind nur für kleinere Werkstücke. Entscheidend ist die sichere Übertragung der Masse vom Spindelstock zum Holz.

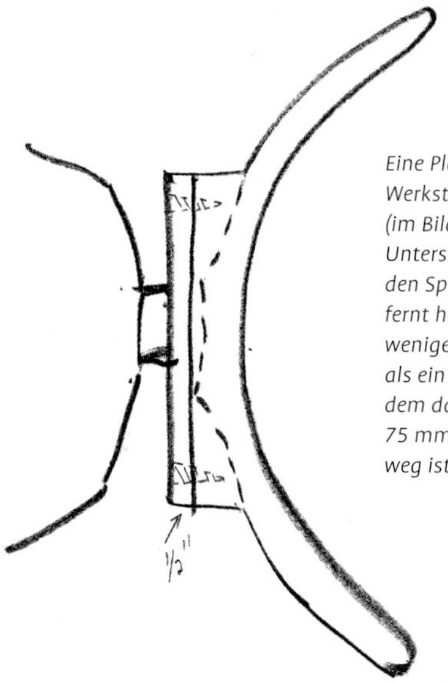

Eine Planscheibe, die das Werkstück nur 13 mm (im Bild 1/2") von der Unterstützung durch den Spindelstock entfernt hält, verursacht weniger Schwingungen als ein Spannfutter, bei dem das Werkstück 75 mm (im Bild 3") weit weg ist.

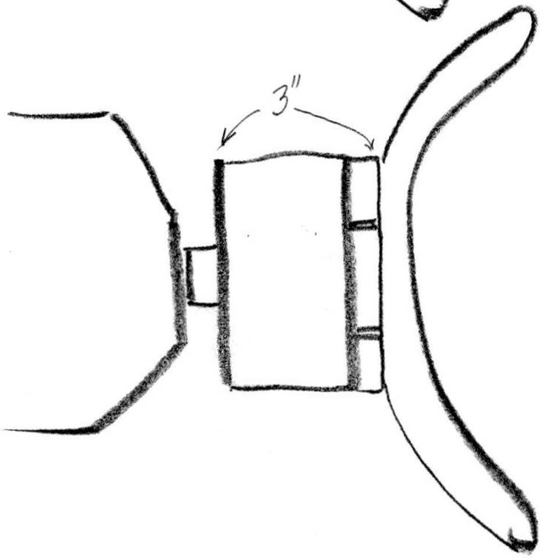

Argumente gegen die Planscheibe

Tatsächlich können Schraubenlöcher ein Stück ruinieren, wenn sie nicht richtig positioniert werden. Beachten Sie im Bild rechts, wie die Schrauben in der 7,5-cm-Planscheibe störend in das Werkstück eingreifen. Wenn Sie dagegen eine 15-cm-Planscheibe verwenden und die Schrauben im äußeren Ring einsetzen, gehen sie in das Abfallstück und nicht in den Boden der Schale. Ich verwende kräftige, 2,5 cm lange, selbstschneidende Blechschrauben, die dicker sind als normale Schrauben und nicht so tief ins Holz ragen müssen, um sicheren Halt zu gewährleisten. Anders als Holzschrauben haben Blechschrauben tiefe, scharfe Gewindegänge und sind aus gehärtetem Stahl hergestellt. Ich erzähle im Kapitel 14 „Klemmfutter und Vakuumfutter“ auf Seite 190 mehr darüber, wie der Boden derartiger Formen abgedreht wird. Aus der Abbildung rechts wird klar, dass Sie die Höhe des Holzes voll ausnutzen können, wenn Sie eine größere Planscheibe benutzen und den Fuß der Schale innerhalb des Schraubenkreises halten.

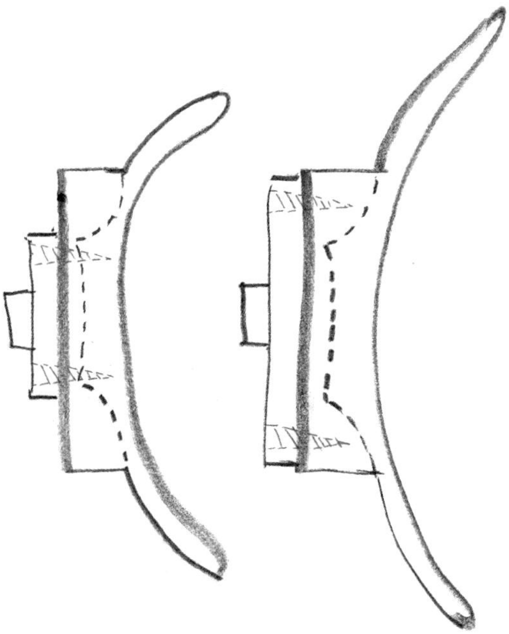

Die Position der Schrauben in einer Planscheibe mit 7,5 cm ∅ hinterlassen störende Löcher im Boden der Schale. Dagegen gehen die Schrauben bei einer 15-cm-Scheibe in das wegfallende Holz.

Einen Rohling auf eine Planscheibe montieren

Wenn die Basis des Rohlings flach oder leicht konkav ist, je nach Ihren Vorlieben, machen Sie noch ein paar Grundschnitte, um die Außenform grob festzulegen. Legen Sie das Zentrum der Planscheibe über das Zentrum des Rohlings und schrauben Sie so viele selbstschneidende Blechschrauben hinein, wie es dafür Löcher gibt.

Hilfreiche Tipps zum Modifizieren von Planscheiben

Zum Schluss noch ein paar Tipps, die bei der Auswahl von Planscheiben oder beim Abändern bereits vorhandener helfen.

Senken Sie die Löcher auf der *Vorderseite* der Planscheibe an. Schrauben in Grünholz ziehen Fasern hoch, was dazu führt, dass der Rohling nicht plan an der Scheibe anliegt und der Kontakt zwischen Holz und Scheibe verloren geht. Angesenkte Schraublöcher geben den Fasern Raum zum Ausweichen und sichert die feste Verbindung zwischen Holz und Scheibe. Vorsicht: Das Objekt *wird* sich von der Planscheibe lösen, wenn der feste Kontakt nicht gegeben ist! Das ist kein großes Problem mit trockenem Holz, da hier die Löcher vorgebohrt werden. Ein normaler 12-mm-Bohrer oder ein passender üblicher 90-Grad-

Um eine Planscheibe auf einen Rohling zu schrauben, zentrieren Sie sie nach Augenmaß und drehen so viele Schrauben ein, wie es Löcher in der Planscheibe gibt.

Versenken Sie die Schraublöcher auf der Vorderseite der Planscheibe, damit die hochgezogenen Grünholzfasern Platz haben, wenn die Schrauben eingedreht werden. Anderenfalls werden diese Fasern den Rohling von der Scheibe abheben.

Eine rostige Planscheibe bietet dem Rohling mehr Reibung als eine blanke Scheibe. Je weniger Durchrutschen, desto besser.

Kegelsenker in einer Handbohrmaschine reicht aus, um die Löcher anzusenken.

Lassen Sie die Vorderseite der Planscheibe rosten, um etwas Reibung zu erzeugen. Die Vorderseite der Scheibe braucht nicht auszusehen oder sich anzufühlen wie die Tischoberfläche der Kreissäge oder Bandsäge. Sie soll im Gegenteil eine rutschfeste Oberfläche bilden, die das Holz besser mitnimmt. Die Oberfläche rosten zu lassen, gibt ihr die Rauigkeit von grobem Schleifpapier. Stellen Sie sich die Reibung dieses Rostes vor, der unter dem Druck der Schrauben in die Holzfasern gepresst wird – da sollte nicht mehr viel rutschen. Selbstklebendes Schleifpapier mit 40er-Korn funktioniert ebenfalls, falls Sie Ihre schöne Planscheibe nicht dem Rost aussetzen wollen. Beim Arbeiten mit weicherem oder grünem Holz wird die Reibung einer derart modifizierten Planscheibe tatsächlich die Schrauben entlasten.

Vergessen Sie nicht, dass bei der Nutzung der Planscheibe die Wahl der Schrauben sehr wichtig ist – die Schrauben halten das Holz auf der Scheibe. Ich benutze ungefähr 6 mm starke und 25 mm lange Blechschrauben mit selbstschneidendem Gewinde, manchmal auch längere, je nach der Größe des Holzes und der Anzahl der benutzten Schrauben.

Argumente für und gegen die verschiedenen Methoden zur Rohlingmontage

Methode	Pro	Kontra
Mechanische Spannfutter	Vergleichsweise sicher und leicht nutzbar. Vielseitig.	Schwere und lange Stücke zu drehen, kann gefährlich sein. Abstand vom Spindelstock verursacht Vibrationen. Grünes und gestocktes Holz kann schwierig zu spannen sein, weil es leicht verformbar ist. Zapfen können abreißen. Spannfutter sind teuer.
Klebefutter	Gut für sehr kleine Objekte. Beste Wahl für gestocktes Holz. Keine Bohrlöcher nötig, daher auch gut für teure oder exotische Materialien. Funktioniert gut mit Grünholz. Geringe Kosten.	Klebefutter aus Sperrholz oder anderem billigen Holz können sich zerlegen. Die Dämpfe der Sekundenkleber können für Herz, Augen und die Haut gefährlich sein.
Planscheiben	Die stärkste Befestigung von Holz auf der Drehbank. Minimiert Vibrationen. Keine langen Überlegungen notwendig.	Kann bei kleinen oder mittleren Objekten etwas umständlich anzuwenden sein. Schrauben können im Weg sein oder Löcher hinterlassen, wenn sie nicht sorgfältig platziert sind.

Dies sind generelle Richtlinien. Wenn sich etwas für Sie nicht richtig anfühlt, halten Sie die Maschine an und überlegen nochmals die Methode, die Sie gewählt haben.

Nicht alle Schrauben sind gleich. Von links nach rechts: Trockenbauschraube, Holzschraube, Betonschraube und (meine Lieblingsschraube) eine selbstschneidende Blechschraube.

Wenn es sechs Schraubenlöcher gibt, benutze ich auch sechs Schrauben – je mehr, je besser. Wenn Ihre Planscheibe keine sechs Löcher hat, greifen Sie zur Bohrmaschine. Anders als Holzschrauben haben selbstschneidende Blechschrauben sehr tiefe, scharfe Gewindegänge für überlegene Haltekraft. Sie sind zudem gehärtet, sodass auch der Kreuzschlitz-Schraubendreher die Schlitze im Kopf nicht vermurksen kann.

Sehr gute Qualität haben auch Betonschrauben. Wählen Sie sie nicht zu lang – sie sind manchmal sehr schwierig wieder zu entfernen. Eventuell muss man für sie die Löcher in der Planscheibe etwas aufbohren. Benutzen Sie niemals Trockenbauschrauben, sie sind zu dünn und reißen bei Grünholz aus und sie sind zu spröde für trockenes Holz.

Ich konzentriere mich hier auf Unterstützung und Vielseitigkeit. Gute Unterstützung des Werkstücks wird Sie mit vibrationsfreien Schnitten und unfallfreiem Arbeiten belohnen. Für Vielseitigkeit empfehle ich Ihnen, sich mit jeder Art Einspannvorrichtung vertraut zu machen. Es gibt keine Einheitsmethode. Ich kenne Drechsler, die in ihrer Entwicklung steckengeblieben sind, weil sie sich auf eine einzige Einspannmethode beschränkt haben. Es gibt eine ganze Welt wundervoller Objekte da draußen, die alle darauf warten, gedrechselt zu werden. Wenn Sie nur eine einzige Einspannvorrichtung benutzen, werden Sie nie herausfinden, ob Sie in der Lage sind, sie herzustellen.

Kapitel 7

Design

Irgendwann in den späten 1980er-Jahren machte ich die Bemerkung, dass „Design" das „Angst-Wort" des Jahrzehnts sei, zumindest in der Drechslerwelt. Drechsler waren vollauf damit beschäftigt, die technischen Aspekte des Holzdrechselns zu lernen, aber überfordert, wenn es um das Entwerfen einer Form ging. Wenn ich in Workshops unterrichte, treffe ich noch heute auf diese „Angst vor dem Design". Ein Teilnehmer kann durch die vorbereitenden Schritte gehen, einen unhandlichen Holzblock grob vordrechseln, kann bis kurz vor das Entwickeln der Form kommen und dann sagen: „Okay, ich hab's. Wie, bitte, geht's jetzt weiter?" Ich hatte sogar einmal einen Schüler, der am ersten Tag sagte: „Ich bin hier, um alles zu lernen, was Sie wissen. Aber erzählen Sie mir nichts über Design!" Das schien mir ein verquerer Weg zu sein, einen Kurs zu beginnen. Es war aber auch ein klarer Hinweis, welch starken Eindruck das Wort *Design* machen kann. Aber warum?

David Ellsworth, REFLECTIONS, 1997. Esche; (links) 35 cm hoch, 35 cm ∅. (rechts) 28 cm hoch, 28 cm ∅.

Als ich in den späten 1970er-Jahren begann, Drechseln zu unterrichten, waren die meisten Schüler Hobbydrechsler über fünfzig, die zwar großen Enthusiasmus mitbrachten, aber wenig oder gar keine künstlerische Vorbildung. Es war so ähnlich, als würden wir eine Anzahl Leute in einem Raum versammeln und sie bitten, in einer Sprache miteinander zu reden, die sie nicht verstehen. Das Redebedürfnis war da und auch das Sprachvermögen, aber nicht die geeignete Sprache. Zwar hatten viele Colleges und Universitäten in den USA Kurse in Töpfern, Schmuckherstellung und Textilkunst angeboten, aber das Holzdrechseln blieb in der Oberstufe der Schulen und beharrte auf handwerklichem Niveau. Ohne funktionsfähiges künstlerisches Vokabular und ohne Konfrontation mit Designfragen hatte das Holzdrechseln so nur wenige Möglichkeiten, sich zu einer kreativen Kunstform zu entwickeln. Das Bild änderte sich etwas in den mittleren bis späten 1970er-Jahren, als eine Bewegung hin zu mehr kreativem Arbeiten beim Holzdrechseln an Schwung gewann. Inspiriert von einem lebendigen Kunstgewerbe, begann das Atelier-Drechseln eine steile Aufwärtsentwicklung, sowohl was die Entwicklung von neuem Design als auch die künstlerische Glaubwürdigkeit betraf. Daher lagen alle grundlegenden Designstile, die wir heute beobachten können, wie Schalen, Platten, Langholzarbeiten, verleimte Formen, Architekturformen, Totems, Hohlformen und Skulpturen nach 1982 voll ausgereift vor.

Doch die Frage bleibt offen: Wie können wir Drechselenthusiasten helfen, Designfähigkeiten zu entwickeln, ohne dass sie sich gleich für einen College-Kurs einschreiben müssen? Oder wie helfen wir denen, die gegenüber Designfragen die Einstellung vertreten „Ich habe keine kreative Ader, ich kann ja nicht mal eine gerade Linie zeichnen"? Ich denke, dass ein Teil der Antwort darin liegt, dass wir unsere Zielsetzungen neu definieren müssen und scharf darauf achten, welche Methoden wir anwenden, um unsere Ziele zu erreichen.

(Anmerkung des Übersetzers: Die Verhältnisse in Deutschland sind nicht vergleichbar. Wir stehen noch auf einer Entwicklungsstufe, in der eine große Anzahl von Hobbydrechslern die rein handwerklichen Fertigkeiten des Drechselns zu lernen versucht. Drechseln wird nicht als Kunst betrachtet, bestenfalls als Kunsthandwerk. Ein Unterricht an Schulen findet nur sehr selten statt. Einführungskurse an Volkshochschulen sind etwas häufiger, leiden aber oft unter zu wenigen und/oder minderwertigen Maschinen und Werkzeugen. Nach meinen Informationen gab es in der DDR Bemühungen des dortigen Drechslerhandwerks, Designregeln zu entwickeln, verankert im sozialistischen Kontext. Das Drechslerhandwerk in der Bundesrepublik kaufte stattdessen Kopierautomaten, um sich mit hohen Stückzahlen zu geringen Einzelpreisen über Wasser zu halten.)

Den Prozess wertschätzen

Ein praktikabler Ansatz ist, den Wert des Prozesses gleich hoch einzuschätzen wie den Wert des fertigen Produkts. „Der Weg ist das Ziel", sagte schon Konfuzius. Es ist nicht immer leicht, immaterielle Werte zu würdigen, aber es hat Vorteile.

Sich zu freuen, wenn man erfolgreich eine Unternehmung abschließt, ist nichts Schlechtes. Unsere Freunde und Verwandten mögen alles, was wir herstellen, und obwohl sie nicht unsere qualifiziertesten Kritiker sind, ist ihr Lob doch wichtig. Wenn wir unser Werk einmal weggegeben haben, ist das, was uns bleibt, nur die Erfahrung des Machens, ein Baustein für das Selbstbewusstsein, das wir für unsere Weiterentwicklung als kreative Wesen brauchen. Tatsächlich sind wir kreative Wesen. Jeder von uns.

Wenn ich die Arbeiten von Drechslern betrachte, stoße ich auf eine Abfolge von Ideen, die alle miteinander in Beziehung stehen, aber nicht notwendigerweise gleich sind. Die erste und die neueste Schale eines Drechslers können total unterschiedlich aussehen. Wenn ich verfolge, wie sich das Werk dieser Person während jeder Phase entwickelte, kann ich sehen, wie jede Gruppe von Ideen die nächste inspirierte. Persönliches Wachstum kann als eine Aufeinanderfolge von Ideen gesehen werden, die sich mit der Zeit durch den Vorgang des Machens entwickelten. Man muss ein bisschen abwarten und diesen Ideen Zeit geben, sich zu entwickeln. Niemand

David Ellsworth, Bowl, Juni 1976. Redwood-Maserknolle und Pau Ferro; 1 cm hoch, 18 cm ∅. Meine erste „erfolgreiche" Hohlform, mit gebogenen Werkzeugen gedrechselt.

kann von Anfang an dynamische, ausgereifte Werke schaffen.

Das Erleben des Prozesses lehrt einen zu erkennen, worauf man im Inneren schaut. Die Wege, die Sie beim Machen einschlagen, spiegeln direkt wider, wer Sie als Schöpfer sind. Suchen Sie durch Ihre Objekte einen Blick auf sich selbst zu erhaschen – wie Sie denken, handeln, reagieren und sich entwickeln durch den Vorgang des Machens.

Ihre Designfähigkeiten verbessern

Es gibt einen Punkt, an dem sich jeder von uns die Frage stellt: „Wie kann ich das Aussehen meiner Formen verbessern?" Das ist *die* entscheidende Frage, wenn es um die Entwicklung Ihrer Designfähigkeiten geht. Die Schlüsselwörter sind „wie", „ich" und „Aussehen".

Das „Wie" deutet auf Wissbegier in Bezug auf Arbeitsmethoden hin. Sie haben sich aus Ihren früheren Lernerfahrungen an der Drehbank entwickelt, begleitet von vielen Pannen. Seither haben Sie handwerkliches Selbstvertrauen gewonnen und Ihre Objekte kommen tatsächlich etwa so von der Drehbank, wie sie von Ihnen geplant waren. Von diesem Stadium an geht es aufwärts.

Das „Ich" deutet auf die Beziehung zwischen dem Macher, dem Material und dem Prozess. Sie haben den Punkt erreicht, an dem Sie sagen können: „Jetzt kann ich das." Holzdrechseln ist im Allgemeinen eine Ein-Mann-Veranstaltung, keine Teamsportart: „Ich bin allein verantwortlich für das, was ich tue." Und schließlich: „Was kann ich tun, um meine Formen etwas anders zu machen?"

Das „Aussehen" ist das letzte Glied. Hier erforschen Sie das „Selbst" in Selbst-Darstellung. Sie kennen das von Geburt an, jeder von uns war umgeben von Gegenständen, die tiefen Einfluss auf unser Leben hatten. Es spielt keine Rolle, welches Geschlecht Sie haben, aus welcher Kultur Sie stammen, welche Hintergründe Sie durchlaufen haben, um bis hierher zu kommen. In dem Moment, in dem Sie beginnen, neugierig und bewusst auf die Gegenstände zu blicken, die Sie umgeben, werden Sie die Welt aus einer anderen Perspektive betrachten. Von diesem neuen Standpunkt aus wird sich Ihr Werk mit einem Sinn für Selbstvertrauen und Richtung entwickeln. Die Designs, nach denen Sie suchen, kommen jetzt aus Ihnen selbst.

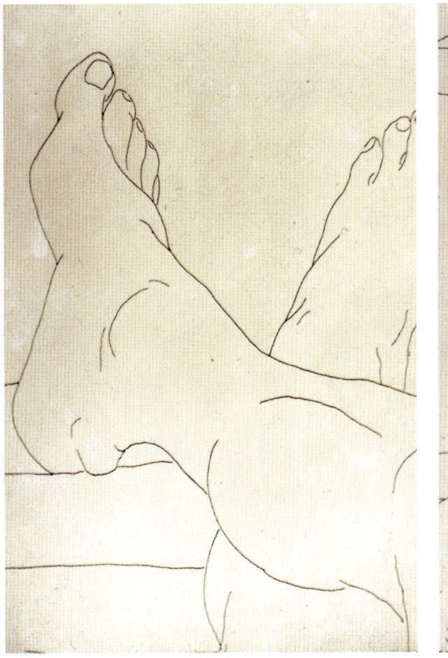

David Ellsworth, FEET, 1970. Das Zeichnen sogar so normaler Dinge wie der eigenen Füße kann Ihnen dabei helfen, zu einem größeren Verständnis für Form, Perspektive und Design zu gelangen.

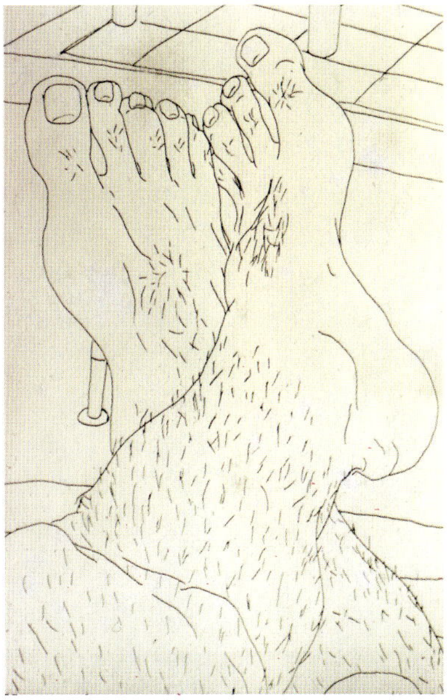

David Ellsworth, HAIRY FEET, 1970. Kleine Details können einen beträchtlichen Unterschied selbst in einer einfachen Skizze ausmachen.

Lernen, was Sie mögen

Was die Methoden betrifft, so sind wir alle verschieden, wir erleben unsere Welt anders als andere, und das ist gut! Wenn Sie es wertschätzen lernen, wie Sie die Welt erfahren, dann können Sie diese Erfahrung in Ihre Werke einfließen lassen. Dies ist eine Gelegenheit, einen Moment innezuhalten und Ihre Zielsetzungen genauer zu betrachten. Der beste Weg, eigene Entwurfsvorstellungen zu etablieren, ist herauszufinden, was Sie mögen und was nicht, und das können Sie nur, wenn Sie Dinge ausprobieren.

Zeichnen Sie

Wenn ich eine Gruppe von Kursteilnehmern bitte, Bleistift und Papier zu nehmen und anfangen zu zeichnen, werden die meisten sagen, dass sie nicht zeichnen können. Tatsächlich können sie zeichnen, denn man muss dazu nur einen Bleistift auf das Papier drücken und mit ihm ein bisschen herumfahren. Das ergibt eine Zeichnung. Das ist möglicherweise keine Zeichnung von dem, was sie sehen, oder dem, was sie zu zeichnen beabsichtigen, aber es ist eine Zeichnung.

Wenn es Ihre Absicht ist, eine Reinzeichnung anzufertigen, von der sie „wissen", dass Sie sie nicht machen können, dann sind Sie verloren, bevor Sie anfangen. Wenn es dagegen Ihre Zielsetzung ist, das Herumkritzeln auf dem Papier zu genießen, dann können Sie das Zeichnen lieben lernen und ganz natürlich Bilder von dem entstehen lassen, was Sie vor sich sehen. Und es ist ganz egal, wie Ihre Zeichnung aussieht.

Nachdem Sie zwei oder drei Zeichnungen gemacht haben, können Sie sie nebeneinanderlegen und diejenige heraussuchen, die Ihnen am besten gefällt.

Ich füllte während meines Studiums in Bildhauerei und Zeichnen in den 1960ern und 1970ern viele Skizzenbücher. Aber das war, bevor ich mich hauptberuflich der Drechslerei zuwandte, weshalb keine meiner Skizzen gedrechselte Objekte enthalten. Das Zeichnen von etwas so Simplem wie meinen Füßen führte mich zu einem größeren Verständnis des Verhältnisses von Form und Volumen, etwas, das in direkter Beziehung zu meiner heutigen Drechselarbeit steht. Eine andere Verbindung von Zeichnen und Drechseln ist meine Arbeitsmethode, die Röhre wie einen Bleistift direkt auf dem Holz zu benutzen und dem Design zu erlauben, während des fortschreitenden Drechselprozesses Gestalt anzunehmen. So wächst die Fähigkeit zu zeichnen, um Ihre Ideen visuell statt mündlich auszudrücken.

Machen Sie sich keine Gedanken, ob Sie Holz drehen können oder nicht … machen Sie einfach Späne!

Machen Sie Späne

Genauso ist es beim Holzdrechseln. Wenn Sie drechseln lernen wollen, spannen Sie ein Stück Holz auf die Drehbank und machen eine Menge Späne. Produzieren Sie nichts anderes außer einem großen Haufen Späne. Wenn Sie lernen wollen, Schalen zu entwerfen, machen Sie ein Dutzend Schalen und schauen dann, welche Ihnen gefällt. Nach 50 Schalen werden Sie mehr machen, die Ihnen gefallen und weniger, bei denen Sie unsicher sind oder die Ihnen nicht gefallen. Mit wachsendem Vertrauen in die eigenen Drechselfähigkeiten erkennen Sie immer besser die Formen, die Ihnen gefallen. Das Wichtigste an einer Schale ist das Machen, der Herstellungsprozess. Die Schale selbst ist immer zweitrangig.

Eine andere Methode, um Ihre technischen wie auch gestalterischen Fähigkeiten zu üben, ist, ein paar Äste von einem gefällten Baum zu nehmen, sie als Zylinder grob vorzudrechseln (30 cm lang und 10 cm oder mehr Durchmesser) und einfach anzufangen, Formen zu machen. Stellen Sie keine Dinge her, die Denken erfordern. Machen Sie nur Formen – irgendwelche Formen –, ohne Gedanken zu investieren. Versuchen Sie eine Röhre; versuchen Sie einen Schrägmeißel. Machen Sie ein Dutzend Formen, nummerieren und datieren sie mit Filzstift und stellen sie dann in eine Ecke. Machen Sie das ein- bis zweimal im Monat über ein halbes Jahr, und dann reihen Sie die Formen in numerischer Reihenfolge auf. Sie werden einen Qualitätsfortschritt bemerken, sowohl in Ihren Drechsel- als auch in Ihren Designfähigkeiten. Sie brauchen weniger Zeit für die Formen und die Kurven werden fließender. Machen ohne zu denken ist die beste Geisteshaltung, wenn Sie etwas entwerfen.

Durch Verschieben Ihrer Zielvorstellung vom Produkt auf den Prozess verlieren Sie den Erfolgsdruck und bringen jene natürlichen Designfähigkeiten zum Vorschein, die in jedem von uns schlummern. So trainieren Sie die innere Vorstellungskraft und Sie werden wirklich sehen lernen, was Sie wollen. Dies ist ein wesentlicher Teil, um Entwurfsfähigkeiten zu entwickeln, die Ihre eigene Persönlichkeit und eigenen Interessen widerspiegeln.

Zwei grundsätzliche Wege beim Entwerfen

Es gibt zwei grundsätzliche Arbeitsmethoden, die zum Entwerfen von Objekten auf der Drehbank führen. Die erste ist, das Objekt auf Papier zu entwerfen und dann Holz passend zum Design auszuwählen. Die zweite ist, Holz auf der Bank aufzuspannen und die Form zu entwerfen, während sie geschnitten und geformt wird.

Entwerfen von Anfang an

Im ersten Fall steht der Entwurf, das Design, am Anfang der Objektentwicklung. Das Holz, falls es schon ausgewählt wurde, muss irgendwie stabilisiert werden, damit es sich nicht in der Zwischenzeit verändert. Während die Zeichnung dieselbe bleibt, sind die Hölzer austauschbar. Hier ist der Drechselvorgang, ob einfach oder komplex, die ausführende Phase der Objektentwicklung und ist direkt abhängig vom Können des Drechslers. Diese Designmethode ist typisch für das Langholzdrechseln und repräsentiert die historischen und handwerklichen Wurzeln des Drechselns. Sie wird ebenso angewandt beim segmentierten Drehen, wo Objekte aus zusammengesetzten kleinen Holzstücken entworfen werden, die zu Spindeln, Schalen, Hohlformen und Skulpturen werden können.

Entwerfen während der Herstellung

Die zweite Methode wurde von mir immer bevorzugt, weil sie besser zu meiner Lebenserfahrung und meiner Persönlichkeit passt. Sie bietet mir ein großes Gefühl von kreativer Freiheit und ein hohes Risikopotenzial. Die Freiheit kommt darin zum Ausdruck, dass ich während des Drechselns eine Form oder eine Idee verändern kann. Veränderungen können durch so ziemlich alles verursacht werden, einschließlich der Entdeckung von ungewöhnlichen Eigenschaften innerhalb des Materials, dem Nachdenken über ein anderes Objekt, das ich gesehen habe, oder auch meiner Stimmung an diesem Tag. Das Risiko steckt darin, dass ich nicht weiß, wo ich ende oder wohin ich mit der Form gelangen werde, wenn ich beginne. Ich halte diesen Vorgang für einen Teil der Designentwicklung und ich akzeptiere das Risiko als Bestandteil des Reizes, etwas zu machen. Ich kann ungezwungen Erkenntnisse über das Holz, mit dem ich arbeite, und über mich selbst gewinnen, während sich das Objekt entwickelt.

Dem Instinkt vertrauen

Es kam in der Vergangenheit öfter vor, dass ich eine Hohlform fertigstellte und nicht richtig mit ihr einverstanden war. Entweder konnte ich keinen Kontakt zu ihr herstellen oder sie passte irgendwie nicht zu der Richtung, in die ich gerade arbeitete, oder ich verstand sie ganz einfach nicht. Ich habe gelernt, solche Objekte wegzuräumen und sie später noch einmal anzuschauen … manchmal Jahre später. Irgendwann stolpere ich dann wieder über so ein Stück, tief versteckt in einem Wandschrank, und merke, dass die Idee oder die Erinnerung oder irgendetwas von diesem Stück andere Stücke beeinflusst hat, die ich seither gemacht habe. Die erste Lektion, die ich daraus lernte, war, dass genaugenommen *ich selbst* es war, den ich nicht verstanden hatte, als ich dieses Objekt herstellte. Diese Erkenntnis führte zu einer zweiten Lektion: meinen Instinkten zu vertrauen, wohin sie mich auch führen mögen.

Wir alle haben Instinkte, aber wir müssen sie nicht zwangsläufig verstehen oder ihnen trauen – doch ich habe gelernt, dass es Gründe gibt, warum wir manche Objekte oder Designs anderen vorziehen.

Es ist nicht wichtig, ob wir diese Gründe verstehen oder nicht. Wichtig ist, dass wir unsere Entwurfsentscheidungen mit kritischer Aufmerksamkeit hinterfragen. Warum habe ich diese Couch jener vorgezogen oder dieses Kleidungsstück oder dieses Geschirr oder dieses Werkzeug? Auch Autos gehören natürlich zu den weitverbreiteten und aufschlussreichen Designentscheidungen, die wir alle treffen. Worauf ich hinauswill: Jede Entscheidung, die Sie in Ihrem täglichen Leben treffen, ist zumindest teilweise eine Designentscheidung. Und jede Entscheidung spiegelt, wer Sie sind. Wir tun diese Entscheidungen oft als simple Zu- oder Abneigung ab oder als persönliche Geschmackssache. Aber es sind Designentscheidungen – kreative Entscheidungen –, die spiegeln, wie wir uns selbst sehen, uns schmücken und was wir von uns halten.

Eingebung und Entwicklung

Ich beabsichtige nicht, Ihnen Antworten zu präsentieren, sondern ich will Ihnen helfen zu lernen, die richtigen Fragen zu stellen. Die Objekte, die Sie in Büchern über private und öffentliche Sammlungen von gedrechselten Gegenständen sehen, scheinen weit jenseits der Fähigkeiten von Drechslern auf dem Anfängerniveau, und genauso ist es. Eingebung ist etwas Wunderbares und jeder Hersteller dieser Objekte startete mit einer Eingebung. Dann dauerte es viele Jahre der Entwicklung ihrer Persönlichkeit und ihrer Handfertigkeiten, bis ihr Werk das Niveau ihrer Ansprüche erreichte. Mit der Zeit änderten sich ihre Ansprüche und so reiften und änderten sich die Hersteller und ihre Methoden. Das ist der Weg des Machens. Es kann der Weg des Handwerks oder der Kunst sein, das kann man am Anfang nicht wissen. Wichtig ist nur, dass man anfängt.

Was ist nun dran am Design, das es so geheimnisvoll faszinierend macht, so einfach und doch so komplex, so fundamental für die Ausgewogenheit des Lebens und scheinbar nicht zu erreichen? Ist es einfach so wie die fehlende Erfahrung mit einer ungewohnten Sprache? Ist das Ego zu sehr involviert, um sich komfortabel zu fühlen, wenn es enthüllt wird? Möglicherweise ist es beides und noch mehr.

Ich halte Design für einen Kulminationspunkt im Dasein einer Person, einschließlich ihrer Psyche und Ästhetik, Impuls und Bestimmung. Am besten präsentiere ich ein paar Beispiele, um zu illustrieren, wie ich Zwiegespräche mit mir selbst führte, während ich bestimmte Objekte herstellte. Ich habe einige meiner ganz persönlichen Entwicklungen und Eingebungen im Design vorbereitet und in Fotos und Text dokumentiert. Ich hoffe, das wird Sie anregen, einen ähnlichen Versuch zu machen. Außerdem macht ein solches Vorgehen viel mehr Spaß, als einfach zu sagen: „Ich mag dies, aber ich mag das nicht.“ Oder: „Das ist ein gutes Design, aber das ist es nicht.“ Beides sind persönliche Meinungen und aus beidem kann man nicht viel lernen.

Sikyatki-Töpferware: Inspiration durch eine Inspiration

Mein frühes Design von Schalen und Hohlformen wurzelt in Sikyatki-Töpferwaren des späten 19. und frühen 20. Jahrhunderts – besonders im Werk von Nampeyo, einer Töpferin des Hopi-Tewa-Stammes, die von 1860 bis 1942 lebte. Die Töpferwaren, die Nampeyo an der Sikyatki-Ausgrabungsstelle in Arizona sah, inspirierten sie. Nach der mündlichen Tradition war Sikyatki ein Hopi-Pueblo, das von den Bewohnern eines benachbarten Pueblos zerstört wurde. Die Töpferware an der Ausgrabungsstelle stammte von ungefähr 1375 bis 1625 und war mit mehrfarbigen Designs dekoriert. Nampeyo benutzte sowohl die Gefäßformen als auch den Malstil, die sie an diesen Formen entdeckte.

Als Kind kam ich mit der Kunst der amerikanischen Ureinwohner in Berührung – Töpfe, Decken, Schmucksachen –, aber Nampeyos Töpfe waren mehr als ausgesprochen nur funktionale Keramik. Das Design und die Konstruktion waren gewagt und schienen ihre eigene innere Energie zu besitzen – sie pulsierten.

Beim Studium historischer indianischer Keramikgefäße, einschließlich Gefäßen von anderen alten Kulturen, können wir klar erkennen, dass der schmale Hals, eine hohe Schulter, ein Bauch und die Gestalt des Fußes einem universellen Konzept entspringen und ein direktes Abbild des ultimativen Gefäßes darstellen – des menschlichen Körpers.

Hohokom-Schale, ca. 950. 10 cm hoch, 17,5 cm Ø.
Salado-Kanne, ca. 925, 17,5 cm hoch, 11,5 cm Ø.

1: In Richtung Hohlform

Es ist leicht, an dieser Schale aus brasilianischem Rosenholz, hergestellt im März 1977, zu erkennen, wie mein Interesse an Hohlformen direkt der Herstellung von offenen Schalen (siehe Foto rechts) entsprang. Die Schale ist unbeholfen in Form und Proportion. Das gerissene und wurmbefallene Rosenholz hat nicht die beste Qualität. Das Stück scheint zu versuchen, eine Identität irgendwo zwischen einer offenen Schale und einer Hohlform zu finden, aber kann sich nicht entschließen, in welche Richtung es gehen sollte. Es war ein Übergangsstück und beruhte auf meinen damaligen Kenntnissen.

Ich stellte außerdem fest, dass das originale Diapositiv den Preisvermerk 100 $ trug. Das war 1977 ein ziemlich heftiger Preis, sodass ich vermute, dass mein Ego damals auch im Übergang war.

Die Schale, die ich im Dezember desselben Jahres machte, zeigt eine deutliche Veränderung im Design und in meinen technischen Möglichkeiten, einschließlich der Auswahl des Materials (siehe Foto unten). Es ist ein sehr viel riskanteres Design, sie ist kundiger gedrechselt und vermittelt ein Gefühl der Geschlossenheit, als wäre ihr in ihrer Haut wohler. Sie können sehen, wie sich die Form aus dem früheren Stück entwickelte. Die Schale gewann den Colorado Artist Craftsman Award in diesem Jahr, es war mein erster Preis überhaupt und er gab mir großen Ansporn und Selbstvertrauen, auf dem Weg zum Hohlformendrechseln weiterzugehen.

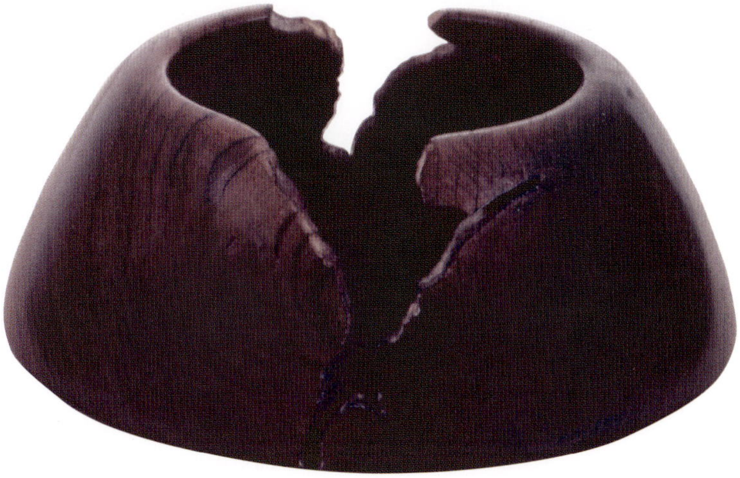

David Ellsworth, BOWL, März 1977. Brasilianisches Rosenholz; 7,5 cm hoch, 15 cm ∅. Dieses Übergangsstück ist irgendwo zwischen einer offenen Schale und einer Hohlform stecken geblieben.

David Ellsworth, BOWL, Dezember 1977. Brasilianisches Rosenholz; 7,5 cm hoch, 14 cm ∅. Das Design dieses Stückes wurde angeregt durch die frühere Schale, die oben gezeigt ist. Sie können deutlich erkennen, dass das Design definitiv mehr von einer Hohlform hat als von einer Schale. Es hat seine Identität geklärt.

2: Naturränder

Ein anderes Beispiel zur Erweiterung des Spektrums war meine Bekanntschaft mit der wundervollen Vielfalt der Maserknollen in den frühen 1980er-Jahren, die durch meinen Umzug nach Pennsylvania verfügbar wurden. Während Drechsler wie Bob Stocksdale und Rude Osolnik Schalen mit Naturrand bereits in den 1950ern herstellten, war es Mark Lindquist mit seinen robusten Schalen und Skulpturen, der dieses Design Mitte der 1970er wieder populär machte. Weil ich mit geringen Wandstärken in Grünholz arbeitete, integrierte ich den Naturrand als Gegensatz zu den Formstörungen, die beim Abtrocknen von den Spannungen innerhalb der Fasern ausgelöst wurden.

Ich schätze die Gegenüberstellung der beiden hier gezeigten Formen. Die erste wurde aus einer Walnusssplint-Maserknolle geschaffen, als ich mit größeren ästhetischen und technischen Erkundungen beschäftigt war (siehe Foto oben). Es war eine Zeit, in der alles möglich war, und alles bewegte sich in Richtung von freiem Ausdruck. Das Wort, das mein damaliges Leben am besten charakterisiert hätte, war „Attacke!“.

David Ellsworth, VESSEL, 1983. Walnusssplint-Maserknolle. 12,5 cm hoch, 15 × 16 cm. Ich schuf diese frühe Hohlform als Übung, um meine Möglichkeiten zu erforschen.

Das Stück aus Roteiche-Maser, 24 Jahre später hergestellt, zeigt einen ähnlichen Designansatz und deutlich mehr Freiheit in der Bewegung innerhalb der Form (siehe Foto links). Jedoch ist es mit verfeinertem Können und mit besserer Kenntnis des Materials entstanden.

Man kann die Entwicklung im Kern also folgendermaßen zusammenfassen: Das frühere Stück ist auf der Suche nach Richtung; im späteren Stück gebe ich die Richtung vor.

David Ellsworth, RED OAK POT, 2007. Roteiche-Maserknolle; 20 cm hoch, 20 cm ∅. Diese späte Hohlform zeigt mehr Richtung als das frühere Stück.

3: Formen und Öffnungen

Diese Folge von Objekten zeigt, wie meine Werkzeuge und Arbeitstechniken zwischen 1978 und 1981 ausgeklügelter wurden. Die Öffnungen meiner Formen verkleinerten sich und damit wurden sie auch technisch herausfordernder und visuell dynamischer. Die frühen Formen wirken eckig, mit scharfkantigen Rändern und flachen Böden. Ich kämpfte um Weiterentwicklung des Designs und um technische Kunstfertigkeit für meine ausgefeilten, etwas strengen Formen.

Die zweite und wichtigste Änderung geschah während der nächsten beiden Jahre. Ich war nicht mehr festgefahren im kantigen Design der früheren Jahre. Die neueren Formen entwickelten sich in Richtung Volumenkontur und der neue Denkansatz zu Hohlformen deutet auf einen signifikanten Zugewinn an Entwurfsfreiheiten hin, mit neuen Ideen und Richtungen.

Während dieser Zeit beschleunigte sich mein Leben und beruhigte sich auch gleichzeitig. Meine Scheidung 1977 war jetzt emotionale Vergangenheit, meine Arbeiten wurden auf nationaler Ebene in Galerien und Werkschauen gezeigt und eine ganze Welt an neuen und herausfordernden Materialien eröffnete sich durch Freundschaften mit anderen Drechslern.

Die wichtigste Änderung war 1980 meine Hochzeit mit Wendy und unser Umzug 1981 von den Bergen Colorados in die Wälder Pennsylvanias. Wendy brachte zwei Jungen mit in die Ehe, Isaak und Adrian. Zusammen mit meiner Tochter Kate hatte ich plötzlich drei Kinder und war ein gestandener Familienvater, Grundbesitzer, ein Designer für ein Haus und Studio, Bauherr und, fast hätte ich es vergessen, ein Hersteller, Fotograf, Lehrer und Vermarkter meiner Kunstwerke. Ich war Mitte dreißig und reifte schnell, sowohl als Person als auch in meiner Kreativität. Einige werden wohl sagen: Das wurde aber auch Zeit!

David Ellsworth, Bowl, Oktober 1978. Bubinga; 4,5 cm hoch, 33 cm ∅. Beachten Sie die Scharfkantigkeit dieses Designs.

David Ellsworth, Bowl, Oktober 1978. Putumuju; 6,3 cm hoch, 16,5 cm ∅. Dieses Stück zeigt eine kleinere Öffnung und eine tiefere Silhouette.

David Ellsworth, Bowl, Juni 1979. Brasilianisches Rosenholz; 5,7 cm hoch, 22 cm ∅. Dieses Stück ist eine höher entwickelte und reifere Form.

David Ellsworth, Vessel, 2007. Gelbkiefer; 15 cm hoch, 22–24 cm ∅. Dieses jüngste Stück demonstriert die neueste Designentwicklung in Richtung einer Form, die als Volumenkontur bezeichnet werden kann.

4: Oberflächenstrukturen

Ein anderer Einfluss von Lindquist auf mein Werk war die Anregung, Oberflächenstrukturen zu erforschen. Dieses Trio von Weißeichen-*Pots* von 1991 (siehe unteres Bild auf der rechten Seite) begann als selbst gestellte Herausforderung: Könnte ich auch für gewöhnliches, alltägliches Holz entwerfen, anstatt mich auf die Schönheit der Maserknollen zu verlassen, mit denen ich fast ausschließlich während der 1980er- und 1990er-Jahre gearbeitet hatte? Die Oberflächen kommen direkt von der Röhre und wurden nicht geschliffen, eine Arbeitsweise, die ich in den 1990ern eingeführt hatte.

Ich dachte, dass man bei jedem Objekt einen Punkt erreicht, an dem man entscheiden muss, dass nun genug getan ist. Eines Tages erreichte ich diesen Punkt, griff zu meiner Schleifmaschine – und sagte

Ich schuf CHACO POT *aus einem Block stark gestockten Ahorn, den ich von einem Schüler erhielt. Bei meinem ersten Versuch, diese Form zu drechseln, löste sich das Objekt vom Klebefutter und verlor einen Fetzen Holz.*

David Ellsworth, CHACO POT*, 1994. Gestockter Ahorn; 11 cm hoch, 12,5 cm ∅. Sammlung Detroit Institute of Art. Schenkung von Robert Bohlen. Die Oberfläche von* CHACO POT *ist sandgestrahlt.*

Mark Lindquist, BOWL, 1982. Zuckerahorn-Maserknolle; 12,5 cm hoch, 24 cm ∅. Lindquists robuste Formen zeigen feinfühlige Texturen mit der Kettensäge, die Volumen und visuelle Begeisterung an die Oberfläche bringen, wie man an dieser Schale sehen kann.

mir plötzlich: „Warte, warte, warte … es ist bereits alles fertig."

Die natürlich grobe Oberfläche der Eiche hatte ein wunderbar raues holziges Aussehen. Beim Berühren gab es einen Ton, wie wenn man ein Raku-Gefäß berührt (Raku ist das Geschirr für die japanische Teezeremonie). Tatsächlich hatte diese Serie so viele Anklänge an keramische Gefäße sowohl in Form als auch im Anfühlen, dass ich feststellte: Gerade machte ich hölzerne Töpferei (pots) anstatt meiner Hohlgefäße. Es war ein Durchbruch und seither mache ich nur noch *Pots*.

Dünnwandige Hohlformen waren eine große Herausforderung, aber das Arbeiten mit gestocktem oder anderweitig geschädigtem Holz zwang mich an die Obergrenze dessen, was das Material gerade noch aushalten konnte. *Chaco Pot* entstand aus einem Stück extrem gestockten Ahorn, das mir ein Schüler mitgebrachte hatte, höchstwahrscheinlich als Herausforderung, um zu sehen, was ich damit anfangen könnte. Das Foto unten links zeigt den originalen Zustand zusammen mit meinem ersten Anlauf, der vom Klebefutter geflogen war, als ich versucht hatte, das Innere zu bearbeiten. Kein Wunder bei diesem Zersetzungsgrad des Holzes. Die Oberfläche der Form wurde nach dem Fertigdrechseln leicht sandgestrahlt, was ihr eine geradezu angeätzte Textur gab. Der Titel des Stücks kommt von einer ähnlichen Oberfläche, die ich einmal in den Sandsteinklippen des Chaco Canyon in New Mexico sah.

David Ellsworth, POTS, 1991. Weißeiche; der größte ist 25 cm hoch. Dieses Trio war das Ergebnis meiner Versuche, von der Schönheit der exotischen Maserknollen wegzukommen und zu sehen, ob ich auch aus einfachen Hölzern schöne Formen drechseln könnte.

5: Eingesenkte Öffnungen

Die Oberfläche des *Homage Pot* kommt direkt vom Schrägmeißel. Während die schwarzen Wachstumslinien des Pilzes wild um die Form fließen, hinterlassen die Start- und Stoppmarkierungen des Schrägmeißels eine subtil geschrammte Oberfläche, die hilft, die Form visuell zu erden. Der Titel drückt meine Verehrung für die Kunst und die Architektur der indianischen Kulturen des Südwestens aus, wo ich aufgewachsen bin. Die eingesenkte Öffnung wurde von den Rauchöffnungen in den Horno-Öfen inspiriert, die von den Indianern zum Backen benutzt wurden (siehe Foto unten). Mein Ziel beim Kreieren dieser Öffnungen war es, im Betrachter das Gefühl zu erwecken, dass seine psychische Energie durch diese Öffnung in das Innere des Pots eingesaugt wird.

David Ellsworth, HOMAGE POT, 2002. Gestockter Zuckerahorn; 30 cm hoch, 22,5 cm ∅. Die senkrechte Maserung der Außenseite wurde mit dem Schrägmeißel und weniger mit meiner Signature-Röhre gedrechselt, weil das Holz so viele weiche Stellen hatte, dass ich mit der Röhre keine befriedigende Oberfläche erzeugen konnte.

Die Rauchlöcher an der Rückseite dieser Horno-Öfen inspirierten die Öffnung beim HOMAGE POT. Diese Horno-Öfen stehen in Taos, New Mexico.

David Ellsworth, TALL OVOID, 2007. Gestockter Zuckerahorn; 33,5 cm hoch, 30–31,5 cm ∅. Ich benutzte Bleichmittel und Öl, um die verschiedenen Zustände des Holzes zu betonen und starke Oberflächenkontraste zu erzeugen.

6: Betonung der Oberfläche

Die Oberfläche von *Tall Ovoid* zeigt eine Kombination von Oberflächenbehandlung und Textur (siehe Foto links). Die helleren, gestockten Flächen sind nicht geschliffen, sondern kommen direkt von der Röhre. Sie sind etwas mit Holzaufheller (Bleichmittel) behandelt. Um mehr visuellen Kontrast auf der Oberfläche zu erzeugen, sind die Bereiche mit stabilem Holz zwar ebenfalls nicht geschliffen, aber geölt. Meine Absicht bei der Kombination dieser Oberflächeneffekte war, dynamische visuelle Reize anzubieten, die Teil des Designs dieser Form wurden.

Designelemente

Während sich Ihr Designstil weiterentwickelt, denken Sie daran, dass es viele Designelemente gibt, die Sie benutzen können. Ich verwende als visuelle Elemente innerhalb meines Designs oft Inlays, Feuer und Farbe.

Inlays

Eine Methode, eine Oberfläche aufzuwerten, ist die Verwendung von Inlays. Es kommt oft vor, dass beim Arbeiten mit Grünholz Risse und Spalten, Fehlstellen und verbrannte Stellen entstehen (siehe Kapitel 16 „Finishing" auf Seite 218). Viele Leute, Sammler im Besonderen, meinen, dass Fehlstellen im Holz repariert werden müssen. Ich denke nicht so. Ich halte sie für Designelemente, die die vollkommen unvollkommene Natur des Holzes hochleben lassen. Wie auch immer, wenn Sie Inlays benutzen wollen, so können diese ein großartiger Weg sein, die natürlichen Risse in einer Form zu betonen.

Wenn ich blind wäre, würde ich Formen mit Inlays abtasten und ein Inlay als Überraschung werten, den Richtungswechsel fühlen und überlegen, warum es wohl angebracht wurde. Als Hersteller möchte ich die Aufmerksamkeit auf diese wundervollen Elemente lenken, mit dem Design spielen, einen Sinn für das Bekannte und das Unbekannte kreieren und sie als unverzichtbar für die Dynamik des gesamten Designs hervorheben.

David Ellsworth, Red Oak Pot, 2008. Roteichen-Maserknolle; 17,5 cm hoch, 19 cm ∅. Ich benutze oft Inlays, um Bereiche mit gestörtem Holz innerhalb einer Form hervorzuheben. Hier bindet ein gekurvtes Inlay die Spur einer Kettensäge zusammen.

Der Block, aus dem ich *Red Oak Pot* (siehe Foto oben) machte, wurde aus einer größeren Maserknolle geschnitten. Beim Herausarbeiten fuhr ich versehentlich mit der Spitze der Kettensäge in die Schulter der Form. Anstatt die Form kleiner zu drechseln, um den Schnitt zu eliminieren, entschied ich mich, die volle Form zu drechseln. Es war das erste Mal, dass ich mich entschied, ein Inlay in so hervorgehobener Stelle einer Form zu platzieren, aber ich konnte dem Drama und der Gelegenheit, die Form visuell zu vereinen, nicht widerstehen.

David Ellsworth, Lunar Pot, 1994. Weißeiche mit Pernambuco-Einlage; 25 cm hoch, 22,5–25 cm ∅. Das Inlay tritt aus der Oberfläche hervor und nimmt seinen eigenen Charakter an.

Das Inlay wurde aus Vogelaugenahorn geschnitten und hat die volle Wandstärke des Objekts, sodass es bis nach innen durchgeht. Die Außenseite des Inlays erhebt sich geringfügig über die Oberfläche des Pots und wurde nicht geschliffen. Sie zeigt daher noch die Spuren des Messers, mit dem ich den Überschuss auf das hier sichtbare Maß weggeschnitten habe.

Das Pernambuco-Inlay in *Lunar Pot* (siehe Foto links) kreuzt einen Riss, der bereits im Kern vorhanden war, als der Baum gefällt wurde. Es passt zu einem zweiten Inlay auf der gegenüberliegenden Seite der Form, das ebenfalls einen Riss kreuzt.

Alle meine Inlays haben die volle Wandstärke der

Form und wurden erst geschnitten, geformt und eingesetzt, nachdem das Holz getrocknet war. Die Oberfläche des Inlays ist etwas über die Oberfläche des Holzes erhaben und zeigt winzige Facetten, die von einem Messer mit dünner Klinge stammen. Das Inlay nimmt seine eigene Textur an, die sich deutlich von der nicht geschliffenen Oberfläche der Eiche unterscheidet.

Atlantic Pot (siehe Foto rechts) wurde aus einem trockenen Ulmenstamm gemacht, der an Marylands Ostküste angeschwemmt wurde. Er hatte tiefe Risse an der Oberfläche, weshalb ich die Form mit Klebeband umwickelte, damit sie beim Drechseln nicht auseinanderflog. Ich schnitzte die Kanten der Risse mit einem Messer und schnitt jedes Inlay aus gestocktem Zuckerahorn, als Kontrast zu den Stocklinien in der Ulme. Mit den leichten Farbänderungen und den nicht zusammenpassenden Übergängen der Stocklinien erfuhr die Oberfläche eine visuelle Verschiebung, die ich sehr genieße.

Die durch Feuer verursachten Risse in *Black Sphere* (siehe Foto unten) warfen die Fragen auf: Wie viele Inlays sollte ich nutzen und wo auf dieser dramatischen und geradezu geologischen Oberfläche sollte ich sie einsetzen? Erinnern Sie sich: Es gibt keine Designregeln, die nicht gebrochen werden dürfen. Entwerfen beruht auf der Gabe, glückliche und unerwartete Entdeckungen zu machen. Wenn ich etwas an dieser Stelle mag, dann gehört es auch an diese Stelle. Also tu es … aber übertreibe es nicht. In diesem Fall überkreuzte ich den Riss mit ineinander verbundenen Stücken von Vogelaugenahorn. Sie sind nicht strukturell; das Holz ist hier stabil. Auch sollen die Kanten der Inlays nicht perfekt zu der Kugelform passen. Das Feuer zog die Kanten von den Verbindungen zurück und verliehen ihrer Suche nach Richtung etwas Zeitloses.

David Ellsworth, ATLANTIC POT, 1997. Gestockte Ulme mit Einlagen aus Zuckerahorn; 24 cm hoch, 20 cm ∅. Sammlung Carnegie Art Institute. Schenkung von Ruth und David Waterbury. Die Inlays verleihen dem Hohlgefäß einen visuellen Versatz.

David Ellsworth, BLACK SPHERE, 1989. Gebrannte Esche mit Inlays aus Vogelaugenahorn; 33 cm hoch, 33 cm ∅. Dieses gebrannte Stück zeigt offene Risse neben Inlays, die direkt in das massive Holz eingelassen wurden; eine interessante Gegenüberstellung.

Verkohlen

Holzhandwerker waren immer schon von angebrannten und verkohlten Oberflächen fasziniert wegen des extremen Kontrastes zwischen der zerstörerischen Kraft des Feuers und der Kreativität, die geschwärztes Holz freimachen kann. Wenn wir die dem Holz innewohnende natürliche Schönheit bedenken, glaube ich auch, dass die geschwärzten Oberflächen unser Verständnis von *Schönheit* herausfordern. Für mich ist das ein weiterer Grund, unsere Designpalette zu erforschen und zu erweitern.

Geschwärzte Oberflächen als Verzierungen auf Keramiken übten einen starken Einfluss auf gedrechselte hölzerne Formen aus. Im Werk Michael Wisners erkennen wir „gefeuerten" Ton in einer Oberfläche mit eingepresstem Muster, die vor dem Brennen mit glatten Steinen poliert wurden (siehe Foto Mitte oben).

Meiner Meinung nach ist der Effekt des Brennens von Holz nicht sehr verschieden von dem bei Lehm. Jedes Brennen erzeugt eine Textur, die das Volumen und die Oberfläche definiert, und zeigt das Material als das, was es ist, sei es Holz oder Ton oder was auch immer. In gewisser Weise ist Brennen ein Weg, Chaos in Ordnung zu transformieren. Dieser Prozess kann ein integraler Teil des Designs werden.

Sharon Doughtie benutzt schwarz als Hintergrund für ihre grafischen Entwürfe, die von Webmustern aus ihrer gälischen Herkunft inspiriert sind. Die auffallend gleichmäßige Grübchentextur bildet eine Hintergrundpalette, durch die sie die Farbe des Holzes entschleiert (siehe Foto unten rechts).

Darüber hinaus band sie ein gewöhnliches Merkmal

Michael Wisner, *Vase*, 2002. Keramik; 22,5 cm hoch, 20 cm ∅. Die Textur dieses Stückes entstand durch die ornamentierte und polierte Oberfläche.

Ciaran Forbes, *Bowl*, 2000. Mooreiche; 16,5 cm hoch, 21,5 cm lang, 17,5 cm weit. Das Holz arbeitet immer noch; es gibt Jahreszeiten, in denen die Schale nicht stehen bleibt.

der Norfolk-Tanne ein – einen einzelnen Astknoten – als sorgfältig platziertes, geschliffenes und poliertes Element, das ich aufregend und essenziell für das ganze Oberflächenmotiv finde. Jedes Detail dieser Schale ist sorgfältig durchdacht, einschließlich der geschliffenen Fläche für ihre Signatur am Boden. Ebenso wichtig: Dies ist eine geradlinige, reine Form, die es der Oberflächenbehandlung erlaubt, sich zu offenbaren, ohne mit der Form der Schale in Konkurrenz zu treten.

Die Schale oben rechts von Ciaran Forbes zeigt die natürliche grau-schwarze Farbe und extremen Verzug von irischer Mooreiche. Es gibt Jahreszeiten, in denen diese fantastische Schale nicht stehen bleibt. Es ist, zweifellos, ein Vermächtnis an das umfassende Design der Mutter Natur und eine ewige Erinnerung, dass Holz sich bewegt, unabhängig von Alter und Art. Es könnte auch damit zu tun haben, dass Forbes ein Benediktinermönch ist.

Es ist keine Kunst, Verzug in Holz vorherzusagen, das bekannt ist für sein „Arbeiten". Die Frage ist, wie viel es sich verziehen wird. Von den Tausenden Schalen, die Forbes gedrechselt hat, ist diese möglicherweise am nächsten an der Linie zwischen Vorhersehbarkeit und Hoffnung. Sie wirft die Frage auf, ob eine verzogene Schale notwendigerweise eine gute Schale ist. Muss eine Schale funktional sein, um ein „gutes" Design zu sein, oder, wenn sie nicht funktional ist, kann sie als Skulptur gewertet werden? Und war es einfach nur Glück oder die Intention eines Meisters?

Dies ist eine faszinierende Situation, in der man Fragen stellen muss, um eine Schale zu definieren, die sich jeder Definition entzieht. Die Antworten bleiben dem Betrachter überlassen. Ob Zufall oder nicht, ich sehe eine natürliche Energie in dieser Schale, die sich jenseits von Kategorien oder Absicht bewegt. Sie ist eines dieser Wunder, die ich als *Impuls* bezeichne. Möglicherweise ist eines der stärksten Elemente dieses Designs, dass es Dichtkunst ebenso beflügelt wie Prosa.

In meiner Serie *Black Pot – Dawn* ist Esche das Holz meiner Wahl. Die Dichte der Maserung in anderen Hölzern wie Ahorn oder Birke ist zu gleichmäßig und gibt mir nicht den tiefen, wie geätzt wirkenden Effekt, den ich suche. Im Falle von Nummer 14 (siehe Foto auf Seite 94, oben) versuchte ich eine gewisse

Sharon Doughtie, *From Seed to Seed*, 2005. Norfolk-Tanne; 5,5 cm hoch, 20 cm ∅. Schwarz verkohlte Oberflächen können als Hintergrund für grafisches Design genutzt werden. Sogar der Astknoten (der bernsteinfarbene Streifen) wurde in Doughties sorgfältiges Design einbezogen.

Transparenz auf der Oberfläche zu erreichen – ungefähr wie eine transparente Keramikglasur – durch Brennen, Polieren, Schleifen und Feinpolieren. Bei *Machel* (siehe Foto unten), einer Zwischensphäre aus der *Solstice*-Serie, war ich auf der Suche nach einer matten Oberfläche, die wie eine Leinwand dienen sollte, nicht nach einer polierten, die mit der Farbe in Wettstreit treten würde. Um dies zu erreichen, ließ ich die Kohleschicht, wie sie vom Brenner kam, sprühte sie mit Fixativ, um die Oberfläche zu schützen und Verschmierung vorzubeugen. Beide Objekte kamen vom selben Baum und es ist interessant zu sehen, wie die Anwendung von Feuer zwei verschiedene Designeffekte hervorbringen konnte.

David Ellsworth, BLACK POT – DAWN #14, 2004. Gebrannte Esche; 43 cm hoch, 20 cm ∅. Sammlung Jane and Arthur Mason. Ich benutzte verschiedene Finishtechniken, um dieser Oberfläche ein transparentes, glasartiges Aussehen zu geben.

David Ellsworth, MACHEL, 1991. Gebrannte Esche und Farbe; 45 cm hoch, 33 cm breit, 37 cm tief. Sammlung Museum of Fine Art, Boston. Schenkung von Anita und Ron Wornick. Die matte Oberfläche betont die Farbe auf der Innenseite.

Farbe

Farbe war Teil des Drechselns und Holzwerkens in allen Kulturen und schon so lange, wie es Aufzeichnungen gibt. Die Werke, die ich hier zeige, sind so unterschiedlich in Gebrauch und Anwendung von Farbe, wie ich sie nur finden konnte.

Die O'Donnell-Schale, die Mick drechselte und Liza bemalte, abgebildet oben rechts, zeigt ein Thema, das die beiden schon seit vielen Jahren verfolgten: Vögel. Während einer Reise nach Australien wurden Mick und Liza von der wunderbaren Farbpalette inspiriert, die die Künstler der Aborigines benutzten. Ein anderer interessanter Aspekt ihres Designs ist, dass Liz nur einen Teil des breiten Schalenrandes als ihre Leinwand nutzte.

Meine Farbenanwendung in *Nelaq II* (siehe Foto unten rechts) sollte eine visuelle Aufwertung für die ansonsten dunkle Oberfläche der Kugel bringen. Die blauen und roten Mäanderlinien stehen symbolisch für die wechselseitigen Beeinflussungen im Leben und die oft zufälligen physischen und emotionalen Irrwege auf der Suche nach etwas.

Giles Gilsons Geschick bei der Benutzung von transparentem Autolack ist in *Black Ribbon* zu sehen (siehe Foto Seite 97, unten links). Die Farben liegen zwischen dem, was sie zu sein scheinen, einschließlich dem, was vielleicht nicht einmal da ist, wenn sie interagieren und ineinander übergehen. Aus verschiedenen Winkeln betrachtet und in verschiedenen Arten von künstlichem und natürlichem Licht scheint die Oberfläche zu leben und sich zu verschieben. Gilsons Inspiration entspringt teilweise aus seiner Geschichte mit schnellen Autos und Flugzeugen, darunter einem funkgesteuerten Hubschrauber, der bekannt dafür ist, gelegentlich innerhalb des Studios seine Runden zu drehen.

Steven Hogbins *Walking Bowl* (siehe Foto Seite 96, unten links) hat ein dunkel schillerndes, blaues Inneres, das ein Gefühl von Solidität in die Höhlung des Gefäßes bringt, ganz entgegengesetzt zur schmiegsamen und sinnlichen Außenform. Das Design ist als Skulptur auf vielerlei Weise erfolgreich. Es ist monumental und könnte in jeder Größe erfolgreich sein, von einigen Zentimetern bis meterhoch. Es hat weder Vorder- noch Rückseite und ist aus jedem Winkel gleichermaßen aufregend, sogar von oben und unten.

Das Stück von Clay Foster auf Seite 96 (oben rechts) hat ein faszinierendes Design wegen der ungewöhnlichen Methode, die der Künstler angewandt hat, um die Oberfläche zu verzieren und die Form neu zu definieren. Die Form ist fast komplett verdeckt durch Schnüre und Geweihperlen, was den Betrachter herausfordert, sich die Form aus einer ganz neuen Perspektive anzuschauen. Ich sehe eine bewusste Anstrengung Fosters, gleichzeitig zu verbergen und zu überraschen.

Mick und Liz O'Donnell, BIRD BOWL, 1988. Englische Platane und Farbe; 5 cm hoch, 12,7–13 cm ∅. Ein großer Teil des Randes dieser Schale bleibt undekoriert.

David Ellsworth, NELAQ II, 1990. Gebrannte Esche und Farbe; 28 cm hoch, 26,5 –28 cm ∅. Die roten und blauen Linien springen geradezu aus dem ansonsten dunklen Stück.

Das Stück bittet geradezu darum, in die Hand genommen zu werden, und die Überraschung sind die Töne, die es erzeugt, wenn es geschüttelt wird: nicht verschwommen, sondern klar, hell und lebendig. Es ist eine umgekehrte Rassel, deren Perlen Resonanz auf der Oberfläche der Hohlform erzeugen. Es ist tatsächlich ein Instrumentendesign, das jenen große Freude bringt, die es spielen. Was der gelegentliche Beobachter nicht wissen kann: Foster ist ein eifriger Zeichner seiner Ideen, und afrikanische Kunst, Objekte und Zeremonien haben sein Werk direkt beeinflusst.

Das zeigt Ihnen, dass Kritzeln und Skizzieren wunderbare Methoden sind, um Ideen, die in Ihrem Kopf plötzlich auftauchen, zu erkunden. Manchmal braucht es gar nicht viel, um diese Ideen zu nehmen und in etwas zu übersetzen, was ein gedrechseltes Objekt werden könnte. Oft dreht so eine Idee von ihrer bisherigen Richtung ab und führt zu einer total neuen Idee oder Richtung.

Ihre Skizzen mit Datum und Nummer zu versehen ist eine erstklassige Methode, eine Gruppe von Ideen oder eine Reihe von Gedanken zu dokumentieren, nicht unähnlich einem Tagebuch. Das erlaubt Ihnen zurückzuschauen und herauszufinden, worüber Sie zu einem bestimmten Zeitpunkt in der Vergangenheit nachgedacht hatten.

Fosters Stück hilft meine Philosophie zu unterstützen, dass Design ein sich kontinuierlich entwickelnder Prozess ist und eine ständige Herausforderung an

Clay Foster, ohne Titel, 1994. Pekannussbaum mit Sehnen und Geweihperlen vom Hirsch; 17 cm hoch, 15 cm ∅. Die Perlen, die das Stück bedecken, bringen eine ungewöhnliche Dimension in die Kunst ein – Klang.

Stephen Hogbin, WALKING BOWL, 1985. Ulme (Rüster) und Farbe; 33 cm hoch, 33 cm breit, 18 cm tief. Diese sinnliche Form wird durch das dunkelblaue Innere geerdet.

unsere Sinne. Jeder von uns wird durch seine persönlichen Lebenserfahrungen beeinflusst und wir bevorzugen verständlicherweise bestimmte Stile und Typen von Design als ein Ergebnis dieser Erfahrungen. Kultur spielt auch eine große Rolle, wie wir bestimmte Designs betrachten, besonders wenn wir Begriffe wie *populär* oder *modisch* einwerfen.

Sie werden Lichtdurchlässigkeit nicht als normale Designkomponente ansehen, wenn mit Holz gearbeitet wird, aber Ron Kents Vorgehensweise mit seinen Schalen bekräftigt, wie leicht diese Eigenschaft ein vitaler Teil seines Schalendesigns werden kann (Seite 97 oben). Norfolk-Tanne ist das perfekte Material für diese Anwendung, da seine helle Farbe und das kristalline Öl in seinen Fasern zusammenwirken, die elegante Form des Designs in eine voll illuminierte Oberfläche zu transformieren.

Ron Kent, Bowl, 1986. Norfolk-Tanne; 12,5 cm hoch, 40 cm ∅. Lichtdurchlässigkeit kann als dekoratives Motiv auch in Holz verwendet werden.

Abschließende Gedanken

Ich habe dieses Kapitel dazu benutzt, die unterschiedlichen Herangehensweisen an Design zu illustrieren und wie unsere Persönlichkeit uns erlaubt, Objekte aus total unterschiedlichen, aber gleichwertigen Perspektiven zu betrachten. Diese Unterschiede bringen fortwährend Frische und Leben in das Design unserer Objekte. Design ist ein fortdauernder Entdeckungsprozess, bei dem jedes Objekt zu einem Spiegel unserer Ideen und eine direkte Spiegelung unserer selbst wird.

Ein Hinweis: Mit Ausnahme von Giles Gilsons *Black Ribbon* sind alle in diesem Kapitel gezeigten Objekte anderer Künstler aus David Ellsworths privater Sammlung.

Giles Gilson, Black Ribbon, 1984. Birke und transparente Lacke; 25 cm hoch, 16,5 cm ∅. Sammlung Robert Bohlen. Das verlaufende Finish an diesem Stück wurde mit Autolacken erzeugt.

Kapitel 8

Der Körper

Es ist ziemlich offensichtlich, dass wir in all den Jahrzehnten, in denen wir Drechseltechnik, Arbeitsabläufe, Methodik, Design und Ziele unterrichtet haben, ein Element ständig übersahen: die Bedeutung unserer Körper als Ressource für das Drechseln. Als junger Mann interessierte mich das am allerwenigsten. Als ich 1975 begann, meine Ausdrehwerkzeuge zu entwickeln, war mir die Bedeutung der engen Beziehungen zwischen meinem Werkzeug, meinem Körper und dem Drechselvorgang selbst nicht bewusst. Ich hackte drauflos wie die meisten Drechseleinsteiger und versuchte, kurze Schabwerkzeuge mit derart eisernem Griff zu kontrollieren, dass ich beinahe die Blutzirkulation stoppte. Als Ergebnis konzentrierte ich völlig unbeabsichtigt alle meine Muskelkraft, besonders die der Hände und Arme, auf die Kontrolle des Werkzeugs und hatte das Gefühl, irgendwann wie Popeye auszusehen.

Die tägliche Morgengymnastik während der Fortgeschrittenenkurse, die ich im Anderson Ranch Arts Center in Snowmass Village, Colorado, hielt.

Das änderte sich in den frühen 1980er-Jahren, als ich begann, die morgendlichen Tai-Chi-Kurse in Schulen wie der Anderson Ranch (Snowmass Village, Colorado) und Penland School (Penland, North Carolina) zu beobachten. Ich saß in einiger Entfernung, sodass ich die Eleganz der Körper, die sich mit einer gemeinsamen Energie bewegten, beobachten konnte; es wirkte wie das kollektive Bewusstsein eines großen Vogel- oder Fischschwarms. Da traf mich die Erkenntnis: Alles ist im Gleichgewicht! Ich konnte sehen, speziell beim Kursleiter, dass es eine geheimnisvolle Linie der Verbindung zwischen Kopf und Boden gab, und kein Körperteil erstreckte sich in eine Richtung über diese Linie hinaus, ohne dass ein anderer Körperteil in gleichem Maße in entgegengesetzter Richtung die Linie überschritt. Zehen schienen die gleiche Bedeutung wie Finger zu haben, Ellbogen wie Knie. Der Kopf blieb senkrecht über den Schultern, die Augen vorwärts gerichtet, sehend, aber nicht beobachtend. Stattdessen nahm jede Person jedes Element ihres Körpers wahr, ohne die Notwendigkeit, auf die Körperteile hinzublicken, die sie gerade bewegte. Darüber hinaus konnte ich im Rhythmus dieses langsamen Tanzes eine immense Menge an Energie und Kraft spüren, in jedem Muskel in jedem Stadium seiner Bewegung. Es war eine echte kinetische Erfahrung.

Ich schloss meine Augen und begann innerlich die Bewegungen auf meinen eigenen Körper zu übertragen, so als ob ich an einer Art Drechselbank arbeiten würde, und daraus ergab sich eine kurze Liste sehr wichtiger Fragen: Wie viel Energie ist notwendig, um einen effektiven Schnitt zu machen, und woher kommt diese Energie? Und zweitens: Wenn meine Füße gleichbedeutend sind mit meinen Händen, was machen meine Füße, wenn die Hände weiß werden, während sie die Werkzeuggriffe umklammern und alle Arbeit verrichten?

Diese Fragen führten zu der einen großen Frage: Könnte ich lernen, ganz bewusst diese Energie in meinem Körper zu lokalisieren und von Bereichen, wo sie nicht benötigt wird, in andere zu verlagern, wo sie gebraucht wird? Könnte ich dann effektiver mit meinen Schnitten sein und gleichzeitig den Ermüdungsfaktor reduzieren, der Hauptursache von ineffektiven Schnitten und Unfällen? Die Antwort lautet: Ja. Konsequenterweise sehe ich daher keineswegs aus wie Popeye – ob das jetzt gut ist oder schlecht.

Die drei klassischen Körperprobleme

Es gibt drei klassische körperliche Fehlhaltungen beim Drechseln von offenen Schalen oder Hohlformen:

- Den Kopf nach unten zu neigen, um in das Innere der Form zu schauen
- Sich über das Drehbankbett zu lehnen
- Den hinteren Arm vom Körper wegzunehmen; besonders bei Hohlformen

Es dauert nicht lange, das Muskelgedächtnis zu aktivieren. Obwohl jede Bewegung eigentlich ohne Belang erscheint, kann die ständige Wiederholung über eine gewisse Zeit hinweg Gelenk- und Muskelschmerzen, übermäßige Ermüdung und schlechte Werkzeugkontrolle verursachen. In vielen Fällen hilft es schon, die Augen zu schließen und in Ruhe zu *erfühlen*, wie Sie sich fühlen und woher die Spannungen kommen. Das ist oft alles, was es braucht, um sich besser zu fühlen.

Gleichgewicht und Unterstützung

Gleichgewicht, sowohl körperlich als auch emotional, ist der wichtigste Faktor beim Regulieren Ihrer Körperenergie. Wie ich schon gesagt habe, braucht es nach meiner Erfahrung bei jeder körperlichen Tätigkeit, egal ob es Drechseln oder Feuerholzspalten ist, eine gewisse Einarbeitungszeit, bis der Vorgang in Fleisch und Blut übergeht und Sie beginnen können, sich *mit* dem Prozess zu bewegen. Diese frühen Lernprozesse können ziemlich schlimm sein. Die Lehre ist: Energie, Kraft und Muskeln sind eng verbunden, aber nicht dasselbe.

Betrachten Sie die Drehbank und wie viel Arbeit es gemacht hat, sie zu stabilisieren: Das Design der Maschine ist durch Dreiecke versteift; gusseiserne Teile und zahlreiche Sandsäcke sorgen für Gewicht und drücken nach unten. Und als letzten Schritt schrauben Sie sie fest auf den Fußboden. *Fest* ist gut. Es scheint richtig, zu denken, dass auch das Werkzeug fest gehalten werden sollte (bei Metalldrehmaschinen ist es so). Aber der Körper kann beim Drechseln niemals starr und unnachgiebig gehalten werden. Er arbeitet bestens als Stoßdämpfer und Stützsystem für das Werkzeug. Während Festigkeit gut sein kann, sind Balance und Unterstützung die Konzepte, auf die wir uns konzentrieren, während wir mit Körperbewegungen arbeiten.

Spannung

Jedes Mal, wenn Sie Probleme mit Unterstützung haben oder in einer nicht stabilen Situation beim Drechseln sind, ist es eine natürliche Reaktion des Körpers – speziell der Hände und Unterarme –, sich zu verspannen. Unglücklicherweise verlieren Sie dabei die subtile Reaktionsfähigkeit zwischen Werkzeug und Holz. Ermüdung setzt schnell ein und macht Sie vermehrt ineffizient, das Werkzeug beginnt unabwendbar zu vibrieren oder sogar im Holz einzuhaken. Als Konsequenz wird die lang anhaltende Vibration auf Ihre Muskeln und Gelenke übertragen, mit dem Potenzial, zahlreiche physische Beschwerden und Schmerzen zu erzeugen.

Ihr Ziel muss es sein, zu lernen, wie Sie Ihren gesamten Körper entspannen, während Sie gleichzeitig die erforderliche Unterstützung für das Werkzeug aufrechterhalten. Das mag ein schwieriges Leitbild in einer Kultur sein, in der die meisten Menschen ihre Zeit sitzend verbringen, statt herumzulaufen. Ich glaube, dass sich Gutes entwickelt, wenn Sie Ihrem Körper genau so viel Aufmerksamkeit widmen wie dem Stück Holz auf der Drehbank. Nach 30 Jahren, die ich mit dem Drechseln von Hohlformen verbrachte, bin ich davon überzeugt, dass ich ohne Verständnis für die Funktionen meines Körpers nicht fähig gewesen wäre, meine Tätigkeit zu überleben, geschweige denn sie weiterhin zu genießen.

Als ich Mitte der 1980er-Jahre anfing, immer größere und noch größere Formen zu bearbeiten, wurde mir klar, dass ich mit Drechseln aufhören müsste, wenn ich nichts für meinen Körper tun würde. Im Grunde tat alles weh. Und weil ich allein arbeitete, hatte ich keine Möglichkeit herauszufinden, woher meine Schmerzprobleme kamen.

Die Dinge änderten sich, als ich genau betrachtete, wie sich Menschen bewegen. Ich beobachtete meine Schüler. Das Erste, was ich lernte, war, dass nahezu 100 % aller Probleme, die die Schüler mit bestimmten Schnitten hatten, direkt zu schlechten Körperhaltungen in Beziehung standen und ohne Ausnahme mit schlechten Fußstellungen begannen. In extremen Fällen waren sie so darauf fixiert, was zwischen ihren Schultern und ihren Händen vor sich ging, dass der Rest ihres Körpers für sie überhaupt nicht zu existieren schien.

Die richtige Höhe der Drehbank

Um Ihren Körper in eine angemessene Position zum Drechseln zu bringen, muss Ihre Drehbank korrekt an Sie angepasst sein. Die Faustregel, dass die Spindelachse auf Höhe Ihres Ellbogens sein sollte, stimmt für das Langholzdrechseln, aber nicht für das Drechseln von Hohlformen. Das Drechseln von Hohlformen erfordert Werkzeuge mit sehr langen Handgriffen. Man kann sie nur dann kontrollieren, wenn man sich über ihnen befindet (siehe unteres Foto). Wenn die Spindel auf Höhe Ihres Ellbogens ist (siehe oberes Foto), wird der Werkzeuggriff so hoch sein, dass Ihre Schultern eingeklemmt werden. Wenn sich die Spindel etwa 7–10 cm unterhalb Ihres Ellbogens befindet, ist das ein guter Anfang, kann aber variieren, je nachdem wie Sie sich dabei fühlen und welche Art Arbeit Sie tun wollen. Wenn ich an offenen Schalen arbeite, habe ich die Spindel gerne 5 cm unterhalb meines Ellbogens. Ein Grund, warum die Angabe genauer Maße niemals für alle Personen zutreffen kann, liegt darin, dass manche Leute eben kurz gebaut sind und die Werkzeuge in kürzeren Bogen führen, während andere so wie ich (über 180 cm groß) in weiten Bogen arbeiten. Und daher brauche ich die Spindel niedriger, damit ich die Bogen ganz ausführen kann. Ein Teil des Problems ist, dass die meisten Drehbänke für den Durchschnittsdrechsler zu hoch sind, und er – oder sie – kann den Bogen nicht weit genug ausdehnen, um den Schnitt effektiv zu machen. Dazu kommt, dass die Ellbogenhöhe bei geraden Beinen und durchgedrückten Knien gemessen wird. Allerdings ist das nicht die Stellung, die ein Drechsler einnehmen wird, um einen Schnitt zu machen. Seine Beine sind gespreizt und die Knie locker, wodurch die Spindel zu hoch sein wird. Eine Lösung wäre eine kleine Plattform zum Draufstehen.

Eine Spindel auf Ellbogenhöhe ist gut für Langholzdrechseln, aber nicht zum Drehen von Hohlformen.

Die Spindel sollte ungefähr 7–10 cm unterhalb Ellbogenhöhe sein, wenn Sie lange Werkzeuge zum Drechseln von Hohlformen benutzen.

Es war interessant zu beobachten, wie fehlende Bewegung die Schnitte beeinflusste. Plötzlich ging mir ein gewaltiges Licht auf: Man kann gar keine Kurve schneiden, wenn der Körper sich nicht bewegt. Es galt herauszufinden, wie ich mich bewegte, die Auswirkungen meiner Bewegungen auf meine Schnitte und wie ich meine Energie fokussierte und ausrichtete.

Verspannungen sind der große Hemmer, wenn es darauf ankommt, die richtige Körperhaltung einzunehmen. Zum Beispiel arbeitete ich einmal mit einem Schüler, der Probleme mit den einfachsten Grundschnitten mit meiner Röhre hatte. Er war gespannt wie eine Uhrfeder. Ich regte an, er möge versuchen, sich zu entspannen, wenn er die Schnitte machte, und sehen, ob sie dann nicht ein bisschen besser funktionieren würden. Der Schüler hatte weiterhin Probleme. Wie dumm von mir! Es dämmerte mir nicht mal, dass ich etwas von ihm verlangt hatte, von dem er nicht einmal wusste, *wie* er es tun sollte. Stattdessen hätte ich fragen sollen: „Wissen Sie, wie Sie sich entspannen können?“

Die meisten Menschen, die mit Drechseln anfangen, üben ungelenke und sogar schmerzende Bewegungen und Vorgehensweisen ein. Sie sind auf das Werkzeug konzentriert, die Schneide, die Fase und die produzierten Späne und achten nicht auf den Körper, der sie unterstützt. Jedes Lehrvideo, das ich kenne, einschließlich mein eigenes, verbringt eine unglaubliche Zeit damit, mit Supernahaufnahmen zu zeigen, wie das Werkzeug beim Schneiden des Holzes aussehen sollte: Sie wollen ja wissen, wenn Sie es richtig machen. Es wäre aber ebenso notwendig zu zeigen, wie sich der Körper bewegen sollte, damit die Schnitte sowohl sicher wie effektiv gemacht werden können. Drechslerschülern muss gezeigt werden, wie sie sich beim Drechseln bewegen sollen, genauso wie man gezeigt bekommen muss, wie man schwimmt und dabei mit seinen Beinen schwungvoll pumpt, vor allem, wenn sie diese Erfahrung noch nie gemacht hatten. Ganz sicher – wenn der Körper anfängt sich zu bewegen, geht auch der Schnitt mit.

Muskelgedächtnis

Ich fragte mich oft, warum es mir so leicht möglich war, nach einer langen Pause vom Drechseln ein Werkzeug in die Hand zu nehmen und einfach dort weiterzumachen, wo ich aufgehört hatte. Ich schob es auf meine Jugend und einen ordentlichen Lebenswandel, aber ich wusste, das stimmte nur halbwegs. Vor allem, als ich älter wurde und dieselben Instinkte beibehielt.

Dann dachte ich an eine Gruppe Töpfer, wie alle die gleiche Grundform auf die Scheibe nahmen und doch die Kurven ihrer Formen leicht verschieden sein konnten, aber konsistent zu ihren jeweiligen Designstilen. Interessanter ist, dass sie nicht ständig über die Form *nachdachten*, während sie sie machten. Stattdessen arbeiteten sie in diesem wundervollen natürlichen Rhythmus, während die Formen ohne Anstrengung entstanden. Irgendwie waren sie alle imstande, den Denkprozess komplett auszuschalten. Dies ist ein perfektes Beispiel für Muskelgedächtnis in Aktion. Welches Vergnügen!

Übungen können helfen, schlechte Angewohnheiten des Muskelgedächtnisses ins Positive zu verschieben. In den meisten Fällen können schlechte Angewohnheiten mit etwas ganz Einfachem beginnen, z. B. die Füße werden zu eng zusammengehalten oder einen Fuß vor den anderen gestellt, sodass Ihr Gewicht ungleichmäßig verteilt ist.

Ein einfacher Weg, das Muskelgedächtnis an der Drehbank zu korrigieren, ist, eine kleine Pause einzulegen, bevor man einen Schnitt mit dem Werkzeug macht. Krümmen Sie Ihre Zehen, abwechselnd von einem Fuß zum anderen. Sie werden bald fühlen können, welcher Fuß mehr Körpergewicht tragen muss. Versuchen Sie, Ihre Füße oder Ihren Stand ein bisschen zu verschieben, gerade so viel, dass Ihr Körpergewicht gleichmäßig auf beide Füße verteilt wird.

Als Nächstes wählen Sie einen Schnitt, der es leicht macht, beide Ellbogen nahe oder direkt an Ihre Seiten zu halten. Als Anregung dient ein Schnitt mit einem Schrägmeißel oder einer Röhre an einem Langholzstück oder ein Schnitt mit einer Röhre an der Außenseite einer Schale. Schalten Sie die Drehbank nicht an! Spreizen Sie die Beine ganz bequem etwas breiter als Ihre Schulter. Mit Ihrem Gewicht gleichmäßig auf beide Beine verteilt, lockern Sie etwas Ihre Knie, sodass Ihre Beine wie Stoßdämpfer wirken. Nun schließen Sie die Augen und konzentrieren Sie sich darauf, langsam mit dem Zwerchfell ein- und auszuatmen. Sie werden bald feststellen, dass Sie Ihren Körper seitlich in langsamer Bewegung vor- und zurückbewegen können, von einem Fuß auf den anderen, ohne Unbequemlichkeiten. Sie können den Druck auf jedem Fuß spüren, in jeder Wade, in jedem Oberschenkel, praktisch überall.

Versuchen Sie, diese Bewegung über die Senkrechte hinaus zu machen, sodass Sie spüren können, welches Gefühl es ist, aus dem Gleichgewicht zu geraten (siehe Foto unten). Halten Sie diese Position für längere Zeit und schon bald werden Sie Druck gegen die Außenseite Ihres Fußes und gegen Ihren Oberschenkel spüren. Es wird sich nicht gut anfühlen. Verteilen Sie Ihr Gewicht wieder gleichmäßig und sofort werden Sie spüren, wie der Schmerz nachlässt.

Jedes Mal, wenn Sie an die Drehbank treten, um einen Schnitt zu machen – egal welchen Schnitt –, nehmen Sie sich zehn Sekunden Zeit, ihre Zehen zu krümmen und aus dem Bauch heraus ein paar Atemzüge zu tun. Schon bald werden Sie sich angewöhnen, in das Gleichgewicht zu kommen. Wichtiger noch, Sie werden beginnen, die Energie für die Schnitte aus Ihren Füßen, Beinen, Bauch kommend zu spüren, statt aus Ihren Händen und Armen. Es wird am Anfang eine bewusste Haltung sein, aber mit der Zeit wird sie ganz unbewusst werden.

Und zuletzt können Sie den klassischen verkrampften Handgriff lockern, durch Drücken und Entspannen der Hände und Finger. Wenn Sie das tun, werden Sie merken, wie wenig Muskelarbeit nötig ist, einen Schnitt zu machen. All die verkrampften Muskeln bedeuten nur vergeudete Energie.

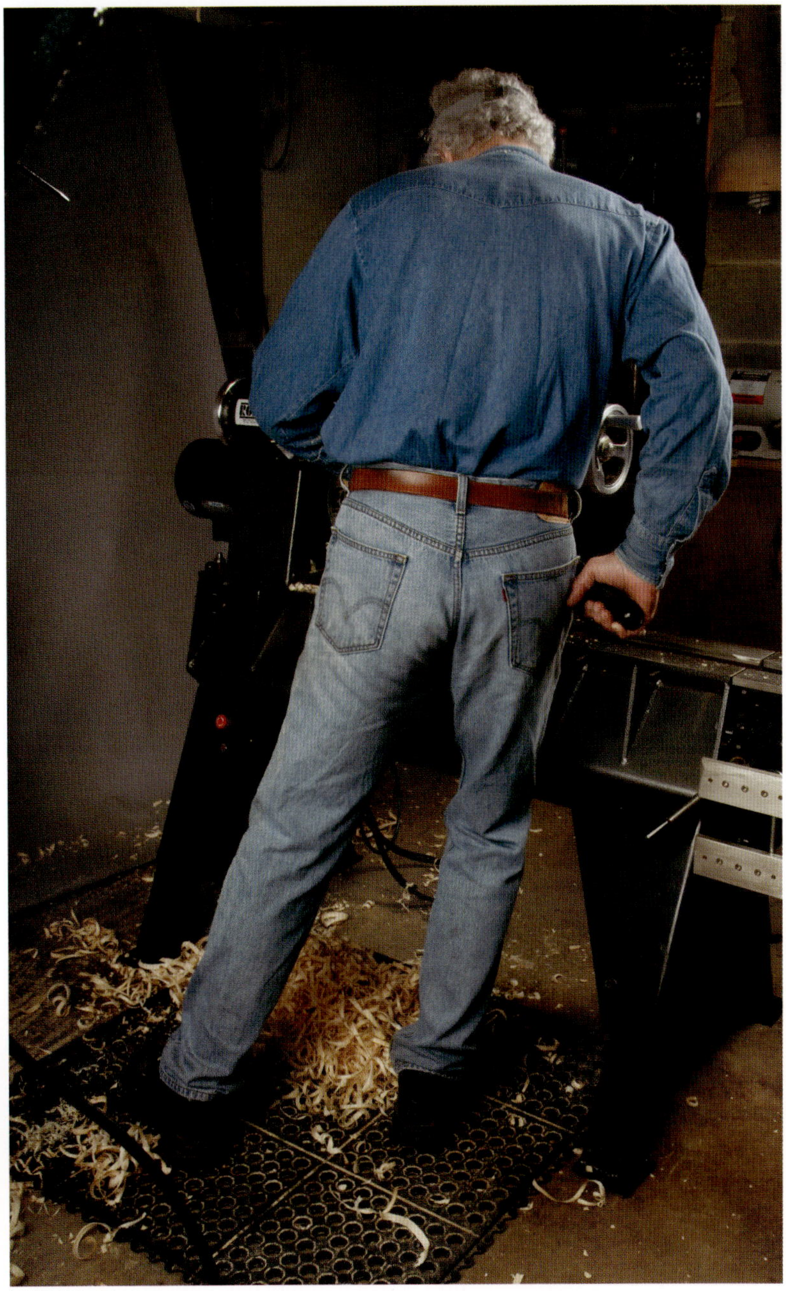

Um Ihrem Körper behilflich zu sein, sich an der Drehbank zu entspannen, stellen Sie sich hin, als wollten Sie einen Schnitt machen. Dann schließen Sie die Augen, atmen tief und verlagern langsam Ihr Gewicht von einem gelockerten Knie auf das andere.

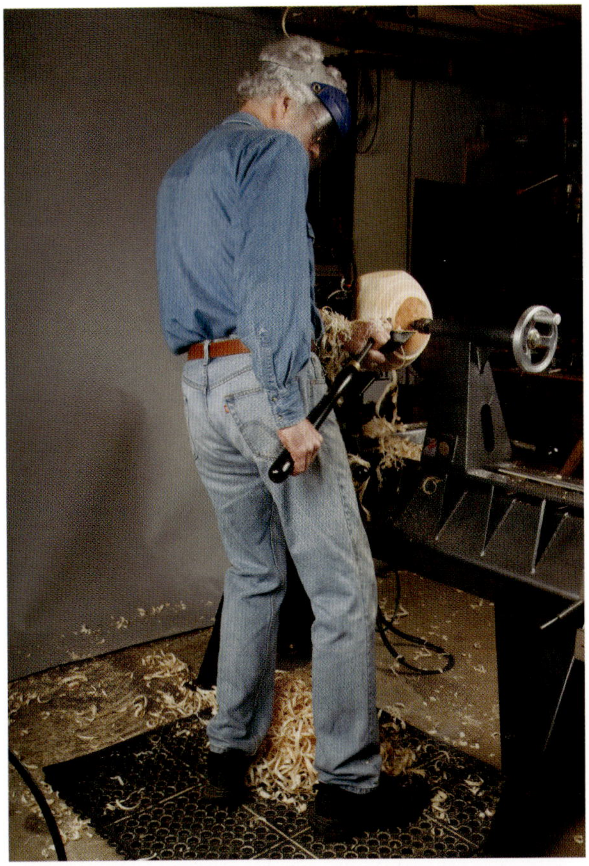

Wenn Sie sich über ein Knie zu weit vor- oder zurückbeugen, werden Sie sich unangenehm aus dem Gleichgewicht fühlen. Denken Sie daran, Sie können jederzeit Ihre Füße etwas bewegen und nachstellen.

Beugeübungen

Ich benutze Beugeübungen, um die Verspannungen während des Drechselns aus meinem unteren Rücken zu entfernen. Jeder von uns bevorzugt eine Körperseite und diese Dehnübungen helfen, die Stärke der Muskeln des unteren Rückens anzugleichen, und nehmen den Druck vom Rückgrat und vom Ischiasnerv. Als Ergebnis gehe ich aufrechter, bewege mich leichter, drehe leichter und habe nicht länger diesen einschießenden Ischiasschmerz von meinen Hüften ausgehend die Beine hinunter.

Das sind Standardübungen sowohl im medizinischen als auch chiropraktischen Bereich, ebenso beim Yoga. Es gibt nichts Geheimnisvolles um diese Übungen und sie sind bewährt. Ich wollte, ich könnte sagen, ich mache sie täglich, aber ich tue es nicht. Stattdessen, wie die meisten Menschen, mache ich sie nur, wenn der Rücken schmerzt. Aber ich weiß, dass mein Rücken nicht schmerzen würde, wenn ich sie täglich machen würde.

Legen Sie sich mit dem Gesicht nach oben auf eine Übungsmatte und legen Sie die Arme an Ihre Seite. Strecken Sie sich der Länge nach aus, indem Sie sich vorstellen, dass jemand an Ihrem Kopf ziehen würde und jemand anderer an Ihren Füßen. Rutschen Sie hin und her, als wollten Sie mit dem Boden verschmelzen. Atmen Sie ein paarmal langsam und systematisch, um sich zu entspannen.

Als Nächstes ziehen Sie ein Knie gegen die Brust, indem Sie Ihr Schienbein mit den verschränkten Fingern beider Hände dicht unter dem Knie fassen und *langsam* zur Brust ziehen. Ziehen Sie, bis es weh tut, lassen dann ein bisschen nach und halten für 30 Sekunden. Strecken Sie Ihr Bein aus, bewegen Sie Ihre Hüfte und versuchen Sie, beide Beine gleichmäßig zu entspannen. Wiederholen Sie das mit dem anderen Bein, halten es für 30 Sekunden, strecken Ihr Bein wieder aus und entspannen. Wiederholen Sie das fünf bis zehn Mal, immer mit den Beinen abwechselnd, und geben Sie jedes Mal ein bisschen mehr Zug darauf. Strecken Sie jedes Mal das Bein und versuchen Sie sich zwischen den Bewegungen zu entspannen.

Bringen Sie hiernach beide Beine zusammen hoch. Greifen Sie beide Schienbeine und wiederholen Sie die ziehende Bewegung in Richtung Ihrer Brust, gefolgt vom Entspannen der Beine. Wiederholen Sie das fünf bis zehn Mal. Bei der letzten Serie halten Sie Ihre Knie und drehen sie etwas zu jeder Seite Ihres Körpers. Versuchen Sie mit Ihren Knien die Matte zu berühren. Wenn möglich, halten Sie die Schultern flach auf der Matte. Das scheint zuerst unmöglich und wird anfangs ziemlich sicher nicht funktionieren. Bleiben Sie dran. Wiederholen Sie die gesamte Sequenz fünf bis zehn Mal. Eine andere Methode ist es, ein gebeugtes Knie über das andere Bein zu falten, das Knie auf die Matte zu ziehen, während Sie die Schultern flach auf der Matte halten. Probieren Sie jede Methode aus und schauen Sie, welche Sie mögen. Rollen Sie sich zur Seite, bevor Sie aufstehen, damit Ihnen nicht schwindelig wird.

Falls Sie schon einmal Rückenprobleme hatten, sind diese Übungen zwei bis drei Mal die Woche eine gute Vorbeugungsmaßnahme. Wenn Sie wirklich Probleme mit dem Rücken haben, machen Sie sie täglich. Wenn Sie die Übungen nur ein oder zwei Mal machen, wenn Ihr Rücken schmerzt, garantiere ich Ihnen, dass sie dann nicht viel nützen.

Beugeübungen

Ich finde. dass mir diese Dehnübungen helfen, geschmeidig und schmerzfrei zu bleiben, wenn ich an der Drehbank stehe.

Legen Sie sich mit dem Gesicht nach oben und den Armen seitlich auf eine Übungsmatte.

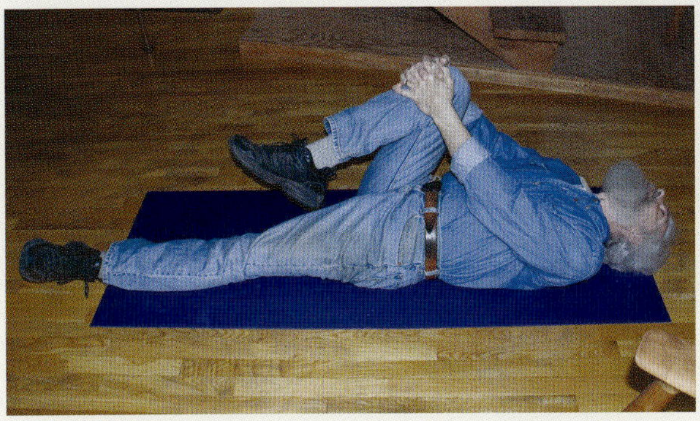

Bringen Sie ein Knie zu Ihrer Brust, indem Sie es unterhalb der Kniescheibe mit beiden Händen ergreifen und ziehen.

Bringen Sie ebenso das andere Knie zur Brust.

Bringen Sie beide Knie zur Brust, indem Sie sie unterhalb der Kniescheibe fassen und ziehen.

Drehen Sie beide Knie zur Seite, versuchen Sie dabei die Schultern auf der Matte zu lassen.

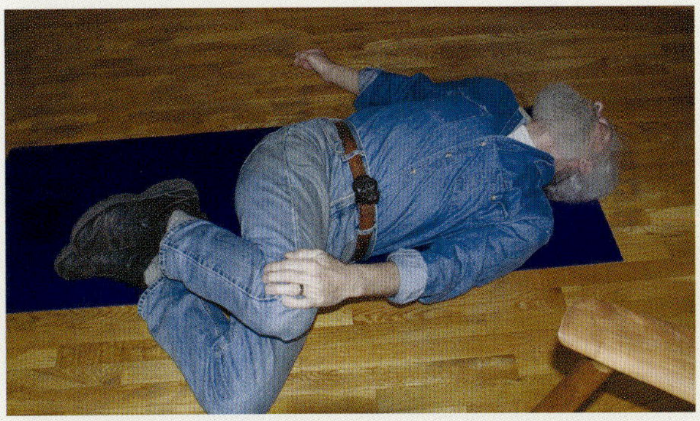

Drehen Sie beide Knie zur anderen Seite, versuchen Sie wieder die Schultern auf der Matte zu lassen.

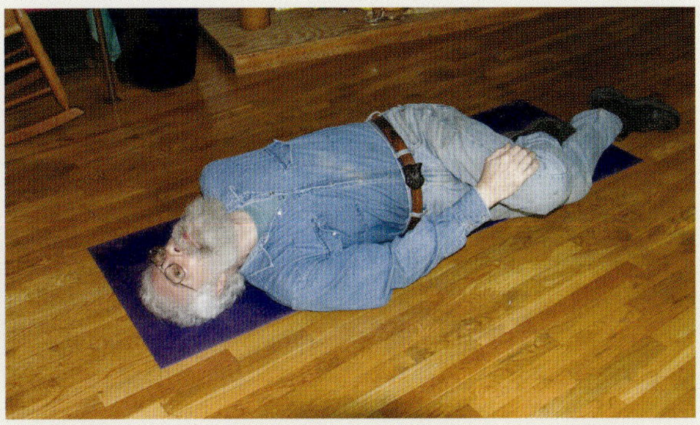

Stattdessen können Sie auch versuchen, ein gebeugtes Knie über das andere Bein zu legen und das Bein in Richtung Matte zu ziehen.

Übungen für Muskelfunktionen

Wenn ein Werkzeug scharf ist und korrekt platziert, wird es höchstwahrscheinlich schneiden. Aber wenn Ihr Körper nicht entspannt ist, wird das Werkzeug in eine Richtung gehen, die Sie nicht vorhergesehen hatten.

Muskelfunktionsübungen sind ein Weg, um mehr über die Einzelteile Ihres Körpers herauszufinden. Wenn Sie lernen, Zugang zu den Teilen zu gewinnen, können Sie auch lernen, sie dazu zu bringen, als Einheit zusammenzuarbeiten. Betrachten wir die Verbindung von einer Zehe zum Knie, über die Hüfte hinauf zur Schulter und hinunter zu den Fingern. Wenn Sie ein Glied der Bewegungskette entfernen, wird die Kette geschwächt oder bricht. Wenn das, aus welchen Gründen auch immer, geschieht, lernt man es durch Verschieben auf einen anderen Körperteil auszugleichen, um z. B. ein Werkzeug zu unterstützen, oder man benutzt zusätzliche Muskelkraft, um eine gegebene Aufgabe durchzuführen.

Beim Drechseln – vor allem bei großen Objekten – kann Ausgleich durch Muskelkraft problematisch sein. Es kann Ihre Fähigkeit, sich flüssig zu bewegen, beeinträchtigen, aber es kann auch zu früher Ermüdung führen. Stellen Sie sich beispielsweise einen Schwimmer vor. Alles läuft glatt, solange alle Teile seines Körpers zusammenarbeiten. Durch Übung entwickelt sich Muskelgedächtnis und jede Bewegung des Schwimmers wird flüssig, synchronisiert und effizient. Nehmen wir nun die Bewegungen der Beine weg. Mehr Muskeln in seinen Armen und Schultern zu benutzen ist für ihn die einzige Möglichkeit, um weiterzuschwimmen. Doch selbst dann ist der Vorgang weniger effizient, als er war, solange er noch mit dem gesamten Körper als funktionale Einheit schwamm.

Nun denken Sie mal an einen Drechsler. Wenn sich irgendein Glied in der Kette nicht bewegt, kompensieren Sie es mit extra Muskeln, normalerweise zwischen den Schultern und den Fingern. Das Problem tritt auf, solange Sie nicht mit sich selbst harmonieren. Wenn Sie jetzt drechseln, setzt das Muskelgedächtnis ein, und es endet damit, dass Sie üben, wie Sie schnell ermüden können. Wenn Sie die richtigen Muskeln zur Unterstützung einsetzen, können Sie den Druck von Ihren Schultern, Armen und Händen nehmen. Aber wo finden Sie diese Muskeln?

Muskelfunktionsübungen sind der effizienteste und direkteste Weg, den ich kenne, um zu lernen, *wer* Sie sind und *was* Ihr Körper tut. Der effektivste Weg, den ich kenne, um diese Übungen durchzuführen, ist, Ihren Körper in eine Position größter Entspannung zu bringen: liegend auf dem Boden. Hier kommt mein 10-Punkte-Programm.

1. Legen Sie sich auf eine Übungsmatte, das Gesicht nach oben und die Arme seitlich.
2. Strecken Sie sich der Länge nach aus, indem Sie sich vorstellen, dass jemand an Ihrem Kopf ziehen würde und jemand anderer an Ihren Füßen. Rutschen Sie hin und her, als wollten Sie mit dem Boden verschmelzen.
3. Atmen Sie ein paarmal langsam durch, um sich zu entspannen.
4. Wählen Sie einen beliebigen Muskel aus, spannen Sie ihn für gute fünf Sekunden an, dann entspannen Sie ihn wieder.
5. Wählen Sie einen anderen Muskel und tun Sie dasselbe. Gehen Sie durch alle Muskeln, an die Sie denken können.
6. Spannen und entspannen Sie jeden Muskel einzeln, bis Sie Ihren gesamten Körper durch haben.
7. Arbeiten Sie wellenförmig von Ihrem Kopf zu Ihren Füßen, indem Sie entgegengesetzte Muskeln (z. B. die beiden Oberarmmuskeln) gleichzeitig anspannen.
8. Spannen Sie jeden Muskel zehn Sekunden an, dann entspannen Sie ihn.
9. Entspannen Sie Ihren Körper durch langsames, tiefes Atmen.
10. Rollen Sie zur Seite, bevor Sie aufstehen.

Wonach Sie suchen, ist die Fähigkeit, einen Schnitt zu machen, während Sie Ihren ganzen Körper als Energiequelle einsetzen. Die Absicht dieser Übungen ist es, Ihnen dabei zu helfen. Es dauert etwa eine Woche, bevor die Übungen voll wirken, weil es Zeit braucht, durch die Wiederholungen ein neues Muskelgedächtnis aufzubauen. Wenn Ihre Muskeln erst einmal gleichmäßig auf die neuen Bewegungsmuster reagieren, können Sie die verschiedenen Bewegungen anwenden, die Sie an der Drehbank einsetzen.

Das Hängereck

Ein Hängereck ist eine wunderbare Vorrichtung. Wie bei jeder Form von sofortiger Belohnung lässt sich das Erleben als „Junge, welcher Erfolg!" beschreiben.

Die beste Rückmeldung zum Reck, die ich erhielt, war von einem Mann, der stets zwei Treppen hinauf- und hinuntergehen musste, um seine alte Mutter zu versorgen. Er hörte nicht auf zu erzählen, wie meine Übungen ihm geholfen hatten, die Treppensteigerei ohne die früheren Rückenschmerzen zu genießen.

Hängen Sie das Hängereck so auf, dass Ihre Fingerspitzen es gerade noch berühren können, wenn Sie direkt darunter stehen und Ihre Arme auf volle Länge ausstrecken, Füße flach auf dem Boden. Hüpfen Sie hoch und greifen Sie danach. Ihre Absätze werden ungefähr 7–8 cm über dem Boden sein. Halten Sie sich an der Stange fest und stellen Sie sich vor, Sie wären in einer wassergefüllten, senkrechten Röhre und jemand würde den Stopfen ziehen. Während das Wasser abläuft, lassen Sie Ihren Körper mitgehen, solange, bis Ihre Absätze wieder auf dem Fußboden sind.

Gehen Sie im Raum hin und her und beobachten Sie, wie befreit Sie sich fühlen. Ihr Kopf wird aufrecht sein und Sie werden geradeaus gehen, mit gleichem Druck auf beiden Hüften. Das Gefühl hält nur ein paar Minuten an, aber während sich Ihr Körper aushing, wuchsen Sie tatsächlich diese 7–8 cm!

Wenn Sie drechseln, sind Ihre Muskeln abwechselnd entspannt und gespannt. Wenn Ihre Muskeln angespannt sind, werden Ihre Körperflüssigkeiten, die normalerweise durch das Bindegewebe fließen können, abgebremst. Wenn Sie am Reck hängen, entspannt sich das Gewebe und schafft für die Flüssigkeiten Raum zum Fließen. Sie erlauben Ihren Muskeln, zu atmen und ernährt zu werden.

Wenn etwas wehtut ... lassen Sie es

Es gibt viele Philosophien in Bezug auf Körperbewegungen. Ich borgte mir diese Methoden von anderen Personen, einschließlich einiger Ärzte und Chiropraktiker, Bewegungstherapeuten, einem Anhänger von Ida Rolf (der Begründerin des Rolfing), zweier Akkupunkteure und ein paar Yoga- und Tai-Chi-Meistern. Ich habe außerdem ein paar meiner eigenen Instinkte hinzugefügt, die den direkten Bezug zum Drechseln herstellen.

Ich verstehe, dass die meisten Drechsler „Wochenendkrieger" sind und sich nicht noch die Zeit für ein Bündel Streckübungen nehmen wollen, wenn sie nur ein paar Stunden Zeit am Samstagnachmittag haben zwischen Rasenmähen und dem Fußballspiel der Kinder. Worauf ich hinauswill: Sänger singen nicht mit einer kalten Kehle und Tänzer tanzen nicht mit kalten Muskeln. Also – und das gilt für alle Übungen, die Sie eventuell machen: Wenn es wehtut, lassen Sie es bleiben.

Das Hängereck

Das Hängereck hat geholfen, meine Haltung zu verbessern und meinen Körper zu verjüngen. Ich hänge mich am Reck ein paar Mal in jeder Arbeitsperiode aus und ich empfehle jedem ganz ernsthaft, es zu versuchen.

Hängen Sie das Reck so auf, dass Ihre Fingerspitzen es gerade noch berühren können, wenn Sie mit flachen Füßen darunter stehen und die Arme hochstrecken.

Hüpfen Sie ein wenig hoch und ergreifen das Reck. Ihre Absätze werden nun etwa 7–8 cm vom Boden weg sein. Halten Sie sich an der Stange fest, bis Ihre Absätze wieder den Boden berühren.

Kapitel 9

Drechseln einer offenen Schale mit geschnittenem Rand

Keine andere Form wird weltweit so sehr als gedrechseltes Objekt identifiziert wie die klassische Holzschale. Durch viele Jahrtausende haben so viele Kulturen hölzerne Schalen hergestellt, und das in so vielen verschiedenen Techniken, dass es schwerfällt, eine bestimmte Methode als überlegen zu bezeichnen. Ich vermute, dass die meisten in westlichen Kulturen vor ca. 1850 hergestellten Schalen aus Grünholz auf die fertige Wandstärke gedrechselt wurden. Danach ließ man sie trocknen, wodurch sie eine ovale Form annahmen. Sie wurden gebraucht oder missbraucht und irgendwann durch eine neuere Schale ersetzt.

Hinweis: Obwohl dieses Kapitel beschreibt, wie eine Schale mit geschnittenem Rand gedrechselt wird, sind doch die Vorgehensweisen sehr ähnlich wie bei einer Schale mit Naturrand. Die hier gezeigten Techniken können zum Drechseln jeder offenen Form angewandt werden, unabhängig von Größe, Form oder Art des Schalenrandes.

Bill Luce, Bowl, 2004. Madrone; 17 cm hoch, 36–37 cm Ø. Sammlung David Ellsworth. Dieses klassische Design ist ein hervorragendes Beispiel für die Volumenkontur.

Heutzutage werden die meisten Schalen zweifach gedreht – einmal grob mit dicken Wänden vorgedrechselt und nachdem der Rohling getrocknet ist, ein zweites Mal, um die fertige Wandstärke herauszuarbeiten – dadurch soll sichergestellt werden, dass sie perfekt rund sind. Ob das aus modischen Gründen gemacht wird oder aus dem Bedarf nach visueller Ordnung oder dem Wert der Schale selbst, weiß ich nicht. Aber man kann heutzutage auf dem Markt selten lieblich mäandrierende Ränder an ovalen Schalen sehen.

Einige der Herstellungsmethoden für Schalen und Hohlformen, die ich beschreibe, mögen unkonventionell erscheinen, aber ich denke, ihre Logik spricht für sich selbst. Es mag viele Wege geben, Schalen und Hohlformen herzustellen, aber die Methoden, die ich aufzeige, werden für alle offenen Schalenformen, alle Hohlformen und Objekte in allen Größen funktionieren, von 2,5 cm angefangen bis zur größten Größe, die Ihre Drehbank erlaubt. Wie die meisten Drechsler bin ich in meinen eigenen Angewohnheiten gefangen, aber diese große Flexibilität gibt meinen Verrücktheiten doch recht.

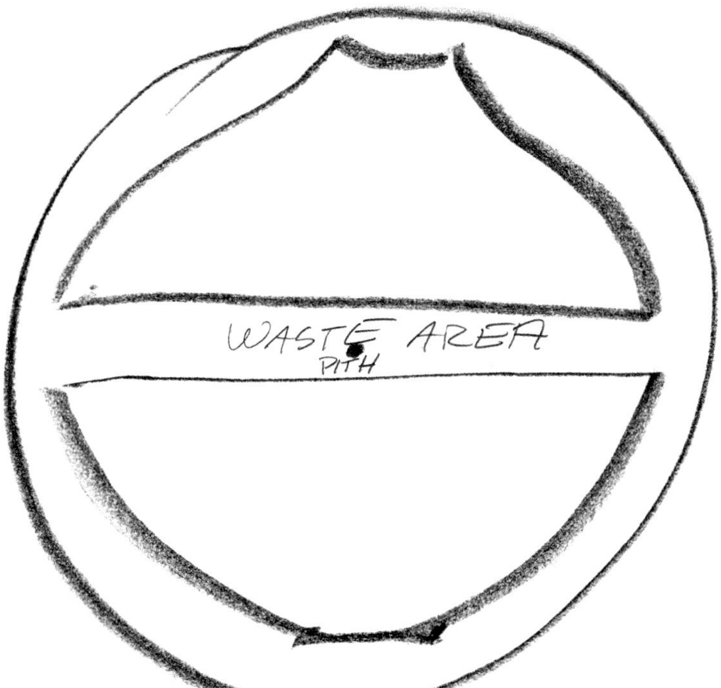

Offene Schalen werden so aus dem Holz geschnitten, dass die Öffnung zur Mitte des Stamms zeigt, wenn sie vom Stammende (Hirnholz) aus betrachtet werden. Die Zone um das Mark (engl. pith) ist Abfallholz (engl. waste area).

Vorbereiten des Rohlings aus dem Stamm

Ich ziehe es vor, direkt vom Stammabschnitt ausgehend zu arbeiten, da das frisch geschnittene Hirnholz wundervolle Möglichkeiten aufzeigt, welche Formen darin verborgen liegen können. Einen Stammabschnitt zu studieren, ist wie das Lesen einer Straßenkarte: das Mark hier, einige gestockte Muster da, ein paar Wurmlöcher, ein bisschen Verrottetes, eine Einsenkung in der Rinde … alles kann die Form eines Gefäßes beeinflussen. Und es wird aufgezeigt, welche Bereiche man besser meiden sollte: Risse durch das Mark machen sich im Rand einer Schale nicht gut.

Sie können in der Bilderserie rechts sehen, dass ich zwei offene Schalen im gestockten Rundling angezeichnet habe, eine mit geschnittenem Rand und eine mit Naturrand (mit Rinde); dazu noch eine schlanke Vase und eine niedrige Hohlform. Nun muss ich nur noch die Rohlinge aus dem Stammabschnitt schneiden und mich entscheiden, welchen ich zuerst drechseln will. Ich beschloss, die Vase und die Hohlform zu halbieren, sodass ich am Ende zwei Schalen und vier kleinere Hohlformen erhielt.

Es gibt viele Möglichkeiten, von einem Stammabschnitt aus zu arbeiten. Es braucht viel Erfahrung, bevor Sie es mit vollem Vertrauen tun können. Als Anfänger sollten Sie keine Scheu haben, den Rundling aufzuschneiden. Sie können nichts falsch machen. Nach vielen Stämmen und Schalen werden Sie eher wissen, wonach Sie schauen müssen, bevor Sie zur Säge greifen. Ihre Formen werden sich weiterentwickeln und Sie werden den Stamm anders zuschneiden, um ihn an die geänderten Formen anzupassen.

Um den Rohling leichter handhabbar zu machen, schneiden Sie die Ecken ab und schneiden dann mit der unteren Seite der Spitze der Kettensäge eine Vertiefung ins Zentrum der Rinde. Achtung: Bei diesem Schnitt darf man niemals die Spitze oder die obere Seite der Kettensäge in Kontakt mit dem Rohling bringen – das wäre sehr gefährlich! Beachten Sie die Sicherheitshinweise Seite 111.

Absolut sicher ist es, die Rinde mit einem großen Stechbeitel zu entfernen. In diese Vertiefung wird beim Drehen die Mitnehmerspitze oder die Reitstockspitze eingreifen. Würden Sie eine der Spitzen direkt in die Rinde setzen, könnte sie seitlich verrutschen oder der Rohling könnte von der Drehbank fliegen.

Von der Idee zum drehfertigen Rohling

Bei der Entscheidung, welche Formen ich erzeugen will, arbeite ich gerne direkt vom Stammabschnitt. Hier simuliere ich das Vorgehen nur und trage daher keine Sicherheitsausrüstung. Beim echten Arbeiten müssen Sie die folgenden Sicherheitshinweise beachten!

Je nachdem, was ich auf der Schnittfläche sehe, entwerfe ich verschiedene Formen von Schalen und Hohlkörpern. Ich zeichne die Umrisse der Formen direkt auf das Hirnholz.

Nachdem ich die Umrisse aufgezeichnet habe, schneide ich den Stammabschnitt mit der Kettensäge auf.

Der Klotz wird auf der Drehbank leichter handhabbar, wenn die Ecken abgeschnitten werden.

Wichtiger Sicherheitshinweis: Moderne Kettensägen verfügen über verschiedene Sicherheitseinrichtungen – lesen Sie hierzu unbedingt die Bedienungsanleitung Ihrer Kettensäge.

Außerdem ist es erforderlich, dass Sie bei allen Arbeiten mit der Kettensäge die persönliche Schutzausstattung tragen:

- Gesichtsschutz und Schallschutz, z. B. Gehörschutzkapseln
- feste Handschuhe, möglichst aus Chromleder
- Hose mit Schnittschutzeinlage oder einen Vorderbeinschutz
- Schutzschuhe mit griffiger Sohle, Schnittschutz und Stahlkappe

Beachten Sie, dass die Schutzkleidung vollständig ist und gut sitzt. Sie darf nicht behindern und soll eng anliegen. Auch Schutzausstattung kann eine vorsichtige und sichere Arbeitsweise nicht ersetzen!

Schneiden Sie eine Vertiefung für die Mitnehmerspitze oder die Reitstockspitze in die Rinde.

Die zugeschnittenen Rohlinge sind fertig zum Drechseln. Ich muss mich nur noch entscheiden, welchen ich zuerst bearbeiten will.

Der Rohling ist auf der Drehbank gespannt. Beachten Sie das ausgeschnittene Rindenstück, das extrem wichtig ist, um den Rohling auf der Drehbank zu halten.

Den Rohling auf der Drehbank spannen

Wenn ich eine Schale mit geschnittenem (= gedrechseltem) Rand herstellen möchte, orientiere ich den Rohling mit der Rindenseite zum Reitstock und der gesägten Seite zum Spindelstock. Die Rindenseite wird, nach Entfernung der Rinde, zur Standfläche der Schale geformt. Es ist sehr viel leichter, von der Reitstockseite aus die Aufnahme einer Spannvorrichtung, z. B. eines Spannfutters, eines Klebefutters oder einer Planscheibe, zu formen als von der Spindelstockseite aus. Die Reitstockseite ist einfach leichter zugänglich.

Diese Methode, den Rohling zwischen den Spitzen aufzuspannen, unterscheidet sich von der konventionellen Methode, bei der die flache Seite auf einer Planscheibe befestigt und ein flacher Zapfen für ein Spannfutter am Fuß angedreht wird. Ich bin zu diesem Zeitpunkt noch nicht so weit, dass ich das Schalendesign bereits festlegen könnte, weil ich zu diesem Zeitpunkt noch nicht genug Informationen über den Rohling habe. Ich kenne die ungefähre Höhe und den Durchmesser, aber ich kenne noch nicht das exakte Muster der Maserung, das in der fertigen Schale erscheinen wird.

Um an diese Informationen zu gelangen, muss ich den Materialüberschuss wegdrehen, um herauszufinden, was ich wissen will. Dieser Überschuss besteht aus der Rinde und jeder fremden oder unüblichen Art der Maserung, die ich in der fertigen Form nicht haben will. Es ist nicht ungewöhnlich, ein verirrtes Geschoss oder ein Stück Stacheldraht im Holz eingewachsen zu finden. Man kann so etwas beim Auftrennen des Stammes meist nicht im Voraus erkennen. Wenn ich anfange, den Überschuss wegzudrehen, erfahre ich mehr über das Potenzial des Rohlings und kann ihn leicht zwischen den Spitzen neu zentrieren, bis er so orientiert ist, wie ich ihn haben will. Erst jetzt flache ich die Basis ab und drehe die Aufnahme für das Spannfutter, das Klebefutter oder die Planscheibe.

Vordrehen der Schale mit dem Schruppschnitt

Zum Vordrehen der Schale benutze ich einen Schrupp- oder Grobschnitt. Das gibt mir die größte Kontrolle beim Abdrehen von überschüssigem Material. Dieser Schnitt ist besonders hilfreich, wenn große Mengen von Rinde, raue Ecken und unregelmäßige Oberflächen auf frischen Holzstücken entfernt werden müssen. Schruppschnitte sehen nicht schön aus. Je nach dem Energieniveau, das Sie aufwenden, können die Schnitte richtig aggressiv sein und große Mengen Holz entfernen.

Das ist die erste Abweichung von der Arbeitsweise mit einer konventionellen Röhre. Benutzen Sie *nicht* die Fase, wenn Sie diese Schnitte machen. Stattdessen überlassen Sie es der Handauflage, das Werkzeug abzustützen und die ganze Kraft aufzunehmen. Ich würde schon deshalb nicht die Fase gegen das Holz benutzen, weil die Fase gegen die irreguläre Oberfläche schlagen und einen sehr unruhigen Schnitt ergeben würde.

Drehen Sie die Röhre so, dass eine gedachte Linie über der Flute einen Winkel von 45 Grad zur Horizontalen bildet. Halten Sie diesen Winkel während des gesamten Schnittes, es ist eine sehr effektive Schneidposition.

Ich positioniere die Handauflage so, dass sie im Winkel von 45 Grad zum Drehbankbett steht und ungefähr 1,5 cm vom größten Vorsprung des Rohlings entfernt. Wenn die Röhre sauber positioniert ist (horizontal zum Fußboden und rechtwinklig zur Handauflage), wird ihre Schneide tangential die Fasern durchtrennen.

Würde ich die Handauflage parallel zum Bankbett einrichten, gäbe es keine Möglichkeit zu verhindern, dass die Schneide der Röhre in das Hirnholz hinein-

Der Schruppschnitt – die Signature-Röhre verglichen mit einer konventionelle Röhre

Beim groben Vordrechseln (sowohl innen wie außen) besteht der wichtigste Unterschied zwischen der Signature-Röhre und einer konventionellen Röhre darin, wie ich die Röhren auf der Handauflage positioniere. Halten Sie die konventionelle Röhre mit der Spitze ungefähr 30–40 Grad gegen die Horizontale nach oben gerichtet. Dadurch zeigt auch die Fase etwas nach oben und wenn das Werkzeug in das sich drehende Holz eingreift, wird die Schneide das Holz schneiden. Dies ist ein effektiver Schnitt, nur dass es beträchtlicher Energie bedarf, ständig das Werkzeug in das Holz zu drücken. Zur gleichen Zeit versucht das Holz laufend, das Werkzeug auf der Handauflage hinunterzudrücken und in den Drechsler zu rammen.
Im Gegensatz dazu wird die Signature-Röhre in der horizontalen Position verwendet, sodass die Kraft des Schnittes direkt in die Handauflage gelenkt wird und nicht in den Drechsler. Weil die Schneide dieser Röhre nicht nur an der Spitze ist, sondern auch an der Seite, ist die Schneidenkante, die sich im Kontakt mit dem Holz befindet, nach oben gerichtet. Ich bin kein Wissenschaftler und weiß nicht, wie man Kraft messen kann, aber ich weiß, wie ich mich nach einem 8-Stunden-Tag fühle, wenn ich diese verschiedenen Werkzeuge benutzte. Jede Energiesparmethode ist den Aufwand wert.

Zum groben Vordrechseln wird eine konventionelle Röhre im Winkel von 30–40 Grad nach oben gerichtet. Es braucht ziemliche Anstrengung, um das Werkzeug in das Holz zu drücken.

Die Signature-Röhre wird waagrecht gehalten, um Schruppschnitte zu machen. Die Energie des Schnittes wird in die Handauflage abgeleitet und nicht in den Drechsler.

Grobes Vordrehen einer Schale mit dem Schruppschnitt

Der grobe Schnitt außen an der Schale kann das meiste an rauen Ecken, Rinde und unregelmäßigen Oberflächen vom Rohling entfernen.

Hält man einen Bleistift an die Flute der korrekt gehaltenen Röhre, sieht man deutlich die Neigung um 45 Grad. Hält man diesen Winkel während des gesamten Grobschnitts, kann man sicher sein, dass die Schneide sich stets in einer optimalen Schneidposition befindet.

Um einen groben Schruppschnitt zu machen, befindet sich die Handauflage im Winkel von 45 Grad zum Drehbankbett und ist ungefähr 1,5 cm vom größten Vorsprung des Rohlings entfernt. Die Signature-Röhre wird horizontal und im rechten Winkel zur Handauflage gehalten. Die Außenkante der vorderen Hand berührt die Handauflage und die hintere Hand drückt den Handgriff der Röhre gegen das Bein.

Wenn Sie damit beginnen, eine Form vorzudrechseln, ist der Schruppschnitt extrem nützlich. Er entfernt große Mengen von Rinde, rauen Ecken und unregelmäßigen Oberflächen.

Der Schruppschnitt

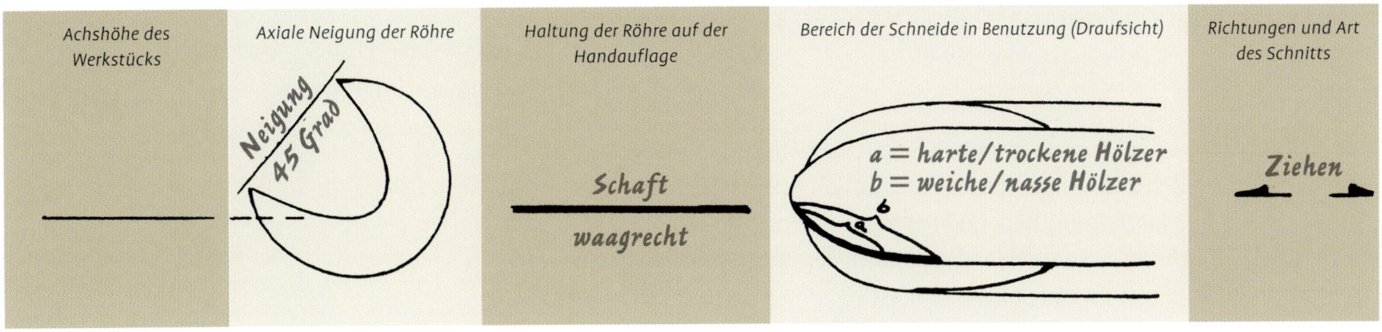

Der äußere Schruppschnitt mit der Signature-Röhre entfernt überschüssiges Material als Vorbereitung für die Herstellung einer Schale oder einer Hohlform.

gezogen wird und eine ziemliche Sauerei auf der Oberfläche des Holzes anrichtet.

Schauen Sie unbedingt „Körperhaltung für den groben Vorschnitt“ auf der rechten Seite an. Mit der Kante meiner linken Hand *immer* gegen die Handauflage und mit der Röhre in einer waagrechten Position und rechtwinklig zur Handauflage kann ich einen groben Schnitt machen, indem ich die Röhre zu mir herziehe, über die Handauflage und die Ecke des Rohlings weg, und dabei einen Schnitt von 6 bis 12 mm Tiefe ausführe.

Weil der Grobschnitt sehr aggressiv ist, kann er eine hässliche Oberfläche hinterlassen. Das ist in Ordnung: Er hat seine Pflicht erfüllt. Wenn einmal die Hauptmenge des Rohmaterials entfernt ist, werde ich die verbleibende Drechselarbeit mit eher schneidenden Schnitten ausführen, während ich die Forme entwerfe und herausarbeite.

Die Werkzeuge im Vergleich

Die Benutzung der Signature-Röhre fordert einige der traditionellen Regeln des Drechselhandwerks heraus, besonders die angeblich korrekte Benutzung der Schalenröhre betreffend oder die Frage, ob oder wie die Fase eingesetzt werden sollte. Es macht mir immer Spaß darzulegen, wie bestimmte Schnitte gemacht werden, im sicheren Bewusstsein, dass viele Leser einfach nur verwundert den Kopf schütteln werden. Aus diesem Grund ziehe ich in diesem Kapitel bei der Beschreibung, wie dieses Werkzeug eingesetzt werden sollte, viele Vergleiche zu konventionellen und traditionellen Werkzeugen, um die Unterschiede zu erklären.

Körperhaltung für den groben Vorschnitt

Es wird Ihnen eine Menge an Schmerzen und Energie ersparen, wenn Sie beim Drechseln auf Ihre Körperhaltung achten. Spreizen Sie Ihre Beine etwas mehr als schulterbreit. Unterstützen Sie die Röhre mit Ihrer hinteren Hand am hinteren Ende des Handgriffs. Halten Sie die Röhre mit Ihrer vorderen Hand von oben, sodass sich der Daumen unterhalb der Röhre befindet, und drücken Sie die Handkante leicht gegen die Handauflage. Diese Position bildet ein gleichseitiges Dreieck nach, sodass Sie in keiner Hand mehr Muskeln beanspruchen als in der anderen. Der Kontakt mit der Handauflage ist entscheidend, weil er die Kontrolle über das Werkzeug sicherstellt. Er hilft auch, die Tiefe des Schnittes einzuhalten, indem er verhindert, dass die Röhre zu weit von der Handauflage wegwandert. Schreiten Sie durch den Schnitt fort, indem Sie die Röhre entlang der Handauflage und durch das Holz ziehen, während Sie Ihr Gewicht von einem zum anderen Bein verlagern.

Formen der Schalenaußenseite mit dem Schälschnitt

Wenn einmal die rohen Ecken entfernt sind, wechsle ich zum Schälschnitt, fahre fort, überflüssiges Material zu entfernen, und beginne, die Form zu gestalten. Es ist ein schneidender Schnitt, der dem beim Schälen eines Apfels ähnelt. Er ist wegen der langen ununterbrochenen Bändern ähnelnden Späne einer der schönsten Schnitte, die man machen oder bei jemandem beobachten kann.

Beginnen Sie den Schnitt, indem Sie genau wie beim Schruppschnitt die Röhre waagrecht auf die Handauflage legen und axial um 45 Grad drehen. Senken Sie den Handgriff um ungefähr 20–30 Grad, was die Schneide gleichermaßen erhöht. Dadurch kann die Schneide durch die Fasern des Holzes *schneiden*, anstatt sie wie beim Grobschnitt abzuscheren. Schneiden Sie nur mit dem vorderen Drittel oder der Hälfte der Schneide, versuchen Sie nicht, die ganze Schneide einzusetzen.

Wie beim Schruppschnitt wird auch hier die Fase nicht eingesetzt; d. h., die Fase gleitet nicht auf dem Holz. Als Konsequenz erreichen Sie keine superglatte Oberfläche. Erst mit dem scherenden Schabschnitt wird die Oberfläche geglättet. Mit dem Schälschnitt können Sie eine Menge Holz sicher entfernen, während Sie die Form herausarbeiten, und Sie vermeiden es gleichzeitig, Hirnholzfasern herauszureißen.

Als letzten Schritt mit dem Schälschnitt glätte ich den Boden, indem ich das überschüssige Material entferne. Erst wenn ich mit der Form des Bodens zufrieden bin und alles über das Holz weiß, was ich wissen wollte, wechsle ich zum Schabschnitt.

Körperhaltung während des Schälschnittes

Spreizen Sie die Beine etwas mehr als Ihre Schulterbreite und lockern Sie die Knie. Fassen Sie mit Ihrer hinteren Hand den Handgriff an der verdickten Stelle oder dicht unterhalb der Zwinge und drücken Sie das Ende des Handgriffs leicht gegen Ihr Bein. Das reduziert etwas das ursprüngliche gleichseitige Dreieck des Schruppschnittes, aber erlaubt größere Bewegungsfreiheit für das Bein, durch das Sie Energie für die Schnitte generieren. Starten Sie den Schnitt, während Ihr Gewicht senkrecht auf einem Bein ruht, und ziehen Sie die Röhre durch den Schnitt vom Boden zum Rand von höheren Schalen und Hohlformen. Am Ende des Schnittes werden Sie Ihr Gewicht auf das andere Bein verlagert haben, wodurch Sie vermeiden, während des Schnitts die Füße nachzuziehen.

Der Schälschnitt

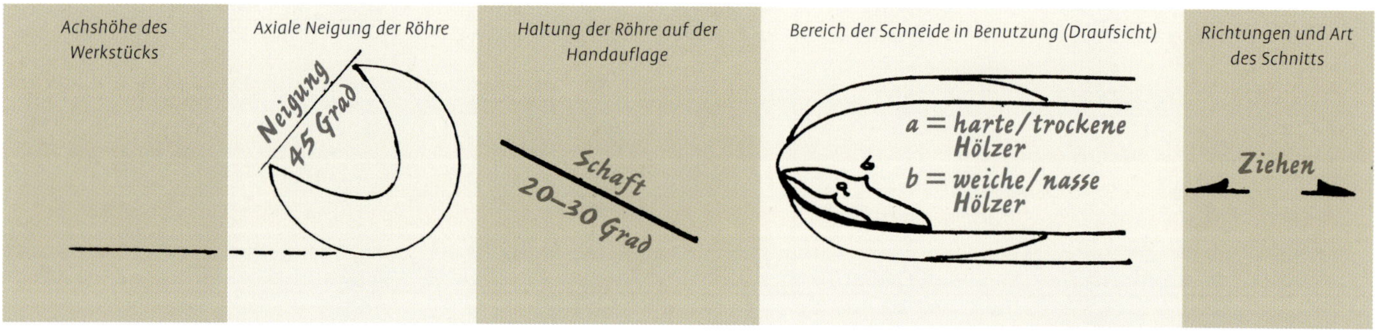

Der Schälschnitt wird an der Außenseite der Schale angewandt, um die Form herauszuarbeiten und die Oberfläche für den scherenden Schabschnitt vorzubereiten.

Formen der Außenseite einer Schale mit dem Schälschnitt

Der Schälschnitt ist sehr effektiv, um eine Menge Holz zu entfernen. Die Oberfläche wird nicht glatt, aber die Fasern werden nicht herausgerissen oder abgeschert wie beim Grobschnitt.

Der Schälschnitt ist der zweite Schritt, um überschüssiges Material von der Außenseite einer Schale zu entfernen. Mit diesem Schnitt gestalte ich die Form.

Beginnen Sie wie beim Schruppschnitt und senke dann den Handgriff um ca. 20–30 Grad. Das erlaubt der Schneide, die Holzfasern eher zu schälen als abzuscheren.

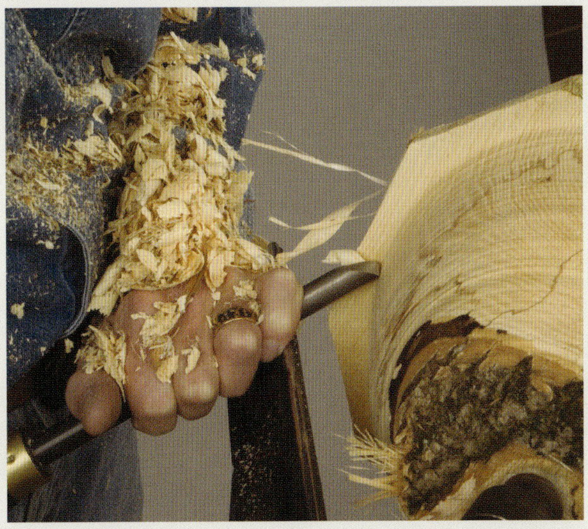

Wenn Sie beginnen, die Form herauszuarbeiten, ziehen Sie den Schälschnitt vom Boden zum Rand der Schale.

Der richtige Zeitpunkt, das Design zu entwickeln

Ich arbeite erst am endgültigen Design, wenn die Basis der Schale am Spindelstock befestigt wurde. Es gibt daher keinen Grund, weiterhin an der Form herumzufummeln, solange ich zwischen den Spitzen arbeite. Auch unterbricht es den Fluss der Entwicklung des gesamten Stückes, wenn jetzt zu lange verweilt wird.

Benutzen Sie den Schälschnitt, um den Boden der Schale abzuflachen.

Abflachen des Bodens mit dem Schabschnitt

Wenn ich mit dem Schälschnitt fertig bin, wechsle ich sofort zum Schabschnitt, um den Boden abzuflachen und für die Montage auf einem Spannfutter, einem Klebefutter oder einer Planscheibe vorzubereiten. Der Schabschnitt sorgt beim Abflachen des Bodens dafür, dass nicht zu viel Material abgetragen wird, wodurch eine konkave Oberfläche entstehen würde oder, noch schlimmer, eine große Aushöhlung. Es ist ein beruhigendes Gefühl, dass man die Hauptmasse in diesem Bereich mit dem Schälschnitt wegschneiden und dann die Röhre im Gegenuhrzeigersinn in die Schabposition drehen kann, Spitze gesenkt, um die Oberfläche zu glätten, ohne Angst zu haben, einen Schlag zu verursachen. Würde ich diese flache Zone mit erhobener Spitze und dem Schälschnitt angehen, würde ich zuverlässig einen Einhaker (Schlag) provozieren.

Es gibt da einige Diskussionen über eine flache Basis verglichen mit einer leicht konkaven.

Beide können funktionieren, aber ich glaube, dass eine leicht konkave Basis bei der Montage auf einer Planscheibe die Schrauben zusätzlich beansprucht. Wenn das Holz weich und nass ist, können sich die Schrauben lockern, wenn größere Stücke bearbeitet werden. Anders herum kann ein gleichmäßiger Kontakt zwischen einem flachen Boden und der Planscheibe für zusätzliche Kraftübertragung sorgen und die Schrauben entlasten. Und Sie können bei einem konkaven Boden kein Klebefutter verwenden! Machen Sie sich keine Sorgen: Es ist leicht zu lernen, wie man mit der seitlichen Schneidkante der Röhre einen Boden flach schabt. Unabhängig davon, wie für Sie die Kontroverse flach gegen konkav ausgeht, es ist wichtig, dass Sie sicher sein müssen, den Boden auf keinen Fall konvex zu machen. Ganz besonders nicht in der Nähe des Buckels in der Mitte, sonst wird das Objekt auf der Planscheibe wackeln.

Ein Schaber hat eine Schneide, die im Winkel von 90 Grad auf das Werkstück trifft – etwa so wie Fingernägel auf der Wandtafel. Um die Signature-Röhre als Schaber zu benutzen, legen Sie die Röhre horizontal auf die Handauflage und drehen sie, bis die untere Schneidkante 90 Grad zur Oberfläche des Holzes ist. In dieser Position zeigt die Flute der Röhre fast genau auf das Holz und die obere Schneidkante ist etwa 1,5 mm von der Oberfläche des Holzes entfernt und berührt das Holz nicht. Durch leichtes Hin- und Hergleiten der Röhre über die Oberfläche schabt die Schneide das Holz, ohne einzuhaken. Wenn Sie die Schneidkante über die Schabposition heben würden, würde die Schneide zu viel abnehmen und die Wahrscheinlichkeit eines Schlages wäre sehr groß. Eine flache Oberfläche ist für viele Spannmethoden wichtig, aber sie ist absolut unverzichtbar bei Anwendung eines Klebefutters.

Der Schabschnitt

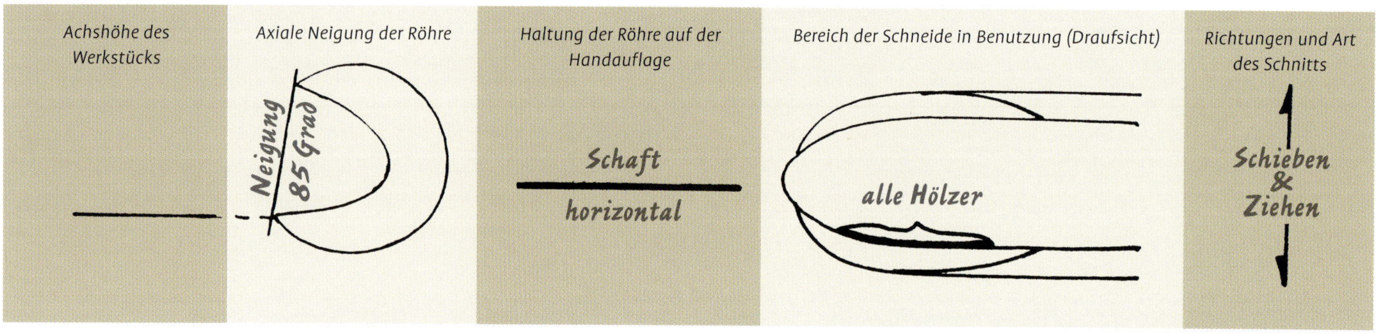

Der Schabschnitt wird außen angewandt, um den Boden für das Einspannen in ein Spannfutter, ein Klebefutter oder eine Planscheibe flach zu drehen.

Flachdrehen der Basis mit einem Schabschnitt

Ich verwende gerne den Schabschnitt, um die Basis einer Schale als Vorbereitung für ein Klebefutter, ein Spannfutter oder eine Planscheibe flach zu drehen.

Um die Basis einer Form mit einem Schabeschnitt flach zu drehen, benutze ich die Signature-Röhre als Schaber. Die untere Schneidkante sollte 90 Grad zur Oberfläche sein. Die Flute zeigt fast direkt zur Oberfläche des Holzes. Die obere Schneidkante ist ungefähr 1,5 mm vom Holz entfernt.

Lassen Sie die Röhre ganz leicht über die Oberfläche vor- und zurückgleiten und achten Sie sorgfältig darauf, die untere Schneidekante nicht höher als die Schabeposition zu halten.

Körperhaltung während des Schabschnitts

Der Schabschnitt kann aus beinahe jeder Haltung gemacht werden, in der sich Ihr Körper wohlfühlt. Der wichtigste Faktor ist, dass sich Ihr Kopf direkt über der Schneidspitze befinden soll und in einer Linie mit der Ebene, die flach gedreht werden soll. Ohne diese optische Kontrolle können Sie nicht wissen, ob die Oberfläche konkav, konvex oder flach wird.

Vorbereiten der Basis zum Einspannen auf der Drehbank

Der Basiszapfen ist zweifellos einer der wichtigsten Arbeitsschritte, um das Design jeder Schale oder jeder Hohlform zu entwickeln. Er wird Ihnen helfen, sich die genaue Lage des Fußes zu vergegenwärtigen, ohne in der Stufe des Spannzapfens hängen zu bleiben.

Ich benutze den Schabschnitt, um die Basis aller meiner Objekte flach zu drehen, unabhängig davon, welche Einspannmethode ich auswähle. Nachdem die Basis flach ist, bereite ich sie für das Spannfutter, das Klebefutter oder die Planscheibe vor. Für diese Schale wählte ich ein Spannfutter.

Einen Basiszapfen andrehen

Unabhängig von der gewählten Methode muss ich zuerst einen wichtigen Schnitt ausführen, um einen Basiszapfen anzudrehen. Das ist einerseits der wichtigste Schritt beim Entwickeln einer Schalen- oder Hohlkörperform und andererseits einer der am meisten vernachlässigten. Der Basiszapfen führt zur Formung des Objektbodens. Ohne diesen Schnitt ist es 100 % sicher, dass das Design des Bodens einer Schale oder einer Hohlform von der benutzten Einspannvorrichtung geprägt wird, sei es ein Spannfutter, ein Klebefutter oder eine Planscheibe. Das hat damit zu tun, wie Ihre Augen interpretieren, was Sie sehen.

Wenn Sie einen Basiszapfen benutzen, verläuft die Umrisslinie der Form – ihre Silhouette – kontinuierlich vorbei am Spannzapfen. Es ergibt sich eine unendliche Anzahl an Wahlmöglichkeiten für die Gestalt, Größe und Durchmesser des Fußes für das Objekt, das gedreht werden soll. Ohne einen Basiszapfen stößt im Falle eines Spannfutters die durchgehende Linie direkt in die Stufe des Spannzapfens und zwingt dem Design des Fußes den gleichen Durchmesser auf. Ich nenne so etwas einen unnötigen Fehler.

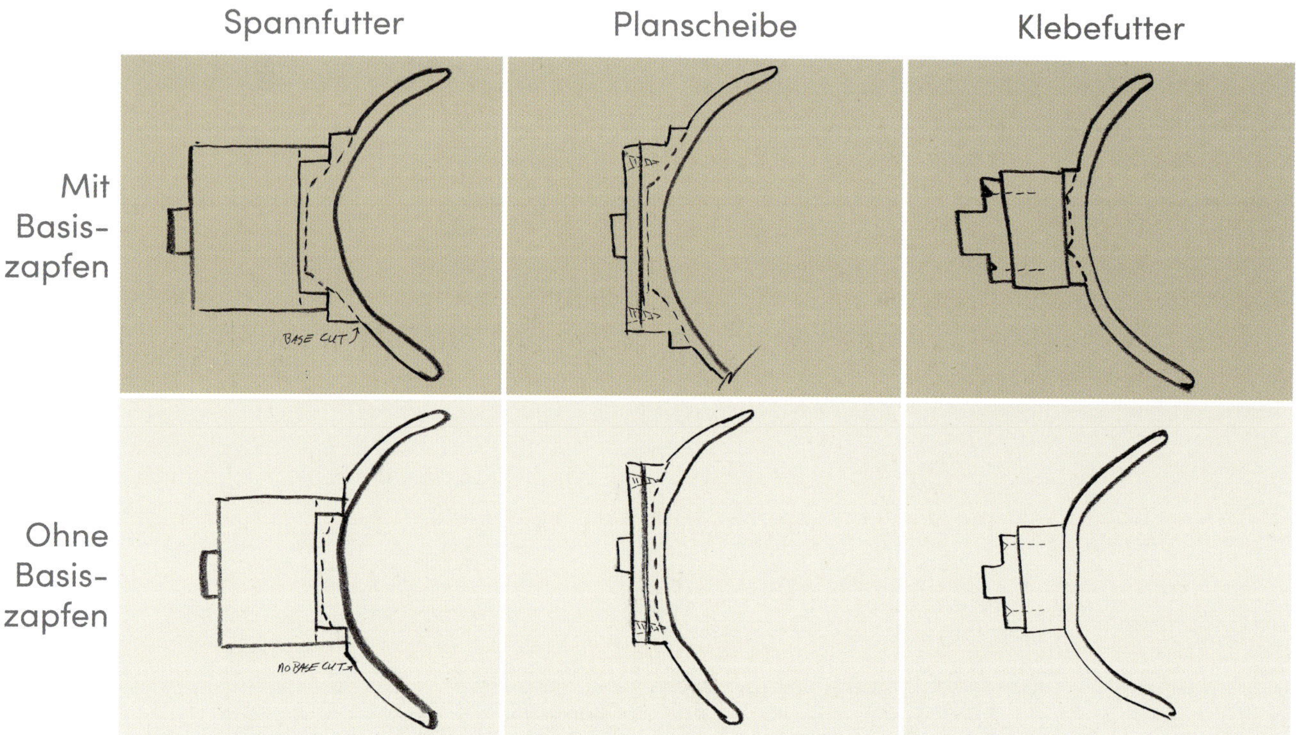

Wenn ein Spannfutter benutzt wird, hilft Ihnen der Basiszapfen (im Bild base cut), sich den Fuß vorzustellen. Ohne Basiszapfen (im Bild no base cut) wird in die Wand hineingeschnitten.

Der Basiszapfen ist bei einer Planscheibe nützlich, um Schraubenlöcher in der Schalenwand zu vermeiden.

Beim Klebefutter haben Sie mit einem Basiszapfen völlige Freiheit beim Design für den Fuß einer Form.

Dasselbe Prinzip gilt für die Anwendung einer Planscheibe mit Schrauben. Nichts ist schlimmer, als im letzten Stadium des Schalendrechselns feststellen zu müssen, dass sich Schraubenlöcher im Fuß der Schale befinden – ebenfalls ein unnötiger Fehler.

Der Basiszapfen empfiehlt sich auch für die Verwendung mit einem Klebefutter. Ohne Basiszapfen enden wir damit, das Design des Fußes in Relation zu dem zu drehen, was wir sehen, anstatt zu dem, wie wir gerne möchten, dass es aussehen soll.

Ohne Basiszapfen nähern wir uns der Spannvorrichtung (Spannfutter, Planscheibe, Klebefutter) so weit an, dass wir die Freiheit beim Design des Fußes einschränken. Sie bekommen dann oft eine Boden- bzw. Wandstärke, die zu dick oder zu dünn ist.

Wenn man die Form des Basiszapfens mit einer hübsch geschwungenen Kurve anstatt eines klaren, definierten Winkels ausführt, sieht die geschwungene Oberfläche gut aus, fast als würde sie die endgültige Form des Schalenfußes ergeben. Aber diese Kurve lenkt tatsächlich das Auge von der Linie der Schale ab, was Sie wiederum daran hindert, den Fuß der Schale frei zu entwerfen.

Wie der Schalenrohling mit einer Spannvorrichtung (Spannfutter, Klebefutter, Planscheibe) aufgespannt wird, ist im Kapitel 6 „Spannfutter, Klebefutter und Planscheiben“ auf Seite 66 dargestellt.

Basiszapfen andrehen

Der Basiszapfen ist im Grunde genommen ein zweiter Absatz oberhalb der Stufe des Spannzapfens. Ich benutze die Spitze der Drehröhre in der schneidenden Position, eventuell gefolgt von einer kleineren Röhre, um einen 90-Grad-Winkel am Grund der Stufe herzustellen. Der Basiszapfen hilft mir, die Linie der Form zu visualisieren, wenn sie zum Fuß aufsteigt. Dies gibt mir große Freiheit beim Design des Fußes, wenn ich diesen Bereich im Klemmfutter fertigstelle.

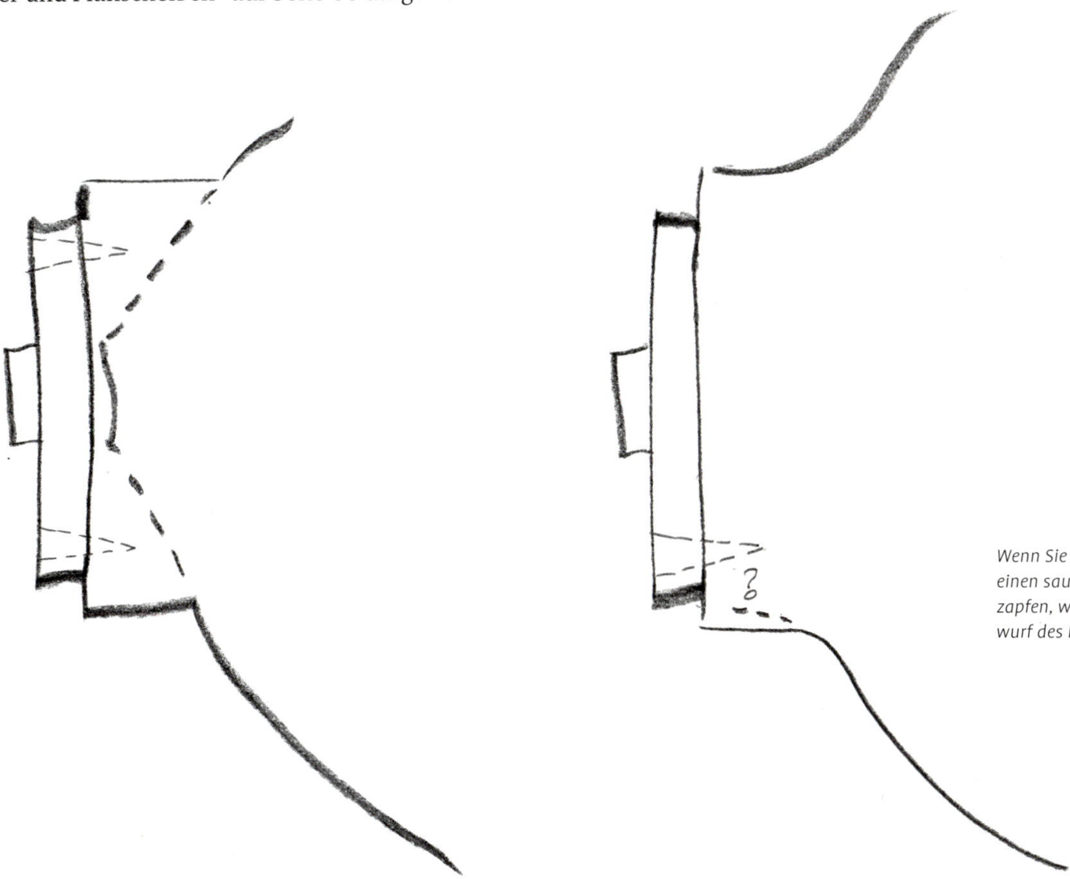

Wenn Sie eine hübsche Kurve formen statt einen sauber winkelig angedrehten Basiszapfen, werden Sie Ihre Freiheit beim Entwurf des Fußes verlieren.

Formen der Schale mit dem Schälschnitt

Ich benutze gerne den Schälschnitt, um die endgültige Außenform der Schale zu gestalten. Wenn Sie Ihr Wissen über den Schälschnitt auffrischen möchten, schlagen Sie Seite 116 auf.

Benutzen Sie den Schälschnitt, um die Außenseite genau so zu formen, wie Sie es möchten.

Hoppla! Betrachten Sie die ausgerissenen Fasern an dieser trockenen, gestockten Esche-Schale. Egal wie langsam sie arbeiten, derartige ausgerissene Fasern sind unvermeidlich, wenn Sie in der „korrekten" Richtung vom Boden zum Rand der Schale arbeiten.

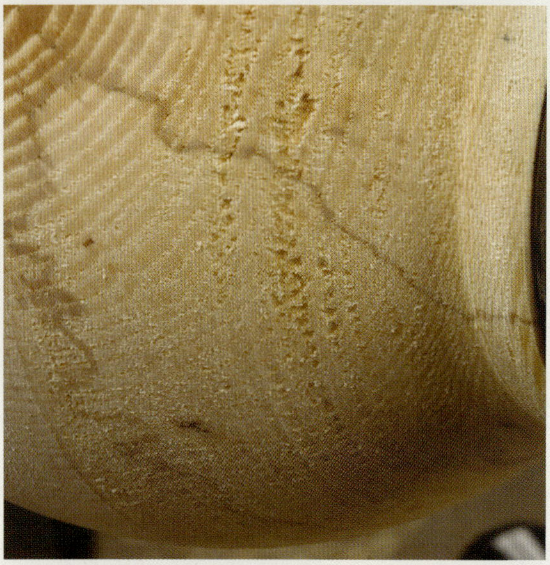

Um ausgerissene Fasern wegzuschneiden, ist es notwendig, in der falschen Richtung mit einem Schälschnitt zu schneiden. Also vom Rand der Schale zum Boden. Lassen Sie dabei die Fase gleiten!

Gestalten der Außenform mit dem Schälschnitt

Sobald der Schalenrohling mit Ihrer ausgewählten Spannmethode fest und sicher auf der Drehbank gespannt ist, können Sie damit beginnen, mit dem Schälschnitt die Außenform fertig zu gestalten. Das ist immer ein aufregender Moment für mich, weil ich eine Menge Zeit damit zubringen werde, an der Form zu arbeiten, bis ich sie endlich so weit habe, dass sie genau richtig ist. Es ist unmöglich, in der Schälposition einen Schlag zu bekommen, sodass ich sehr entspannt das Werkzeug vom Boden zum Rand führen kann und beobachten, wie die Silhouette Gestalt annimmt.

Kurz bevor ich da bin, wo ich hinwollte, schalte ich die Drehbank aus und entdecke die bittere Realität des Arbeitens mit trockener und gestockter Esche: Die Fasern wurden wie verrückt herausgerissen. Ich mache alles regelkonform, schneide langsam und quer zu den Fasern und habe trotzdem immer noch Probleme. Das heißt, es ist nun Zeit, die Regeln zu brechen.

Um das Problem zu lösen, mache ich einen weiteren Schälschnitt. Aber in diesem Fall lasse ich nicht nur die Fase auf dem Holz gleiten, sondern schneide auch in die falsche Richtung, also vom Rand zum Fuß der Schale. Ich schneide nur so tief, wie die Fasern ausgerissen sind, und arbeite langsam vom Rand bis kurz vor den Boden. Meine Absicht ist, die ausgerissene Region zu beseitigen, bevor ich schließlich zum scherenden Schabschnitt übergehe.

Fertigdrechseln der Außenform mit einem scherenden Schabschnitt

Wenn die Außenform mit dem Schälschnitt fertig entwickelt ist, gehe ich noch zum Abschluss ein- oder zweimal mit einem scherenden Schabschnitt darüber. Das ist einer dieser traumhaften Schnitte, die es mir erlauben, das Schleifen mit 240er- statt 60er-Papier zu beginnen. Um die Röhre für den scherenden Schabschnitt zu positionieren, hebe ich die Spitze an, bis die untere Schneidekante, die hier eingesetzt wird, ungefähr im Winkel von 45 Grad schräg zum Holz liegt. Ich drehe dann die Röhre so, dass die Flute fast direkt zum Holz zeigt, sodass nur 1,5 mm Luft zwischen dem Holz und der oberen, nicht benutzten Schneidekante verbleiben. Die Röhre ist nun fast in derselben Position wie für den Schabschnitt, nur dass der Schaft der Röhre jetzt ungefähr 45 Grad zur Waagrechten erhöht ist.

Beachten Sie auf Seite 125 (oben) die Position von Daumen und Zeigefinger meiner linken Hand. Auch nehme ich meine rechte Hand vom Ende des Handgriffs weg und halte die Röhre am Schaft im Bereich der Zwinge. Außerdem drücke ich mein Handgelenk gegen meinen Bauch und meinen Ellbogen gegen meine Seite. Der Daumen erzeugt Abwärtsdruck gegen die Handauflage, ohne dass man die Röhre so fest wie bei einem Schruppschnitt zu halten braucht. In dieser Position wird mein ganzer Körper vom Gürtel aufwärts zu einem massiven Stützsystem für die Röhre. Mit gespreizten Beinen und lockeren Knien kommen die einzigen Bewegungen, die ich bei diesem Schnitt mache, aus den Beinen und nicht aus dem Oberkörper.

Ebenso einzigartig und wichtig ist die Richtung dieses Schnitts, da ich vom Schalenrand in Richtung

Körperhaltung während des scherenden Schabschnitts

Meiner Meinung nach ist das der verblüffendste Schnitt von allen, die ich in diesem Buch beschreibe, und derjenige, der am meisten von den anderen Schnitten mit dieser Röhre abweicht. Die Absicht ist, den gesamten Oberkörper als unterstützendes Element für die Röhre einzusetzen, während alle Bewegungen für diesen Schnitt in den Beinen stattfinden. Spreizen Sie Ihre Beine weit, um volle Bewegungsfreiheit für das Werkzeug vom Rand bis zum Boden der Form zu erhalten. Verlagern Sie Ihr Gewicht von senkrecht über einem Bein auf senkrecht über Ihrem anderen Bein, den Bewegungen des Schnitts folgend. Greifen Sie mit der rechten Hand dicht unterhalb Ihrer linken Hand und drücken Sie Ihr Handgelenk gegen Ihren Bauch. Mit dem Handgriff gegen Ihr Bein und dem Schaft der Röhre 45 Grad zum Fußboden, bekommen Sie großartige Unterstützung für das Werkzeug.

Es gibt drei grundsätzliche Voraussetzungen für diesen Schnitt. Erstens halten Sie die Linie der Schneidspitze 45 Grad zum Fußboden, lassen Sie die Röhre nicht in die Schabposition absinken. Zweitens drehen Sie die Flute um 85 Grad aus der Waagrechten, sodass die obere Schneidkante ungefähr 1,5 mm vom Holz entfernt ist. Drittens lassen Sie die Knie locker, sodass Ihre Energie in die Handauflage geht und nicht in das Holz. Dies ist der große Unterschied zu einem traditionellen fasengestützten Schnitt, bei dem Sie gegen das Holz drücken. Im vorliegenden Fall wollen Sie nur die Schneidkante über das Holz streichen lassen und die Fasern abscheren. Es braucht etwas Übung, bis Sie sich daran gewöhnt haben, weil sich dieser Schnitt so grundsätzlich von den traditionellen fasengestützten Schnitten unterscheidet. Jedoch werden die Vorteile schnell offensichtlich, wenn Sie unebene Maserungen, Äste und Schalen mit geschwungenem Rand drechseln können, ohne mit der Fase gegen ungleichmäßige Oberflächen zu stoßen.

Fuß arbeite. Es ist es wert, einmal in beide Richtungen zu arbeiten, um den Unterschied festzustellen. Da die Schneidkante im Winkel von 45 Grad zum Holz steht, weist die Schneide eine hohe und eine tiefe Seite auf. Wenn ich einen ziehenden Schnitt vom Fuß zum Rand einer Schale mache, wird der letzte Teil der Schneide der hohe Teil sein. Unglücklicherweise wird diese hohe Schneide das weiche Frühholz aus der Oberfläche geradezu herausschaufeln, wenn sie am Holz entlanggeführt wird. Das resultiert dann in einer Oberfläche, die sehr viel 60er-Schleifpapier verbrauchen wird. Umgekehrt wird bei einem geschobenen Schnitt vom Rand zum Fuß der letzte Teil der Schneide, der das Holz berührt, die tiefe Schneide sein. In diesem Fall verlässt der tiefe Teil der Schneide mit fortschreitendem Schnitt das Holz, ohne Fasern herauszuschaufeln.

Was diesen Schnitt ebenso kennzeichnet, ist, dass 90 % der Kraft in die Handauflage abgeleitet wird und nur 10 % drücken gegen das Holz. Die einfachste Methode, wie Sie sich das klarmachen können, besteht darin, sich in Schneidhaltung vor die Drechselbank zu stellen und die Knie zu entspannen: Sie spüren sofort, wie der Druck des Werkzeuges in die Handauflage abgeleitet wird. Und das ist genau das, was Sie wollen, wenn Sie diesen Schnitt machen.

Wenn die Schneide über das Holz fährt, werden Sie sofort bemerken, dass es wegen härterer Hirnholzfasern und wegen anderer Hindernisse wie Ästen und Fehlstellen keine „Hopser“ mehr gibt. Die Schneide gleitet durch sie hindurch. Das ändert sich sofort, wenn Sie versehentlich die Schneide in das Holz drücken anstatt auf die Handauflage. Die Änderung in der Kraftrichtung bei diesem Schnitt bedarf einiger Gewöhnung; sie ist so sehr anders als bei einer traditionellen Röhre, bei der Sie die Fase gleiten lassen müssen.

Beachten Sie auch im Foto unten rechts, wie sauber die Oberfläche des Astknotens und die Fasern drum herum geschnitten sind. Hätte ich einen sehr feinen Finishing-Schnitt mit einer traditionellen Röhre und gleitender Fase machen müssen, wäre sie über diese sehr dichten Fasern gehüpft und hätte den Schnitt unterbrochen.

Wenn Sie mit der Oberfläche zufrieden sind, sind Sie bereit, den Rand zu drehen.

Der scherende Schabschnitt

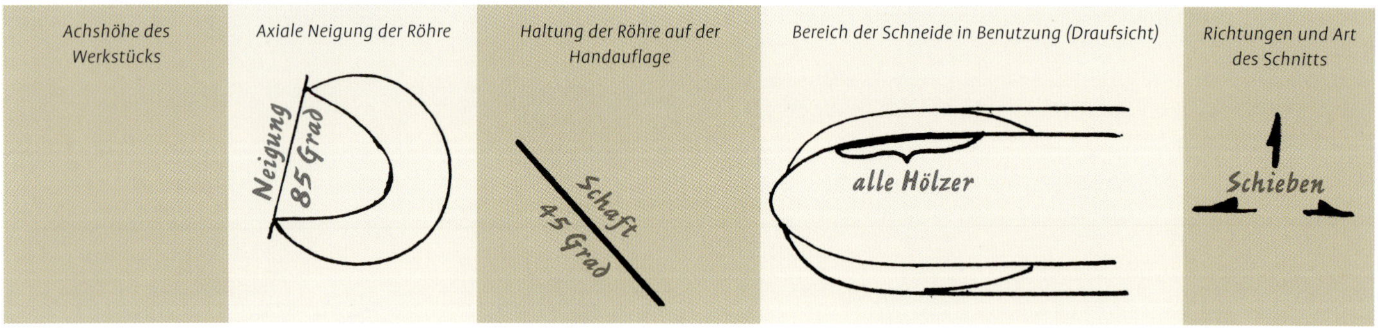

Der scherende Schabschnitt wird benützt, um an der Außenseite der Form eine glatte Oberfläche zu erzeugen.

Fertigstellen der Außenwand mit dem scherenden Schabschnitt

Ich benutze den scherenden Schabschnitt, um auf der Außenfläche der Schale eine glatte Oberfläche zu erzeugen. Wenn sie fertiggestellt ist, werden Sie sofort mit 240er-Papier schleifen können.

Beachten Sie die Position von Daumen und Zeigefinger meiner linken Hand. Die untere Schneidkante der Röhre schneidet.

Wenn Sie einen scherenden Schabschnitt durchführen, sollte Ihr Körper entspannt sein, Ihre Füße weit gespreizt und Ihre Knie locker. Dieser Schnitt wird durch Bewegen der Beine gemacht und nicht durch den Oberkörper.

Die durch den scherenden Schabschnitt produzierte endgültige Oberfläche braucht kein 60er-Schleifpapier – Sie können gleich mit 240er beginnen! Beachten Sie, wie glatt die Oberfläche aussieht – sogar um den Astknoten herum.

Schneiden des Schalenrandes mit dem scherenden Schabschnitt

Der scherende Schabschnitt funktioniert gut beim Formen und Glätten des oberen Randes der Schale.

Um den Rand der Schale zu formen, benutzen Sie einen scherenden Schabschnitt. Denken Sie daran, die Röhre zwischen 45 und 60 Grad zur Waagrechten zu halten und den Druck des Schnittes in die Handauflage abzuleiten.

Die beim Formen des Schalenrandes produzierten Späne sind sehr fein. Es ist wichtig, die obere Schneide der Röhre nahe beim Holz zu halten, nicht weiter entfernt als 1,5 mm von der Oberfläche.

Den Rand der Schale mit dem scherenden Schabschnitt drehen

Es ist leicht, den Rand einer Schale mit leichten Schnitten im scherenden Schabschnitt zu formen und fertigzustellen. Um den Zug der Schneide ins Holz zu reduzieren, erhöhe ich den Winkel des Schafts von 45 bis hinauf zu 60 Grad, besonders bei dünnwandigen Gefäßen, die von Natur aus instabil sind. Es ist wichtig, dass die obere Schneide nicht weiter als 1,5 mm vom Holz entfernt ist. Die Schnitte um den Rand der Schale herum können durch Schieben und Ziehen gemacht werden.

Die Schale mit dem Schruppschnitt aushöhlen

Der Schruppschnitt im Inneren einer Schale ist derselbe wie an der Außenseite, außer dass ich das Werkzeug durch einen Bogen führe, anstatt es zu ziehen. Die Hand auf der Handauflage bildet den Drehpunkt, während die Hand am Handgriff den Hebel bedient. Die Spitze der Röhre beginnt links des Schalenzentrums zu schneiden, schneidet in Richtung des Mittelpunkts und stoppt, wenn das Zentrum erreicht ist.

Für den Schnitt halte ich die Röhre waagrecht auf der Handauflage, die Flute nach rechts gedreht, sodass eine Linie über die Flute unter 45 Grad verläuft.

Die linke Hand kann den Untergriff anwenden (bei leichten Schnitten) oder den Übergriff (bei kraftvolleren Schnitten). Sie unterstützt die Röhre und erlaubt der Werkzeugspitze einen sicheren Eintritt ins Holz. Sobald die Röhre schneidet, wird die linke Hand zu einem wandernden Drehpunkt. Unabhängig davon, ob Übergriff oder Untergriff angewandt wird, muss die Hand in Kontakt zur Handauflage sein, um Führung und Stabilität zu gewährleisten.

Die rechte Hand wird ganz unten am Ende des Handgriffs positioniert und sorgt für Kraft beim Schnitt. Wenn der Handgriff von rechts nach links gezogen wird, geht die Spitze durch den Drehpunkt von links nach rechts und schneidet das Holz.

Halten Sie den Schaft horizontal und die Flute 45 Grad geneigt. Würden die Flute nach oben zeigen, würden beide Seiten der Spitze in das Holz eingreifen und es gäbe einen hässlichen Schlag. Würde die Flute stärker nach rechts zeigen, würde die Schneide nicht mehr schneiden, sondern wie ein Schaber wirken und tief in das Holz pflügen.

Es ist nicht notwendig, die Fase gleiten zu lassen, da ich hier nicht beabsichtige, eine sauber gedrehte Oberfläche zu erzeugen. Aber in tief ausgedrehten Schalen kann es den Schnitt stabilisieren, wenn ich die Fase gleiten lasse. Jede Situation ist anders, daher ist es wichtig, beide Möglichkeiten auszuprobieren.

Körperbewegungen sind wichtig für diesen Schnitt. Ich beginne mit dem Gewicht des Körpers senkrecht über meinem rechten Bein. Mit fortschreitendem Schnitt und lockeren Knien verlagere ich das Gewicht senkrecht über mein linkes Bein. Während dieses Schwungs tritt die Spitze der Röhre links in das Holz ein, bewegt sich nach rechts und endet im Zentrum.

Während des groben Aushöhlens ist es wichtig, die Position der Handauflage im Auge zu behalten. Es ist wichtig, die Maschine anzuhalten und die Handauflage in einer sicheren Entfernung zum Holz einzustellen; d. h. innerhalb von 12 bis 15 mm. Leichte Schnitte sind anfangs immer richtig, aber von Zeit zu Zeit macht es richtig Spaß, mit einem langen, langsamen Schruppschnitt anzusetzen und 2,5 cm breite Späne zu produzieren.

Der innere Schruppschnitt

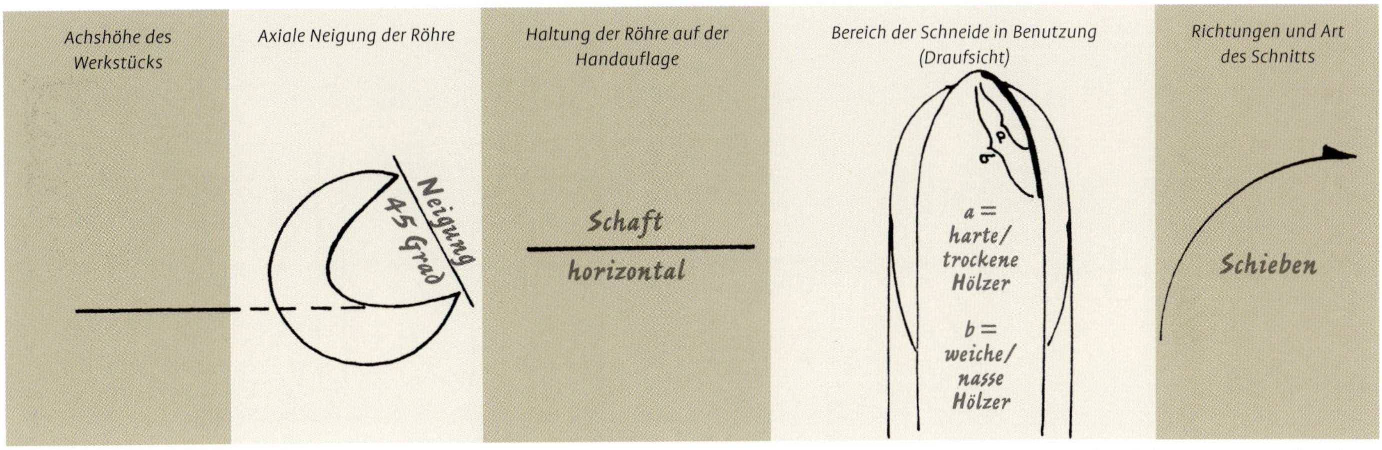

Der innere Schruppschnitt wird benutzt, um die Masse des Holzes im Inneren der Schale auszuräumen als Vorbereitung für den Feinschnitt. Der innere und der äußere Schruppschnitt sind sich sehr ähnlich; der einzige Unterschied ist, dass beim inneren Schruppschnitt eine Drehbewegung stattfindet, beim äußeren eine Ziehbewegung.

Ausräumen des Schaleninneren mit dem Schruppschnitt

Der Schruppschnitt für das Ausräumen des Schaleninneren ist im Grunde derselbe wie der Schruppschnitt an der Außenseite, mit dem kleinen Unterschied, dass der innere Schnitt einen Bogen um einen Drehpunkt beschreibt.

Die Richtung des inneren Schruppschnittes ist von links des Schalenzentrums in das Zentrum hinein.

Um den Körper durch den Schruppschnitt zu bewegen, starten Sie mit Ihrem Gewicht über dem rechten Fuß. Halten Sie Ihre Knie beweglich und verlagern Sie Ihr Gewicht auf das linke Bein. Während dieser Körperbewegung wird der Schnitt von links in das Zentrum der Schale durchgeführt.

Fertigdrechseln des Inneren mit dem Innen-Finishing-Schnitt

Einer der elegantesten Schnitte der Drechslerei ist der Innen-Finishing-Schnitt. Nur der denkbar kleinste Abschnitt der Schneide an der Spitze eines sehr großen Werkzeugs wird benutzt, um vom Rand nach innen zu schneiden, und der Schnitt endet an einem nahezu unsichtbaren Punkt im Zentrum der Schale, während der Körper dabei eine Art Tai-Chi-Schwung fast durch einen Drittelkreis macht. Es kann gar nicht viel besser ablaufen. Dieser Schnitt ist zudem etwas mysteriös, weil er in zwei Stufen abläuft und die „falsche" Seite der Schneide benutzt wird.

Der Innen-Finishing-Schnitt

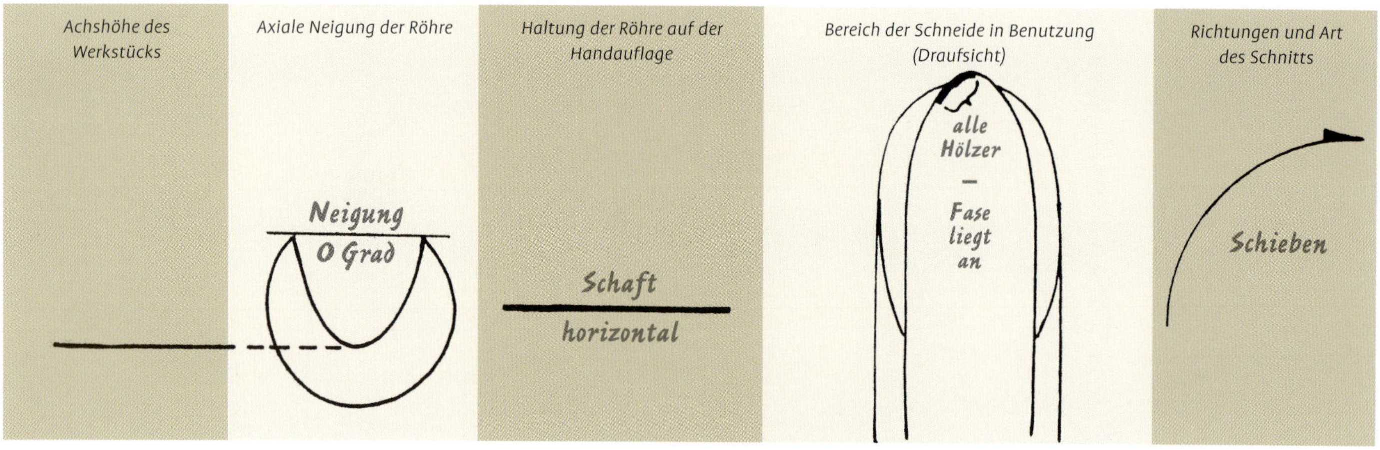

Der Finishing-Schnitt ist der allerletzte Schnitt der Innenfläche vor dem Schleifen. Die Fase muss während des gesamten Schnittes anliegen. Um den Schnitt sicher ansetzen zu können, beginnen Sie in der Schruppschnitt-Haltung, dann drehen Sie die Röhre im Gegenuhrzeigersinn mit der Flute nach oben. Nur ein kleiner Bereich an der linken Seite der Spitze schneidet.

Körperhaltung während des Innen-Finishing-Schnitts

Dieser Schnitt ist insofern unüblich, als er den Körper zu einer unbequemen Haltung zwingt. Das Drehbankbett wird Ihren Beinen im Weg sein. Halten Sie die Beine gespreizt, das erlaubt, den Handgriff durch ein volles Drittel eines Kreises zu schwenken. Die beste Methode, diesen Schnitt zu üben, besteht darin, bei ausgeschalteter Maschine die Werkzeugspitze in der Mitte der Schale zu positionieren, da, wo der Schnitt enden wird. Halten Sie die Beine gespreizt, sodass Sie gut ausbalanciert stehen. Nun schauen Sie nach unten, stellen sich eine Linie vor, die Ihre Füße verbindet, und eine zweite Linie von Ihrem Bauchnabel zur Werkzeugspitze. Diese Linien sollten sich unter 90 Grad schneiden. Es hilft, dabei die Knie locker zu halten. Nun, immer noch bei ausgeschalteter Maschine, lassen Sie die Füße in dieser Position und strecken die rechte Hand aus. Das wird Ihnen erlauben, den Schnitt zu beginnen, ohne am Rand hängen zu bleiben. Schließen Sie Ihre Augen und ziehen Sie langsam den Handgriff zu sich her, mit der linken Hand als beweglichem Drehpunkt auf der Handauflage. Schreiten Sie mit dieser Bewegung fort, bis die Werkzeugspitze das Zentrum des Schalenbodens berührt. Mit der Flute gerade nach oben lassen Sie die Fase links der Spitze auf dem Holz gleiten, während Sie Ihren Körper nach links drehen. Wenn Sie Ihre Körperbewegung stoppen, wird Ihr Oberkörper dem Handgriff im Weg sein und die Spitze wird direkt geradeaus gehen. Zudem werden Sie sofort spüren, wie die Werkzeugspitze im Holz stecken bleibt. 95 % oder mehr der Probleme, die beim Finishing-Schnitt vorkommen, treten auf, weil der Drechsler nervös wird und zu rotieren vergisst. Der Trick besteht darin, sich nicht auf die Schneide zu konzentrieren. Sie schneidet ganz gut von selbst. Sie müssen sich nur darauf konzentrieren, ständig die Fase gleiten zu lassen.

Stufe 1: Am Rand sicher ansetzen

Das folgende Szenario beschreibt ein Ereignis beim Schalendrehen, das jeden Drechsler in den Wahnsinn treibt: Die Außenseite der Form ist fertig. Die Innenseite ist zu 90 % fertig und Sie sind bereit, den letzten Schnitt zu machen, um den Rand der Schale zu formen und die Wand dünner zu machen. Sie bringen die Röhre zum Rand und … bingo! Die Spitze der Röhre schießt nach links, statt geradeaus zu gehen, und Ihr Rand ist futsch.

Der Grund für diesen Ausrutscher ist darin zu suchen, dass die Röhrenspitze u-förmig ist. Wenn ich die Röhre mit der Flute 45 Grad nach rechts neige, um am Rand anzusetzen, wird die rechte Seite des U – die untere Seite – am Holz sein und alles ist gut. Aber wenn ich das kleinste Fitzelchen der linken Seite an das Holz bringe – die obere Seite –, wird es die Spitze nach links ziehen, fast wie ein Schraubengewinde.

Achten Sie daher darauf, immer mit dem unteren Teil der Schneide das Holz zuerst zu berühren. Ich muss in der Schruppposition in das Holz einstechen, mit dem Werkzeug waagrecht und der Flute im Winkel von 45 Grad nach rechts. Ich schneide ungefähr 5–6 mm tief, was eine frisch geschnittene Oberfläche ergibt, auf der ich beim Finishing-Schnitt aufbauen kann.

Wenn Sie mit dem Finishing-Schnitt am Rand nicht korrekt ansetzen, werden Sie den Rand entweder zerkratzen oder total entfernen. Dies passiert dann, wenn ein kleines bisschen von der oberen Seite der u-förmigen Schneide das Holz berührt – die Spitze wird nach links gezogen, als würde sie von eine Gewinde geführt.

Um den Rand korrekt anzuschneiden, beginnen Sie im Schruppschnitt mit der Flute 45 Grad nach rechts und dem Schaft horizontal. Schneiden Sie einen halben Zentimeter tief, damit Sie eine glatte Auflage für die Fase erhalten.

Stufe 2: Fertigdrehen des Schaleninneren

Der Finishing-Schnitt unterscheidet sich vom scherenden Schabschnitt, mit dem die Außenseite der Schale oder der Hohlform fertig gedreht wurde. Es ist sehr wichtig, die Unterschiede zu kennen und diese Schnitte nicht zu verwechseln. Sie sollen nicht versuchen, den äußeren scherenden Schabschnitt auf der Innenseite der Schale anzuwenden. Es ist zu viel Schneide bei nach oben gerichtetem Werkzeug im Eingriff, auf einer Oberfläche, auf der Hirnholz dominiert: bum!

Den Innen-Finishing-Schnitt kann man auch als Rückschnitt bezeichnen, da zwar die Werkzeugspitze vorwärts in das Holz schneidet, mit gleitender Fase, jedoch die linke oder hintere Seite der Schneide die Arbeit verrichtet. Genau wie bei einer traditionellen Röhre ist es auch hier essenziell wichtig, die Fase durch den ganzen Schnitt zur Unterstützung der Schneide zu verwenden.

Um den Finishing-Schnitt zu machen, muss die Röhre waagrecht gehalten werden und die Flute direkt nach oben gerichtet sein. Nur 1,5–3 mm der Schneide an der linken Seite der Spitze schneiden in das Holz.

Wie man am unteren Foto auf Seite 129 sehen kann, ist die Position der Röhre waagrecht mit der Linie über der Flute auf 0 Grad, also horizontal.

Die Fläche an der Schneide, die die Arbeit verrichtet, ist nur 1,5–3 mm breit, direkt links der Werkzeugspitze (siehe Bildfolge Seite 128). In dieser Position zeigt die Schneide gerade nach oben, während das Holz gerade herunterkommt. Das Resultat ist ein extrem effektiver Schnitt.

Der Fasenanschliff an der Stelle des Schnitts ist breit genug, um in Kontakt mit dem Holz zu bleiben, während die Röhre waagrecht gehalten wird. Wäre der Fasenanschliff steiler (senkrechter), müsste ich die Röhre im Uhrzeigersinn drehen (Richtung Schruppposition), um den Fasenkontakt nicht abreißen zu lassen. Dabei würde ich die scharfe senkrechte Position der Schneide verlieren, die diesen Schnitt so effektiv macht.

Man muss sorgfältig darauf achten, dass die Röhre nicht versehentlich im Gegenuhrzeigersinn über die Horizontale hinaus rotiert wird. Wenn das passiert, wird zu viel der Schneide in das Holz eintreten und ein Frontalaufprall zwischen Werkzeugspitze und Holz wäre die Folge: wumm! – Zeit, eine neue Schale zu beginnen. Halten Sie die Röhre horizontal, sowohl axial als auch die Flute betreffend, sodass nur die benötigten 1,5–3 mm der Schneide das Holz berühren.

Die linke Hand ist bei diesem Schnitt sehr wichtig, wenn Sie vom Rand zur Basis fortschreiten. Neben der Funktion als Drehpunkt für den Schaft hat die Linke nur eine Aufgabe: die Röhre fest auf der Handauflage zu halten.

Dazu halte ich die Hand nahe der Werkzeugspitze, wenn ich den Schnitt in der Schruppposition beginne. In dem Moment, in dem ich die ersten paar Millimeter in den Rand gedrechselt habe, ziehe ich diese Hand sofort zurück. Ich lege meinen Daumen über den Schaft, öffne meine Finger und benutze die Handfläche, um die Röhre auf die Handauflage zu drücken. Ich drücke das Werkzeug mit meiner rechten Hand in das Holz und lasse die Fase gleiten. Warum? – Vier Gründe:

1 Ich brauche nur die Unterstützung meiner linken Hand, um den Schaft während des ersten Kontakts in der Schruppposition zu halten. Das ist der Moment der Wahrheit und ich will sicher sein, dass die Schneide korrekt in das Holz eintritt. Wenn ich sicher im Holz bin, wird die Fase diese Unterstützung der Schneide übernehmen.

2 Um einen flüssigen Schnitt machen zu können, muss ich meinen Körper entspannen, meine Knie lockern und den Handgriff gleichmäßig durch den Kreisbogen schwingen, solange der Schnitt vorangeht. Mit dem Daumen unterhalb des Schaftes und den Fingern fest zugreifend, gäbe es zu viel Spannungen in dieser Hand. Durch den Daumen oberhalb und mit entspannten Fingern löse ich die Verspannung und auch meine Knie entspannen sich automatisch. Versuchen Sie es mal … es wirkt verblüffend.

Wenn Sie den Rand mit dem Schruppschnitt anschneiden, sollte Ihre linke Hand als Unterstützung nahe bei der Schneidspitze sein. Sobald Sie die 5 mm Fläche als Auflage für die Fase geschnitten haben, können Sie Ihre Hand auf dem Schaft neu positionieren und den Finishing-Schnitt beginnen, wie auf dem unteren Bild dargestellt.

Um den Finishing-Schnitt durchzuführen, legen Sie Ihren Daumen oben auf den Schaft, öffnen die Finger und benutzen Ihre Handfläche, um den Schaft auf die Handauflage zu drücken. Lassen Sie die Fase gleiten und drücken Sie das Werkzeug mit der rechten Hand in das Holz.

3 Wenn meine Handfläche die Röhre auf die Handauflage presst und den Schaft unterstützt, kann ich die linke Hand vom scharfkantigen Rand der Schale (oder den Flügeln einer Naturrandschale) zurückziehen und noch etwas mehr Spannung in meinem Körper abbauen.

4 Alles, was ich nun tun muss, ist, die Fase gleiten zu lassen, während meine rechte Hand den Handgriff auf mich zu zieht. Wenn der Schnitt vorangeht, kann ich leicht die Menge an Holz sehen, die ich wegdrehe, normalerweise ca. 1,5–3 mm, und ich gleiche die Drehbewegung der Röhre entsprechend an.

Ich führe diese Gründe hier auf, weil dieser Schnitt anfänglich bei mir sehr zu Verspannungen geführt hat. Nachdem ich das Problem gelöst hatte, passte alles wieder zusammen. Die Positionen der Hände erleichtern den Schnitt und machen ihn flüssig. Verspannungen sind schwierig zu erkennen. Aber wenn Sie ihre Gründe erkennen, können Sie lernen, sie nachzulassen – sich zu ent-spannen. Ich entdeckte die Spannungen in meiner linken Hand, als ich meine Augen schloss und bei stehender Maschine durch den Schnitt ging. Es wurde bald klar, dass sich alle Energien des Schnitts am Kreuzungspunkt von Röhre und Handauflage konzentrierten, so ähnlich, wie wenn ich einen Felsblock mit einem Hebel über einem Auflagepunkt anheben würde.

Ich stellte mir die Frage: „Was ist die Aufgabe dieser Hand?" Die Antwort war einfach: „Einen Drehpunkt bilden und die Röhre auf der Handauflage festhalten, damit die Spitze während des Schnitts nicht auf dem Holz hüpfen kann." Das Problem ist, dass nach unten gerichteter Druck nicht zu Spannungen in der Hand und im Körper führen sollte, was den Fluss des Schnittes beeinträchtigt hätte. Den Daumen nach oben auf die Röhre legen, die Finger öffnen und die Hand weiter weg vom vorbeisausenden Rand der Schale nehmen, das löste das Problem. Wieder einmal: Problem erkannt – Problem gebannt.

Fertigdrehen der inneren Oberfläche mit dem Innen-Finishing Schnitt

Der Innen-Finishing-Schnitt ist wunderbar auszuführen. Wenn Sie von links zum Zentrum schwingen, und dabei einen 1,5–3 mm breiten Span abheben, wird das Innere der Schale mit jedem Durchgang glatter werden.

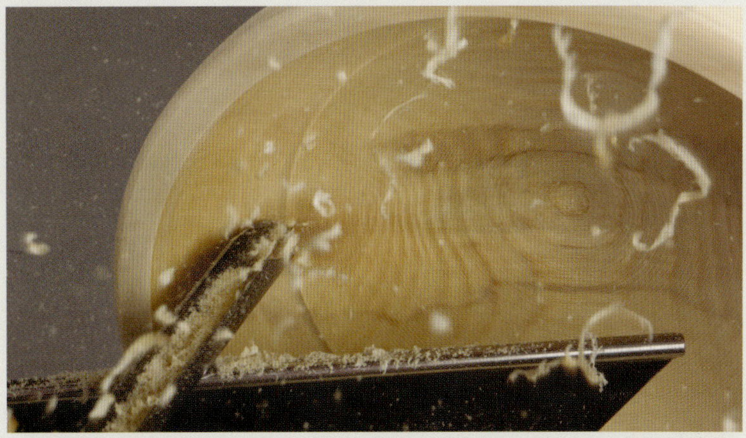

Nachdem Sie in die Schale mit dem Schruppschnitt eingetaucht sind, lassen Sie die Fase in Richtung Zentrum gleiten.

Beachten Sie, dass die kleine Fläche links der Werkzeugspitze die gesamte Arbeit verrichtet. Es ist wichtig, während des gesamten Schnitts diesen Teil der Schneide im selben Winkel zum Holz zu halten.

Beachten Sie, dass sowohl die Röhre selbst als auch die Flute während des ganzen Schnitts vom Rand bis zum Zentrum waagrecht bleiben müssen.

Beseitigen des Buckels in der Mitte

Sie brauchen nicht länger als einen Tag eine Drechslerklasse zu unterrichten, um zu merken, wie nervtötend dieser verflixte kleine Buckel in der Mitte einer Schale sein kann. Alle Ihre Bemühungen bei einem schönen entspannten Finishing-Schnitt können schlagartig enden, wenn Sie den Buckel überschneiden, einen Placken am Boden der Schale herausreißen und gezwungen sind, die gesamte Innenfläche nochmals zu überdrehen.

Diese Problematik hat zwei Ursachen: eine arbeitstechnische und eine mentale. Der arbeitstechnische Teil besteht darin, dass Sie nicht immer genau wissen, wie Sie den Buckel angehen sollen. Sollen Sie gegen ihn drücken oder über ihn wegziehen oder schaben oder ihn ausgraben? Der mentale Teil ergibt sich ganz logisch aus dem arbeitstechnischen: Sie werden nervös. Das eine bedingt das andere.

Ein Ansatz ist, sich daran zu erinnern, dass der Buckel eigentlich nur eine kleine Stelle in einer durchgehenden Oberfläche ist, die kontinuierlich vom Rand der Schale durch das Zentrum bis zum anderen Rand verläuft. Wenn Sie bis zu diesem Punkt bisher erfolgreich gute Schnitte gemacht haben, was ist dann anders, wenn Sie zum Buckel gelangen? Sie sollten imstande sein, den Schnitt, den Sie am Rand begonnen haben, glatt durch den Buckel fortzusetzen, und das war's dann. Klingt gut, nicht wahr?

Leider geschieht etwas anderes, wenn Sie am Buckel ankommen. Unbewusst wechselt Ihre Aufmerksamkeit von der Fase, die auf der Kurve gleitet, zur Spitze, die das Holz schneidet. Wenn Ihre Aufmerksamkeit wechselt, neigen Sie den Kopf, damit Sie die Späne sehen können, dadurch senken sich Ihre Schultern, beugt sich Ihr Rücken, werden die Knie steif, krümmt sich Ihr Hals. Die Energie des Schnitts verschiebt sich von einem gleichmäßigen zwischen beiden Hände ausbalancierten zu einem ungleichmäßigen Schnitt, der aus Ihrer rechten Hand und der Schulter kommt, die jetzt verspannt sind. Noch schlimmer: Sie vergessen den Wert der gleitenden Fase und beginnen, mit der Spitze der Röhre nach dem Buckel zu graben. Das Ergebnis ist so eine Art Schlagloch.

Daher: Gehen Sie zurück zu den Grundlagen. Vergessen Sie, dass die Schneide das Holz schneidet. Sie kann ihre Arbeit ganz gut von selbst verrichten, warum sollten Sie sich also darauf konzentrieren. Stattdessen *konzentrieren Sie sich darauf, dass die Fase auf der Kurve der Schale gleitet*. Tun Sie das und entwickeln Sie das Vertrauen darauf, dass, egal was vor der Schneide ist – ein Ast, eine Welle oder eben der Buckel –, weggeschnitten wird, wenn die Fase durch die Form gleitet. Wenn Sie zum Buckel kommen, schneiden Sie etwas langsamer und konzentrieren Sie sich auf die Fase. Die Schneide wird durch den Buckel schneiden und eine glatte Oberfläche hinterlassen, die die natürliche Fortsetzung des Schnittes ist, der am Rand der Schale begann.

Wie schaffen Sie es mental, vom *Beobachten* der Schneide zum *Fühlen* der Kurve durch die Fase zu wechseln? Es ist leicht. Die Antwort liegt schon in der Frage: Schließen Sie Ihre Augen. Aber vorher braucht es noch ein paar Vorbereitungen:

1. Bevor Sie die letzten paar Finishing-Schnitte machen, schalten Sie die Maschine aus und streicheln Sie die Innenseite der Schale mit den Fingerspitzen.
2. Schließen Sie Ihre Augen und fahren Sie fort, die Oberfläche zu streicheln. Ihre Fingerspitzen haben bei geschlossenen Augen viel mehr Feingefühl.
3. Nun stellen Sie sich vor, dass die Fase Ihrer Röhre Ihre Fingerspitzen darstellt und machen Sie sich bereit, den Schnitt zu beginnen. Bei abgeschalteter Maschine schließen Sie Ihre Augen und streicheln Sie die Innenseite der Schale in langsamer Bewegung mit der Röhre. Versuchen Sie die Krümmung dieser Oberfläche zu fühlen. Wiederholen Sie das mehrfach. Krümmen Sie Ihre Zehen und spannen Sie einige Muskeln in Ihren Beinen an, im Hintern, im Bauch … was immer nötig ist, um sich Ihrer selbst zu vergewissern. Machen Sie das immer langsam. Achten Sie beim Nachfühlen darauf, wie die Schneide Ihrer Röhre sich immer dann in das Holz eingräbt und die Bewegung stoppt, wenn sie eine Erhebung auf der Oberfläche findet.

4 Schalten Sie die Drehbank ein. Wiederholen Sie dieselbe Streichelbewegung mit der Fase der Röhre. Schneiden Sie jetzt noch nicht, tasten Sie einfach die Oberfläche mit der Fase ab.

5 Zum Schluss beginnen Sie mit dem Schnitt und konzentrieren sich darauf, wie die Fase die sich drehende Oberfläche streichelt. Wenn Sie zuletzt den Buckel erreichen, wird die Schneide ihn durchtrennen, weil die Fase fortfährt, der Kurve der Schale zu folgen.

Wenn Sie Vertrauen aufgebaut haben, dass diese Methode wirklich funktioniert, beginnen Sie mit einer 5 cm hohen Schale und üben Sie den Finishing-Schnitt, bis er Ihnen zum Hals heraushängt. Wenn Sie zur endgültigen Wandstärke gelangen, werden Sie den Innen-Finishing-Schnitt perfekt beherrschen und Sie sind den Buckel losgeworden.

Auf dem Weg dahin oder wenn Ihnen die Wiederholung langweilig geworden ist, starten Sie einen Schnitt und schließen Sie nach einem Drittel die Augen und schneiden „blind" weiter. Es ist unglaublich, was Sie in sich selbst fühlen, wenn Sie den Rhythmus des Schnittes übernehmen. Und der Buckel? Lassen Sie einfach die Fase weitergleiten, verlangsamen Sie etwas den Schnitt und schneiden glatt durch ihn hindurch.

Entfernen des Buckels

Dieser widerborstige Buckel im Zentrum der Schale kann frustrierend sein. Die Fotoreihe zeigt meine Methode, um den Buckel zu entfernen.

Denken Sie nicht, Sie müssten den Buckel entfernen … fahren Sie einfach fort, die Fase in Richtung Zentrum der Schale gleiten zu lassen.

Tauchen Sie nicht ein, wenn die Schneide sich dem Zentrum annähert. Stattdessen verlangsamen Sie etwas den Schnitt, entspannen Ihre Hände, konzentrieren sich auf das Gleiten der Fase und lassen ganz einfach die Schneide durch den Buckel gleiten.

Wenn Sie den Buckel erfolgreich entfernt haben, nehmen Sie die Röhre aus der Schale. Gratulieren Sie sich, weil Sie beim Wegdrehen des Buckels ruhig und unaufgeregt geblieben sind. Nicht nervös werden und einfach die Röhre ihre Arbeit tun zu lassen, ist sozusagen lebenswichtig beim Entfernen des Buckels.

Die Tiefe einer Schale messen

Es gibt eine alte Witzelei unter Drechsellehrern, dass man den Beruf einer Person erraten kann, wenn man ihr dabei zuschaut, wie sie die Tiefe einer Schale misst. Lassen wir mal die Klischeevorstellungen weg, aber es ist verblüffend, wie vielen technischen Schnickschnack – von Linealen bis Lasern – es gibt, um diesen Vorgang zu meistern. Die gute Nachricht ist, dass sie alle funktionieren.

Ich benutze ein Stöckchen oder irgendetwas anderes, das gerade herumliegt, einigermaßen gerade und etwas länger als die Tiefe der Schale ist. Es ist kein sehr exotisches Werkzeug, und überall, wo ich hinkomme, scheint eines vorhanden zu sein.

Mein erster Schritt bei der Tiefenmessung einer Schale ist, das Stöckchen an der tiefsten Stelle der Schale, normalerweise die Mitte, zu platzieren und mit einem Auge über die Oberfläche von Rand zu Rand zu peilen. Dann markiere ich die Stelle auf dem Stöckchen mit meinem Daumennagel.

Als Nächstes lege ich das Stöckchen außen an, wobei ich meinen Daumennagel am Rand positioniere und wieder mit einem Auge peile, dass die Stelle stimmt. Es ist absolut notwendig, dass diese Markierung genau auf der Linie der beiden gegenüberliegenden Ränder liegt.

Schließlich schaue ich nach unten – wieder nur mit einem Auge – und markiere die Stelle auf der Abfallseite der Schale, direkt unterhalb des Endes des Stöckchens. Damit habe ich die Tiefe der Schale von innen nach außen gebracht. Es ist nun eine gute Idee, die Maschine einzuschalten und mit einem Bleistift einen Kreis auf dieser Stelle zu markieren, sodass man sie auch bei laufender Maschine immer vor Augen hat. Diese Linie heißt es gut im Auge zu behalten, sie hilft, die Lage des Schalenbodens festzulegen, damit man nicht aus Versehen einen Lampenschirm oder einen Trichter herstellt.

Wenn diese Linie gezeichnet ist, kann ich eine zweite Linie hinzufügen, die die beabsichtigte Stärke innerhalb des Bodens vorgibt und eine dritte Linie, die die fertige Oberfläche des Bodens markiert.

Detaillierte Ausführungen, wie diese Linien genutzt werden, finden Sie im Kapitel 14 „Klemmfutter und Vakuumfutter“ auf Seite 200.

Die Tiefe einer Schale messen

Es gibt viele Methoden, die Tiefe einer Schale zu messen – Lineale, Laser, Messschieber –, aber ich bevorzuge eine einfaches Stöckchen oder ein Rundeisen.

Platzieren Sie den Stab an der tiefsten Stelle der Schale und peilen Sie mit einem Auge quer über die Schale, von Rand zu Rand. Markieren Sie den Punkt mit Ihrem Daumennagel.

Halten Sie den Daumennagel unverrückt auf dem Stab, bewegen Sie den Stab nach außen und positionieren Sie den Daumennagel über dem Rand. Überprüfen Sie die richtige Stelle genau über der Öffnung durch Darüberpeilen.

Schauen Sie genau auf den Stab und markieren Sie den Punkt auf dem Abfallholz, der direkt unterhalb des Stabendes ist. Halten Sie den Bleistift ganz leicht auf dem Holz und schalten Sie die Drehbank ein. Das ergibt eine Linie um den ganzen Umfang, die markiert, wo sich innen in der Schale der Boden befindet.

Kapitel 10

Drechseln einer Schale mit Naturrand

Die Schale mit naturbelassenem Rand ist die einzige gestalterische Irreführung, die es beim Drechseln gibt. Die Form des Randes entstammt tatsächlich unverändert dem Stamm, und falls Sie kein Drechsler sind, rätseln Sie, wie diese Form zustande gekommen sein könnte. Möglicherweise könnten Sie fragen, ob sie gebogen wäre, in Form gepresst, geschnitten, geschnitzt, oder Sie könnten meine Lieblingsfrage stellen: „Ist das Holz?"

Hinweis: Die Vorgehensweisen, die in Kapitel 9 „Drechseln einer offenen Schale mit geschnittenem Rand" ab Seite 108 beschrieben werden, sind prinzipiell identisch mit denen, die Sie beim Formen einer Schale mit naturbelassenem Rand anwenden. Wegen der flügelartig wegstehenden Rindenpartien gibt es einige grundsätzliche Abweichungen bei den Schnitten an Naturrandschalen und ich werde ausführlich darüber berichten, wenn sie an die Reihe kommen.

David Ellsworth, MONUMENT, 1986. Redwood-Maserknolle; 38 cm hoch, 25 cm Ø. Dies ist die einzige Hohlform ohne Eingangsöffnung, die ich je gemacht habe. Der natürliche Rindeneinschluss teilt diese Form in zwei Hälften, jede mit einem naturbelassenen Rand.

Ich hatte Bilder von Maya-Schalen gesehen, aus Stein gemeißelt, mit einem mäandrierenden Rand, und ich fragte mich, welcher Teufel die Leute geritten haben mag, Schalen zu machen, die keinen runden, glatten Rand haben. Möglicherweise haben sie einen keilförmigen Stein benutzt, anstelle eines flachen. Die ersten „nicht fertigen“ Ränder an Holzschalen, die ich sah, waren gestockte finnische Maser-Birkenschalen aus der Mitte der 1900er-Jahre. Aber ich bin sicher, dass es in der Vergangenheit genügend weitere Beispiele gegeben hat.

Es gab schon immer unterschiedliche Meinungen zu der Frage, ob man die Rinde an fertigen Schalen belassen könnte. Ich bin einverstanden damit, dass Rinde ein Gutteil dramatischer Wirkung zur Form beitragen kann, aber die Wahrheit ist, dass das Kambium zwischen der Rinde und dem Splint in Wirklichkeit eine Art Flüssigkeit darstellt und eine natürliche Trennschicht bildet. Einige Hölzer halten ihre Rinde besser als andere, besonders Stechpalme, Kirsch-Maser und Birne. Auch wird das Fällen des Baumes im Winter, wenn der Saft nicht fließt, das Ablösen der Rinde minimieren. Natürlich können Sie immer die Rinde mit Sekundenkleber festkleben, wenn es Ihnen nichts ausmacht, dass sich das Hirnholz verfärbt. Und dann gibt es noch den Verwandten oder Nachbarn, der nie wieder eingeladen wurde, weil er Ihre Lieblingsschale am Naturrand hochhob und die Rinde abbrach. Es wundert nicht, dass viele Drechsler manche Kunden nie wiedersahen, wenn sie ihnen Schalen mit Rindenrand verkauft hatten. Die Leute lieben die Schönheit der Schalen, wenn sie sie kaufen, aber sie mögen es nicht, wenn sie sich dafür eine Woche oder ein Jahr später Probleme einhandeln.

Die Frage, ob wir mit Rinde arbeiten sollen, stellt sich uns allen und ist schwer zu beantworten. Ich behaupte nicht, dass ich eine Antwort hätte, weil ich nicht weiß, ob es eine Antwort für alle gibt. Aber ich kann das Problem auch nicht ignorieren. In meinem bisherigen Werk habe ich immer versucht, im Design die Schönheit des natürlichen Randes hervorzuheben und weniger die Rinde. Ich bin besonders interessiert im Rhythmus und der Harmonie der Bewegung des Randes – und vor allem seiner Ausrichtung im Design der Form. Allerdings kann mit Rinde zu arbeiten ein großes Abenteuer sein und ich empfehle Ihnen, es mindestens auszuprobieren. Wenn Sie ein gutes Holz auswählen, den Baum zur rechten Zeit fällen und den Rand sorgfältig behandeln, sollte Ihre Naturrandschale wunderschön herauskommen. Bevor Sie damit anfangen, sollten Sie allerdings den Abschnitt über Rinde in „Teile des Baumes“ auf Seite 235 lesen.

Vorbereiten des Materials

Eine Schale mit naturbelassenem Rand liegt im Stamm oder Rundling mit der Basis in der Richtung des Marks und mit der Öffnung an der Rinde, von wo sie die Außenkontur des Stammes übernimmt. Meine Vorgehensweise für das Drechseln einer Naturrandschale ist weitgehend identisch mit der Schale mit gedrechseltem Rand, wie sie in Kapitel 9 beschrieben wird. Folgen Sie den Erklärungen in „Vorbereiten des Rohlings aus dem Stamm“ auf Seite 110 und „Den Rohling auf der Drehbank spannen“ auf Seite 112, mit der Ausnahme, dass der Rohling anders herum auf der Drehbank montiert wird. Das heißt, die Rinde zeigt zum Spindelstock, weil ich den Boden der Schale zum Reitstock positioniert haben möchte. Es ist immer einfacher, den Boden für die Montage an einem Schraubenfutter, einem Klebefutter oder einer Planscheibe vorzubereiten, wenn der Fuß dabei zum Reitstock zeigt.

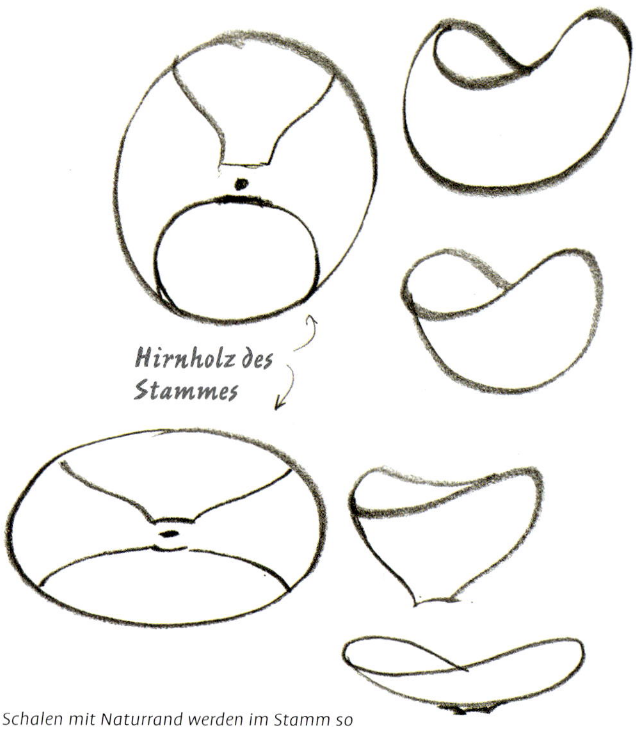

Schalen mit Naturrand werden im Stamm so orientiert, dass ihre Basis zum Mark zeigt und der Rand zur Rinde.

Die Form vorschruppen

Nachdem ich den ausgewählten halben Stammabschnitt vorbereitet habe, spanne ich ihn auf die Drehbank und beginne damit, die Grobform vorzuschruppen. Ich schneide von der Basis am Reitstock in Richtung Rand am Spindelstock und benutze den Schruppschnitt von Seite 115 und danach den Schälschnitt von Seite 116. Schneiden Sie nicht bis zur Spitze der kreisenden Rindenflügel. Die Fasern an den Enden sind nicht unterstützt und wenn die Schneide der Röhre sie durchschneidet, biegen sie sich zurück oder reißen aus, was ein schreckliches Chaos am Rand verursacht. Nicht unterstützte Fasern im Bereich des Naturrandes können sich nicht nur in der Rinde befinden, sondern auch im rindenlosen Rand selbst.

Wenn die Grobform steht, drehe ich das Werkstück um – die Rindenseite zeigt dann zur Reitstockspitze. Um die ausgerissenen Fasern zu beseitigen, beginne ich mit einem Schälschnitt an den Enden der Flügel und arbeite in Richtung Basis. Es ist der gleiche Schälschnitt, den ich schon früher benutzt habe. Der einzige Unterschied ist, dass ich in die falsche Richtung arbeite. Der Schnitt ist in die Fasern gerichtet, statt aus ihnen heraus. Oder, wie einige sagen werden, „bergabwärts“ (vom Rand zum Fuß) statt „bergaufwärts“. Dass dieser Schnitt hier funktioniert, liegt daran, dass die nicht unterstützten Fasern von der hohen Seite der Spitze der Röhre etwas Unterstützung erhalten, wenn sie durch die Fasern schneidet. Dies ist der Unterschied zum anders gerichteten Schnitt (aufwärts), bei dem der höhere Teil der Schneide die Fasern vom Rand wegreißen wird. Um diesen Schnitt machen zu können, ohne dass die Spitzen der Flügel auf die Schneide hopsen, brauche ich eine frisch geschärfte Röhre und eine Drehbank, die mit ungefähr 750 U/min läuft.

Um diesen Schälschnitt zu machen, halte ich die Röhre auf der linken Seite meines Körpers, sodass sich mein Kopf direkt über der Spitze der Röhre befindet. Daher kann ich die Linie der Fase an der Spitze der Röhre sehen. Ich zeige mit der Fasenlinie in die Richtung, in die ich schneiden will, und lasse die Röhre ganz vorsichtig ins Holz kommen. Wäre die Röhre rechts meines Körpers, wäre mein Kopf im rechten Winkel zur Linie der Fase und ich könnte nur vermuten, wohin der Schnitt gehen würde. Dies ist einer der wenigen Schnitte, bei denen Linkshänder überlegen sind. Der wichtigste Teil dieses Schnittes ist, dass Sie *nicht* die Fase gegen das Holz drücken, es würde die Spitze vom Holz wegschlagen und Sie würden nie einen sauberen Schnitt bekommen. Lassen Sie die Fase ganz leicht als Referenz das Holz streifen, aber konzentrieren Sie sich darauf, der Linie der Fase folgend die Röhre vorwärts zu schieben.

Um den Schälschnitt vorzubereiten, der die ausgefransten Fasern schneiden soll, müssen Sie sicherstellen, dass sich Ihr Kopf genau über den Schnitt befindet. Dazu muss sich die Röhre auf Ihrer linken Körperseite befinden. Drehen Sie die Linie der Fase auf der Spitze in die Richtung, in die Sie schneiden möchten. In diesem Fall vom Rand zum Fuß der Schale.

Herausgerissene Fasern an den Flügelspitzen entstehen, wenn Sie bis nach ganz vorne zur Schalenöffnung mit dem Schruppschnitt oder dem Schälschnitt durchschneiden. Da die Fasern hier nicht unterstützt sind, biegen sie sich weg oder werden herausgerissen, wenn die Röhre versucht sie durchzuschneiden.

Die Außenseite mit dem scherenden Schabschnitt bearbeiten

Der abschließende Schnitt auf der Außenseite der Schale ist der scherende Schabschnitt. Weil die Enden des Holzes propellerartig durch die Luft pfeifen, ist darauf zu achten, dass die Röhre fest auf die Handauflage gedrückt wird und nicht gegen die Flügel. Es ist außerdem sehr schwer, die tatsächlichen Flügelenden zu sehen, sodass Sie nicht genau wissen, wo der Schnitt beginnen soll.

Ich richte die Handauflage parallel zur Oberfläche der Schale aus und nicht weiter als 5–6 mm entfernt. (Anmerkung des Übersetzers: Das probeweise Durchdrehen von Hand muss in Fleisch und Blut übergehen!) Die Röhre muss auf der Handauflage bleiben. Ich beginne mit dem Schnitt „in der Luft" etwas unterhalb der Flügel und schiebe die Röhre langsam nach links, bis ich fühle, dass sie das Holz berührt. Wenn Sie zu tief in das Holz einschneiden, gehen Sie wieder zurück und versuchen es nochmals *sehr* langsam. Lassen Sie die Flügel eher auf sich zukommen, als sie gewaltsam zu schneiden.

Ebenso wie bei einer Schale mit geschnittenem Rand erfolgt der letzte Schnitt auf der Außenseite der Schale mit Naturrand scherend-schabend.

Es ist subtil, aber die Ergebnisse sind die Anstrengung wert. Die Rinde so lange wie möglich am Holz zu lassen ist hilfreich, wenn Sie diesen Schnitt machen, selbst dann, wenn Sie den Rand ohne Rinde gestalten wollen. Die Rinde schirmt den Rand etwas ab und verhindert zu einem gewissen Teil das Ausreißen nicht unterstützter Fasern. Das war bei der Schale aus gestockter Esche unten nicht möglich.

Der scherende Schabschnitt wird die nicht unterstützten Fasern oben an der Schale sauber durchtrennen, wenn er richtig ausgeführt wird. Stellen Sie sicher, dass die Handauflage parallel zur Außenseite der Schale ist und etwa 5 mm entfernt. Beginnen Sie den Schnitt etwas oberhalb der Flügelenden und führen Sie die Röhre langsam nach unten.

Das Innere ausräumen

Die Vorgehensweise, die ich für das Ausdrehen einer Naturrandschale anwende, ist dieselbe wie für eine Schale mit geschnittenem Rand. Natürlich achte ich sehr streng auf die Position der Handauflage in Bezug auf die Flügel (von Hand zur Probe drehen!). Aber sowohl die Richtung als auch die Reihenfolge der Schnitte sind identisch. Siehe „Die Schale mit dem Schruppschnitt aushöhlen“ auf Seite 126.

Denken Sie daran, die Röhre waagrecht zu halten und die Flute 45 Grad geneigt, wenn Sie den weiträumigen Schruppschnitt im Inneren machen.

Der Schruppschnitt im Inneren wird bei einer Naturrandschale genauso durchgeführt wie bei einer Schale mit geschnittenem Rand.

Schalen von Bob Stocksdale

Die ersten Schalen mit Naturrand, die ich in den Händen hielt, wurden 1978 von Lindquist gemacht, und die ersten, die ich käuflich erwarb, stellte Bob Stocksdale 1979 her. Stocksdales Schalen wurden liebevoll als „vogelschnabel-ähnlich“ beschrieben, die Assoziation bezieht sich auf die aufgesperrten Schnäbel hungriger Jungvögel im Nest. Diese Referenz ist eher beschreibend als lobend, aber davon abgesehen, veredelte er diese besondere Form und machte sie populär. Seither hat wohl jeder Schalendrechsler, den ich kenne, diese Form kopiert, mich selbst eingeschlossen. Ich mache diese Form nur zu Demonstration- und Ausbildungszwecken und aus Respekt für Stocksdale. Ich verkaufe sie nicht. Bob Stocksdale, danke für deine Inspiration.

Von links nach rechts: Bob Stocksdale, ohne Titel, 1981. Para Kingwood; 7,5 cm hoch, 16,5 cm breit, 13,3 cm tief. Bob Stocksdale, ohne Titel, 1980. Mesquite-Maserknolle; 12,5 cm hoch, 19 cm ∅. Bob Stocksdale, ohne Titel, 1979. Ceylon-Ebenholz; 7,5 cm hoch, 12 cm breit, 14,5 cm tief. Bob Stocksdales Schalen inspirierten eine ganze Generation von Drechslern.

Das Innere fertigdrehen

Der Innen-Finishing-Schnitt wird bei Naturrandschalen in ähnlicher Weise angewandt wie auf Seite 128 in Kapitel 9 beschrieben. Allerdings ist es nicht notwendig, den Schnitt in der Schruppposition zu beginnen, wie man es bei einer Schale mit geschnittenem Rand tun würde.

Sie können den Innen-Finishing-Schnitt ohne die Angst beginnen, den irregulären Rand zu beschädigen, weil die Röhre nicht einhaken wird, wie sie es bei einem geschnittenen Rand tun würde. Um den Schnitt zu beginnen, halten Sie die Röhre fest mit Daumen und Fingern. Bringen Sie die linke Seite der Fase in Linie mit der Außenseite der Schale. Schauen Sie dazu gerade auf das Werkzeug hinunter.

Wenn Sie die Flügel hinter sich haben, wechseln Sie mit Ihrer Hand in eine sichere Position mit dem Daumen oben und helfen Sie damit Ihren Knien, sich zu entspannen.

Wenn Sie tiefer in die Schale vorgedrungen sind, nehmen Sie Ihre Hand weiter zurück, um den Kontakt mit den drehenden Flügeln zu vermeiden. Entspannen Sie Ihre Hand, aber drücken Sie weiter die Röhre auf die Handauflage.

Sie müssen daran denken, die Röhre auf die Handauflage zu drücken, wenn Sie den Schnitt weiter in Richtung Buckel vorantreiben.

Der Finishing-Schnitt ist abgeschlossen, wenn Sie den Buckel durchschnitten haben. Denken Sie an nichts anderes als daran, die Fase durch die Kurve der Schale gleiten zu lassen.

Fertigdrehen der Innenseite

Verglichen mit einer Schale mit geschnittenem Rand ist er einzige Unterschied beim Innen-Finishing-Schnitt einer Naturrandschale, dass ich den Schnitt nicht in der Schruppposition beginnen muss. Da die Schale eine unterbrochene Oberfläche aufweist (in Bezug auf den Schnitt), wird die Röhre nicht nach links weggedrückt, wenn ich das Holz in der Finishing-Position einschneide, also mit der Flute direkt nach oben.

Um die Spitze am Beginn des Schnitts korrekt zu unterstützen, halte ich den Schaft der Röhre nur mit dem Daumen und den Fingern fest. Ich positioniere meinen Kopf direkt über der Spitze des Werkzeugs und richte die linke Seite der Fase parallel zur Außenseite der Form aus. Es ist, als könne man zwei Oberflächen gleichzeitig sehen.

Wenn ich einmal sicher hinter den Flügeln bin, schiebe ich meine linke Hand auf dem Schaft zurück bis zum Handgriff, sodass ich tiefer in die Schale eintauchen kann, ohne dass die Flügel auf meine Finger schlagen. Furcht erzeugt Spannung, die den Körper versteift. Dies ist ein sicherer Schnitt, weil ich keine Kraft auf das Werkzeug ausüben muss, ich muss es nur unterstützen. Gleichermaßen wichtig ist, dass ich meinen Daumen neben den Fingern und der Handfläche oben auf die Röhre gebracht habe. Der einfache Akt, den Daumen zu verlagern, hilft eine Menge Stress abzubauen, nicht nur in der Hand, sondern auch in den Knien. Mit der Hand offen und den Knien entspannt habe ich meine ganze Körperenergie nach unten auf die Handauflage gerichtet. Mit dieser neu gefundenen Beweglichkeit bin ich fähig, die Hand zu entspannen, während ich gleichzeitig nach unten gerichteten Druck auf die Handauflage ausübe, um die Schneidspitze im Holz zu unterstützen. Mein ganzer Körper kann sich durch die Beine drehen, was in glatten Schnitten mit durchgängigen Kurven resultiert.

Um erfolgreich die endgültigen Schnitte Richtung Buckel zu machen, ist es absolut notwendig, den nach unten gerichteten Druck der linken Hand auf die Röhre und in die Handauflage aufrechtzuerhalten. Der Schaft der Röhre kontaktiert die Handauflage so weit weg vom Schnittpunkt im Holz, dass dieser Druck essenziell ist, um einen stabilen Schnitt durchführen zu können. Wie bei allen offenen Schalen sollten Sie die Schnittgeschwindigkeit reduzieren und sich auf die gleitende Fase konzentrieren, nicht auf die Schneide, die das Holz schneidet.

Die Tiefe der Schale messen

Die Tiefe einer Schale mit Naturrand zu messen unterscheidet sich etwas vom Messen einer Schale mit gedrechseltem Rand, weil die Flügel nicht unbedingt auf einer Ebene liegen. Ich löse das Problem, indem ich die Handauflage 90 Grad zum Bankbett einrichte, sodass ich die Spitze eines Flügels berühre – bei ausgeschalteter Maschine. Ich benütze einen Stock oder einen Metallstab, um zuerst die Tiefe der Schale bis zur Handauflage zu messen, danach auf der Außenseite von der Spitze des Flügels bis zur Basis der Form. Da die Vorderkante der Handauflage und die Spitze des Flügels auf derselben senkrechten Ebene liegen, ist die Übertragung der Tiefe sehr einfach. Markieren Sie die Basis, um die Tiefe der Schale zu lokalisieren, die beabsichtigte Dicke des Bodens und die Lage des Fußes. Die detaillierte Beschreibung, wie diese Linien genutzt werden, um den Fuß der Schale festzulegen, finden Sie auf Seite 200 unter „Zentrieren einer offenen Schalenform“.

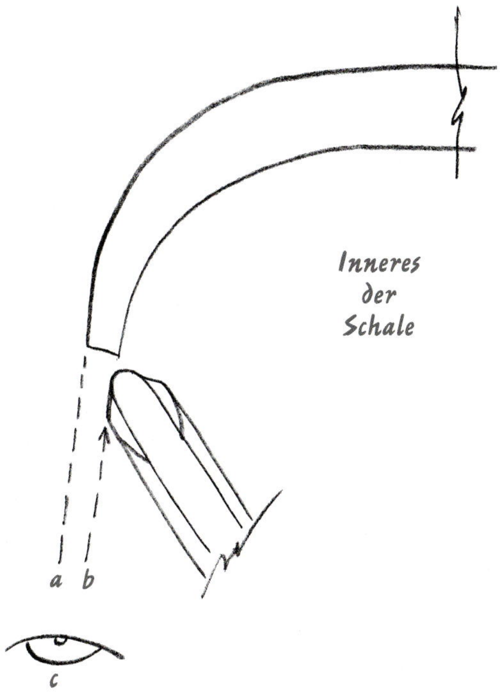

a = Peillinie zur Außenseite der Schale
b = Linie der Fase und Richtung des Schnittes
c = Position des Auges

Das Einschneiden in den Rand einer Naturrandschale erfordert einen feinfühligen Schnitt. Peilen Sie entlang der Außenseite der Wand und stellen Sie sicher, dass die Linien a und b parallel sind.

Messen der Schalentiefe

Verglichen mit einer Schale mit geschnittenem Rand benutze ich gerne eine etwas abweichende Methode, um die Tiefe einer Naturrandschale zu messen. Da die Hochpunkte des Randes nicht unbedingt auf gleicher Höhe sind, kann ich nicht über die Öffnung peilen, um einen Anhaltspunkt zu gewinnen. Stattdessen benutze ich die Handauflage.

Um die Tiefe einer Naturrandschale zu messen, stellen Sie die Handauflage 90 Grad zum Drehbankbett, sodass sie die Spitze eines der Flügel berührt.

Benutzen Sie einen Stab, um von der Handauflage zum tiefsten Punkt der Form zu messen. Markieren Sie mit dem Daumen die Stelle, an der der Stab die Handauflage berührt.

Halten Sie den Stock mit der Stelle, die Sie an der Handauflage markiert haben, gegen den Flügel und markieren Sie, wo die Peillinie auf das wegfallende Holz unterhalb des Fußes der Form fällt.

Kapitel 11

Drechseln der Außenseite einer Hohlform

Seit dreißig Jahren drechsle ich jetzt Hohlformen und ich kann glücklicherweise sagen, dass das Staunen und die Magie für mich immer noch da sind. Tatsächlich verbessere ich mich immer weiter, wenn ich sie fertige. Zumindest verpatze ich nicht mehr so viele – das heißt, ich verliere nicht mehr die Kontrolle über das Werkzeug und breche ein Stück heraus – und der Prozentsatz an interessanten und herausfordernden Designideen steigt immer noch an.

David Ellsworth, FOREST ARTIFACTS, 2008. Schwarz-Eschen-Knolle; das größte Stück ist 56 cm hoch, 26,5–28 cm Ø. Ein hohles Objekt kann vielerlei Gestalt annehmen, von einem Pot (wie in den folgenden Kapiteln beschrieben) bis zu diesen eher röhrenartigen Formen.

Ein Teil der Herausforderung beim Drechseln von Hohlformen ist, dass Sie nicht sehen können, was Sie tun, wenn Sie die Innenseite drehen. Wenn Sie die visuelle Wahrnehmung ausschalten, sind Sie auf Ihre anderen Sinne angewiesen. Es dauert einige Zeit, bis Sie gelernt haben, diesen anderen Sinnen zu vertrauen. Aber die Belohnung ist dauerhaft. Meine Stücke sind nicht mehr so groß, wie sie in den 1980er- und 1990er-Jahren waren – die Leute scheinen es groß zu mögen –, aber ich bin auch nicht mehr so jung, wie ich damals war. Ich glaube, meine ästhetischen Vorstellungen haben sich von einem Sinn für das Grandiose, das den menschlichen Maßstab herausfordert, hin zu einer intimen Beziehung zu diesem menschlichen Maßstab gewandelt.

Ich bin mir sicher, dass sich viele meiner Schüler fragen, wann wird endlich dieser magische Moment aufscheinen, auf den sie alle so lange gewartet haben. Er wird kommen, aber es wird mehr als ein paar Versuche brauchen, bevor sie ihn erkennen. Eine der großen Befriedigungen beim Drechseln von Hohlformen ist, diese Erfahrung mit anderen zu teilen, sei es durch das Werk selbst oder durch die Weitergabe in einem Unterrichtsraum. Als Lehrer ist es befriedigend, diese Kämpfe, das Ringen und verborgene Aggressionen zu beobachten, bis sie sich eines Tages schließlich in reine Freude auflösen.

Um das Äußere einer Hohlform zu drechseln, schlage ich folgende Schritte vor: Montieren Sie den Rohling auf der Drehbank, drechseln Sie den Klotz in einen Zylinder, flachen Sie die Enden rechtwinklig ab, erzeugen Sie eine Kugel, drehen Sie den Rohling und spannen Sie ihn neu ein, richten Sie das Mark aus, drehen Sie die Basis flach und schneiden Sie dann die endgültige Außenseite.

Maserknollen können Hohlformen in nahezu jeder Position ergeben und so groß oder klein wie die Maserknolle selbst.

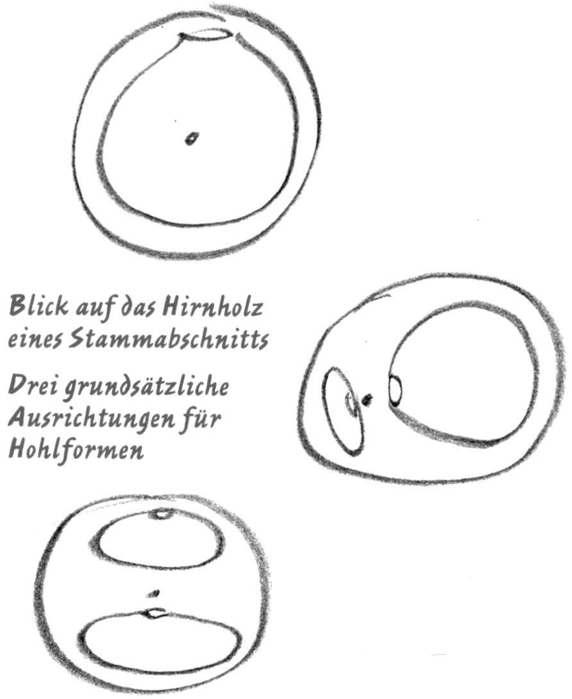

Eine Hohlform kann das Mark des Stammes im Zentrum enthalten oder Sie können sie um das Mark herum herausschneiden, wenn Sie unterschiedliche Formen aus einem Stammabschnitt haben wollen. Wo Sie die Öffnung einer Hohlform lokalisieren, ist eher eine Frage des persönlichen Geschmacks als einer Vorschrift. Es mag zeitraubend sein, die nötige Erfahrung zu gewinnen, wie Rohlinge aus dem Stamm geschnitten werden sollen, damit Sie das Gewünschte erhalten, aber das gehört zum Spaß am Lernen dazu. Meine ersten Hohlformen hatten das Mark überall. Die Leute sagten immer: „Ich wusste gar nicht, dass man das Mark in einer Schale belassen kann." Das muss eine der Regeln gewesen sein, die ich vergessen hatte zu lernen.

Aufspannen des Holzes

Unabhängig davon, ob es eine Maserknolle ist oder ein einfacher Stammabschnitt, beginne ich immer damit, das Holz zwischen der Mitnehmerspitze am Spindelstock und dem mitlaufenden Körner an der Reitstockspitze einzuspannen. Möglicherweise habe ich bereits eine generelle Vorstellung, was ich machen möchte, basierend auf der Natur des Holzes, seiner Art, seiner Größe und darauf, was ich beim Auftrennen mit der Kettensäge erfahren habe. Um tatsächlich ein Gefühl dafür zu erhalten, wohin ich mit dem Klotz gehen möchte – die Feinheiten der Form und das Layout der Maserung –, brauche ich zusätzliche Informationen. Die erhalte ich durch das Vorschruppen des Klotzes. Jeder Schnitt enthüllt mehr von dem, was sich im Inneren versteckt. Muster in der Maserung werden aufgedeckt, der Feuchtigkeitsgehalt gefühlt, der Zustand der Fasern wird deutlich und die Farbe wird sichtbar. Schon bald werden alle die Dinge offengelegt, die meine endgültige Entscheidung bezüglich Größe und Form des Stückes beeinflussen.

Als Erstes muss ich den Klotz so aufspannen und ausbalancieren, dass er sich drehen kann, ohne dass die Drehbank durch die gesamte Werkstatt Walzer tanzt.

Seit Jahrzehnten verwende ich diese Methode zum Aufspannen, wenn ich Hohlformen machen möchte, auch wenn sie in der Regel etwas gemäßigter ausfallen als der 120-Kilo-Maserklotz auf Seite 148. Ich beginne damit, den Stammabschnitt als Langholz, also mit der Faser parallel zum Drehbankbett, zwischen den Spitzen aufzuspannen. Das Zentrieren des Holzes ist wegen der Balance sehr wichtig. Natürlich könnte ich auf der Hirnholzfläche leicht mit einem Lineal das Zentrum finden, aber ich spanne lieber den Klotz zwischen die Spitzen und betrachte ihn von der Reitstockseite aus.

Es spielt keine Rolle, wie der Klotz sitzt. Ich muss nur darauf achten, ob mehr Fleisch auf der einen Seite ist als auf der anderen, und ihn etwas versetzen, bis er nach links und rechts zentriert aussieht. Dann drehe ich den Klotz von Hand um 90 Grad und gehe wieder genauso vor, um das Zentrum auf der Achse zu finden. Danach benutze ich die Zwei-Achsen-Methode am Spindelstock.

Der Klotz muss nicht perfekt zentriert sein, nur gut im Gleichgewicht. Ich wundere mich immer wieder, wie akkurat diese Methode ist, problemlos innerhalb von 3–6 mm zum Zentrum. Wenn ich damit beginne, die Rinde wegzuschruppen, achte ich auf die Zentrierung und mache weitere Anpassungen, falls nötig.

Das Holz aufspannen

Der erste Schritt beim Drechseln einer Hohlform ist, den Klotz zwischen den Spitzen zu spannen und sicherzugehen, dass die Fasern parallel zum Drehbankbett verlaufen. Sie können ein Lineal nehmen, um das Zentrum zu finden, aber ich ziehe es vor, den Klotz einzuspannen, von Hand zu drehen und langsam so lange zu justieren, bis er zentriert ist.

Versuchen Sie den Klotz so zentriert wie möglich zwischen die Spitzen zu spannen.

Drehen Sie den Klotz um 90 Grad und kontrollieren Sie, ob er so ebenfalls zentriert ist. Falls nicht, lösen Sie den Reitstock etwas und klopfen den Klotz in die richtige Richtung.

Kontrollieren Sie die Spindelstockseite, ob sie zentriert ist. Halten Sie dabei den Druck des Körners aufrecht, damit Sie die Zentrierung auf der Reitstockseite nicht wieder verlieren.

Den Klotz in einen Zylinder drehen

Mit der Spitze des Werkzeugs in der Schrupphaltung drehen Sie den Klotz in einen Zylinder. Ich gehe nicht vor und zurück über die gesamte unrunde Oberfläche, da es eine holperige Angelegenheit wäre. Ich starte in der Nähe der rechten Seite und schneide das raue Material herunter, bis ich eine glatte Oberfläche nach rechts zum Ende des Klotzes hin erhalte. Danach schneide ich genauso etwas weiter links, bis ich die glatte Oberfläche des ersten Schnittes erreiche usw.

Eine große Maserknolle montieren

Wenige Drechsler werden je die Gelegenheit haben, an einem derart großen Stück Holz zu arbeiten. Daher wollte ich das in meinem Buch zeigen, um diese Erfahrung zu teilen.
Um diese Zuckerahorn-Maserknolle hoch zur Spindel zu manövrieren, benutzte ich einen Eintonnen-Kettenzug. Als die Knolle zwischen Mitnehmerspitze und Reitstockspitze festsaß, kam der aufregendste Moment: die Drehbank einzuschalten. Wer weiß schon, was ein 120-Kilo-Brocken bei 800 U/min bereithält. Zwei Tonnen Stahl und ein 5-PS-Motor unterstützten die Aktion, es war eine Ehrfurcht gebietende Empfindung von Geräusch und Sinnesfreude.

Der erste Schritt war, die große Knolle mit einem Eintonnen-Kettenzug auf die Drehbank zu hieven.

Eine 120-Kilo-Maserknolle bei 800 U/min vergisst man nie!

Vom Klotz zum Zylinder

Ein Weg, den Klotz zu einem Zylinder zu drehen, besteht darin, mit der Spitze der Röhre zahlreiche schmale Schruppschnitte auf dem Holz zu schneiden, von rechts beginnend und jeden sukzessive neben den bereits geschnittenen zu legen.

Machen Sie den ersten Schruppschnitt mit der Röhre in der Nähe des rechten Endes. Fahren Sie fort, kurze Schnitte von links nach rechts zu machen, und arbeiten Sie sich langsam zum linken Ende vor.

Versuchen Sie nicht, die gesamte Rinde auf einmal abzuschruppen – gehen Sie in kleinen Schritten vor oder es wird recht holperig. Nachdem die Rinde und irregulärer Wuchs entfernt sind, wird der gesamte Zylinder in Form geschruppt.

Wenn der Zylinder glatt ist, kann man anfangen, die Form zu gestalten.

Die Enden des Klotzes eben schneiden

Die Ursache, warum ich zuerst die Hirnholzenden einebne, bevor ich weitermache, liegt darin, dass die unregelmäßigen Schnitte der Kettensäge Unwucht und Vibrationen verursachen, wenn ich die Geschwindigkeit erhöhe, um einen besseren Schnitt zu erreichen. In diesem Fall kann die Drehzahl von 400 bis 700 U/min reichen, je nach Größe von Klotz und Drehbank. Es ist unmöglich, eine genaue Drehzahl anzugeben. Jede Situation ist verschieden, einschließlich von Objektgröße, Feuchtigkeitsgehalt, Baumart, Gestalt, Ausrüstung und so weiter. Der beste Rat ist, mit der langsamsten Geschwindigkeit zu beginnen und sie langsam zu erhöhen. Entscheidend ist nicht die Drehzahl, sondern wie Sie sich fühlen, wenn Sie drechseln. Wenn Sie sich nicht wohlfühlen, schalten Sie herunter. Geschwindigkeit ist kein Ersatz für Effektivität.

Es lohnt sich, diesen Schnitt zu lernen, weil er für viele Situationen anwendbar ist, wunderschön funktioniert und Spaß macht. Ich schneide im Grunde 90 Grad zum Hirnholz, aber mit der 2,5-cm-Schneide an der Seite der Röhre. Wenn nötig, kann man bis zu 2,5 cm von der unebenen Seite auf einmal entfernen. Was für ein Schnitt!

Ich beginne damit, die Spitze der Röhre in das Holz zu führen. Wenn der Schnitt dann einmal begonnen hat, kann die Fase auf dem eben geschnittenen, glatten Holz gleiten. Anders gesagt: Wenn die Abweichung von einer Seitenfläche zur anderen sagen wir mal 12 mm beträgt, dann beginne ich den Schnitt ungefähr 12 mm links dieser unebenen Oberfläche. Sobald die Fase dann auf einer glatten Oberfläche gleitet, zeige ich mit der Fase auf eine Linie 90 Grad zur Oberfläche des Zylinders und schiebe die Röhre vorwärts. In den meisten Fällen kann ich die Enden mit einem Schnitt einebnen. Ich mache das auf beiden Endflächen des Rundlings.

Die Klotzenden ebnen

Es ist hilfreich, die unregelmäßigen Oberflächen der Kettensägeschnitte zu entfernen, sodass die ungleiche Gewichtsverteilung keine Vibrationen auf der Drehbank erzeugen kann. Zum Ebenschneiden des Stammabschnittes benutze ich die Röhre in der Schruppposition.

Legen Sie zuerst mit der Spitze der Röhre eine kleine glatte Fläche an, auf der die Fase der Röhre für den Rest des Schnittes gleiten kann.

Die im vorherigen Schritt erzeugte glatte Fläche nutzend, richten Sie die Fase direkt nach innen und drücken Sie die Röhre in Richtung Zentrum.

Wenn die Hirnholzfläche des Stammabschnittes nicht zu sehr aus dem Winkel ist, kann das gesamte Ende in einem einzigen Schnitt eben gedreht werden.

Eine Kugel formen

Mein nächster Schritt ist es, die Enden des Rundlings halbkugelig zu formen. Dazu eignet sich der Schruppschnitt, der Schälschnitt oder eine Kombination der beiden Schnitte.

Halten Sie die Signature-Röhre horizontal und die Flute in 45 Grad, um das Abrunden mit dem Schruppschnitt durchzuführen. Schieben Sie die Röhre vorwärts und lassen Sie die Fase auf dem Holz gleiten.

Um den Schälschnitt durchzuführen, beginnen Sie in der Schrupphaltung und nehmen die Spitze hoch, indem Sie den Handgriff auf 20–30 Grad absenken. Wenn Sie den Schälschnitt zum Abrunden des Klotzendes einsetzen, wird die Röhre geschoben. Wenn Sie (später) den Klotz um 90 Grad gedreht eingespannt haben und beginnen, das Gefäß zu formen, wird die Röhre gezogen. In beiden Fällen bewegt sich die Schneide tangential zur Faserrichtung.

Um die Rundung abzuschließen, benutzen Sie die Spitze der Röhre in der schälenden Haltung.

Senken Sie am Ende des Schnittes nahe dem Reitstockkörner die Werkzeugspitze zum Schruppschnitt ab. Wenn Sie das nicht tun, können Sie nur oberhalb des Zapfens am Körner schneiden und der Zapfen bleibt stehen.

Eine kugelförmige Gestalt entwickeln

Wenn die Enden eben gedreht sind, schneide ich beide halbkugelförmig zu, sodass ich am Schluss eine kugelförmige Gestalt erhalte. Ohne das Abrunden der Enden und Entfernen der Ecken könnte ich den Klotz nicht um 90 Grad gedreht einspannen, wie es zur Herstellung einer Querholz-Hohlform notwendig ist, da die Ecken am Drehbankbett hängen bleiben. Tatsächlich erlaubt es mir diese Vorgehensweise, Hohlformen zu drehen, wenn der Klotz nur 12 mm kleiner ist als die Kapazität der Drehbank.

Mindestens ebenso wichtig ist, dass ich bei einer kugelförmigen Gestalt mehr Informationen über den Klotz erhalte, da ich die gesamte Oberfläche der Form sehen kann. Es gibt eine Menge Dinge, die man nicht sehen kann, wenn der Klotz am Stück ist, beispielsweise Holzwurm- oder Käferlöcher, Stocklinien, angerottete Stellen oder eingewachsene Drähte. Alle diese Informationen können beim Entwerfen der Endform hilfreich sein.

Das Abrunden kann mit einem Schruppschnitt, einem Schälschnitt oder einer Kombination beider Schnitte durchgeführt werden. Im Allgemeinen benutze ich den Schruppschnitt, um die grobe Hauptarbeit an einem unregelmäßigen Stammabschnitt zu erledigen. Dann wechsle ich zum Schälschnitt, um die endgültige Form des Stückes herauszuarbeiten. Die Kombination der beiden Schnitte erlaubt mir, sehr schnell von einem rohen Stammabschnitt oder einer Maserknolle zu einer fertigen Gestalt zu kommen, ohne dass ich das Gefühl habe, in Hetze vorzugehen.

Umspannen des Klotzes

Der Grund, den Klotz um 90 Grad zu drehen, besteht darin, dass die meisten Hohlformen aus Querholz gedrechselt werden, viele Vasen ausgenommen. Durch Umspannen um 90 Grad versetzt erhalte ich diese Orientierung.

Wenn ich diese kugelförmige Gestalt habe, ziehe ich um den Äquator eine Bleistiftlinie und teile die Kugel so in zwei Hälften. Dazu halte ich den Bleistift auf das Holz und schalte die Maschine ein. Ich benutze diese Linie als Referenz für das Neuaufspannen, wenn der Klotz um 90 Grad gedreht wurde.

Dann spanne ich den Klotz so auf, dass sowohl die Mitnehmerspitze als auch der Reitstockkörner direkt auf der Äquatorlinie einstechen. Ich positioniere den Punkt, den ich für die Öffnung vorgesehen habe, an der Mitnehmerspitze, einfach weil es leichter ist, den Boden an der Reitstockspitze zu formen. Allerdings kann es vorkommen, dass ich nicht will, wenn der Mitnehmer die Umgebung der späteren Öffnung aufreißt. In diesem Fall spanne ich andersherum ein, also die Öffnung zur Reitstockspitze. Die Bleistiftlinie teilt die Kugel in zwei Hälften, aber um sie auf der horizontalen Achse zu zentrieren, drehe ich die Kugel von Hand und vergleiche die Abstände der beiden Kugelhälften zur Handauflage.

Den Klotz um 90 Grad drehen

Nachdem der Klotz in eine annähernde Kugelgestalt gedreht wurde, kann er als Vorbereitung für das Drechseln des äußeren Profils der Hohlform neu eingespannt werden.

Teilen Sie die Kugel mit einer Bleistiftlinie um die Mitte der Form. Wenn die Form in der Mitte sauber rundgedrechselt wurde, halten Sie einfach einen Bleistift an die Mitte und schalten Sie die Drehbank für ein paar Sekunden ein.

Um die Kugel neu aufzuspannen, platzieren Sie sowohl Mitnehmer- als auch Körnerspitze auf der Linie. Normalerweise positioniere ich den Punkt, den ich für die Öffnung ausgewählt habe, an der Mitnehmerspitze, weil es einfacher ist, die Basis an der Reitstockspitze zu formen.

Um die Form auf der zweiten Achse zu zentrieren, vergleichen Sie den Abstand auf jeder Seite mit der Handauflage. Benutzen Sie dazu einen Stab. Markieren Sie die Entfernung mit dem Daumennagel.

Drehen Sie die Form von Hand und prüfen Sie, ob der Abstand gleich ist. Im Bild ist die Form nicht genau zentriert.

Positionieren Sie die Körnerspitze so lange neu auf der Bleistiftlinie, bis die Abstände gleich sind und die Kugel zentriert und ausbalanciert ist.

Ausrichten des Marks

Der letzte Schritt zur Orientierung der Maserung in der Kugel besteht darin, das Mark des Holzes zu identifizieren, zu markieren und dann entsprechend auszurichten. Gedrechselte Grünholzformen werden sich von einem Kreis zu einem Oval entlang des Marks verziehen.

Wenn ich weiß, wo die Verformung auftreten wird, kann ich sie in das fertige Stück einbeziehen. Wenn ich den Verlauf des Markes ignoriere, kann die Verformung leicht mit der Gestalt des Objekts konkurrieren und das Ergebnis kann skurril wirken statt interessant. Das heißt nicht, dass skurril nicht auch in Ordnung sein kann, aber es ist einfach klug, wenn man das ganze Vorgehen kennt, sodass Sie mehr Kontrolle über Ihre Designideen behalten.

David Ellsworth, ohne Titel, 2007. Gestockter Zuckerahorn; 6,3 cm hoch, 10 cm ∅. Das Layout der Maserung in der Form zu kontrollieren mag mühsam sein. Aber es kann wunderschöne Resultate ergeben. In diesem Beispiel positionierte ich die Öffnung direkt in der Mitte zwischen den beiden Stocklinien.

Das Mark beim Design nutzen

Die Stücke in diesen Fotos zeigen mehrere Wege auf, wie Sie den Verzug des Holzes im Bereich des Marks nutzen können, um die Gestalt Ihrer Objekte zu beeinflussen. In *White Pot* umkreist das gestockte Band des Splintholzes die Form, während das Mark waagrecht durch das Zentrum des Bauchs verläuft. Der Effekt ist der einer visuellen Ordnung, da die Form in einer natürlichen Ellipse zur Ruhe gekommen ist. Bei *Pot Dancing* legte ich das Mark diagonal durch die Form, was in der fertigen Form zu einer sehr dramatischen Illusion von Bewegung führt. In *Cloud Sphere* ist das Ausmaß des Verzugs etwas subtiler, denn der verwendete gestockte Ahorn weist deutlich weniger Spannungen im Holz auf als die Weiß-Eiche, aus der die anderen beiden Stücke sind. Das Mark senkrecht in eine Form zu legen entspricht der Standardvorgehensweise beim Vasendrechseln, aber es kann einige Probleme verursachen. Da die Markbereiche beim Schrumpfen der Form nach außen zeigen, kann man erwarten, dass die Basis und die Oberseite der Vase in der Höhe zu wachsen scheinen. Auch können kleine Spannungsrisse bis hin zu richtigen Spalten in jedem Bereich, der Mark enthält, entstehen, sodass auch dies das Gesamtdesign beeinflussen wird. Experimentieren Sie mit der Ausrichtung des Marks in Ihren Entwürfen – es gibt so viele Möglichkeiten.

David Ellsworth, White Pot, 1993. Gestockte Weiß-Eiche; 23 cm hoch, 25 cm breit, 23 cm tief. Ich habe das Mark waagrecht durch das Zentrum dieses Objekts gelegt. Als Ergebnis hat sich das Holz zu einer elliptischen Form verzogen.

David Ellsworth, Pot Dancing, 1994. Weiß-Eiche; 26,5 cm hoch, 26,5 cm breit, 25 cm tief. Ich orientierte das Mark diagonal und die Form passte sich dieser Orientierung an. Diese Verformung war vorhersehbar und ein wichtiges Element in meinem Design. Die Enden des Marks waren an zwei genau gegenüberliegenden Punkten positioniert und aufgrund des Verzugs ist das Eingangsloch nicht mehr genau über der Basis. Betrachter, die die Form umrunden, gewinnen den Eindruck, dass die Form auf sie zugeht bzw. sich entfernt, je nachdem, aus welchem Winkel sie betrachtet wird.

David Ellsworth, Cloud Sphere, 2005. Gestockter Ahorn; 25 cm hoch, 24–25 cm ∅. Das Mark verläuft diagonal durch dieses Objekt, aber der Verzug ist nicht so dramatisch wie in Pot Dancing, da das gestockte Holz weniger Spannungen enthält. Jedoch können Sie immer noch die Ausstülpungen sehen, an denen das Mark endet.

Die Enden des Marks ausrichten

Da sich Grünholz entlang des Marks verformt, sollten Sie die Ausrichtung des Marks in Ihr Design einer Hohlform einbeziehen.

Das Mark ist ein mächtiges Element in jedem Gefäßdesign, sowohl visuell als auch physisch. Gelegentlich ist das Mark allerdings schlecht zu sehen. Da das Holz verwittert und von der Kettensäge rau ist, schneiden Sie erst einmal an beiden Enden des Stammabschnittes das überschüssige Material ab, indem Sie quer über das Hirnholz schneiden, mit der Röhre in der Schälhaltung. Das wird den Endpunkt des Marks klar sichtbar machen.

Setzen Sie einen Bleistift auf ein Ende des Marks und drehen Sie die Form von Hand. Wenn beide Enden des Marks auf einer Linie liegen, wissen Sie, dass das Mark parallel mit dem Fuß durch die Form verläuft. Allerdings ist es höchst wahrscheinlich, dass das Mark schräg durch die Form verläuft, außerhalb der Ausrichtung.

Messen Sie den Abstand zu der gezogenen Linie.

Versetzen Sie die Einstichpunkte beider Spitzen um die Hälfte des Abstands in entgegengesetzter Richtung, um die Kugel ausbalanciert zu halten. Fahren Sie mit dem Testen und dem Ausrichten so lange fort, bis das Mark exakt durch die Kugel läuft.

Die Hirnholzfläche der Stammabschnitte kann durch Witterungseinflüsse und Spuren der Kettensäge oft ziemlich verunstaltet sein, daher schneide ich mit der Spitze der Röhre alle schlechten Stellen mit einem Schrupp- oder Schälschnitt weg – wie es die Situation eben erfordert.

Wenn die Enden des Marks sauber freigelegt sind, markiere ich sie mit dem Bleistift und drehe die Kugelform von Hand, um zu sehen, ob die Markierungen auf einer Linie zusammenfallen. Wenn sie es tun, weiß ich, dass die Linie des Marks, das durch die Form läuft, auf einer Ebene parallel mit dem Fuß der Form liegt. Es passiert leider nur selten. Meistens wird das Mark etwas schräg in der Form liegen, sagen wir 3 mm bis 5 cm aus der Richtung. Was auch immer der Abstand sein mag, ich teile ihn durch 2 und versetze die beiden Spitzen auf dem Kreis entgegengesetzt um diesen Betrag so lange, bis die Enden des Marks rechtwinklig zum Drehbankbett verlaufen.

All dieses Herumprobieren mit dem Ausrichten des Marks mag ein bisschen umständlich scheinen, aber die Vorteile werden im endgültigen Layout der Maserung meiner Objekte offensichtlich. Ich will das Design des gesamten Stücks komponieren. Und es ist Teil meiner Methode, die totale Kontrolle über die Maserung, die das Design der Form beeinflusst, zu übernehmen. Anders als Töpferton besitzt Holz bereits seine eigenen Schmuckelemente, daher ist es wichtig, das Material als Element innerhalb des Designs nicht zu vernachlässigen.

Die Basis zum Aufspannen abflachen

Nachdem Sie sich entschieden haben, wie die Maserung ausgerichtet werden soll, wird im nächsten Schritt die Basis flach gedreht, um sie spannen zu können. Ich habe hier ein Backenfutter gewählt. Um die Basis für ein Klebefutter oder eine Planscheibe vorzubereiten, siehe Kapitel 6 „Backenfutter, Klebefutter und Planscheiben" auf Seite 66.

Drehen Sie den Boden flach, zuerst mit Scherschnitten, dann mit Schaben, damit der Zapfen sowohl flach als auch in Höhe und Durchmesser korrekt ist, um in Ihr Backenfutter zu passen.

Machen Sie einen Scherschnitt, um die Ecke des Zapfens und eine Nut in der Basis herzustellen. Die Nut muss scharfkantig sein, damit die Backen des Futters fest zugreifen können.

Machen Sie einen Schnitt, um den Basiszapfen zu formen, damit Sie später die Kontrolle über das Design des Fußes haben.

Die Basis flach drehen

Wenn ich mit dem Design der Maserung zufrieden bin, wird im letzten Schritt bei der Vorbereitung zum Drechseln die Basis abgeflacht, um das Spannen mit einem Backenfutter, Klebefutter oder einer Planscheibe zu ermöglichen. Zuerst schneide ich mit Scherschnitten den Großteil weg, dann wechsle ich zu Schabschnitten, um die Oberfläche abschließend zu glätten. Für dieses Stück habe ich mich dazu entschlossen, einen Vorsprung oder Zapfen anzudrehen, der in ein Vierbackenfutter gespannt werden soll. Wenn Sie ein Klebefutter oder eine Planscheibe bevorzugen, finden Sie eine Anleitung in Kapitel 6 „Backenfutter, Klebefutter und Planscheiben" auf Seite 66. Ich will das größte Futter, das ich finden kann, und den Spannzapfen mit dem größten Durchmesser, um die größtmögliche Stabilität mit der geringsten Vibration zu erhalten. In dieser Situation schließen die Backen des Futters bei etwa 10,5 cm, daher werde ich den Zapfen 11,5 cm im Durchmesser machen, damit die Backen sehr gut zugreifen Dass ich den Buckel am Boden entferne, liegt daran, dass er immer wieder mal mit den Innenbacken des Futters in Konflikt gerät und verhindert, dass sich die Backen voll um den Zapfen schließen können. Entfernen Sie den Buckel auf jeden Fall, er wäre auch beim Klebefutter und bei der Planscheibe im Wege. Buckel am Ende von Vasen sind Langholz und müssen abgedreht werden; man kann sie nicht abschlagen. Wenn ich den Buckel los bin, verliere ich die Mittenmarkierung für das umgekehrte Einspannen in das Klemmfutter zur Bearbeitung des Bodens der Form, aber diese Markierung kann leicht wiedergefunden werden. Wenn der Buckel weg ist, können Sie den Rohling auf die Spannvorrichtung Ihrer Wahl spannen.

Gestalten Sie die Form mit einem Scherschnitt durch Anheben der Röhre auf 20 bis 30 Grad über die Horizontale und halten Sie die Flute in einem 45-Grad-Winkel.

Drechseln der endgültigen Außenseite

Am meisten Freude macht natürlich das Entwickeln des endgültigen Designs zuerst mit dem Scherschnitt und dann dem scherenden Schabschnitt als Vorbereitung für das Schleifen und die Endbehandlung. Mehr Informationen über diese Schnitte, mit denen die Außenflächen fertig gemacht werden, finden Sie in „Formen des endgültigen Äußeren mit dem Schälschnitt" auf Seite 122 und in „Fertigdrechseln der Außenform mit einem scherenden Schabschnitt" auf Seite 123.

Wenn Sie die äußere Form zu Ihrer Zufriedenheit fertig haben, sind Sie bereit für das nächste Kapitel: „Drechseln der Innenseite einer Hohlform".

Drehen Sie die Oberfläche mit einem scherenden Schabschnitt fertig. Stellen Sie sicher, dass die Oberkante der Röhre nur 1,5 mm vom Holz entfernt ist.

Kapitel 12

Drechseln der Innenseite einer Hohlform

Im letzten Kapitel sprach ich über das Drechseln der Außenseite einer Hohlform. Hier geht es nun um die Vorgehensweisen beim Innenausdrehen. Dabei höhle ich das Innere durch eine kleine Öffnung aus. Ich arbeite mit Schabstählen (Schrotstählen), die ich Mitte der 1970er-Jahre entwickelt habe und die es mir erlauben, sowohl das Innere auszuräumen als auch die innere Oberfläche so zu verfeinern, dass nur eine hauchdünne Wandstärke übrig bleibt, die den Formen eine wunderbare Leichtigkeit verleiht.

Das Drechseln des Inneren einer Hohlform ist eine einmalige Erfahrung, denn man muss es nach Gefühl machen, da man nicht in das Innere sehen kann.

Ich erinnere mich noch gut an meinen ersten Keramikkurs und wie ich verzweifelt versuchte, diesen riesigen Tonklumpen auf der Töpferscheibe zu zentrieren. Je mehr ich es versuchte, desto einseitiger wurde er. Mein Lehrer George Downing kam vorbeigeschlendert, sagte höchst beiläufig „aha", als würde er so etwas zum ersten Mal sehen. Dann beugte er sich hinunter, lehnte seinen Oberarm und die Schulter gegen den sich drehenden Klumpen und schob seinen Körper sanft vorwärts. Eine Umdrehung später saß der Klumpen perfekt. Die Erinnerung daran bestimmt noch immer meine Arbeitsweisen und Werkzeugentwürfe: Finesse, nicht Kraft!

Es gibt eine machtvolle Beziehung zwischen dem Macher und dem Material, die sich im Arbeitsvorgang offenbart. Wenn Sie den Vorgang als solchen nicht beachten, ist es nur allzu leicht, sich auf das fertige Produkt zu konzentrieren und weniger auf Ihre Arbeitsmethoden bei der Herstellung. Mein Lehrer hatte mir gezeigt: Wenn ich im Töpfern erfolgreich sein wollte, dann musste ich lernen, wie ich das Material durch den Arbeitsvorgang zu mir kommen lassen konnte, und durfte keineswegs versuchen, das Material durch den Vorgang zu dominieren. Der Macher und das Material müssen sich die Hände reichen.

Ob Sie mit meinen Werkzeugen arbeiten oder mit anderen, den Kontakt mit dem Holz so weit entfernt von der Handauflage herzustellen, ist eine Erfahrung, die Sie an Ihre Grenzen bringt. Wenn Sie also mit derselben Einstellung das Innere einer Hohlform in Angriff nehmen, die Sie beim Formen der Außenseite zeigten, dann kann das eine Erfahrung werden, die Sie zähneklappernd zurücklässt.

Ausreißen des Marks verhindern

Bevor ich damit anfange, sehr tief in die Form einzuschneiden, umwickle ich den Äquator mit 5 cm breitem Plastikklebeband. Dies hilft, das Ausreißen im Bereich des Marks zu verhindern, das durch Austrocknen infolge des Luftzugs und wegen der Hitze, die beim Innenausdrehen entsteht, verursacht wird.

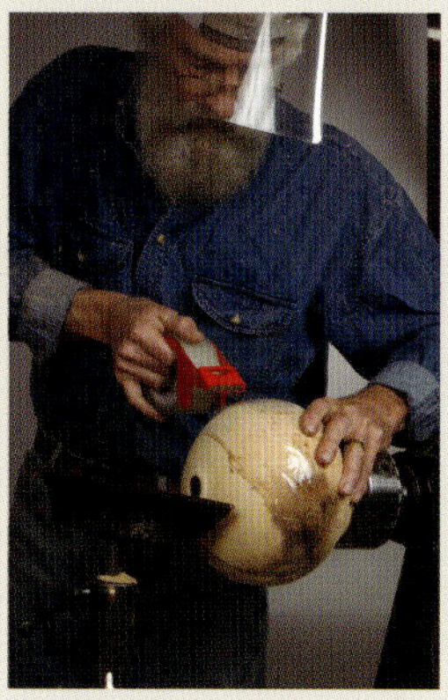

Meine Ausdrehwerkzeuge wurden 1975 entwickelt. Ich hatte viele verschiedene Größen und Winkel, um die unterschiedlichen Bereiche in meinen Hohlformen zu erreichen, alle aus O1-Rundstahl.

Vorbereitungen für das Innenausdrehen

Als Vorbereitung für das Arbeiten mit geraden und gebogenen Ausdrehstählen sollten Sie noch einmal die grundsätzlichen Ausführungen in Kapitel 3 „Drechselwerkzeuge" auf Seite 22 nachlesen. Ohne diese Grundlagen können Sie nicht wissen, ob Ihre Werkzeuge richtig funktionieren oder wie sie, falls das nicht der Fall ist, verbessert werden können.

Ihren Körper vorbereiten

Vielleicht denken Sie, dass ich die Bedeutung korrekter Körperhaltungen überbetone. Aber selbst wenn Sie es leid sind, das immer wieder zu lesen, denken Sie daran: Wenn nach dem Drechseln Ihr Nacken schmerzt, Ihre Beine wehtun oder Ihre Arme sich wie aus Blei anfühlen, könnten Sie diese Unannehmlichkeiten vermeiden, indem Sie meine Ratschläge dazu befolgen. Ich behandle hier die Körperhaltungen beim Innenausdrehen, aber lesen Sie nochmals sorgfältig Kapitel 8 „Der Körper" auf Seite 98 für einen vollständigen Überblick mit Übungen, um Ihren Körper auf das Drechseln vorzubereiten.

Unabhängig davon, welche Typen, Stile oder Designs von Werkzeugen Sie benutzen, um Hohlformen zu machen: Es ist extrem wichtig, wie Sie an die Drehbank herangehen, nicht nur für die Sicherheit Ihres Körpers, sondern auch für Ihren Erfolg und die Freude bei der Arbeit.

Die korrekte Position für Ihren Körper ist beim Innenausdrehen von Hohlformen direkt vor der Form, mit Ihrem Kopf direkt über dem Werkzeugschaft und Ihrem Körper etwa in 45 Grad zum Schaft. Wenn Ihre Schultern und Ihr Oberkörper parallel zum Schaft sind, ist es unmöglich, das hintere Ende des Werkzeugs beim Schneiden zu unterstützen. Irgendetwas wird nachgeben, und das sind unausweichlich Ihre Schultern und Ihr Nacken. Mit dem Handgriff gegen Ihren Körper und gebeugten Knien hat das Werkzeug exzellenten Halt und die Energie zum Schneiden kommt nun direkt aus Ihren Beinen und Ihrem Oberkörper und nicht aus den Armen und der Schulter.

Wenn man sich über das Drehbankbett lehnt, mit dem rechten Arm ausgestreckt, weg vom Körper, ist die Schulter völlig den Vibrationen ausgesetzt und der Arm bleibt zu sehr flexibel und kann den Schnitt nicht kontrollieren. Ebenso ist die Sicht seitlich auf das Werkzeug und nicht in Linie mit ihm. Daher ist es unmöglich vorzubestimmen, wo die Spitze schneiden wird.

Die nicht korrekte Position, um eine Hohlform auszuhöhlen, ist, über das Drehbankbett zu lehnen, mit dem rechten Arm weit abgestreckt, wie im oberen Bild gezeigt. Nicht nur, dass es Ihnen unmöglich ist, die Schnitte zu unterstützen und zu kontrollieren, Sie wissen darüber hinaus nicht einmal genau, wo Sie schneiden. Schlimmer noch, wenn Sie Ihren Ellbogen vom Körper wegbewegen, werden alle Schwingungen direkt in Ihre Schultern gehen und Sie steuern direkt auf einen weiteren Besuch bei Ihrem Chiropraktiker zu.

Mit senkrecht gehaltenem rechtem Unterarm kann Ihr Ellbogen als Stoßdämpfer fungieren und hält Vibrationen von Ihrem Schultergelenk fern. Mit dem Handgriff an meinem Körper, Beine bequem gespreizt und lockeren Knien gebe ich dem Werkzeug exzellente Unterstützung. Beachten Sie auch die verschiedenen Dreiecke zwischen Händen und Schultern, Füßen und Hüften. Dreiecke sind gut, weil stabil.

Leitfaden für das Aushöhlen

Die Grundmethoden, die ich beim Ausdrehen von Hohlformen benutze, sind: der Schnitt in die Tiefe, das Ausräumen für die Zugänglichkeit, das Messen der Wandstärke.
Daraus ergibt sich das Mantra des Hohldrechslers: schneiden, ausräumen, messen – schneiden, ausräumen, messen – schneiden, ausräumen, messen ...
Ehrlich gesagt, sind mir sehr wenige Hohlformen ausgebrochen, bei denen die Schuld am Holz lag. Das schließt alle diese wunderbaren Stücke von Rosenholz und Maserknollen aus frühen Tagen ein, bevor ich wusste, wie man die Wandstärke korrekt misst, oder wenn ich an einer Stelle schnitt und dachte, ich wäre an einer anderen. Ihnen meine Vorgehensweise anzubieten ist das Beste, was ich tun kann, um Ihnen beim Drechseln von Hohlformen zu helfen.

Triangulation – Dreieckbildung – Ihres Körpers ist das A und O. Beachten Sie im Foto rechts, dass ich zwischen meinen Schultern und meinen Händen Dreiecke gebildet habe. Je mehr sie sich an gleichseitige Dreiecke annähern, desto gleichmäßiger sind die Kräfte verteilt und desto weniger Stress muss von den einzelnen Muskeln aufgenommen werden. Mein rechter Unterarm wird senkrecht gehalten und wirkt wie ein Pendel. Mein Ellbogen absorbiert die Schwingungen und schützt das Schultergelenk. Wenn ich meine rechte Hand vorwärts verschieben würde, würde ich die Kraft dieses gleichseitigen Dreiecks unterbrechen und ich müsste mehr Muskeln in Arm und Schulter anstrengen, um das Werkzeug zu unterstützen. Wenn ich in dieser Position (Unterarm weiter vorne) arbeiten würde, würde ich die Vibrationen direkt in mein Schultergelenk lenken.

Mit einigen modernen Drehbänken können Sie auch direkt vor dem Reitstockende des Drehbankbetts stehend arbeiten (oder vor einer Außendrehvorrichtung) und nicht nur seitlich der Drehbank. Wenn ich an einer solchen Drehbank arbeite, spreize ich die Beine und lockere meine Knie, um ein weiteres Dreieck zwischen meinen Füßen und meinem Bauch zu bilden. Dieses Dreieck kann kein gleichseitiges sein, sonst müsste ich zwischen den Füßen ein Seil spannen, damit ich nicht in den Spagat rutsche. Aber es gibt mir trotzdem gute Unterstützung und Beweglichkeit beim Arbeiten innerhalb einer Hohlform. Die meisten Drechselanfänger halten ihre Beine zu eng zusammen und behindern so ihre Beweglichkeit. Ich glaube, das kommt davon, weil sie sich mehr Sicherheit davon versprechen, in einer Situation, die alles andere als sicher zu sein scheint, vor allem am Anfang.

Ihr Kopf sollte direkt oberhalb des Werkzeugschaftes sein. Dies hilft Ihnen zu beurteilen, wo genau Sie innerhalb der Form schneiden. Den Kopf zu beugen, um während des Drechselns in das Innere der Form zu schauen, ist nicht sehr klug. Erstens können Sie ohnehin nichts sehen. Zweitens werden Ihr Nacken und Ihre Schultern ermüden. Und schließlich werden Sie vermutlich eine dünnwandige Form ein paar Zentimeter entfernt von der Stelle, an der Sie glaubten zu arbeiten, glatt durchschneiden.

Ich bilde mit meinen Beinen für zusätzliche Unterstützung ein Dreieck aus, indem ich sie in eine bequeme Entfernung abspreize. Und bei gebogenen Werkzeugen, die eine Menge Kraft zum Halten brauchen, umwickle ich die Griffe mit Schaumgummi und Panzerband, um Vibrationen aufzufangen.

Ihre Arme müssen in der korrekten Stellung sein, um genügend Werkzeugunterstützung zu bieten. Mit Ihrem rechten Unterarm in senkrechter Stellung wird Ihr Ellbogen zum Stoßdämpfer. Wenn die Schulter oberhalb des Werkzeughandgriffs ermüdet, dann ist entweder Ihre Drehbank zu hoch oder Ihr Arm ist zu weit hinten oder zu weit vorne am Handgriff oder Sie schneiden zu aggressiv. Gehen Sie es leichter an. Der Tag ist noch jung.

Ihre Knie müssen locker bleiben. Dies hält Ihren Oberkörper im Gleichgewicht und erlaubt Ihnen, sich zu bewegen. Jedes Mal, wenn Sie Verspannungen oder Steifheit in Ihrem Körper fühlen, von den Zehen bis zum Kopf, verstärken sich die Spannungen und vermindert sich Ihre Fähigkeit, effiziente und flüssige Schnitte zu machen.

Aufsitzen ist ein nützlicher Ansatz beim Drechseln von Hohlformen. Ein Bein über das Bankbett zu legen oder richtig darauf zu sitzen, erlaubt Ihnen, die Hohlform direkt von vorne anzugehen statt von der Seite. Ich positioniere mein Gewicht auf meinem linken Bein, solange ich in der Mitte der Hohlform arbeite. Dann verlagere ich meine Position mitten auf das Drehbankbett, um links des Zentrums zu arbeiten. Die ganze Zeit halte ich meinen Kopf direkt über Handgriff und Schaft, sodass ich meinen Fokus ständig auf die Werkzeugspitze richten kann, obwohl ich sie natürlich nicht sehe.

Die meisten Drehbänke sind heute viel zu hoch gebaut, um darauf Hohlformen zu drechseln. Kleinere Personen brauchen vielleicht Unterlagen, um darauf zu stehen. Ein Teppichrest oder ein Fußabstreifer, über das Drehbankbett gelegt, ist keine schlechte Idee. Ich habe schon oft daran gedacht, einen Sattel zu basteln, aber nach 30 Jahren ohne geht es auch weiterhin ohne.

Die meisten Drehbänke mit langen Betten zwingen Sie geradezu, auf das Bett aufzusteigen, solange Sie das Innere einer Form aushöhlen. Ein Bein auf dem Fußboden wird Ihren Körper unterstützen, während das andere Bein über dem Bankbett bleibt und die Schnitte kontrollieren hilft.

Stellen Sie die Handauflage auf 60–70 Grad zum Drehbankbett, das gibt Ihrem Handballen die Unterstützung, die er braucht, solange Sie Schnitte im Inneren machen.

Ihre Drehbank vorbereiten

Stellen Sie die Handauflage so ein, dass bei einem horizontalen Werkzeugschaft die Schnittkante der Spitze direkt in der Zentrumslinie des Werkstückes ist. Handauflagen sind alle ein wenig verschieden konstruiert; aber Sie können ein passendes Zwischenstück aus Holz drechseln oder einen Klemmring für den Schaft der Handauflage drehen lassen, damit die Handauflage immer auf die richtige Höhe fällt und Sie nicht lange probieren müssen.

Richten Sie die Handauflage ca. 60–70 Grad zum Drehbankbett aus, nicht etwa 90 Grad, wie Sie erwartet haben. Der Ballen Ihrer linken Hand braucht etwas, worauf er sich abstützen kann. Wäre die Handauflage geradlinig quer zur Hohlform, würde Ihr Handgelenk nach vorne gezogen, was Ihre linke Schulter nach vorne zieht und Ihren Oberkörper aus der Position bringt. Innerhalb weniger Minuten macht das einen gewaltigen Unterschied in Ihrem Ermüdungsfaktor und natürlich auch in Ihrer Fähigkeit, akkurate Schnitte zu machen.

Die Höhe der Drehbank anpassen

Wenn mehrere an einer Drehbank arbeiten, können Sie eine u-förmige Plattform aus Spanplatten, Rahmenhölzern und Brettern bauen, um kleiner Gewachsenen zu helfen.

Die Späne zu entfernen – zusätzlich zur richtigen Reihenfolge der Arbeitsschritte und der Benutzung der richtigen Werkzeuge zur richtigen Zeit – kann helfen, gefährliche Schläge und Einhaker zu vermeiden. Sie müssen regelmäßig die Drehbank anhalten und die Späne aus der Form herausholen, sodass sie sich nicht im Inneren anhäufen und die Werkzeugspitze fangen. Ein Luftkompressor ist unschätzbar. Mit der Düse knapp außerhalb des Eingangsloches blasen Sie unter 45 Grad in das Loch. Die Luft wird im Inneren der Form einen Wirbel bilden und Späne und Staub herausblasen. Zusätzlich baut die kühle Luft die durch das Schaben entstehende Hitze etwas ab. Ich könnte meine Spirit Forms ohne diese kühle Luft gar nicht machen. Wenn das Eintrittsloch sehr klein ist, müssen Sie einen gebogenen Draht nehmen, um die langen Späne herauszufummeln.

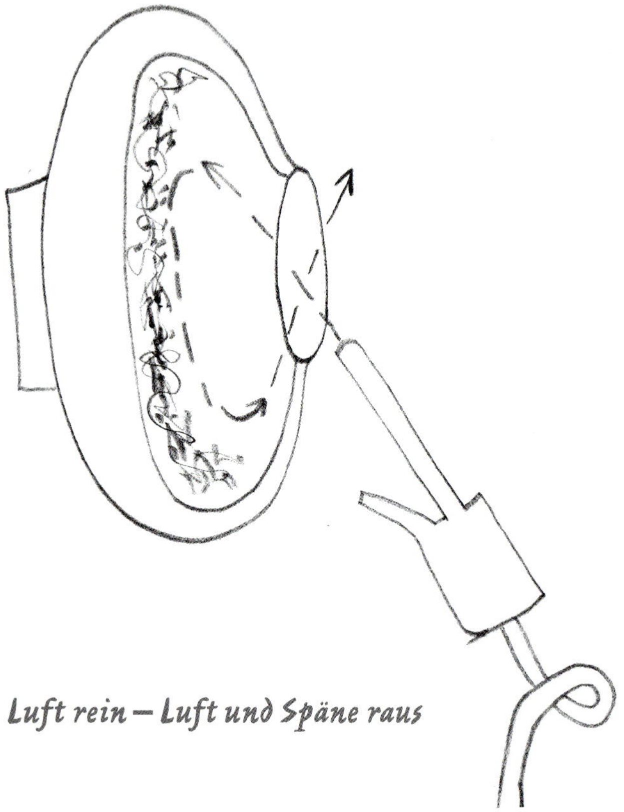

Beim Ausdrehen einer Hohlform ist es sehr wichtig, oft zu stoppen und die Späne aus dem Inneren zu entfernen. Wenn Sie das nicht oder zu wenig tun, wird die Werkzeugspitze von den Spänen erfasst und herumgerissen. Glücklicherweise können die meisten Späne mit einem „Schuss" aus dem Kompressor in 45 Grad zum Eingangsloch entfernt werden.

Gerade Werkzeuge benutzen

Der Zweck aller geraden Ausdrehwerkzeuge ist es, den Großteil der Masse innerhalb einer Hohlform zu entfernen, damit Sie mit den feineren Schnitten an der Innenwand fortfahren können – unter Benutzung gebogener Werkzeuge. Die hauptsächliche Richtung der Schnitte ist dieselbe wie bei einer offenen Schale: links vom Zentrum beginnend in Richtung Zentrum. Wenn Sie vom Zentrum nach links schneiden, schneiden Sie unmittelbar in Hirnholz und die Spitze wird sofort anfangen zu vibrieren.

Es ist nicht Geheimnisvolles an diesen Schnitten mit dem geraden Ausdrehwerkzeug, vielleicht mit Ausnahme der letzten geraden Schnitte über den Boden im Zentrum der Hohlform. Tatsächlich kann das gerade Werkzeug nichts besser, als alles Holz auszuräumen, das den feineren Schnitten mit dem gebogenen Werkzeug im Weg ist.

Die Tiefe vorbohren

Vorbohren ist ein vollkommen akzeptabler Weg, um festzustellen, wie tief Sie in eine Hohlform eintauchen können, ohne versehentlich einen Lampenschirm zu produzieren. Es wird beim Drechseln offener Schalen allgemein angewandt, weil es die innere Tiefe festlegt, bevor man zu schneiden beginnt. Das gebohrte Loch eliminiert darüber hinaus auch den lästigen Buckel im Boden, der die Spitze des Drechselwerkzeugs ablenken kann. Allerdings kann es auch Probleme bereiten, ein Loch in eine Hohlform zu bohren. Nicht zuletzt, dass mit Ihrem gewachsenen Können auch die Höhen Ihrer Formen wachsen und Ihre Bohrer nicht lang genug sind. Und natürlich müssen Sie den Bohrer ständig wieder zurückziehen und die Späne auswerfen, damit er im Bohrloch nicht von den anschwellenden grünen Fasern erfasst und festgeklemmt wird. Und hier kommen wir zum eigentlichen Problem: der Hitze. Sauber oder nicht, die Bohrerspitze wird heiß und diese Hitze wird auf das Holz um das Eingangsloch übertragen. Bei offenen Schalen drehen Sie dieses Holz später ab. Aber bei Hohlformen, besonders jenen mit kleinen Eingangslöchern, wird schon bald ein Riss quer über die Öffnung erscheinen.
Alternativ können Sie lernen, ein gerades Ausdrehwerkzeug zu benutzen, um diesen Bereich auszubohren und die Höhlung zu öffnen und den Buckel zu entfernen. Alles in einem Zug. Es gibt keinen Grund, eine Hohlform vorzubohren, um zu verhindern, dass man zu tief aushöhlt. Es ist leichter, die Tiefe während des Drechselns zu messen.

Üben mit einem gerade Werkzeug

Ein Ausdrehwerkzeug mit einer geraden Spitze kann gerade in eine Form bohren, um das Holz direkt unterhalb der Öffnung und etwas zu den Seiten hin zu entfernen. Das schafft Platz, um die gebogenen Werkzeuge einzuführen, damit sie den Rest des Abfallholzes entfernen und die innere Oberfläche verfeinern können. Die Bewegung, die Sie am meisten mit dem geraden Werkzeug ausführen werden, beginnt etwas links des Zentrums. Wenn Sie das exakte Zentrum erreichen, werden Sie einen Totpunkt spüren, an dem das Werkzeug an der Oberfläche zu schwimmen scheint. Hier können Sie vorsichtig die Spitze vorschieben und ein Loch mit der Länge der Spitze bohren. Danach können Sie einen zweiten Schnitt ansetzen, etwas links vom ersten, bis Sie die Tiefe des vorhandenen Loches erreichen. Die Wiederholung dieser Schnitte wird systematisch das Innere eintiefen.

Um diesen Schnitt zu üben, spannen Sie mal einen Klotz weiches Abfallholz auf die Drehbank, so als wollten Sie eine offene Schale drechseln. Dann schieben Sie die Handauflage etwa 15 cm weit von der Vorderseite des Klotzes weg, um die Tiefe zu simulieren, in der Sie bei einer Hohlform arbeiten würden. Üben Sie zuerst den Schnitt und beobachten Sie ihn. Dann schließen Sie die Augen und fühlen die Bewegung des Werkzeugs im Holz.

Setzen Sie die Spitze des geraden Ausdrehwerkzeugs links des Zentrums an.

Beginnen Sie in Richtung Zentrum zu schneiden.

Lehnen Sie sich mit dem ganzen Oberkörper leicht nach vorne und bewegen Sie die Spitze vorwärts in das Holz ...

... und weiter über ihre ganze Länge.

Gebogene Werkzeuge benutzen

Wenn Sie ungefähr bis in die Hälfte der Form fortgeschritten sind und begonnen haben, die Höhlung mit dem geraden Werkzeug auszuräumen, wird es Zeit, mit dem gebogenen Werkzeug weiterzumachen. Aber bevor Sie damit beginnen, ist es höchst wichtig sicherzustellen, dass für das gebogene Werkzeug genügend Platz vorhanden ist. Die Ansammlung von Spänen in einem beengten Raum kann die Spitze erfassen und herumwirbeln.

Der Zweck gebogener Drehwerkzeuge ist es, zarte Schnitte auf der Oberfläche von dünnen Wandungen zu machen und in Bereiche vorzudringen, die von geraden Werkzeugen nicht erreicht werden können. Als ich diese Werkzeuge entwickelte, stellte ich sehr schnell fest, dass ihre physikalische Dynamik von der gerader Werkzeuge sehr verschieden ist. Und natürlich machte ich jeden denkbaren Fehler, bis ich herausfand, was vorging und wie ich die Probleme lösen konnte, die ich mir selbst geschaffen hatte.

Das erste Problem hängt mit der Drehung des Holzes zusammen: In dem Moment, in dem Sie mit der Spitze eines gebogenen Werkzeugs ein drehendes Holzstück berühren, wird das Holz die Spitze nach unten reißen. Wenn Sie dann den Handgriff nicht fest im Griff haben, kann die Abwärtsbewegung der Spitze Ihnen das Werkzeug aus der Hand schlagen und dabei die Form zerstören. Das geschieht nicht allzu oft, aber es ist aufregend, wenn es tatsächlich mal passiert.

Wie also können Sie Ihre Hände entspannen, um einen Schnitt zu machen, ohne die Kontrolle über das Werkzeug zu verlieren und die Form zu sprengen?

Zuerst, genau wie bei einem geraden Werkzeug, nutzen Sie den gesamten Körper, um das Werkzeug zu unterstützen, sodass Ihre Hände – so wichtig sie auch

Positionieren der Spitze eines gebogenen Werkzeugs

Um die Raffinesse eines gebogenen Werkzeugs schätzen zu lernen, sollten Sie zum Übungsklotz zurückkehren. Das gebogene Werkzeug funktioniert am besten, wenn seine Spitze auf der exakten Höhe der Zentralachse ist. Nehmen Sie die Spitze etwas über die Achshöhe, dann wird sich das Werkzeug in das Holz eingraben und ruckartig nach unten gerissen werden. Lassen Sie die Spitze unter die Achshöhe absinken, gleitet das Werkzeug auf dem Holz, ohne zu schneiden. Aber wenn die Spitze nur ein kleines bisschen abgesenkt wird, kann sie das Holz sicher berühren, weil sich die Oberfläche von der Spitze wegdreht statt in sie hinein.

Am Anfang drehen Sie den Schaft des Werkzeugs ganz wenig im Gegenuhrzeigersinn, sodass die Spitze nur ca. 5 Grad unter der Horizontalen ist. Mit der Spitze des Werkzeugs können Sie nun, weil sie das Holz sicher berührt, die Oberfläche der Innenseite fühlen und entscheiden, wo Sie den Schnitt ansetzen wollen. Danach drehen Sie das Werkzeug zurück in die Horizontale und machen den Schnitt. Der Schaft des Werkzeugs bleibt während des ganzen Schnittes waagrecht, weshalb die Hand am hinteren Ende des Griffes die Drehung der Spitze kontrolliert.

Gebogene Werkzeuge verfangen sich, wenn Sie die Lage der Spitze in Relation zur Oberfläche des Holzes nicht verstehen. Drehen der Spitze um 5 Grad nach unten bedeutet, dass sich das Holz in diesem Moment von der Schneidspitze wegbewegt und nicht in sie hinein. Umgekehrt ist ein Einhaken unvermeidlich, wenn die Schneide der Spitze nach oben wandert, und der Schlag ist meist nicht kontrollierbar.

Wenn sich die Spitze eines gebogenen Werkzeugs auf der Achsebene des Werkstücks befindet, sind Effizienz und Kontrolle am größten.

Wenn Sie die den Schaft ein klein wenig nach unten drehen, dreht sich das Holz eher von der Spitze weg als in sie hinein. Das erlaubt, die Oberfläche ohne Angst vor einem Schlag zu fühlen.

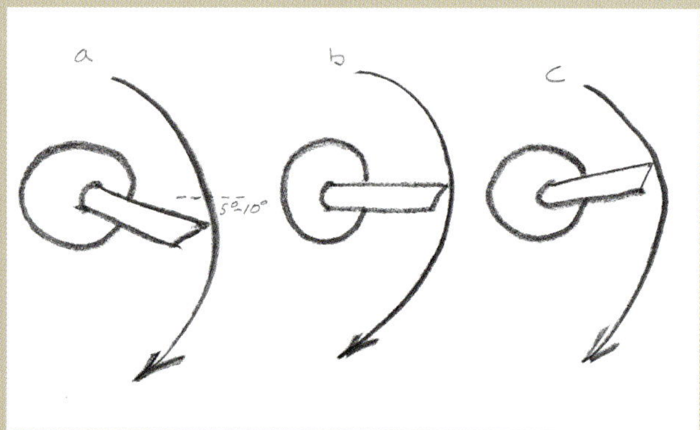

Wenn die Spitze über die Achshöhe angehoben wird, werden die Fasern des Holzes die Schneide der Spitze ruckartig nach unten schlagen (c).

Sobald genug Platz ist für das gebogene Werkzeug, benutzen Sie es, um die Masse des Holzes zu entfernen und die Wandstärke auszuformen.

sind – nicht wichtiger werden als Ihre Zehen oder jeder andere Teil Ihres Körpers. Zweitens, und genauso wichtig, dürfen Sie das Innere einer Hohlform nicht mit derselben Einstellung angehen wie das Äußere: Sie dürfen das Holz *nicht bezwingen wollen*. Ausdrehwerkzeuge erfordern eine andere mentale Einstellung.

Um das Arbeiten mit gebogenen Werkzeugen zu üben, gehen Sie zurück zu Ihrem Übungsklotz und machen Sie langsame, schwingende Schnitte über die Vorderseite. Wenn vom geraden Werkzeug Grate übrig geblieben sind, glätten Sie sie jetzt. Benutzen Sie Ihre linke Hand auf der Handauflage als Tiefenstopp und als Drehpunkt. Stellen Sie sich die Oberfläche als Abfolge von Graten und Tälern vor und führen Sie die Werkzeugspitze von links nach rechts und wieder zurück über die Erhöhungen. Streichen Sie über Luft und Holz, bis alle Grate entfernt sind und Sie mit einer durchgehenden Oberfläche enden. Nochmals: Machen Sie ein paar Schnitte und dann schließen Sie die Augen und machen „blind" noch ein paar Schnitte. Öffnen Sie gelegentlich die Augen und schauen Sie, wo Sie gerade sind, dann schließen Sie die Augen wieder und fühlen die Fortschritte der Schnitte. Die Qualität der Oberfläche wird durch schrittweises Vorgehen und durch die Entspannung Ihres Körpers bestimmt.

Übungen mit dem gebogenen Werkzeug

Um ein Gefühl dafür zu erhalten, was ein gebogenes Werkzeug leisten kann, entfernen Sie die Grate, die Sie mit dem geraden Werkzeug auf Ihrem Übungsklotz erzeugt haben.

Bewegen Sie langsam die Schneidspitze von rechts nach links sowohl durch die Luft als auch durch das Holz.

Und jetzt in anderer Richtung – von links nach rechts.

Wiederholen Sie das, bis die Oberfläche glatt ist.

Werkzeuge auswählen

Es gibt einige Unterschiede zwischen den verschiedenen Werkzeugen, die ich zum Drehen an der Innenseite der Wandung benutze. Einige wirken subtil, andere dramatisch. Vergleichen Sie die drei Werkzeuge im Foto rechts.

Der Rundschaft unten hat 14 mm Durchmesser und ist um die 19 mm lange Schneidspitze verlängert. Es ist das stabilste Werkzeug unter den dreien. Nicht nur, dass der Schaft am kräftigsten ist, sondern auch die Spitze ist am nächsten an der Unterstützung des Schafts. Das mittlere Werkzeug mag wegen der Krümmung unstabil aussehen, aber es gewinnt Stabilität, weil die Masse des Schaftes sehr nah an der Schneidspitze ist. Das obere Werkzeug mit seiner 4,8-mm-Spitze in beachtlichem Abstand vom Schaft ist am wenigsten stabil.

Ich benutze das untere 14-mm-Werkzeug, um die schwere Schrupparbeit auszuführen, bevor ich beginne, die Wand dünn zu drechseln. Der Grund ist, dass die nur 19 mm lange Spitze vom Schaft gut unterstützt wird. Danach nehme ich den gebogenen 12,5-mm-Schaft, um die Wandstärke fertig zu stellen. Dieses Werkzeug ist auch gut geeignet, um die oberen Bereiche in hochschulterigen Gefäßen zu erreichen, besonders, wenn ich durch ein kleines Loch arbeiten muss. Ich benutze den 12,5-mm-Schaft mit der verlängerten 4,8-mm-Spitze, um die allerfeinsten Arbeiten beim Finish des Inneren durchzuführen.

Logischerweise sollte man annehmen, dass die am besten unterstützten Werkzeuge für die letzten, feinen Schnitte am besten geeignet sind. Dem ist leider nicht so, weil die Spitze an dem kräftigeren Schaft zu sehr unterstützt ist. Bei dünnwandigen Formen ist die Wand etwas elastisch, sodass diese Spitze durchbricht.

Im Gegensatz dazu ist die 4,8-mm-Spitze auf dem dünneren Schaft weniger gut unterstützt und viel feinfühliger für die Holzoberfläche. Diese Empfindlichkeit erlaubt mir, winzigste Änderungen in der Drehrichtung der Spitze zu machen – nach oben oder nach unten –, um eine hochwertige Oberfläche an einer dünnen Wandung zu erzeugen.

Jedes gebogene Werkzeug wird von der Holzoberfläche nach unten gezogen, wenn Sie den Schnitt zu aggressiv angehen. Aber das stellt als Nebeneffekt des Designs gleichzeitig eine Sicherung dar, denn wenn die Spitze nicht nach unten gelenkt würde, dann würde sie durch die Wand brechen. Es ist sehr leicht, in die Hirnholzfasern innerhalb einer Form zu krachen, ohne überhaupt zu realisieren, wie aggressiv man gewesen ist. Mit genügend Übung werden diese Schnitte intuitiv.

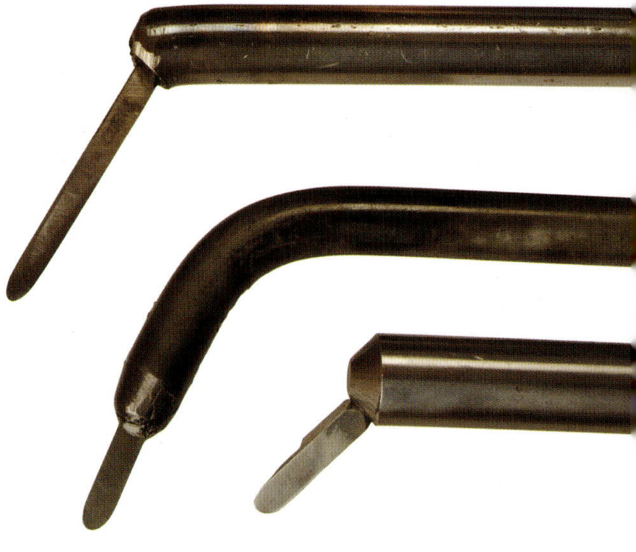

Verschiedene Werkzeugformen werden für verschiedene Schnitte eingesetzt. Das Werkzeug unten mit dem dicken Schaft dient dazu, den Großteil des Abfallholzes zu entfernen, mit dem mittleren Werkzeug wird die Wand dünn gedrechselt und das obere Werkzeug ist bestens für die allerdelikatesten Schnitte geeignet.

Wenn Sie den Sehsinn ausschalten, fühlen Sie sich verständlicherweise etwas hilflos. Aber es ist sehr aufregend, den anderen Sinnen, vor allem dem Tastsinn und dem Hörsinn, vertrauen zu lernen. Dies schließt das Atmen ein und die Benutzung des gesamten Körpers von den Zehen bis zu den Fingerspitzen. Es braucht lediglich etwas Übung, diese Schnitte zu beherrschen, wie das für jede Handfertigkeit gilt.

Wenn Sie diese Verbindung von Geist und Körper, soweit sie das Drechseln von Hohlkörpern betrifft, verstanden haben, ist jedes hergestellte Objekt ein weiterer Entwicklungsschritt Ihrer Fähigkeiten. Es gibt offensichtlich eine riesige Kluft zwischen Ihrem ersten und Ihrem fünften Stück. Aber zwischen dem sechsten und zehnten Objekt wird Ihre Sensibilität bemerkenswert gut an den Vorgang angepasst werden. Wenn Sie einmal gelernt haben, wie der technische Vorgang abläuft, ist die persönliche Erfüllung, die Sie aus dem Hohlformendrechseln gewinnen können, grenzenlos.

Es ist mir eine große Freude, dass es heute so zahlreiche Typen und Stile von Werkzeugen für das Innenausdrehen gibt. Wir haben nun Schaber, Schneidstähle, Stabilisatoren, Haken, Ringwerkzeuge und Laser … und wer weiß, was noch alles kommen wird. Sie alle arbeiten mehr oder weniger gut, auch abhängig davon, was Sie mit ihnen tun wollen und wie Sie üben. Aber alle Systeme – auch meines – haben gemeinsam, dass sie ihre Grenzen haben. Ich benutze weiterhin meine eigenen Werkzeuge anstelle der anderen, weil sie vielseitiger sind, aber auch weil die Schäfte der anderen Werkzeugsysteme viel zu groß sind, um durch die Öffnungen in meinen Objekten zu passen.

Gerades Werkzeug	Gebogenes Werkzeug
1, 2	2, 3
4, 5	5, 6
7, 8	8, 9

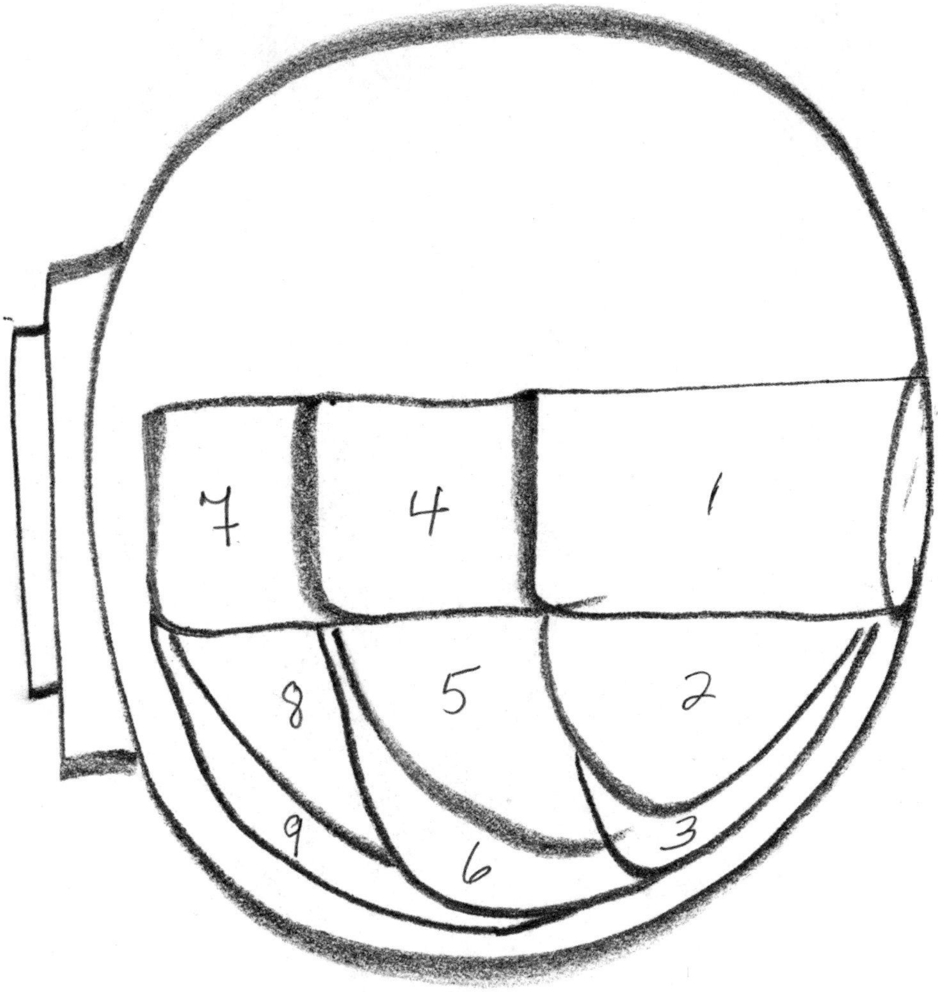

Diese Illustration ist eine der wichtigsten im gesamten Buch. Sie zeigt, welche Werkzeuge in welcher Region des Inneren und in welcher Reihenfolge benutzt werden sollen, um den Arbeitsablauf beim Aushöhlen zu organisieren. Befolgen Sie die Reihenfolge der Schnitte und benutzen Sie die empfohlenen Werkzeuge für die jeweilige Region. Das macht den gesamten Aushöhlvorgang leichter durchführbar.

Organisieren des Inneren

Sich mit scharfen Schneiden in einer Hohlform voranzuarbeiten kann einschüchternd sein, aber auch erregend. Die Erregung kommt, wenn Sie entdecken, was diese Werkzeuge tun können, obwohl Sie nicht sehen, wie sie es tun.

Studieren Sie die Illustration oben gründlich. Sie ist Ihr Wegweiser, welches Werkzeug wann benutzt werden soll. Wenn Sie den abgebildeten Schritten folgen, ist es wichtig, jeden Schritt zuerst abzuschließen, bevor Sie den nächsten tun. Auf diese Weise müssen Sie nicht zurückgehen oder eine Arbeit zweimal machen, weil Sie etwas ausgelassen haben. Hohlformen nehmen mehr Zeit in Anspruch als offene Schalen, Grünholz verzieht sich und dünne Wandungen vibrieren gegen die Werkzeugschneide. Nehmen Sie diese Faktoren zusammen und Sie werden leicht einsehen, dass es wichtig ist, in den tieferen Regionen der Hohlform genügend Masse zu haben, solange Sie die oberen ausräumen. Das ist ähnlich wie bei offenen Schalen. Nebenbei, wenn Sie die Innenform fertig drehen wollen, kann es gut sein, dass sich die Grundform bereits verändert hat – sie ist nicht mehr rund –, sodass eine Rückkehr in die oberen Regionen oder der Versuch, das Eingangsloch zu überarbeiten, nicht mehr möglich ist. Ich hatte sogar schon die Situation, dass das Eingangsloch nicht mehr zentriert war, was es schwierig machte, das Werkzeug in das Loch einzuführen!

In meinem Nummerierungssystem sind Überlappungen in den Regionen 2, 5 und 8 enthalten, wo Sie entweder gerade oder gebogene Werkzeuge benutzen können. Zum einen beruht das auf persönlicher Vorliebe, zum anderen darauf, dass Holz unterschiedlicher Dichte unterschiedlich reagiert. Weiches, nasses Holz wird sich mit gebogenen Werkzeugen leicht bearbeiten lassen, während harte, dichte Hölzer oder sehr trockene möglicherweise nach dem geraden Werkzeug verlangen, da es mehr Unterstützung für die Schneide bietet.

Die abgebildeten Regionen sind relativ, das heißt, Sie haben viel persönlichen Spielraum. Wichtig ist, das gerade Werkzeug einzusetzen, um Raum im Inneren zu schaffen, bevor Sie das gebogene Werkzeug benutzen. Es gibt nichts, was mehr verstört, als mit einem gebogenen Werkzeug in eine Form einzutauchen, in der nicht genug Platz ist, und deshalb mit der Spitze einzuhaken. Das gefangene Werkzeug wird in Ihren Händen herumwirbeln, bis Sie entweder herausgefunden haben, wie Sie die Maschine abschalten können, oder Sie rennen weg und suchen Deckung.

Regionen 1 und 2

Ich beginne mit dem geraden Werkzeug in Region 1, arbeite von etwas links des Zentrums in Richtung Zentrum und schiebe die Spitze dabei vor. Dieser Schnitt geht in dieselbe Richtung wie der Schnitt mit einer Röhre beim Bearbeiten einer offenen Schale. Ich könnte vom Zentrum nach links arbeiten, aber dann müsste ich „bergauf“ schneiden und würde Vibrationen erhalten. Ich wiederhole die Schnitte von links in das Zentrum, um das Loch zu vertiefen und aufzuweiten. Ich stoppe die Maschine oft, normalerweise nach jedem Schnitt, um die Späne zu entfernen.

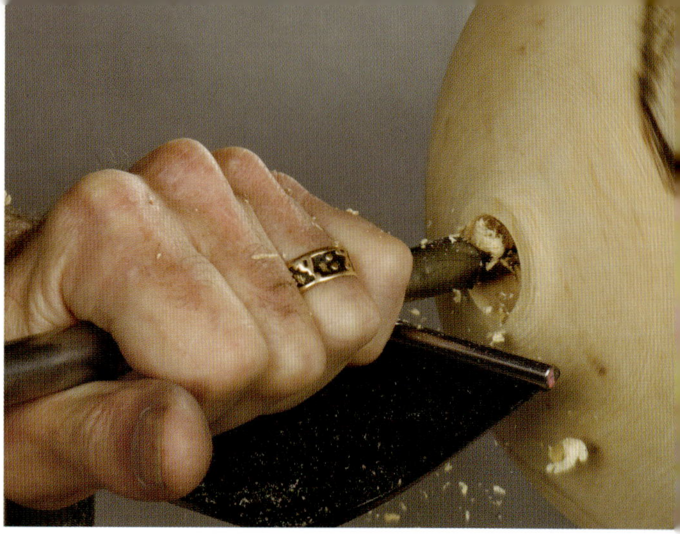

Beginnen Sie die Innenschnitte mit dem geraden Ausdrehstahl. Drechseln Sie eine zylindrische Vertiefung (Region 1), indem Sie die Spitze von links des Zentrums zum Zentrum führen, genau wie Sie auch eine Röhre bei einer Schale führen würden.

Schneiden Sie von links des Zentrums in Richtung Zentrum. Machen Sie kleine, glatte Eintauchschnitte.

Die Aushöhlung zylindrisch halten

Wenn ich mit dem geraden Werkzeug fortfahre, kann die Aushöhlung möglicherweise konisch werden. Ich versuche, die konische Aushöhlung in eine zylindrische aufzuweiten, indem ich mehr in die Region 2 einschneide und danach hinunter zum Zentrum im Boden. Wenn ich den Werkzeuggriff gegen meine Seite halte, muss ich meinen Körper von der linken Seite der Drehbank zur rechten verlagern, entweder während oder zwischen den Schnitten. Solange ich den Werkzeuggriff gegen meine Seite halte, wird die Energie des Schnittes von meinem Oberkörper ausgehen, egal in welche Richtung das Werkzeug voranschreitet. Wenn ich den Werkzeuggriff von meiner Seite entferne, und sei es nur für ein paar Schnitte, merke ich sofort, wie verletzlich meine Schulter ist.

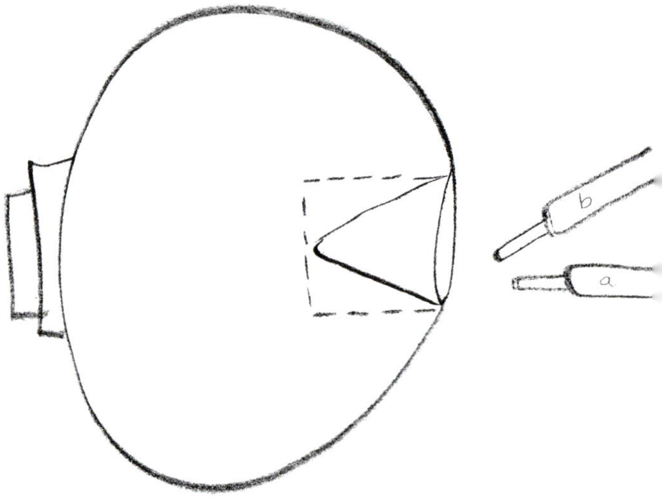

Es ist ganz normal, anstelle einer zylindrischen eine konische Aushöhlung zu formen, wenn in Region 1 geschnitten wird. Sie müssen sie aber in einen Zylinder aufweiten, indem Sie aus der Position (b) heraus schneiden.

Stoppen Sie oft und räumen Sie die Späne mit einem gebogenen Draht aus. Selbst wenn Sie die feinen Späne mit Pressluft herausblasen, bleiben immer einige dafür zu große zurück.

Das Innere sauber halten

Ich habe es schon gesagt und wiederhole es, weil es so wichtig ist: Entfernen Sie die Späne so schnell wie möglich, wenn Sie im Inneren einer Form drehen. Eine Anhäufung von Spänen ist nicht nur im Weg, sie können sich auch auf der Schneidspitze ansammeln, sich verklemmen und das Werkstück zerstören. Und das ist noch nicht das Schlimmste. Sie können ein gebogenes Werkzeug in Ihrer Hand zum Durchdrehen zwingen und es ist unmöglich, die Drehbank schnell genug abzuschalten. Jede beliebige Menge an Spänen kann zum Problem werden, aber je größer die Aushöhlung, desto mehr Späne können sich ansammeln. Ich benutze Pressluft, um die meisten der kleinen Späne vom Hirnholz auszublasen, aber die langen Längsholzspäne müssen mit einem gebogenen Draht ausgeräumt werden. Und natürlich wird das umso schwieriger, je kleiner die Öffnung ist.

Langholzobjekte

Wenn man die Schnitte in einem Langholzobjekt beginnt, z. B. einer Vase, schneide ich immer noch von links des Zentrums, aber jeder Schnitt ist kleiner und langsamer, weil ich in diesem Fall Hirnholz schneide. Vom Zentrum nach außen zu schneiden, wird die Vibrationen erhöhen, weil diese Schnitte von der zentralen Achse der Drehbank wegführen. Denken Sie daran, dass diese Werkzeuge Schabspitzen haben, keine schneidenden Spitzen, wie sie Ausdrehhaken oder -ringe aufweisen, bei denen man immer von der Mitte nach links schneiden muss.

Entfernen des Buckels

Beim Schnitt mit dem geraden Werkzeug wird sich immer innerhalb der Aushöhlung ein zentraler Buckel bilden. Der Grund dafür ist, dass die Spitze des Werkzeugs eine runde Fingernagelform hat. Die Oberfläche des Holzes im exakten Zentrum dreht sich links der Achse nach unten und rechts nach oben. Wenn Sie versuchen, das Werkzeug genau im Zentrum nach vorne zu schieben, kann es nur auf der linken, abwärts gerichteten Seite des Holzes schneiden.

Weder mit dem geraden noch mit dem gebogenen Werkzeug dürfen Sie gegen den Buckel drücken und Sie dürfen auch nicht zulassen, dass die Werkzeugspitze zur rechten, aufwärts gerichteten Seite wandert. Das Holz wird die Spitze sofort erfassen, nach oben und über das Zentrum reißen und auf der linken Seite wieder nach unten. Dies kann dazu führen, dass der Schaft des Werkzeugs gewaltsam den Rand Ihrer Hohlform zerstört. Schlimmer, Ihr kleiner Finger wird wahrscheinlich zwischen Schaft und Handauflage eingeklemmt, wenn der Schaft wieder herunterknallt!

Den Buckel zu entfernen ist einfach, aber es erfordert Erfahrung mit dem geraden Werkzeug und Sie müssen anders vorgehen.

Um den Schnitt zu machen, positioniere ich das Werkzeug in der Mitte des Eingangsloches und parallel zum Drehbankbett. Da die Handauflage bereits auf Höhe der Drehachse ist, kann ich nun den Buckel mit der Schneidspitze fühlen. Wenn ich meinen Weg durch den Buckel mit Kraft versuchen würde, wäre es, wie gegen einen Berg zu rennen. Stattdessen versuche ich die Spitze des Buckels zu finden. Ich weiß, dass ich sie gefunden habe, wenn ich einen toten Punkt spüre, an dem nichts geschieht. Wenn ich den Totpunkt habe, versuche ich keinesfalls, ihn wegzudrehen. Stattdessen lasse ich langsam die Spitze unter den Buckel absinken und nehme sie wieder hoch, um ein bisschen abzuschneiden. Danach, mit der linken Hand als Tiefenmaß und Drehpunkt auf der Handauflage, führe ich die Werkzeugspitze nach *links* neben den Buckel ins Leere und dann wieder nach rechts, um den Mittelpunkt zu finden.

Es passiert Folgendes: Ich schneide ein wenig vom Buckel weg, wenn ich die Spitze zum Zentrum hochhebe, und nochmals ein bisschen, wenn ich die Spitze nach links führe. Wenn ich die Spitze nach rechts wieder zurück ins Zentrum führe, ist es egal, ob ich dabei Holz wegschneide, es schadet aber nicht. Ich finde damit den Hochpunkt des Buckels wieder, der als Anhaltspunkt, um dieses Hinunter-hinauf- und

Entfernen des Buckels innerhalb der Hohlform

Um zu lernen, wie man den Buckel entfernt, kehren Sie zu Ihrem Übungsklotz zurück und probieren diese Methode aus.

Finden Sie den Totpunkt genau im Zentrum des Stücks.

Senken Sie des Spitze des Werkzeugs genau nach unten.

Heben Sie die Spitze wieder an und schneiden Sie ein kleines bisschen Holz weg.

Bewegen Sie die Spitze gerade nach links in die Luft.

Bringen Sie die Spitze wieder nach rechts, um ein klein wenig Holz wegzuschneiden und das Zentrum wiederzufinden.

Rechts-links-Manöver so lange zu wiederholen, bis ich den Buckel entfernt habe.

Wiederholen Sie diese Bewegung *sehr langsam* und mit *papierdünnen Schnitten*, bis Sie den Buckel zu einer flachen, glatten Oberfläche reduziert haben. Wenn ich zu schnell durch den Schnitt gehe, werde ich nicht imstande sein, seine Tiefe zu kontrollieren oder, noch wichtiger, die Veränderungen im Buckel zu fühlen, wenn ich ihn wegschneide. Es ist wichtig, diese Oberfläche mit der Werkzeugspitze zu erkunden, so als würde sie dem Holz die Hand reichen.

Arbeiten Sie in langsamen Bewegungen und denken Sie daran, dass Sie nicht *fühlen* können, was das Werkzeug im Inneren gerade tut, wenn Sie den Prozess beschleunigen. In langsamer Bewegung zu arbeiten hilft Ihnen, vollständig zu verstehen. wie diese Schnitte funktionieren.

Als Lehrer habe ich beobachtet, dass sich die Schüler anfangs nicht darüber im Klaren sind, wie aggressiv sie werden, wenn sie „diesen dummen kleinen Buckel" zu entfernen versuchen. Es ist ganz natürlich, wenn man denkt: „Das Werkzeug ist dazu da, das Holz zu schneiden, also gehen wir es an!" Fairerweise muss man zugeben, dass der Unterschied zwischen einem Präzisionsschnitt und einem Kraftschnitt nur schwer zu fühlen ist. Es erfordert Aufmerksamkeit, flaches Atmen und die Fähigkeit, Ihren gesamten Körper zu entspannen.

Wenn Sie 20 cm tief in der Hohlform arbeiten, können Sie den Schnitt nicht mehr kontrollieren, wenn Sie den Werkzeuggriff vom Körper weghalten und versuchen, ihn nur mit Muskelkraft zu halten. Der tiefste Schnitt, den ich gemacht habe, war 96 cm von der Handauflage entfernt, mit einem Werkzeug von 3,8 cm Durchmesser und 2,4 m Länge. Bei dieser Tiefe, oder genauer bei allem über 30 cm tief, dürfen die Schnitte nur mehr hauchzart sein. Wenn Sie mit geschlossenen Augen üben, werden Sie Ihre eigenen Möglichkeiten entdecken, wie Sie den Schnitt unterstützen können. Diese Unterstützung umfasst die volle Einbeziehung von Zehen, Atmung und persönlichem Rhythmus.

David Ellsworth, VASE, 1989. Redwood-Maserknolle; 96 cm hoch, 28 cm Ø. Dieses Objekt wurde geschaffen, indem ich mit einem 2,4 m langen Werkzeug 96 cm über die Handauflage hinausging – die größte Distanz, die ich je freihändig von der Handauflage entfernt gedrechselt habe.

Lassen Sie die Drehbank laufen

Wenn Sie innerhalb einer Hohlform arbeiten, lassen Sie die Drehbank laufen, wenn Sie ein Werkzeug einführen oder herausnehmen. Es ist einfach viel zu viel Ablenkung, wenn Sie mit der einen Hand nach dem Einschaltknopf tasten, während Sie mit der anderen das Werkzeug festhalten; und wenn es Ihnen wie mir geht, werden Sie aus dem Gleichgewicht geraten, wenn Sie nach dem Schalter greifen. Ein Objekt zu zerstören, nur weil ich meine Konzentration verloren habe, ist etwas, was ich nicht tun will. Ein Fußschalter könnte helfen, aber es ist leichter, sich gleich von Anfang an eine sichere Verhaltensweise anzugewöhnen.

Weiter mit Region 1

Wenn Sie den Buckel beseitigt haben, entspannen Sie Ihren ganzen Körper und erlauben der Spitze des geraden Werkzeugs, sich auf den exakten Mittelpunkt des sich drehenden Holzes abzusenken. Versuchen Sie, das Werkzeug kurz auf diesem Punkt einzufrieren. Vergewissern Sie sich, dass es nicht auf der Oberfläche herumwandert, und wenn Sie den exakten Punkt gefunden haben, dann atmen Sie kurz, aber tief ein und schieben das Werkzeug sehr langsam vorwärts. Beobachten Sie, wie die Spitze ein Loch bohrt, direkt im Zentrum des Werkstücks. Mit dieser angefangenen Bohrung können Sie sich nun mit Ihrem ganzen Oberkörper nach vorne neigen und die Spitze weiter ins Zentrum drücken. Sie können so tief bohren, wie die Schneidspitze aus dem Schaft herausragt. Danach können Sie weitermachen und von links zum Zentrum schneiden, wie Sie es schon am Anfang gemacht haben, und die Region weiter eintiefen. Schauen Sie nochmals nach unter „Üben mit einem geraden Werkzeug" auf Seite 163.

Regionen 2 und 3

Es gibt drei Möglichkeiten, einen Schnitt zu beginnen, wenn Sie in den Regionen 2 und 3 mit dem gebogenen Werkzeug arbeiten. Sie können die Schneide nach links drücken, sodass sie direkt in das Hirnholz eindringt. Sie können die Spitze auf sich zu ziehen, sodass sie quer zu den Fasern schneidet. Oder Sie können sie geradeaus vorwärts drücken, wo sie ebenfalls quer zu den Fasern schneidet.

Ich arbeite mit allen drei Methoden, wenn ich das Holz in diesen Regionen ausräume. Im Hinterkopf weiß ich, dass das Eintauchen der Spitze direkt links in das Hirnholz Vibrationen und Rattern hervorrufen wird. Wenn das geschieht, gehe ich ein bisschen zurück und fahre mit einem sanfteren Schnitt fort. Das ist wichtig, weil die Spitze gegen das Holz bei jedem rattert, auch bei mir. Man muss so vorgehen, denn es gibt keinen anderen Weg, um festzustellen, was das jeweilige Holz von der jeweiligen Spitze in der jeweiligen Region akzeptiert. Wichtig ist, feinfühlig gegenüber den Vibrationen zu bleiben und sofort auf sie zu reagieren, um den Schnitt zu retten. Es hilft, den Schnitt immer so zu beginnen, dass sich die Schneide knapp unterhalb der Achshöhe befindet.

Nachdem diese Schnitte gemacht wurden, stelle ich die Maschine ab, entferne die Späne und prüfe meinen Fortschritt mit Daumen und Zeigefinger. Ich registriere auch den Absatz, der vom Anfangsschnitt übrig geblieben ist. Diese Stufe zeigt mir an, wo der nächste Schnitt anzusetzen ist. Jedes Mal, wenn ich einen Schnitt mache, produziere ich eine weitere kleine Stufe. Mit der Schneidspitze gerade unterhalb der Achshöhe taste ich nach dieser Stufe, entscheide mich, wo ich den nächsten Schnitt machen möchte, und dann fahre ich fort. Schneiden, säubern, messen!

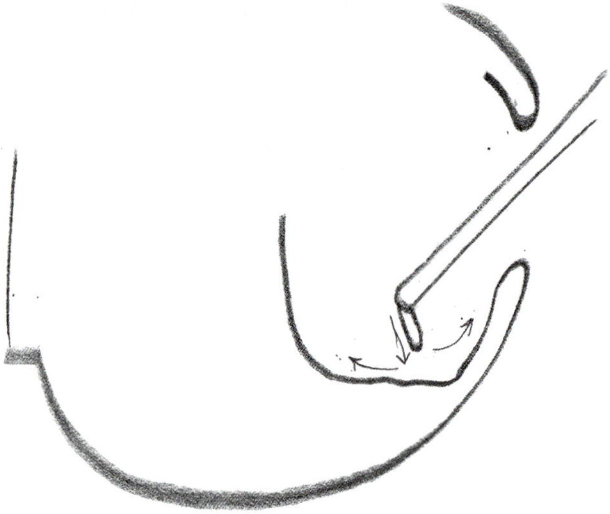

Das gebogene Werkzeug wird die Fasern schneiden, vorwärts ebenso wie rückwärts. Alle der angeführten Schnitte werden beim Aushöhlen einer Form angewandt.

Überprüfen Sie das Innere nach den ersten paar Schnitten, indem Sie die Maschine abstellen und das Innere mit den Fingern abtasten. Beachten Sie die Stufe, die bei den ersten Schnitten erzeugt wurde.

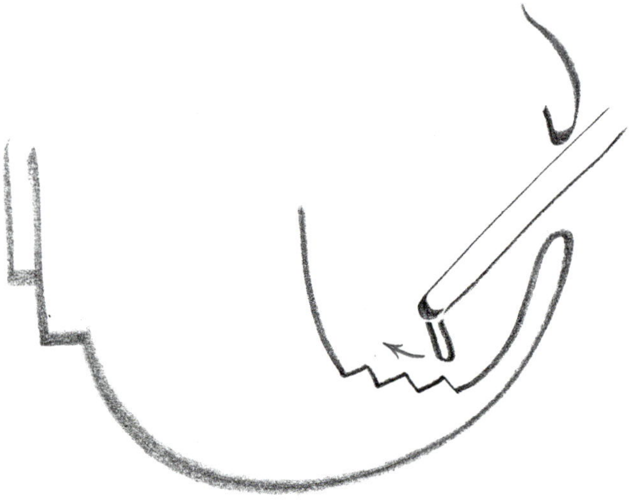

Jedes Mal, wenn Sie einen Schnitt mit dem gebogenen Werkzeug machen, produzieren Sie eine Stufe. Sie können diese Stufen als Referenzpunkte im Inneren benutzen – fühlen Sie einfach nach der letzten Stufe und arbeiten Sie ab da weiter.

Die Wandstärke messen

Wenn genügend Material in der Region 3 entfernt wurde, kann ich die Wandstärke mit einer Grenzlehre aus Draht messen, die ich hier Drahtkaliber nennen will. Neben den gebogenen Werkzeugen ist das Drahtkaliber das effektivste und gleichzeitig geheimnisvollste Werkzeug, das ich entwickelt habe. Ich sage das, weil es so einfach und logisch erschien, als ich es in den Mitsiebzigern entwickelte, dass ich nicht verstehen konnte, warum bis dahin noch niemand anders darauf gekommen war. Das Geheimnisvolle besteht darin, dass ich das Drahtkaliber 1979 für meinen ersten Artikel zum Hohldrechseln fotografiert habe und danach 1986 für einen weiteren Artikel – aber egal wo ich unterrichte, niemand hat es je beachtet, einschließlich der Leute, die die Artikel gelesen hatten. Ich denke, das kommt daher, dass mein Kaliber weder einen Rosenholzgriff hat noch einen Laser. Sie können es in keinem Katalog finden und Sie müssen es selbst herstellen. Und ja, es kostet sehr wenig, also kann es auch nicht viel wert sein.

Nun, meine ganze Karriere beruht auf diesem billigen Drahtkaliber, denn ohne es könnte ich keine Hohlformen drechseln. Wenn Sie eines bauen möchten, gehen Sie in den nächsten Baumarkt oder Modellbauladen und kaufen verzinkten Eisendraht mit 4 bis 5 mm Durchmesser, eventuell in Stabform, 1 m lang. Schneiden Sie davon ungefähr 75 cm ab und runden die Schnittkanten sorgfältig auf der Schleifmaschine, damit sie nicht das Holz zerkratzen. Dann biegen Sie den Draht in Form. Er wird in jeder Hohlform funktionieren bis zu einer Höhe von 30 cm. 5-mm-Draht hat eine gute Stärke, er wird seine Form behalten, wenn er einmal passend gebogen wurde. Man kann ihn auch nachbiegen, um ihn für andere Formen passend zu machen. Ich benutze keinen Messing-, Kupfer- und kaltgewalzten Draht, weil sie dazu neigen, ihre Form nicht zu behalten.

Das Geheimnis des Drahtkalibers ist, anders als bei üblichen Greifzirkeln, seine Einfachheit. Die zwei Spitzen haben keinen gemeinsamen Drehpunkt, sondern zeigen als Enden eines gebogenen Ringes aufeinander. Das erlaubt mir, die oberen Regionen einer Hohlform zu messen, dann das Kaliber umzudrehen und die Wandstärke der unteren Regionen zu messen. Siehe die Fotos rechts. Um in der Mitte zu messen, muss man den Bügel manchmal nachbiegen. Dieses Werkzeug funktioniert auch großartig in offenen Schalen. (Anmerkung des Übersetzers: Ich habe drei Jahrzehnte mit einem aufgebogenen Drahtkleiderbügel von der Reinigung gearbeitet. Funktioniert tatsächlich!)

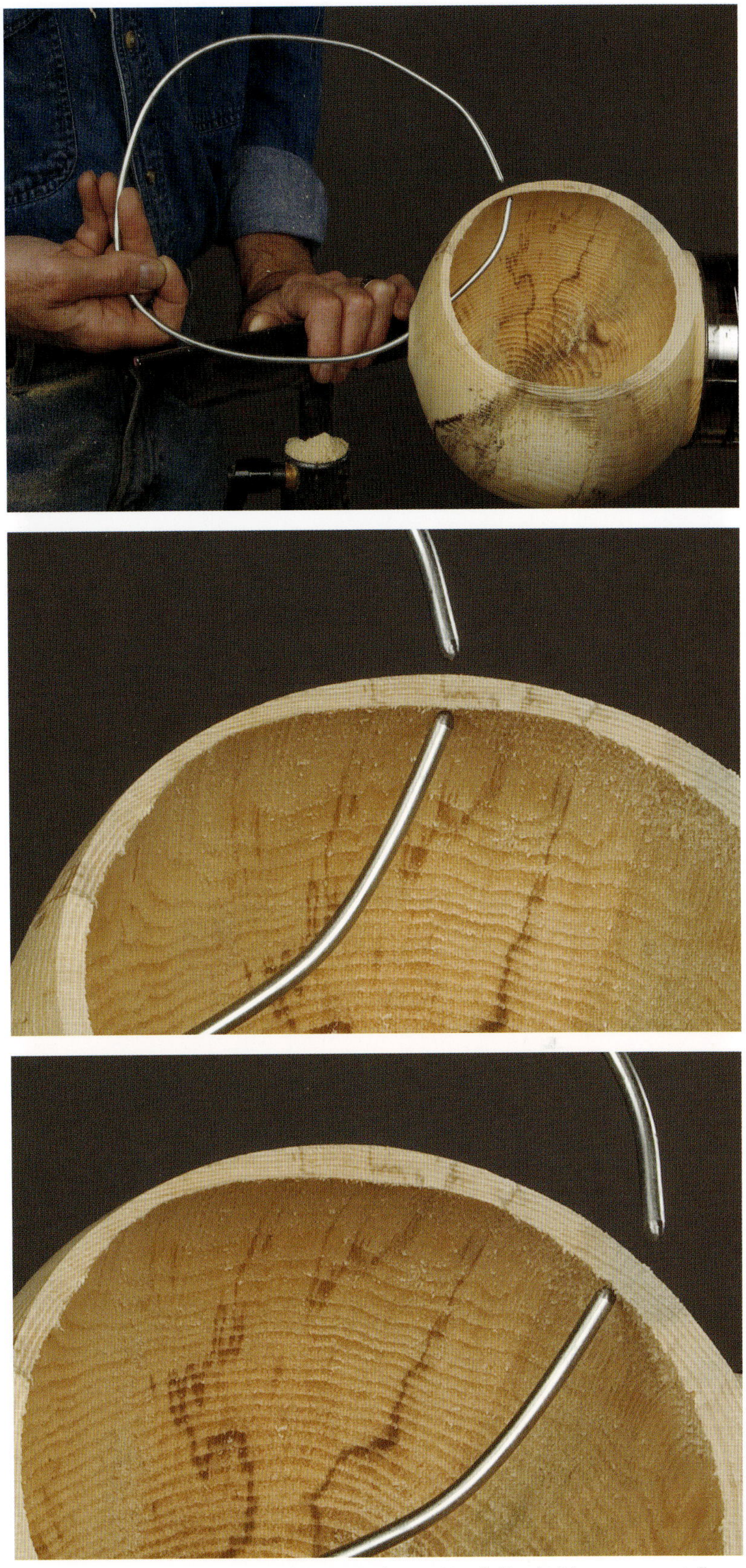

Das Drahtkaliber ist eines meiner wichtigsten Werkzeuge. Um die Wandstärke zu messen, stellen Sie den Abstand der beiden Enden auf eine bestimmte Entfernung ein und prüfen Sie, ob und wo die Wandstärke dicker oder dünner ist. Das Kaliber kann die obere (siehe Foto oben) und mittlere (Mitte) Region der Form messen, dann wird es umgedreht und misst die unteren Bereiche (unten).

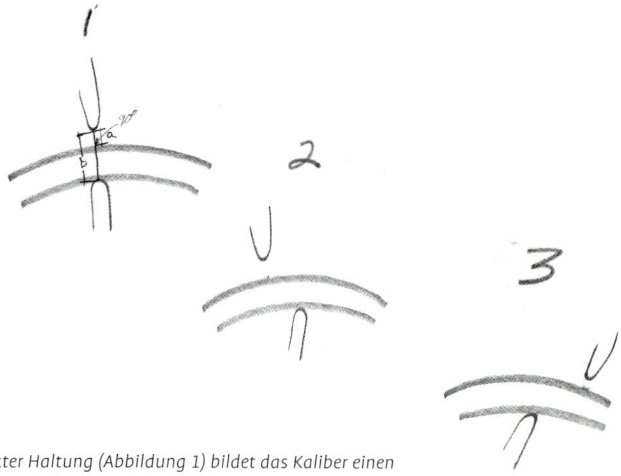

In korrekter Haltung (Abbildung 1) bildet das Kaliber einen 90-Grad-Winkel zur Wandoberfläche der Form. Wenn man es falsch hält, wird es keinen 90-Grad-Winkel bilden (Abbildung 2 und 3).

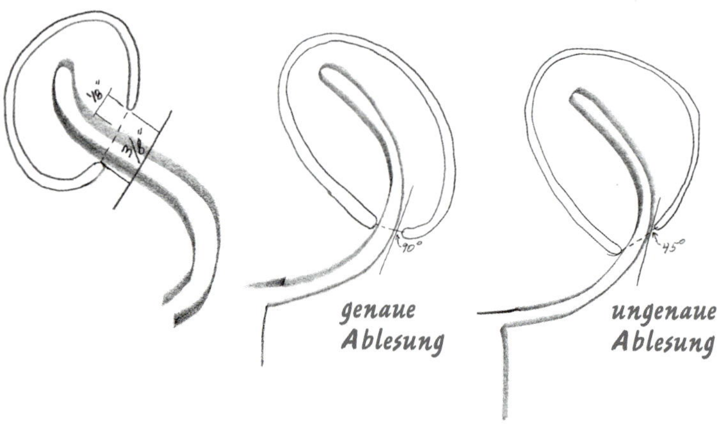

Um eine Wand zu messen, die ich 6 mm stark haben möchte, setze ich das Kaliber auf 10 mm (im Bild 3/8") Abstand zwischen den Spitzen. Wenn der Abstand zwischen der Außenwand und der äußeren Spitze mit 4 mm (im Bild 1/8") gemessen wird, weiß ich, dass die Wandstärke 6 mm beträgt. Denken Sie immer daran, die Linie zwischen den Spitzen rechtwinklig zur Wandung zu halten.

Das Drahtkaliber muss wie ein normaler Greifzirkel genau im 90-Grad-Winkel zur Oberfläche gehalten werden. Anders ist, dass es nicht auf das *genaue* Endmaß eingestellt wird. Stattdessen benutze ich es *subtraktiv*. Beispiel: Wenn ich die Wandung 6 mm stark haben möchte, dann stelle ich die Öffnung des Kalibers 10 mm weit ein. Dann platziere ich den einen Schenkel so innerhalb der Form, dass seine Spitze die Wand von innen berührt. Die Linie zwischen beiden Spitzen muss genau 90 Grad zur Oberfläche sein.

Wenn ich an der Außenseite einen Spalt von 4 mm messe, beträgt die Wandstärke genau 6 mm. Wenn ich weniger messe, zum Beispiel 2 mm, dann beträgt die Wandstärke noch 8 mm. Wenn der Spalt größer ist, sagen wir 6 mm, dann beträgt die Wandstärke nur noch 4 mm. Und so fort. Wenn die Spitzen des Kalibers nicht unter 90 Grad zur Oberfläche sind, egal in welchem Bereich des Objekts, dann bekomme ich keine akkurate Messung.

Mit anderen Worten, ich habe gelernt, die tatsächliche Wandstärke zu messen, indem ich den Luftspalt an der Außenseite der Form messe und dieses Maß von den voreingestellten 10 mm abziehe. Ich halte das Kaliber gegen die Innenseite der Form, bewege es langsam hin und her und beobachte die Außenspitze. Dicke und dünne Bereich werden schnell offenkundig, ebenso Grate und Täler.

Wenn ich unsicher bin, wie die Spitzen liegen werden, wenn das Kaliber in der Form ist, brauche ich es nur außerhalb und oberhalb der Form zu platzieren und es von oben betrachten. Ich halte es so, dass sich der Draht oberhalb der Eintrittsöffnung befindet und kontrolliere, ob die Linie zwischen den Spitzen 90 Grad zur Oberfläche aufweist. Wenn nicht, biege ich den Draht nach, bis er korrekt ist.

Die Wandstärke durch Klang ermitteln

Eine andere Methode, um die Wandstärke zu überprüfen, ist der Klang des Holzes. Legen Sie eine Hand ganz sacht auf die Außenwand der Hohlform und klopfen Sie vorsichtig mit dem Werkzeug gegen die Innenwand. Sie können die Dichte der Wand hören und fühlen. Dünne Bereiche werden vibrieren und eine klaren Ton ergeben, während dicke Bereiche nur ein dumpfes Geräusch erzeugen.

Das Kaliber bewegen

Es ist am besten, nur eine Hand zu benutzen, wenn das Kaliber bewegt wird. Wenn Sie beiden Hände nehmen, besteht eine natürliche Tendenz, das Kaliber auseinanderzubiegen, was eine ungenaue Messung ergibt.

Den genauen inneren Ort der Kaliberspitze festzustellen, ist eines der häufigsten Probleme, wenn es darum geht, das Innenausdrehen zu lernen. Die Innenseite kann sehr glatt sein, aber da sie nicht parallel zur Außenseite ist, habe ich keine Anhaltspunkte, um die Wandstärke abzuschätzen, und weiß daher nicht, wo ich schneiden muss. Die Lösung ist, das Drahtkaliber zu benutzen und die dicken Bereiche mit einem Bleistiftstrich an der Außenseite zu markieren. Mit abgeschalteter Maschine taste ich mit der Werkzeugspitze gegen die innere Wandung, bis ich sicher bin, dass ich sie in der Nähe der Bleistiftmarkierung berühre.

Ich ergreife den Werkzeugschaft mit meiner Hand auf der Handauflage, halte diesen Griff und entferne das Werkzeug aus der Form. Danach schalte ich die Maschine wieder ein, führe das Werkzeug ein und positioniere es in die vorherige Stellung. Nun mache ich einen Schnitt direkt nach links in den dickeren Bereich, sagen wir 3 mm tief. Danach schalte ich die Maschine wieder ab, messe mit dem Kaliber, wo ich den Schnitt gemacht hatte und wie viel ich noch wegschneiden muss. Ich habe nun einen Ausgangspunkt für die nächsten Schnitte.

Wenn Sie sich nicht vorstellen können, wie das Kaliber innerhalb der Höhlung aussehen wird, legen Sie es oben auf die Form und schauen Sie von oben darauf. Die Linie zwischen den Spitzen muss im Winkel von 90 Grad zur äußeren Oberfläche sein.

Die Wandstärke mit Licht messen

Manchmal benutze ich Licht, um die Wandstärke einer Form abzuschätzen, vor allem bei Grünholz, dessen Feuchtigkeit das Licht gut durchscheinen lässt. Ich schalte die Maschine einfach ab, richte das Licht von außen auf die Form und schaue durch die Öffnung nach innen. Diese Technik funktioniert mit hellen Hölzern besser als mit dunklen – und bei dunklen manchmal auch gar nicht. Und Sie müssen sorgfältig durch das Querholz leuchten und nicht durch das Hirnholz, weil Hirnholz das Licht so leicht durchscheinen lässt, dass Sie möglicherweise denken, Sie wären kurz vor dem Durchbrechen der Wandung, während in Wirklichkeit immer noch ein Zentimeter Holz übrig ist.

J. Paul Fennell aus Scottsdale, Arizona, hat eine wissenschaftliche Methode entwickelt, gedrehte Hohlformen mit Licht zu vermessen. Er befestigt ein Glasfaserlicht am Schaft seines Werkzeuges, dann verdunkelt er die Werkstatt, um das Leuchten der gesamten Form zu bewundern. Die dunkleren Bereiche weisen auf dickere Wandstärken hin.

Licht kann benutzt werden, um die Wandstärke jeder Form abzuschätzen, so wie bei dieser Naturrandschale aus Pappel. Beobachten Sie die Qualität des Lichts, wenn es durch die Wand scheint.

Ein Licht zeigt sofort die Dicke der Wandung auf. Beachten Sie, dass das Licht das Kernholz am Boden nicht durchdringt.

Das fertige Objekt hat eine gleichmäßig dicke Wandung, wie das durchscheinende Licht aufzeigt.

Regionen 4 und 5

Wenn die Region 3 ausgedünnt und geglättet ist, kehre ich zurück zum geraden Werkzeug, um noch mehr Material aus Region 4 und ebenso in Region 5 zu entfernen, falls ich trockenes oder sehr dichtes Holz bearbeite. Benutzen Sie dazu die Geschicklichkeit, die Sie bei der Bearbeitung der Regionen 1 und 2 erworben haben.

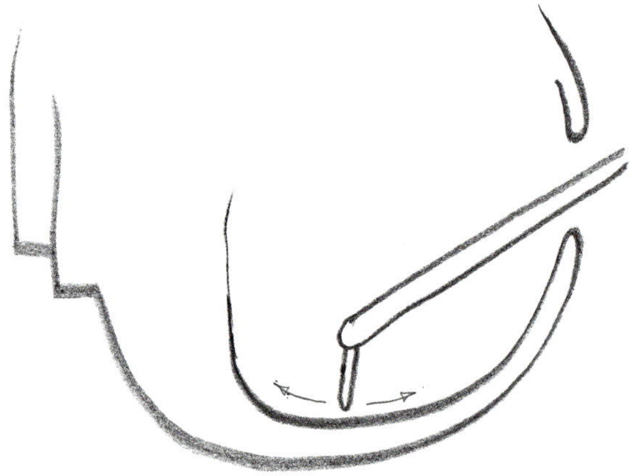

Um in Region 6 zu schneiden, bewegen Sie die Spitze des gebogenen Werkzeugs vor und zurück. Direkt nach links in das Hirnholz zu schneiden, wird bei dünnwandigen Gefäßen Vibrationen verursachen, die in einen Schlag münden können.

Region 6

Region 6 ist ebenso wie Region 3 ausschließlich den gebogenen Werkzeugen vorbehalten. Tatsächlich ist Region 6 eine sehr problematische Zone. Sie enthält überwiegend Hirnholz, das die Werkzeugspitze auf der Oberfläche tanzen lässt und einem glatten Schnitt widersteht. Es ist außerdem eine schwer zugängliche Region für gebogene Werkzeuge bei Gefäßformen mit hoher Schulter oder bei kleinen Eingangsöffnungen. Natürlich ist es damit eine echte Herausforderung.

Bevor ich in Region 6 zu schneiden beginne, entferne ich etwas von dem Abfallholz in Region 8 unterhalb der Stelle, wo ich schneiden will. Dies schafft genug Freiraum, damit das gebogene Werkzeug schneiden kann, ohne von den angesammelten Spänen erfasst zu werden. Es verhindert auch, dass das Werkzeug gegen das nicht geschnittene Holz der Region 8 stößt. Andererseits will ich auch genug Wandstärke in diesem Bereich übrig behalten, damit das Werkzeug nicht zu vibrieren beginnt. Denken Sie daran, dass eine nicht unterstütze Wandung automatisch Vibrationen verursacht und dass diese umso stärker werden, je trockener das Holz ist.

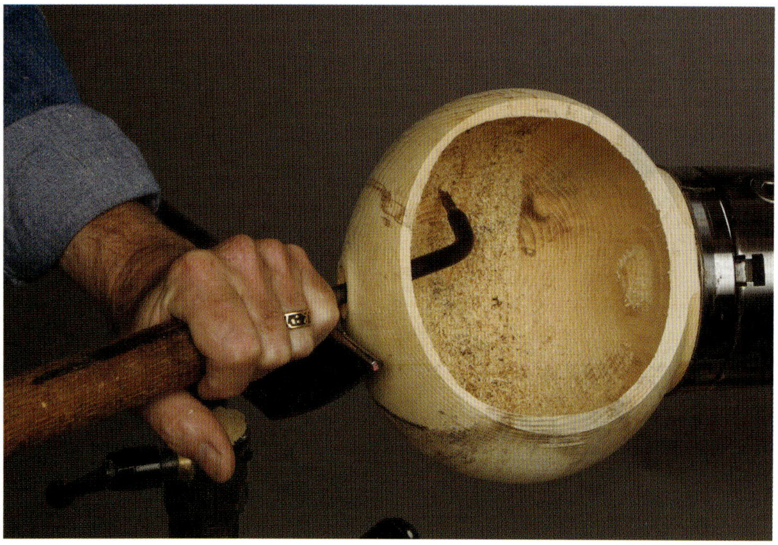

Region 6 ist schwierig zu schneiden, weil es überwiegend Hirnholz ist. Außerdem ist diese Region bei Gefäßen mit hoher Schulter oder mit enger Öffnung schlecht zu erreichen.

Wenn dieser Bereich vorbereitet ist, beginne ich die Schnitte in Region 6, indem ich die Spitze des Werkzeugs leicht absinken lasse, sodass das Holz sich von der Spitze wegbewegt, wenn es Kontakt aufnimmt. Ich kreuze dann über diese Fläche, bewege die Spitze langsam vor und zurück und fühle die Oberfläche. Ich mache das, indem ich meine linke Hand ausdehne und zusammenziehe, während ich sie immer gegen die Handauflage abstütze. Ich versuche zu diesem Zeitpunkt nicht, direkt Holz abzuschneiden, sondern mache mich einfach nur damit vertraut, was es da gibt, einschließlich bemerkbarer Änderungen in der Kontur. Ich höre auf die Töne, die die Wandung dort von sich gibt, wo das Holz bereits ausgedünnt wurde.

Wenn die Spitze in einen Bereich mit dickerem Holz kommt, wird der Ton leiser und dumpf. Ich kann die zunehmende Holzstärke auch über die Spitze des Werkzeugs spüren. Es fühlt sich „dichter" an, wenn die Spitze in diesen Bereich kommt. Erst jetzt drehe ich das Werkzeug im Uhrzeigersinn, um es in die horizontale Schneidposition zu bringen, und fange mit dem Schnitt an. Es ist sehr wichtig, mit der Spitze vorwärts zu schneiden, weil ich damit längs der Fasern schneiden kann, anstatt quer in sie hinein – was passieren würde, wenn ich versuchte, nach links schneiden.

Wenn ich so 1,5 bis 2,5 cm geschnitten habe, gehe ich nochmals zurück und fühle nach Veränderungen in der Kontur und nach Stellen, die nachgeschnitten werden müssen. Ich kann dann die frisch geschnittenen Stellen an die früher geschnittenen anpassen,

Um in Region 6 zu schneiden, ist eine korrekte Körperposition wichtig. Drücken Sie das Werkzeug mit Ihrer linken Hand auf die Handauflage und halten Sie es ganz hinten mit der rechten. Der rechte Unterarm soll senkrecht stehen. Verteilen Sie Ihr Gewicht über beide Beine, wenn Sie am Ende der Drehbank stehen können. Versuchen Sie, Ihre Knie leicht zu beugen, mit den Schultern quer zur Drehachse, sodass Sie mit dem Kopf direkt über dem Werkzeugschaft sind.

indem ich auf die Töne des Holzes horche. Schneiden, ausräumen, messen!

Das Arbeiten in Region 6 wird dadurch erschwert, dass sich das Werkzeug in einer instabilen Position befindet. Das gebogene Werkzeug schneidet in einem extremen Winkel zur Drehachse, möglicherweise durch eine kleine Öffnung, gegen eine dünne Wand und überwiegend in Hirnholz, das zudem meist dicht und trocken ist. Hier müssen Sie Ihre Körperpositionen verstehen und Ihre Energie richtig lenken können. Diese Erfahrung kommt, wenn Sie sehr viele Objekte angefertigt haben und keine Angst haben, dabei ein paar zu zerstören. Sie lernen durch kein erfolgreiches Stück so viel, wie durch eines, das Schwierigkeiten macht.

Schwingungen vermeiden

Hier noch ein paar Tipps, wie Sie das Problem der Schwingungen oder Vibrationen vermeiden können. Als Erstes: Schärfen Sie die Schneidespitze. Dann stellen Sie sich in Position, um den Schnitt zu machen, schalten aber die Maschine nicht ein. Halten Sie Ihre Hände möglichst weit auseinander, die eine an der Werkzeugauflage, die andere am Ende des Werkzeuggriffs, mit dem Unterarm senkrecht. Positionieren Sie Ihren Körper so, dass der Oberkörper direkt über einem Bein ist, wenn Sie auf der Drehbank reiten. Wenn Sie dagegen am Ende der Drehbank stehen, verteilen Sie das Gewicht auf beide Beine, die etwas mehr als schulterbreit gespreizt sind. Richten Sie Ihre Schultern so aus, dass sich Ihr Kopf direkt oberhalb des Werkzeugschafts befindet, etwa so, als würden Sie mit einem Billardstock zustoßen wollen. Beugen Sie ein wenig die Knie, sodass Sie ein Gefühl für Bewegung und Gleichgewicht im ganzen Körper erzeugen.

Dann halten Sie das Werkzeug beidhändig mit einem harten Griff, sodass Sie merken, wie sich das anfühlt. Lockern Sie den Griff kurz, dann greifen Sie nochmals hart zu, lockern Sie sich wieder. Wiederholen Sie diese Greifen-Entspannen-Aktion und beziehen Sie jedes Mal mehr Körperteile ein, beginnend mit den Armen, dann die Schultern, dann den Oberkörper und so weiter, bis Ihr ganzer Körper einbezogen ist, einschließlich der Zehen. Klammern und entspannen, klammern und entspannen. Jedes Mal, wenn Sie sich entspannen, benutzen Sie Ihr Zwerchfell, um ein klein wenig Luft aus Ihren Lungen auszustoßen, und stellen Sie sich dabei vor, dass Ihr ganzer Körper ein paar Zentimeter in Richtung Boden durchsacken wird. Kurz einatmen, klammern, entspannen und ausatmen. Wiederholen Sie das ein Dutzend Mal in langsamer Bewegung.

Dann schließen Sie Ihre Augen und konzentrieren sich auf verschiedene einzelne Muskeln in Ihrem Körper, zuerst die eine Wade, dann die andere; Ihren linken Arm, rechten Arm; den großen Zeh am linken Fuß, den kleinen Zeh am rechten. Was ist mit Ihrer Stirn? Das klingt vielleicht lächerlich, aber was Sie tun, ist ein Trainieren, als Körpereinheit zu arbeiten, indem Sie Ihre Körperteile besser verstehen lernen. Halten Sie Ihre Augen geschlossen, sodass Sie gezwungen sind, eine Vorstellung zu entwickeln, wie sich jeder Muskel anfühlt und auch seine Wichtigkeit in Bezug auf die Muskeln, die ihn umgeben. Für mehr Hilfe siehe die Übungen in Kapitel 8 „Der Körper" auf Seite 106.

Ein Gefäß mit einer Naturrandöffnung drechseln

Besondere Sorgfalt war nötig, als ich diese Oregon-Ahorn-Maserknolle drechselte. Die Öffnung war nur durch die Spitzen des Naturrandes vorgegeben und das Werkzeug musste über hundert Mal in die Form eintauchen und wieder herausgezogen werden, um das Innere auszuhöhlen. Das gesamte Objekt wäre ruiniert gewesen, hätte der Schaft nur ein einziges Mal den Naturrand berührt.

Entwerfen und grob vordrechseln der Ahorn-Maserknolle. Zu diesem Zeitpunkt habe ich gerade begonnen, die Knolle vorzuformen.

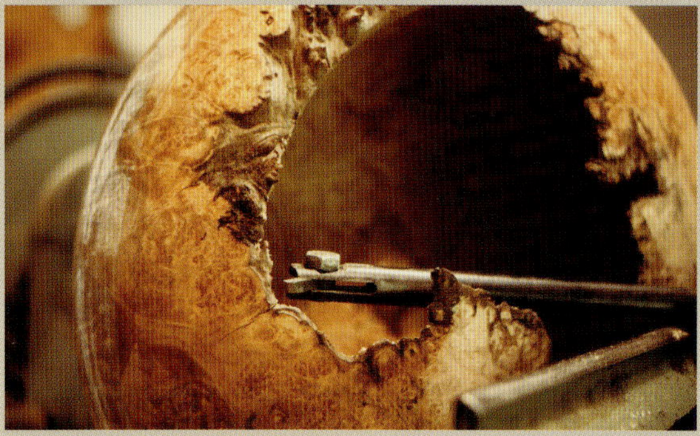

Beachten Sie die Unregelmäßigkeit des Naturrandes. Sehr viel Sorgfalt war nötig, um ihn beim Drechseln nicht versehentlich zu beschädigen.

Die Öffnungen in der Rinde ließen mich während des Innenausdrehens der Schneidspitze beim Arbeiten zusehen. Normalerweise kann ich nicht sehen, was innerhalb der Form vorgeht.

David Ellsworth, BROADLEAF MAPLE BURL VESSEL, 1985. Oregon-Ahorn-Maserknolle, 28 cm hoch, 48 cm ∅. Sammlung High Museum of Art, Atlanta, Georgia. Schenkung von Martha Connell.

Wenn Ihr Körper bereit ist, den Schnitt zu machen, öffnen Sie die Augen, schalten die Drehbank ein und führen das Werkzeug ein. Halten Sie die Werkzeugspitze etwas unterhalb der Waagrechten und den Werkzeuggriff gegen Ihre Seite. Entspannen Sie Ihren Körper und bringen Sie die Spitze in Kontakt mit Region 6 und streichen Sie über diesen Bereich, um festzustellen, wo Sie sich befinden. Wenn jetzt Vibrationen auftreten, ist es die Spitze, die gegen das Hirnholz stößt, zweimal bei jeder Umdrehung der Form. Suchen Sie einen Bereich, bei dem die Vibrationen weniger auftreten – normalerweise wo die Wandung dicker ist –, und lassen Sie mit Ihrer Körperenergie nach, sodass Sie die Werkzeugspitze in einer stationären Position gegen das Holz einfrieren lassen können. Sie spannen Ihren Körper nicht an, wie wir es früher geübt haben, weil dies den Körper steif werden lässt. Stattdessen stoppen Sie den Schnitt in einer Position gegen das Holz mit Ihrer ganzen Körpermasse als Unterstützung für das Werkzeug.

An diesem Punkt wird die Spitze gegen das Holz stabilisiert und wird die vorstehenden Hirnholzfasern durchschneiden – die Hochpunkte, die die ursprüngliche Vibration erzeugt haben. Das Ergebnis wird eine gleichmäßige und glatte Oberfläche sein. Sie können dann Ihr Zwerchfell benutzen und etwas ausatmen, während Sie die Spitze langsam vorwärts schieben. Der Fortschritt des Schnitts – wie schnell Sie das Werkzeug über die Oberfläche schieben – wird unendlich langsam erscheinen. Dies ist eine gute Sache, weil Sie dabei den Charakter dieser Oberfläche entdecken. Wenn Ihr Körper dabei versteift, wird das Werkzeug sofort einhaken oder vibrieren. Daher ist es so wichtig, sich entspannen zu lernen und den Vorgang zu genießen.

Und noch etwas: Es ist nicht falsch, wenn Sie die Augen schließen, während Sie diese Schnitte machen. Es ist eine großartige Methode, alle Ablenkungen auszuschließen, sodass Sie sich ganz auf Ihren Körper und die Werkzeugspitze konzentrieren können. Nebenbei: Sie können ohnehin nicht in die Form hineinsehen.

Regionen 7, 8 und 9

Referenzpunkte sind entscheidend beim Fertigdrehen der Innenform – ohne sie können Sie nicht sagen, wo die Oberfläche sein soll. Mein erster Referenzpunkt ist das Zentrum des Bodens, das ich mit dem geraden Werkzeug zur endgültigen Tiefe gedreht habe und mit einer geraden Stange gemessen hatte. Mein anderer Referenzpunkt ist die dünne Wand in der Region 9, die ich schon früher fertig gemacht und mit dem Drahtkaliber gemessen hatte. Zwischen diesen beiden Referenzpunkten liegt die restliche Masse des Holzes, die ich nun mit dem gebogenen Werkzeug wegdrehen werde, um das Innere der Form fertigzustellen.

Machen Sie die endgültigen, schweifenden Schnitte in Region 9 mit dem gebogenen Werkzeug. Benutzen Sie dazu die linke Hand als Drehpunkt und entfernen Sie jeweils nur eine papierdünne Schicht des Holzes.

Um die Masse zwischen diesen Referenzpunkten zu entfernen, bewege ich das gebogene Werkzeug vorwärts und zurück in der Form einer flachen Acht. Ich hebe die Spitze leicht über das Zentrum hoch, wenn ich von links nach rechts arbeite, und senke die Spitze leicht unter das Zentrum ab, wenn ich von rechts nach links gehe. Ich vergewissere mich dabei, nie mehr als 5 Grad zu rotieren.

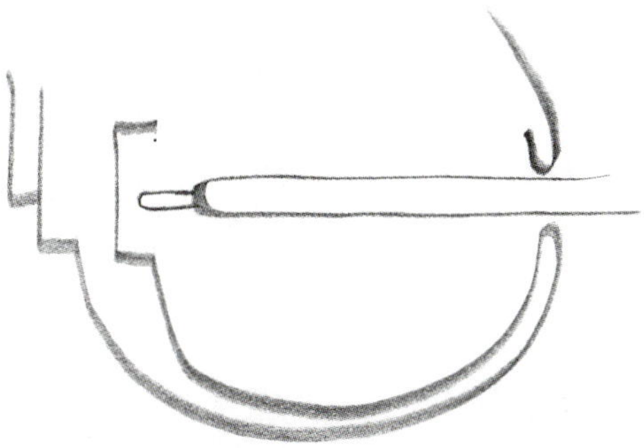

Beim Entfernen des Materials in Region 7 stellen Sie ein Bohrloch bis zur endgültigen Tiefe her.

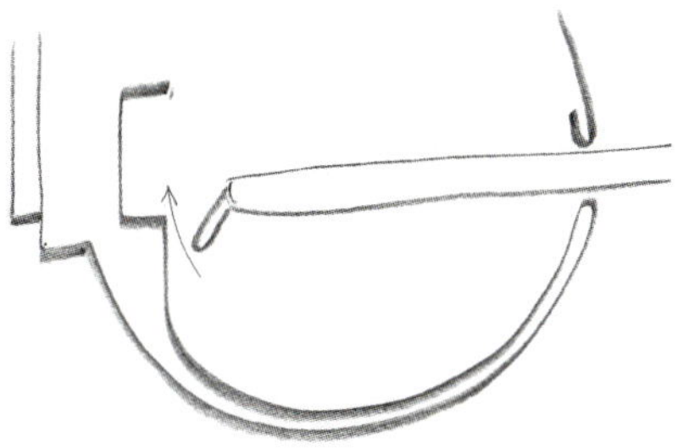

Um Region 8 zu schneiden, machen Sie gleitende Schnitte vom Messpunkt in der Region 9 in Richtung des Bodens in Region 7.

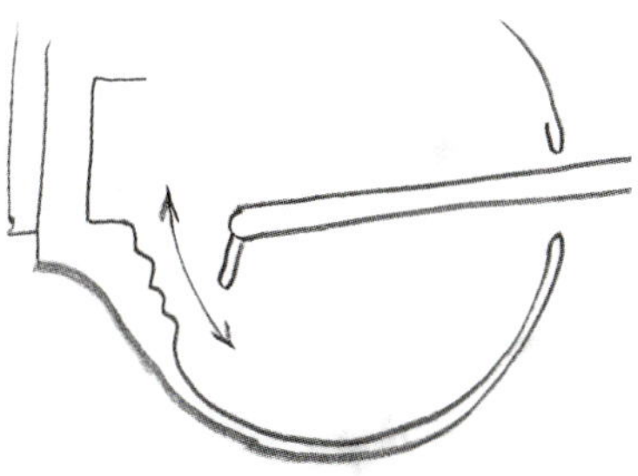

Um die Grate zu entfernen, die sich bei der Bearbeitung der Regionen 7, 8 und 9 gebildet haben, machen Sie Schnitte in Form einer flachen Acht, indem Sie leicht die Werkzeugspitze anheben, wenn Sie nach rechts schneiden, und absenken, wenn Sie nach links schneiden.

Diese Achterbewegung erzeugt einen Scherschnitt auf dem Holz, der eine glatte, fertige Oberfläche erzeugt. Grate formen sich häufig, wenn ich in diesem Bereich arbeite, vor allem, wenn hier zuvor mit einem geraden Werkzeug gearbeitet wurde. Die Illustration unten links zeigt, wie ich diese Grate entfernen kann, bis ich eine durchgehende, nicht unterbrochene Oberfläche über dem Boden der Form geschnitten habe.

Wenn ich diese Achterfigur schneide, benutze ich meine linke Hand, die das Werkzeug auf der Handauflage hält, als Drehpunkt und als Tiefenmaß. Ich kann über die tiefere Region hinwegstreichen, während ich der Werkzeugspitze erlaube, sich langsam aus dem Holz in die Luft und wieder zurück zu bewegen. Meine linke Hand als Tiefenstopp verhindert, dass die Spitze tiefer eindringt, als ich möchte, und gibt mir exzellente Kontrolle über die Menge Holz, die weggeschnitten wird. In diesen Fällen ist es nicht mehr als 0,4 mm – Papierstärke oder weniger.

Während der Schweifbewegung dieser Schnitte, wenn der Schnitt sich durch einen Hochpunkt und in die Luft bewegt, weiß ich, dass ich noch mehr von diesem Hochpunkt wegnehmen muss. Aber sobald die Schneidspitze einen der Referenzpunkte (siehe oben) berührt, weiß ich, dass der Hochpunkt vollständig entfernt wurde.

Ich kann nun eine durchgehende Fläche von einem Referenzpunkt zum anderen fühlen, frei von Hochpunkten und Graten. Es ist nun sehr wichtig zu erken-

Der letzte Finishing-Schnitt im Inneren der Form ist das Entfernen des Buckels im Zentrum des Bodens mit dem geraden Werkzeug.

nen, dass ich nahe daran bin, durch die seitliche Wandung zu brechen oder zu tief in den Boden einzustechen.

Diese Schnitte werden alle mit gebogenen Werkzeugen durchgeführt, weil das gerade Werkzeug dafür zu aggressiv ist. Andererseits müssen Sie aufpassen, niemals mit einem gebogenen Werkzeug in das Zentrum der Form zu schneiden. Dieser Bereich ist nur den geraden Werkzeugen vorbehalten.

Die letzten Schnitte im Inneren der Form werden im Zentrum des Bodens gemacht und sie sind für das gerade Werkzeug reserviert. Ein feinfühliger Schnitt auf – ab, links – rechts wird den Buckel entfernen und diesen Bereich mit den Innenflächen verbinden, die gerade mit den gebogenen Werkzeugen fertiggestellt wurden.

Die tatsächliche Qualität dieser Oberflächen, wie glatt sie anzusehen sind bzw. sich anfühlen, hängt von der *Schärfe* der Werkzeuge, dem *Rhythmus* meines Körpers und dem *Tempo* des Schnittes ab. Je langsamer das Tempo, desto desto glatter ist das Ergebnis. Wenn ich diese Finishing-Schnitte mache, dann fühlt sich das Ausdrehen richtig gut an. Ich kann nicht sehen, wie diese Oberfläche aussieht, aber ich kann es fühlen. Meine Erfahrung in der Töpferkunst lehrte mich, von den Fingerspuren an der Innenseite der Keramikformen angeregt und zufrieden zu werden. Da ist es kein weiter Weg, um zu erkennen, dass die inneren Bearbeitungsspuren, die ich mit meinen Werkzeugen hinterlasse, die eigentliche Signatur meines Werkes sind. Es ist ebenso wahr, dass bei den meisten meiner hölzernen Pots niemand diese innen liegenden Bearbeitungsspuren sehen kann. Wenn mich also jemand fragt: „Wofür soll das dann gut sein", dann antworte ich, dass ich weiß, dass diese Spuren da sind und wie sie sich anfühlen – und das ist es, was wichtig ist.

Die Basis fertigstellen

Diese Informationen zeigen, wie ich die Basis dieses bestimmten Objektes entferne. Schlagen Sie bitte für vollständige Informationen über diesen Vorgang im Kapitel 14 „Klemmfutter und Vakuumfutter" auf Seite 190 nach.
Um die Außenseite fertigzustellen, messe ich zuerst die Tiefe des Inneren und markiere sie an der Außenseite. Dann füge ich weitere Linien hinzu, für die fertige Stärke (Dicke) des Bodens und für die beabsichtigte Gestaltung des Fußes. Das ist die gleiche Vorgehensweise wie in Kapitel 9, ab Seite 108 beschrieben.
Ich benutze für diese Hohlform ein aus mehreren Sperrholzschichten zusammengeleimtes Klemmfutter mit großem Durchmesser, sodass ich die Form gerade innerhalb seines größten Durchmessers festhalten kann. Das gibt mir den besten Halt, ohne dass ich die Form durch den Druck des Reitstockes schädige. Das ist entscheidend, wenn ich mit dünnwandigen Objekten arbeite oder wie hier mit einem seitlich offenen Objekt.
Mit einem Stück Schaumgummi von 12 mm Stärke zentriere ich die Form mit vorsichtigem Klopfen innerhalb des Futters. Wenn sie zentriert ist, überprüfe ich die Basisfläche und justiere mit der Reitstockspitze nach. Wenn alles ausgerichtet ist, beginne ich die Basis anhand meiner Bleistiftmarkierungen mit der Röhre im Schälschnitt abzudrehen.
Zum Schluss wird die Basis mit der Signature-Röhre im scherenden Schabschnitt fertig gedreht und der Zapfen mit einer 10-mm-Detailröhre entfernt. Drehen Sie den Zapfen mit der 10-mm-Detailröhre konisch zu, dann stellen Sie die Maschine ab, drehen sie von Hand und führen die Röhre vorwärts, um ihn abzuschneiden.

Messen Sie die Tiefe mit einem eingeführten Stab und markieren Sie mit Ihrem Finger, wo der Stab aus der Form austritt. Übertragen Sie die Tiefe auf die Außenseite, indem Sie den Stab direkt oben auf die Form legen. Passen Sie auf, dass Ihr Finger direkt oberhalb der Öffnung ist, genau wie beim Messen der Tiefe. Markieren Sie die innere Tiefe, die Stärke des Bodens und den Fuß mit einem Bleistift.

Montieren Sie das Klemmfutter auf der Spindel. Benutzen Sie Schaumgummi als Polsterung und zentrieren Sie die Form durch Klopfen. Beginnen Sie damit, die Basis mit der Signature-Röhre im Schälschnitt abzudrehen.

Formen Sie den Fuß der Hohlform mit einem Schälschnitt.

Mit einem scherenden Schabschnitt gleichen Sie die Oberflächen glatt an.

Schalten Sie die Maschine aus, drehen Sie die Form von Hand und schneiden Sie durch den Zapfen mit einer 10-mm-Detailröhre.

Kapitel 13

Spirit Forms

Ich war schon immer der Ansicht, dass gut entworfene Formen in ihrem Design etwas Monumentales ausstrahlen sollten, unabhängig von ihrer Größe. Als ich begann, diese kleinen Formen in Gruppen von zwei und drei zu fotografieren, fiel mir auf, wie unglaublich kraftvoll die Formen waren, einschließlich der freien Räume dazwischen.

David Ellsworth, Spirit Forms, 2007. Verschiedene Hölzer; die größte Form ist knapp 9 cm hoch.

Die Anfänge

David Ellsworth, *SPIRIT FORMS*, 2006. Berg-Ahorn-Maserknolle; das größte Objekt ist 17,5 cm hoch, 7,5 cm ∅. Ich entwerfe meine Spirit Forms oft als eine Zusammenstellung von drei Formen.

Ich begann in den späten 1970ern, kleine Formen herzustellen, die meisten als Übungsstücke und um zu sehen, wie klein und wie dünn ich gehen könnte. Ein Freund brachte mir einige runde Stücke Elfenbein 75 × 13 mm aus Indien und ich machte mir einige Werkzeuge aus Mauernägeln, um sie innen auszudrehen. Im Prinzip waren es kleinere Versionen meiner Hohlformen und sie kamen gut an. Allerdings konnte ich sie nicht verkaufen. Ich wusste nicht, wie viel ich verlangen könnte, die Leute fanden sie niedlich, und die kleinen Formen zogen alle Aufmerksamkeit auf sich, sodass niemand mehr auf meine anderen Arbeiten im Verkaufsstand achtete.

Da fragte ich mich, was der Unterschied ist zwischen „Wert" und „Preis": Wert als die Summe aller ästhetischen Charakteristika eines Objekts; Preis als die Summe, die ich bei einem Verkauf erlösen könnte. Ich konnte mich weiterhin nicht entscheiden, wie hoch die Preise für die kleinen Hohlformen sein sollten.

Eines Tages in den mittleren 1980ern schlenderte ich durch eine Ausstellung von indianischer Kunst im Taos Pueblo in New Mexico und traf auf ein junges Paar, das sehr kleine Zia-Töpfereien herstellte – einige nur 2 cm groß –, alle mit den klassischen geometrischen Linien, schwarz auf weiß. Sie erinnerten mich sofort an meine eigenen Hohlformen, da die Formen und Größenverhältnisse sehr ähnlich waren. Ihre Preise begannen bei 125 US-Dollar für ein Stück.

Ich begann mit dem Paar zu reden und fragte sie schon bald, was ihre *Beziehung* zu den Töpfen sei. Diese Frage war ihnen noch nie gestellt worden und traf sie unvorbereitet. Die meisten Leute, sagten sie, wollten wissen, warum sie so teuer wären. Wie auch immer, ich lernte aus dem Gespräch, dass jeder Künstler zwar in seinem stammesbezogenen Designstil arbeitet, die Qualität seines Werkes – einschließlich des aktuellen Designs und seiner handwerklichen Geschicklichkeit – aber kommt von innen heraus, aus ihm selbst. Man denkt nicht über das Machen nach, man macht es einfach. Das Endergebnis ist eine direkte Spiegelung der persönlichen Energie, durch den Herstellungsprozess umgesetzt in das Werk. Positive Energie produziert positive Töpfe.

Ich besaß damals keine 125 Dollar, aber wertvoll war meine Erkenntnis, dass ich nun beschreiben konnte, was ich fühle, wenn ich meine kleinen Formen herstellte. Diese Energie war der Geist (engl. spirit), der in ihnen steckte, daher der Name „spirit forms". Ich musste noch lernen, wie ich sie preislich einstufen sollte. Aber als ich einmal gemerkt hatte, dass sie für mich genauso wichtig waren wie meine größeren Objekte, wurde ich etwas mutiger und legte Preise fest, von denen ich glaubte, dass sie ihrem Wert entsprachen.

David Ellsworth, *MESA POT*, 1995. Silber-Ahorn, 15 cm hoch, 15 cm ∅. Sammlung Metropolitan Museum of Art. Schenkung von Alex Cook. Das Mesa-Pot-Design war inspiriert von der Architektur des amerikanischen Südwestens.

Vorbereitung für das Drechseln einer Spirit Form

Ich verwende ein Klebefutter auf einem Schraubenfutter, weil es die effizienteste Methode ist, kleine Objekte zu halten. Und ich benutze eine große Drehbank, weil sie die richtige Höhe hat und mehr als genug Masse, um den Schneidvorgang zu unterstützen. (Anleitung zur Benutzung eines Klebefutters finden Sie im Kapitel 6 „Backenfutter, Klebefutter und Planscheiben“ auf Seite 66).

Das wichtigste Werkzeug für die Außengestaltung ist dieselbe 16-mm-Signature-Röhre, die ich auch an größeren Formen benutze. Der einzige Unterschied ist, dass ich nicht so viele Schnitte mit der langen Schneide brauche, bis die Gestalt fertig ist.

Das Innere höhle ich mit selbst gefertigten Werkzeugen aus Mauernägeln, Schraubendrehern und Inbusschlüsseln aus. Als ich das erste Mal das Foto auf Seite 187 (Mitte) ansah, dachte ich, dass der Betrachter mich möglicherweise für etwas neben der Spur halten würde. Das hölzerne Tablett wirkt, als trage es ein buntes Sortiment von Werkzeugen aus einer Holzwerkstatt des 19. Jahrhunderts. Tatsächlich aber sind es die effektivsten Werkzeuge, die ich gefunden habe, um kleine Formen auszudrehen. Eine detaillierte Beschreibung, wie ich diese kleinen Werkzeuge entworfen und gebaut habe, finden Sie im Kapitel 4 „Herstellen von Werkzeugen und Werkzeuggriffen“ auf Seite 36.

Drechseln des Äußeren

Wie beim Arbeiten mit großen Formen beginne ich damit, den Rohling zuerst in einen Zylinder zu drehen. Dann forme ich die obere und untere Region mit einem Schälschnitt und beende die Oberfläche mit einem scherenden Schabschnitt. Um die Basis nahe der Leimfuge zu formen, benutze ich einen 6 mm starken Abstechstahl. Durch leichtes Drehen des Stahls in Uhrzeigerrichtung auf das Werkstück zu, kann ich die obere konkave Seite des Werkzeugs als scherenden Schabstahl benutzen, während die Spitze eintaucht, um die Form zu vollenden.

Das Feinschleifen erledige ich mit einer Abranet-Gitternetzscheibe, beginnend je nach Zustand der Oberfläche bei einer 320er-Körnung. Manchmal benutze ich die Bohrmaschine, um die Scheibe anzutreiben, aber bei weicheren, gestockten Hölzern scheint mir diese Vorgehensweise zu aggressiv und ich halte die Scheibe direkt an das Holz.

Außenseite der Spirit Form drechseln

Eine Spirit Form zu drechseln ist gleich wie das Drechseln einer Hohlform in Normalgröße, abgesehen davon, dass man kleinere Werkzeuge benutzt. Um das Objekt auf der Drehbankspindel zu befestigen, funktioniert bei kleinen Werkstücken ein Klebefutter sehr gut.

Wenn der Rohling auf der Drehbank befestigt ist, drehen Sie das Holz zu einer Zylinderform. Fahren Sie mit der Signature-Röhre fort, die obere und untere Region mit einem Schälschnitt zu formen.

Drehen Sie das Äußere mit einem scherenden Schabschnitt fertig.

Benutzen Sie einen 6 mm starken Abstechstahl, um die Basis in der Nähe der Leimfuge zu formen.

Schleifen Sie das Äußere mit einer Abranet-Gitternetzscheibe. Wenn das Holz gestockt ist, so wie dieses Eschenstück, brauchen Sie keine von der Bohrmaschine angetriebene Scheibe; schleifen Sie einfach per Hand.

Das Innere drechseln

Wenn Sie das Holz aus einer Spirit Form ausdrehen möchten, werden Sie sicher die Aushöhldarstellung auf Seite 167 nützlich finden.

Um das Innere auszuhöhlen, benutze ich die abgebildeten vier Werkzeuge. Von oben nach unten: Schraubendreher, Mauernagel, zwei Inbusschlüssel. Mit dem Mauernagel wird die Höhlung geöffnet. Die anderen Werkzeuge dienen dem weiteren Ausdrehen und werden je nach Bedarf eingesetzt.

Der Mauernagel erzeugt die zylindrische Öffnung unterhalb des Mundes der Form. Benutzen Sie Ihren linken Daumen und rechten Zeigefinger, um das Werkzeug waagrecht zu halten.

Benutzen Sie die Inbusschlüssel, um die Regionen 2 und 3 zu bearbeiten. Halten Sie die Werkzeuge nur mit den Fingerspitzen.

Blasen Sie mit Pressluft unter einem Winkel von 45 Grad aus, um die Späne zu entfernen. Denken Sie daran, das häufig zu tun. Anderenfalls ist die Wahrscheinlichkeit groß, dass Ihr Objekt wegen der durch das Innenausdrehen erzeugten Hitze reißt.

Drechseln des Inneren

Ich wende hier dieselben Arbeitsmethoden an wie beim Ausdrehen größerer Formen, einschließlich des Arbeitens nach den Regionen und in derselben Ordnung. Die vier Werkzeuge, die auf Seite 186 oben abgebildet sind, erlauben mir, das Innenausdrehen durchzuführen. Das zusätzliche und unentbehrliche Werkzeug ist der Luftkompressor. Luft unter 45 Grad in die Form zu blasen ist die einzige effektive Methode, um die Späne und den Staub aus dem Inneren zu befördern. Die Pressluft kühlt zudem noch das Innere ab, was bei der Bearbeitung von trockenem, harzreichem Holz wichtig ist. Ohne die Kühlung würde durch die Hitze beim Schneiden das Holz reißen.

David Ellsworth, Miniaturgefäße, 1977. Ostindisches Elfenbein; 12,5 mm ∅. Ich schuf diese winzigen Formen mit Drehstählen aus Mauernägeln.

Ich stelle meine eigenen Aushöhlwerkzeuge für kleine Objekte aus Nägeln, Schraubendrehern und Inbusschlüsseln her. Dies sind die effektivsten Werkzeuge, die ich kenne, um diese kleinen Formen auszudrehen.

Finishing einer Spirit Form

Um unterschiedliche Methoden beim Finishing zu illustrieren, habe ich eine Linie in der Mitte der Form gezogen. Sprühlack wurde auf der linken Seite verwendet und Möbelöl auf der rechten. Die gesprühte Seite behielt die natürliche Farbe des Holzes bei, während die geölte Seite durch Absorption des Öls schmutzig wirkt. Mit dichterem oder nicht gestocktem Holz hätte ich das Öl verwenden können. Dies ist ein gutes Beispiel dafür, wie man das angemessene Finish für ein Holz auswählt.

Möbelöl (rechts der Linie) kann auf gestocktem Holz ein schmutziges Aussehen verursachen. Ich bevorzuge ein Fixativ-Spray (links der Linie) als Oberflächenschutz.

Benutzen Sie einen 1,5 mm dicken Federstahldraht, um die Wandstärke zu messen, genauso wie Sie es mit einem 5-mm-Draht tun würden. Stellen Sie sicher, dass die Spitzen im Winkel von 90 Grad zur Oberfläche sind. Ich habe extra die Form aufgeschnitten, damit Sie hineinsehen können. Für eine korrekte Messung in den tieferen Partien drehen Sie den Draht um.

Wenn die Spitzen des Drahtkalibers nicht im rechten Winkel zur Wand sind, werden Sie eine falsche Messung erhalten. Für eine korrekte Messung in den tieferen Partien drehen Sie den Draht um.

Messen der Wandstärke

Dieses 1,5-mm-Federstahldrahtkaliber wird genauso benutzt wie mein größeres 5-mm-Drahtkaliber, das in Kapitel 12 „Drechseln der Innenseite einer Hohlform“ auf Seite 173 vorgestellt wurde. Das Foto links oben zeigt die korrekte Methode der Anwendung in den oberen und mittleren Bereichen der Form, mit der Linie der Drahtenden im Winkel von 90 Grad zur Außenfläche der Form. Da der Abstand zwischen den beiden Drahtenden eine Kleinigkeit größer eingestellt ist als die von mir vermutete Wandstärke, kann ich die Wandstärke durch Subtraktion des Luftspaltes vom bekannten Abstand der Spitzen messen. Das Foto unten links zeigt die nicht korrekte Anwendung des Kalibers, bei der die Spitzen nicht in 90 Grad zur vermessenen Oberfläche stehen.

David Ellsworth, Spirit Forms, 1990. Verschiedene Holzarten; die größte Form ist 9 cm hoch.

David Ellsworth, Trio von Spirit Forms, 2007. Gestockter Zucker-Ahorn; die größte Form ist 12 cm hoch. Raffiniert gestaltete und dimensionierte Formen zu entwerfen ist eine große Herausforderung. Hier habe ich eine Öffnung nach oben vorstehend, eine nach innen einsinkend und eine eben mit der Oberfläche. Die Oberfläche ist direkt von der Röhre geschnitten, nicht geschliffen, und mit Fixativ-Spray geschützt.

Drechseln der Basis

Ich drehe alle meine Spirit Forms mithilfe eines Vakuumfutters fertig. Es ist die einzige Methode, bei der ich 100 %igen Zugang zu dieser winzigen Fläche der Form habe. Es ist möglich, den Boden mit Unterstützung der Reitstockspitze fertig zu drehen, aber die Spitze ist immer im Weg, wenn es darum geht, die Basis fertigzustellen und zu schleifen.

Vakuumfutter aus Holz funktionieren recht gut bei größeren Spirit Forms.

Ich benutze ein Vakuumfutter mit einer Verlängerung aus PVC-Rohr für sehr kleine Spirit Forms.

Kapitel 14

Klemmfutter & Vakuumfutter

Alle gedrechselten Schalen und Hohlformen haben eines gemeinsam: Während der Bearbeitung der Form ist die Basis aufgrund der Einspannvorrichtung nicht sichtbar und nicht zugänglich. Nachdem eine Schale oder ein Hohlkörper geformt ist, müssen wir mit dem Problem fertig werden, die Basis, die wir jetzt „Fuß" nennen, zu entwerfen und zu formen. Klemmfutter und Vakuumfutter bieten Möglichkeiten, die Form sicher zu unterstützen, damit wir die Basis fertigstellen können. Im Grunde sind beide Futter dasselbe, nur dass das Klemmfutter die Unterstützung des Reitstocks braucht, um das Werkstück zu halten, während das Vakuumfutter den Luftdruck ausnutzt und keinen Reitstock benötigt. Sie können ein Klemmfutter als Vakuumfutter nutzen und umgekehrt, solange Sie den Reitstock entsprechend einsetzen.

Dieses Foto mit der aufgeschnittenen Schale zeigt, wie der Druck eines Klemmfutters kombiniert mit dem des Reitstocks eine Form auf der Drehbank festhält, um die Bearbeitung der Basis zu ermöglichen.

Frühe Klemmfutter

Zum ersten Mal benutzte ich Klemmfutter im Herbst 1979. Ich hatte bei Bob Stocksdale gesehen, wie er den Reitstock benutzte, um eine Schale gegen einen lederbezogenen Holzpflock im Spindelstock zu drücken. Es war eine einfache und effektive Lösung, um den Boden einer Schale abzudrehen. Das einzige Problem war, dass es für meine Formen nicht funktionieren würde. Stattdessen steckte ich eine hölzerne Scheibe in meine vasenartigen Formen. Diese Scheibe wurde von einer Keilriemenscheibe unterstützt, die an einem Stahlstab montierten war, der von einem Bohrfutter im Spindelstock angetrieben wurde. Diese Vorrichtung bildete ein Dreieck zwischen den Kanten der Scheibe innerhalb der Form und der Reitstockspitze außerhalb der Form. Ich habe auch eine starkwandige Pappröhre als Klemmfutter benutzt. Um dieses Futter herzustellen, schraubte ich eine Planscheibe an eine 19 mm starke runde Sperrholzplatte mit dem Innendurchmesser der Röhre, schob die Röhre über die Sperrholzscheibe und befestigte sie mit Schrauben durch die Röhrenwandung in die Kante der Scheibe.

Dieses frühe Klemmfutter nutzte eine hölzerne Scheibe, unterstützt von einer Keilriemenscheibe und am Stahlstab angetrieben über ein Bohrfutter im Spindelstock.

Die hölzerne Scheibe wird fest gegen den Boden innerhalb der Form gedrückt und der Reitstock drückt von außen dagegen.

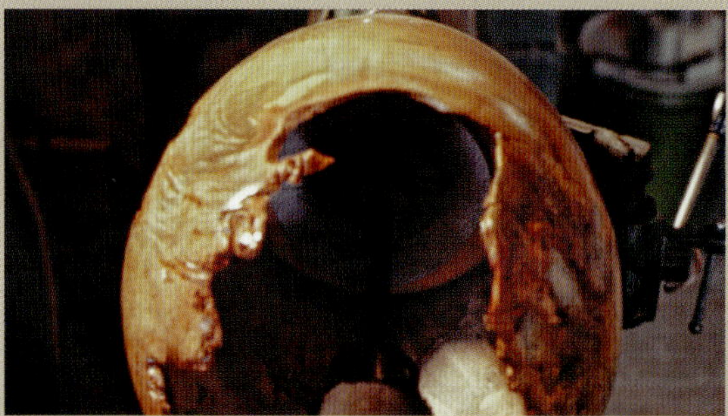

Schalungsröhren für Beton können großartige Klemmfutter für große Objekte bilden. Diese Röhre mit 45 cm ∅ gibt bis zu 140 cm Unterstützung.

Klemmfutter

Klemmfutter dienen dazu, eine Schale oder eine Hohlform so auf der Drehbank einzuspannen, dass Sie den Boden oder den Fuß formen können, nachdem Sie die Innenseite und den Rest der Außenseite fertiggestellt haben. Diese Futter sind einfache Vorrichtungen, die den Druck zwischen Reitstock und Spindelstock ausnutzen, um das Objekt festzuhalten. Anders ausgedrückt, das Objekt wird zwischen ihnen „eingeklemmt“, daher der Name. Ein nachgebendes Stück Schaumgummi im Futter wird benutzt, um das Werkstück abzupolstern und Kratzer zu verhindern. Die Klemmfutter, die ich beschreibe, sind selbst gemacht und funktionieren mit vielen Objekten von offenen Schalen bis Hohlformen.

Heute stelle ich meine Klemmfutter nach verschiedenen Methoden her, z. B. aus gestapelten und verleimten 19–20 mm starken Sperrholzresten, die permanent auf kleine Planscheiben montiert sind. Diese einfachen Futter kann man in unterschiedlichen Durchmessern und Höhen herstellen und sie nehmen praktisch jede Größe und Form einer Schale oder eines Hohlkörpers auf.

Eine Art Klemmfutter, das ich heute benutze, besteht aus einem tassenförmigen Hartholzblock, der auf die Spindel geschraubt wird. Der Reitstock drückt gegen das Werkstück und ein dünnes Schaumgummistück wird zwischen Futter und Objekt eingefügt, um die Antriebskraft zu übertragen.

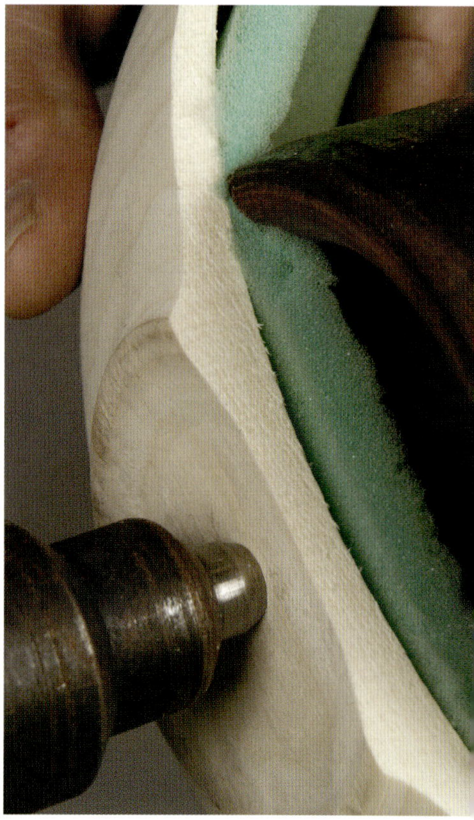

Sie können Klemmfutter leicht selbst aus zweckmäßig verleimtem 19- oder 20-mm-Sperrholz für jedes Werkstück passend herstellen.

Das Schöne am Klemmfutter ist seine Einfachheit und Vielseitigkeit. Es unterstützt offene Schalen mit gedrechseltem Rand und Naturrand, während Hohlformen in das Futter gesteckt werden können (siehe die Fotos rechts). Zusätzlich zum Futter brauchen Sie noch ein Stück Schaumstoff, um die Reibung zwischen Futter und Objekt zu erhöhen. Benutzen Sie weichen, nachgiebigen Schaumstoff statt dickerem Gummi. Festeres Gummimaterial, z. B. Stücke von Taucheranzügen oder Mouse-Pads, bleiben unter dem Druck des Reitstocks etwas flexibel. Dies erlaubt dem Objekt, sich seitlich unter dem Druck des Schnittes etwas zu verschieben, was das Werkzeug zum Flattern bringt oder sogar einen Einhaker produziert – keine gute Sache. Bei allen dünnwandigen Objekten dürfen Sie keinen großen Druck mit dem Reitstock auf die Form ausüben, nur gerade so viel, dass sie unterstützt wird. Weicher Schaumgummi ist ideal. Hände weg von Kompositschaum, der ein wenig wie Spanplatten aussieht. Er enthält harte Stellen, die das Werkstück aus der Zentrierung drücken können.

Klemmfutter funktionieren sehr gut für offene Schalen mit gedrechseltem Rand. Das Futter wird hier in die Schale gesteckt.

Schalen mit Naturrand können ebenso gut mit einem Klemmfutter unterstützt werden.

Klemmfutter umfassen Hohlformen.

Vakuumfutter halten Objekte sicher und ohne dass Reitstockspitzen oder andere Teile im Weg sind. Sie halten Schalen sehr gut.

Servierplatten können mit Vakuumfuttern ebenso sicher gehalten werden. Der Schlauch rechts zieht die Luft durch die hohle Drehbankspindel aus dem Futter.

Vakuumfutter sind sehr gut geeignet, wenn man den Boden von Hohlformen abdreht.

Vakuumfutter

Vakuumfutter sind einfach Klemmfutter, in denen die Luft abgesaugt, also ein Unterdruck erzeugt wird. Das Schöne am Vakuumfutter ist seine Fähigkeit, ein Objekt an der Spindelstockseite festzuhalten ohne die Benutzung von Schrauben, Klebstoffen, Backenfuttern und ohne dass eine Reitstockspitze im Weg ist. Dadurch ist 100 %iger Zugang zu der Oberfläche gegeben. Bei Benutzung von Vakuum können Sie eine Seite einer Schale oder eines Tabletts fertig drechseln, dann drehen Sie das Objekt einfach um, zentrieren es und stellen die andere Seite fertig. Ein Vakuumfutter ist die einzige Möglichkeit, meine Miniatur-Spirit-Forms zu spannen, wenn ich die Basis abdrehen will. Mein kleinstes Vakuumfutter hat nur 19 mm Durchmesser. Das Spannen mit dem Vakuumfutter ist etwas, das Sie für unnötig hielten, bis Sie es einmal versuchten. Danach wundern Sie sich, wie Sie bisher ohne es auskommen konnten. Einerseits hat es etwas Neumodisches, andererseits werden Ihnen ganz schnell viele Möglichkeiten einfallen, wie Sie es nutzen können, sobald Sie eines besitzen.

Kommerzielle Vakuumsysteme

In den Vereinigten Staaten benutzen die meisten Drechsler ein geschlossenes Vakuumsystem, d. h. eine Einrichtung mit großer Geschwindigkeit und kleinem Volumen. Das erfordert ringsum eine luftdichte Anlage. Dieses System nutzt eine Vakuumpumpe (der absolut teuerste Teil der Anlage), Milchpumpen funktionieren auch und kosten weniger. Für diejenigen, die dem Selbstbau skeptisch gegenüberstehen, gibt es vorgefertigte Systeme in jedem amerikanischen Drechslerkatalog.

Drechsler in anderen Ländern, z. B. in Australien oder Neuseeland, benutzen oft eine Technologie mit hohem Volumen und kleiner Geschwindigkeit. Dieses System ist genial einfach und leicht zu installieren, weil es mit einem Werkstatt- oder Haushaltstaubsauger arbeitet. Die einzigen Probleme sind die Lärmentwicklung und dass Sie einige Lecks in System haben müssen, sonst kollabiert entweder Ihr Staubsauger oder der Motor brennt durch … wahrscheinlich beides.

Vakuumsicherheit

Der Unterdruck, den ein Vakuumsystem erzeugen kann, ist überraschend hoch. Sorgfalt und gesunder Menschenverstand sind erforderlich. Ohne allzu technisch zu werden, möchte ich doch darauf hinweisen, dass die Haltekraft direkt proportional zum Öffnungsdurchmesser des Futters ist. 15 cm sind wesentlich stärker als 5 cm. Der Versuch, ein 50-cm-Tablett auf einem 7,5-cm-Futter festzuhalten, führt fast sicher zu Verletzungen. Ein 15-cm-Futter hat dagegen so viel Zugkraft, dass es ein dünnwandiges Objekt zum Implodieren bringen kann. Es ist daher wichtig, einen Druckmesser und einen Lufthahn zur Kontrolle des Luftdrucks zu haben und einen Luftfilter, um zu verhindern, dass Staub in die Pumpe kommt.

Frühe Vakuumfutter

1986 baute ich mein erstes Vakuumfutter. Ich hatte gerade meine große Drehbank abgeholt, die Jim Thompson gebaut hatte, und ich versuchte kugelförmige Objekte aus Esche, die ich auf meinem Grundstück in Pennsylvania geschlagen hatte, zu drechseln. Ich baute ein 40-cm-Futter mit konischer Innenseite aus Sperrholz, das ich mit kommerziellem Porenfüller behandelte. Dann passte ich innen einige O-Ringe ein, um einen luftdichten Sitz zu erhalten. Mit all den erforderlichen Schläuchen und Ventilen und Druckmessern versehen, hielt es das Holz erstaunlich gut … bis ich die erste Hohlform auf eine Bodenstärke von ungefähr 10–12 mm abgedreht hatte. Dann fing die Pumpe an, Luft durch die Poren in der 12-mm-Wandung zu saugen und ich konnte gerade noch rechtzeitig zur Seite treten, um die Reste der Form von der Decke abprallen zu sehen.
Erkenntnis: Vakuumfutter halten kein Holz mit poröser Struktur fest.

Vakuumfutter: (links) massives Walnussholz mit eingeschnittenem Aufspanngewinde; (Mitte) Metallaufspanngewinde mit Platte, permanent an einem Ahorn-Futter mit O-Ring befestigt; (rechts) 7,5-cm-Planscheibe mit aufgespanntem Walnuss-Futter, das mit Gummi von einem Autoschlauch ausgekleidet ist.

Die Herstellung von Klemm- und Vakuumfuttern

Da wir Formen in vielen Varianten und Stilen herstellen, ist es eine naheliegende Vermutung, dass wir auch viele Einspannfutter brauchen. Glücklicherweise ist das nicht der Fall. Klemm- und Vakuumfutter sind extrem vielseitig und funktionieren mit einer Vielfalt von offenen Schalen und Hohlformen. Ich habe festgestellt, dass vier oder fünf Futter in unterschiedlicher Größe und Gestalt für die meisten meiner Anforderungen ausreichen und ich könnte schnell ein neues herstellen, falls es nötig wäre. Ich werde in diesem Kapitel eine Anzahl von Möglichkeiten, Klemmfutter und Vakuumfutter herzustellen und zu benutzen, vorstellen. Und ich werde die Konzeption erläutern und definieren, welche Art von Futter am besten die unterschiedlichen Objekte unterstützt.

Ein Planscheibensystem kann für Klemm- und Vakuumfutter eingesetzt werden. Es besteht aus einer zentralen Fassung und verschiedenen Metallscheiben, auf die verschiedene Holzblöcke geschraubt werden können.

Verschiedene Größen von PVC-Röhren werden mit Sekundenkleber auf die Holzblöcke geklebt, um unterschiedliche Größen von Objekten zu halten.

Das Planscheibensystem funktioniert gut als Vakuumfutter. Sie können damit Futter in jeder Größe, die Sie brauchen, herstellen.

Planscheibensystem

Ein Planscheibensystem ist bei kleinen bis mittelgroßen Schalen und Hohlkörpern ein sehr effektives Klemm- oder Vakuumspannsystem. Ich habe eine zentrale Fassung und fünf Scheiben und verändere sie, um Futter daraus zu machen. Das System benutzt eine Nabe, die man auf die Drehbankspindel schrauben kann, und eine Serie von fünf Metallscheiben, die auf die Nabe geschraubt werden. Jede Scheibe wird als Basis permanent auf ein Stück Hartholz geschraubt. In manchen Fällen forme ich den Holzklotz so aus, dass er O-Ringe aufnehmen kann. In anderen Fällen befestige ich am Holzklotz mit Epoxy oder Sekundenkleber ein Stück PVC-Rohr. Das PVC-Rohr behält seine Form, selbst wenn das Holz sich möglicherweise infolge Lufttemperatur-Feuchtigkeits-Schwankungen geringfügig verzieht. Ich trimme das Ende des PVC-Rohrs zu einer weichen, abgerundeten Form, ohne Ecken, die das Holz verkratzen könnten. PVC-Rohr gibt es in unterschiedlichen Durchmessern von 2 bis 10 cm. Ich wähle einen Durchmesser, der etwas kleiner ist als der Durchmesser des Objekts, das ich einspannen will, was sehr wichtig ist, wenn man mit Vakuum arbeiten will.

Um eine saubere Abdichtung zu erreichen, was wichtig ist, egal ob Vakuum genutzt wird oder nicht, können Sie oben auf der Lippe des Futters einen Einstich drechseln und einen O-Ring einkleben oder ein Stück Schaumgummi über die Lippe legen. Wenn Sie einen O-Ring verwenden, sollten Sie seine Dicke mit einer Röhre auf maximal 1,5 mm zurückschneiden. Die O-Ringe sind generell zu dick und erlauben den Objekten zu vibrieren. Unter dem Drechselwerkzeug wird ein vibrierendes Objekt ganz schnell ein fliegendes Objekt.

Wenn ich das Planscheibensystem als Vakuumfutter verwende, mache ich Dichtungen aus dem Plastik von Kaffeedosendeckeln, um Lecks zwischen den Metallteilen zu verhindern. Außerdem benutze ich eine dünne Schicht von geschlossenzelligem Schaum anstelle der O-Ringe, z. B. den 1,5 mm starken geschlossenzelligem Schaum von Verpackungen. Je dünner, desto besser. Die dickeren 3 und 4,5 mm starken Schaumstoffe lassen sich im Vakuumfutter nicht fest zusammendrücken und bleiben flexibel, das ist nicht so gut.

Futter aus kammergetrocknetem Holz

Klemm- und Vakuumfutter können billig aus kammergetrocknetem Holz angefertigt werden. Ich bohre ein Loch in das Holz, schneide ein Gewinde hinein und schraube das Holz auf die Drehbankspindel. Dann drechsle ich das Holz in die benötigte Form, was immer sie sein mag. Holzgewindeschneider sind über die Versender für Drechslerwerkzeuge erhältlich.

Ich versiegle die Oberflächen der Futter mit Sekundenkleber, sodass sie ihre Form nicht mehr ändern. Dies ist ganz besonders wichtig, wenn Sie diese Futter mit Vakuum benutzen wollen, da Luft durch die offenen Poren angesaugt werden kann. Dazu lasse ich die Drehbank sehr langsam laufen (weniger als 200 U/min) und benutze ein Stück des geschlossenzelligen Schaumstoffes wie einen Lappen, um mittelflüssigen Sekundenkleber aufzutragen. Sekundenkleber haftet nicht an diesem Schaum. Ein kurzes Sprühen mit dem Beschleuniger wird den Kleber fest werden lassen. Damit ich das Futter sicher von der Spindel abschrauben kann, bohre ich in der Nähe der Basis ein 2,5 cm tiefes Loch mit 8 mm Durchmesser, dann kann ich einen Inbusschlüssel in das Loch stecken und das Futter abschrauben.

Ein eigenes Vakuumsystem

Um ein eigenes Vakuumsystem herzustellen, schraubte ich ein abgedichtetes Vierloch-Flanschlager (Kugellager) auf das Handrad der Spindelwelle mit einem O-Ring als Dichtung zwischen Handrad und Lager. Danach drehte ich eine hölzerne Buchse für das Lager und schnitt in die zentrale Öffnung ein Gewinde für das Anschlussrohr und den Luftschlauchnippel. Wenn ich das Vakuumsystem benutzen

Ein abgedichtetes Flansch-Kugellager ist mit vier Sechskantschrauben auf dem Handrad der Drehbank montiert. Eine hölzerne Buchse wurde gedreht, mit einem Innengewinde für den Luftanschlussnippel versehen, im Lager befestigt und daran der Nippel montiert. Das Handrad ist mit einer Sperrholzhülle versehen und kann weiter benutzt werden

Herstellen eines hölzernen Aufschraubfutters

Diese Futter aus kammergetrocknetem Holz funktionieren sehr gut als Vakuumfutter und als Klemmfutter

Bohren Sie ein Loch in das Holz und schneiden Sie ein Innengewinde entsprechend Ihrer Drehbankspindel. Schrauben Sie es auf die Spindel und drechseln sie das Futter in Form.

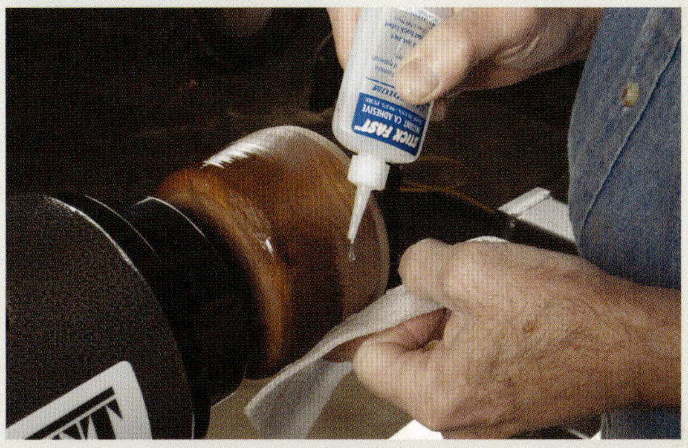

Es ist wichtig, die Oberfläche der hölzernen Futter mit Sekundenkleber zu versiegeln. So wird verhindert, dass sich das Holz das Jahr über verzieht, und es macht das Holz gegen das Vakuum luftdicht. Lassen Sie die Drehbank sehr langsam laufen und verteilen Sie den Sekundenkleber mit einem Stück geschlossenzelligem Schaum.

Besprühen Sie nach dem Auftragen des Sekundenklebers das Futter mit Beschleuniger.

Schreiben Sie den Durchmesser des Futters auf den Boden. Beachten Sie den Gewindebohrer, mit dem das Innengewinde geschnitten wurde.

Vielleicht möchten Sie ein längeres Klemmfutter für tiefere Formen ausprobieren, speziell bei Naturrandschalen. Die Flügel dieser Schalen können abbrechen, wenn sie an den Spindelstock stoßen.

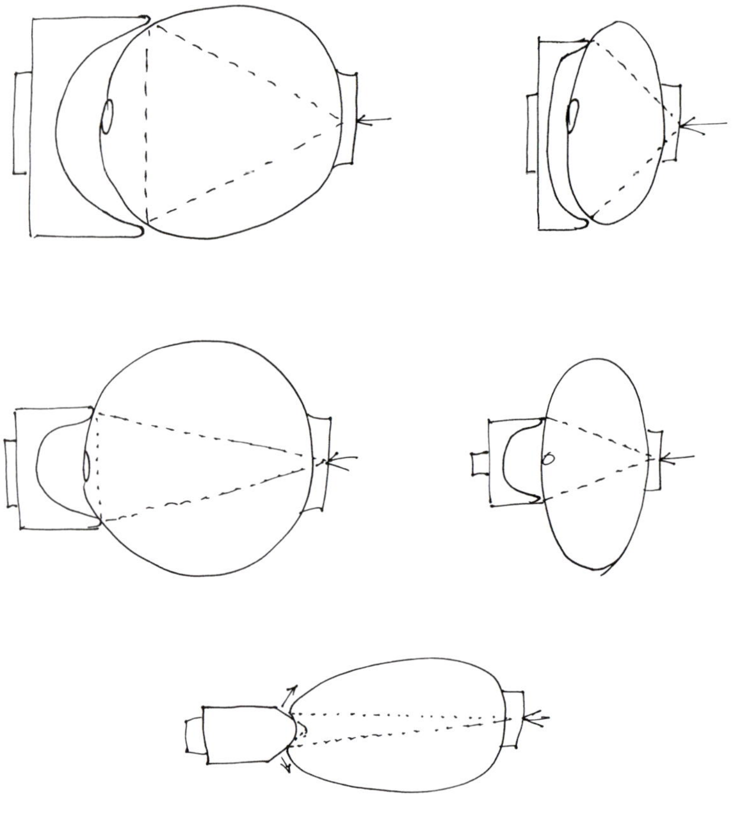
Es ist sehr wichtig, ein Stützdreieck zwischen dem Futter und dem Reitstock auszubilden. Gleichseitige Dreiecke bieten die beste Unterstützung für das Objekt (oben). Gleichschenklige Dreiecke können dazu führen, dass die Form zerdrückt wird (Mitte). Zu viel Druck vom Reitstock kann dazu führen, dass sich die Form auf dem konischen Ende des Futters dreht – oder schlimmer: sich an der Öffnung aufspaltet (unten).

möchte, verbinde ich die Luftschlauchkupplung mit dem Nippel und schalte die Pumpe an. Die Sperrholzabdeckung sorgt dafür, dass ich weiterhin das Handrad benutzen kann.

Durchmesser des Futters

Die Wahl des Futterdurchmessers hängt von mehreren Faktoren ab. Wie die Skizze unten links zeigt, ist es wichtig, ein Dreieck zwischen der Reitstockspitze und zwei entgegengesetzt gelegenen Punkten auf dem Umfang des Futters herzustellen. Je näher die Auflagenpunkte einem gleichseitigen Dreieck kommen, desto besser wird die Form abgestützt und desto weniger Druck vom Reitstock wird benötigt. Wenn Sie den Durchmesser des Futters verringern, wird mehr Druck vom Reitstock benötigt, um die Form sicher zu halten und zu verhindern, dass sie im Futter rutscht. Es ist problematisch, denn der Druck des Werkzeugs beim Bearbeiten der Basis kann leicht dazu führen, dass sich die Form dreht.

Zusätzlich muss bei dünnwandigen Formen immer darauf geachtet werden, dass der Reitstockdruck nicht zu stark wird und die Form zerstört. Dieses Problem taucht sowohl bei offenen als auch geschlossenen Formen auf.

Ich würde auch ein längeres Klemmfutter bei Schalen mit Naturrand empfehlen, wie im Foto oben links gezeigt. Dieses Futter verhindert, dass die empfindlichen Flügel der Schale gegen den Spindelkasten bei Drehbänken stoßen, bei denen die Spindelnase nur wenig über den Spindelkasten vorsteht.

Nach meiner Erfahrung brauchen Sie nur vier oder fünf Klemmfutter, um alle Formen, die Sie je machen werden, zu spannen. Außer Sie beginnen mit sehr großen Objekten zu arbeiten. Machen Sie Ihre Futter, wie Sie sie brauchen, und wenn sich Ihre Anforderungen ändern, machen Sie neue.

Eine letzte Bemerkung zu Klemm- und Vakuumfuttern. Prüfen Sie *immer*, ob Ihre Futter konzentrisch laufen. Schrauben Sie dazu ein Futter auf und schalten die Maschine ein. Dann beobachten Sie, ob es sauber läuft. Bereits die kleinste Abweichung in der Oberfläche kann das Objekt von der Drehbank werfen, daher ist es am besten, den Rand des Futters nachzudrechseln, wenn auch nur der kleinste Zweifel aufkommt. (Anmerkung des Übersetzers: Vorsichtshalber prüfen, ob Späne an der Spindel eingeklemmt sind.) Futter aus Holz können zum Problem werden, wenn sie sich durch Feuchtigkeits- oder Temperaturschwankungen verziehen. Vielleicht haben Sie zwei

Das Zentrieren einer Hohlform ist ähnlich dem Zentrieren einer offenen Schale, mit dem Unterschied, dass Sie diese sowohl im Futter als auch am Reitstock zentrieren müssen.

Drehbänke mit gleichem Spindelgewinde. Ein Futter kann auf der einen Maschine tadellos laufen, aber nicht auf der anderen. Wenn das Futter nicht sauber läuft, drehen Sie das überschüssige Material ab oder Sie bekommen Ihre Schale niemals sauber zentriert.

Zentrieren einer Hohlform

Eine Hohlform zu zentrieren kann schwierig sein. Ich muss das Zentrum am Boden finden und die Form selbst im Klemmfutter zentrieren.

Ich platziere die kleine Spitze des mitlaufenden Körners mit Druckring so nahe wie möglich am Zentrum des Bodens der Form. Danach platziere ich die Form im Klemmfutter und drehe sie von Hand, um zu sehen, wie nahe sie am Zentrum zu sein scheint. Normalerweise ist sie nicht sehr nahe. Ich klopfe die Form so lange, bis sie nur noch minimal taumelt, wenn man sie dreht. Ohne den Schaum im Futter wäre es nahezu unmöglich, das Objekt zu zentrieren.

Meine Methode, das Zentrum zu finden, wenn die Form im Futter steckt, besteht darin, dass ich die Handauflage ganz nahe an die Basis heranfahre. Mit meinem Daumen auf der Handauflage drehe ich das Werkstück, bis ich den Hochpunkt spüre. Ich lasse den Hochpunkt zu mir kommen und schiebe ihm meinen Daumen nicht entgegen. Danach drehe ich das Werkstück, bis der Hochpunkt oben ist, dann drehe ich die Reitstockspitze etwas zurück und klopfe das Werkstück vorsichtig nach unten. Dann drehe ich die Reitstockspitze wieder vor und kontrolliere das Werkstück mit meinem Daumen. Wenn ich die Reitstockspitze wegdrehe, drücke ich das Werkstück mit meiner linken Hand gegen das Futter, damit es nicht herausrutscht.

Falls ich den Reitstock bewege, muss ich die Position des Werkstückes im Futter nochmals überprüfen und es entsprechend festklopfen. Ich muss die Basis nochmals wie vorher überprüfen, solange, bis das Werkstück zentriert ist. Das hört sich nach einer Menge Arbeit an, aber es geht mit einem bisschen Praxiserfahrung ganz leicht und schnell. Diese Methode funktioniert mit jeder Art Hohlform, ob mit einem geschnittenen Rand oder einem Naturrand. Meine Belohnung ist, dass der Schnitt, den ich nun mache, nahtlos in die früher hergestellte Oberfläche übergeht.

Offene Schale zentrieren

Bevor die Basis weggedreht und der Fuß geformt werden kann, sind ein paar Gedanken notwendig, wo der Fuß positioniert werden soll. Versuchen Sie folgende Technik zur Zentrierung.

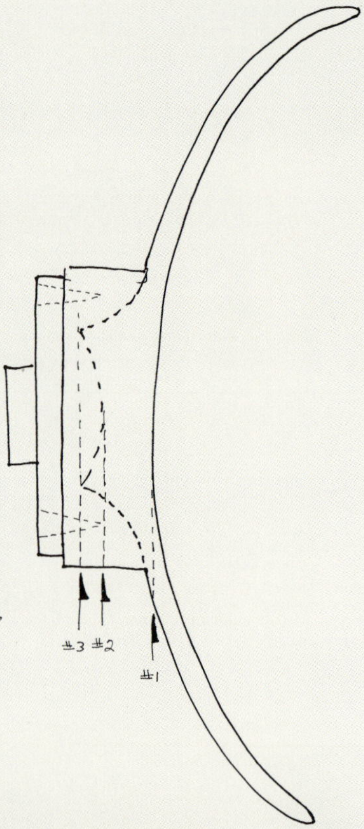

Die drei wichtigen Referenzlinien für das Drechseln eines Fußes sind : 1 – die Tiefe der Aushöhlung; 2 – die angestrebte Wandstärke am Boden; 3 – die Ebene des fertigen Fußes. Sie brauchen diese drei Linie auf jeden Fall, unabhängig davon, wie Sie den Rohling aufspannen, wenn Sie die Form drechseln.

Um das Zentrum zu finden, fahren Sie den Reitstock bis dahin, wo Sie das Zentrum vermuten. Bringen Sie die Handauflage dicht an das Objekt. Legen Sie Ihren Daumen auf die Handauflage und drehen Sie das Objekt von Hand. Wenn ein Hochpunkt Ihren Daumen berührt, drehen Sie die Schale, sodass der Hochpunkt oben ist.

Wenn der Hochpunkt oben ist, lockern Sie den Reitstock und klopfen die Oberseite vorsichtig nach unten. Halten Sie die Schale mit Ihrer linken Hand gegen das Futter, damit sie nicht verrutscht.

Zentrieren einer offenen Schalenform

Bevor die Basis abgedreht und der Fuß geformt werden kann, ist es notwendig, Referenzlinien für den Fuß innerhalb der Basis zu schaffen. Linie 1 in der Skizze links entspricht der Tiefe im Inneren der Schale (siehe dazu Kapitel 9 „Drechseln einer offenen Schale mit geschnittenem Rand“ auf Seite 134). Linie 2 steht für die beabsichtigte Wandstärke, die ich am Boden der fertigen Schale haben möchte. Linie 3 entspricht der Standfläche der fertigen Schale. Ohne diese Linien wüsste ich nicht, wie viel der Basis ich wegdrehen müsste, und hätte ständig Angst, durch den Boden der Schale zu schneiden.

In den meisten Fälle drehe ich die Tiefe (innen) einer Schale bis zum Schnittpunkt der außen angedrehten Basis mit der Außenwand. Die Verlängerung der Außenseite in die Basis wird genügend Material für die Stärke des Bodens ergeben und auch für die Ausformung des Fußes. Beachten Sie auch, dass die Lage und Ausformung des Fußes in der Basis sich innerhalb der Schrauben befinden wird, mit denen die Basis auf einer Planscheibe befestigt war. Auch die Druckstellen der Backen eines Backenfutters sind so kein Problem.

Nachdem die Linien etabliert sind, ist der erste Schritt zum Abdrehen des Fußes die Zentrierung der Schale im Klemmfutter. Nachdem das Zentrum der Basis gefunden wurde, wird die Schale sich auf dem Futter selbst zentrieren.

Ich benutze einen mitlaufenden Körner mit Druckring, um das Werkstück zu zentrieren. Er macht keine so großen Löcher im Boden der Schale wie die normalen Körner mit konischer Spitze.

Das Zentrieren geschieht mithilfe meines Daumens wie beim Zentrieren einer Hohlform weiter oben beschrieben.

Mit dem schon früher markierten Zentrum auf der Basis der Schale kann jede Schale auf jedem Klemmfutter leicht zentriert werden. Setzen Sie die Reitstockspitze gegen diese Markierung und positionieren Sie die Schale gegen ein Klemmfutter mit etwas Schaumgummi als Zwischenlage. Der Schaumgummi verhindert das Rutschen der Schale und Druckstellen an der Schale durch den Kontakt mit dem Futter. Da die Form des Futters konvex ist und die der Schale konkav, wird sich die Schale selbst zentrieren, wenn der Reitstock exakt im Zentrum der Basis ausgerichtet und festgespannt ist.

Allerdings kann es manchmal frustrierend sein, das exakte Zentrum festzulegen, weil die kleinste Bewegung die Schale aus dem Zentrum werfen kann. Ein Hauptproblem ist, dass die Zentrierspitze der allermeisten mitlaufenden Körnerspitzen heutzutage zu lang ist. Eine konische, lange Zentrierspitze ist nutzlos, weil sie ein sehr großes Loch im Boden macht, und das zudem noch an der falschen Stelle. Wenn Sie nur eine konische Spitze haben, schieben Sie eine dicke Unterlagscheibe auf die Spitze, um ein zu tiefes Eindringen zu verhindern.

Formen des Fußes

Wenn die Schale zentriert ist und die Referenzlinien gezogen sind, ist der erste Arbeitsschritt beim Formen des Fußes, alles Abfallholz wegzudrechseln bis auf die Ebene der Linie 3, damit die neue Oberfläche absolut plan ist. Der fertige Fuß der Schale wird irgendwo auf dieser Planfläche sein, obwohl ich ihn noch nicht geformt habe.

Wenn der Fuß einmal so abgeflacht ist, kann ich nun die Basis der Schale ausformen, wie es mir gefällt. Ich muss mir keine Sorgen machen, wenn ich die anderen beiden Linien wegdrechsle. Ich muss mir nur den Abstand zwischen den Linien 3 und 2 merken, denn das ist die Tiefe, die ich den Fuß aushöhlen kann, damit er auf einem Ring aufsitzt und nicht auf einer planen Fläche. Flache Füße fangen mit der Zeit an zu wackeln.

Ausformen des Fußes

Ich benutze gerne den Schälschnitt, um den Fuß zu formen, und den scherenden Schabschnitt, um die äußere Oberfläche des Fußes fertig zu drehen.

Der erste Schritt ist es, das Holz auf Linie 3 herunterzudrechseln. Beachten Sie die übrig gebliebenen Schraublöcher von der Planscheibe. Sie werden im nächsten Arbeitsschritt beseitigt, wenn ich den Fuß der Schale forme.

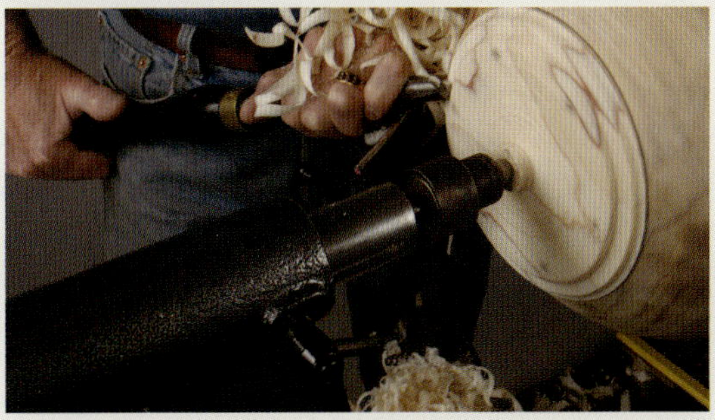

Im nächsten Arbeitsschritt formen Sie den Fuß nach Ihrem Geschmack. Merken Sie sich den Abstand der Linien 3 und 2, weil Sie den Fuß später auf diese Ebene aushöhlen müssen.

Fahren Sie fort, den Fuß mit einem Schälschnitt zu formen.

Am Schluss schneiden Sie mit einem scherenden Schabschnitt die Oberfläche fertig.

Glätten des Übergangs

Hohlformen und viele offene Schalenformen aus Grünholz verziehen sich generell etwas, während sie hergestellt werden. In den meisten Fällen werden sie oval. Wenn sie im Futter eingespannt sind, werden Sie Hochpunkte an entgegengesetzten Seiten in der Nähe der Basis entdecken. Das macht es unmöglich, einen sauberen Übergang zwischen dem neu gedrechselten Fuß und der originalen Oberfläche herzustellen. Um diesen Übergang flüssig zu gestalten, wähle ich eine Drehzahl um 100 U/min. Wenn Ihre Drehbank nicht so langsam läuft, können Sie sie von Hand drehen.

Halten Sie die Röhre in der schabend-scherenden Position mit Ihrer rechten Hand am Griff der Röhre (nahe der Zwinge) und das Ende der Röhre gegen Ihr Bein gedrückt. Mit der Schneide der Röhre auf der originalen, oberen Oberfläche schalten Sie Maschine ein und beobachten Sie, wie die Röhre auf und nieder geht, indem sie der unregelmäßigen Oberfläche der Form folgt. Mit dem aufgeworfenen Teil der Schneide in scherender Position schieben Sie die Röhre langsam vorwärts über den Übergangspunkt hinweg in die frisch gedrechselte Oberfläche nahe der Basis. Dieser Vorgang erlaubt es Ihnen, die harten Stufen des Übergangsbereichs wegzunehmen und sie mit der Basis in eine gleichförmige Oberfläche zu verschmelzen. Sie können dann noch mit Schleifpapier nacharbeiten und es wird ein nahezu unsichtbarer Übergang verbleiben.

Lassen Sie die Drehbank mit 100 U/min laufen oder drehen Sie sie von Hand. Benutzen Sie die Signature-Röhre, um die alte und die neue Oberfläche mit einem scherenden Schabschnitt anzugleichen.

Vermeiden von Übergangslinien

Die fertigen Oberflächen der meisten meiner gestockten Objekte wurden nicht geschliffen und kommen direkt von der Röhre. Wenn ich die Objekte umgedreht in ein Klemmfutter einspanne, um den Boden zu bearbeiten, geht das Werkzeug in der Tat in umgekehrter Richtung durch das Holz. Das Resultat ist eine in meinen Augen sehr unschöne Übergangslinie dort, wo die neue und die alte Oberfläche aufeinandertreffen. Um das Problem zu lösen, drehe ich die Handauflage auf die andere Seite der Drehbank, lasse die Maschine rückwärtslaufen und drehe den Fuß fertig, während ich auf der „falschen Seite" stehe. Die Schneide der Röhre geht nun in derselben Richtung durch das Holz und es gibt keine Übergangslinie.

Die Basis aushöhlen

Das Aushöhlen des Fußes erlaubt der Schale, auf einem Ring zu stehen, statt auf einem flachen Boden, der mit der Zeit schaukeln wird.

Benutzen Sie die Signature-Röhre, um das Holz aus dem Zentrum nahe der Kante des Fußes zu entfernen.

Benutzen Sie eine 10-mm-Spindelformröhre mit gleitender Fase, um der konkaven Fläche ein glattes Finish zu geben.

Den Buckel abschneiden

Je kleiner ich den Buckel am Boden, der das Werkstück mit dem Reitstock verbindet, machen kann, desto weniger Handarbeit ist erforderlich, um diesen Bereich fertigzustellen. Wie klein das möglich ist, bevor irgendetwas Aufregendes passiert, ist eine Herausforderung, der ich nie widerstehen kann. Ich lasse die Fase gleiten, um die Fläche zu schneiden, dann drechsle ich den kleinen Rest konisch zu, um den Durchmesser an der Stelle, wo er den Boden berührt, zu minimieren. Der letzte Schritt ist es, die Maschine abzuschalten, von Hand weiter zu drehen und den Stängel mit der Röhre abzuschneiden.

Aushöhlen der Basis

Zum Aushöhlen der Basis benutze ich die Signature-Röhre in der Schälposition, um das meiste auszuräumen. Ich schneide dabei von der Unterseite des Fußes (Linie 3, siehe Seite 200) auf die Ebene der Linie 2 bzw. auf das, woran ich mich erinnern kann, wo sie sein müsste. Danach wechsle ich zu einer 10-mm-Spindelformröhre, um die endgültige Fläche zu drechseln, und lasse die ganze Zeit für eine glatte, polierte Oberfläche die Fase gleiten.

Abschneiden des Buckels

Den Buckel, der das Werkstück mit dem Reitstock verbindet, abzudrehen, ist der letzte Schritt beim Fertigdrechseln der Unterseite. Je schmäler ich jetzt den Buckel mache, desto weniger Handarbeit muss ich nachher investieren.

Mit der 10-mm-Spindelformröhre verkleinere ich die Größe des Buckels.

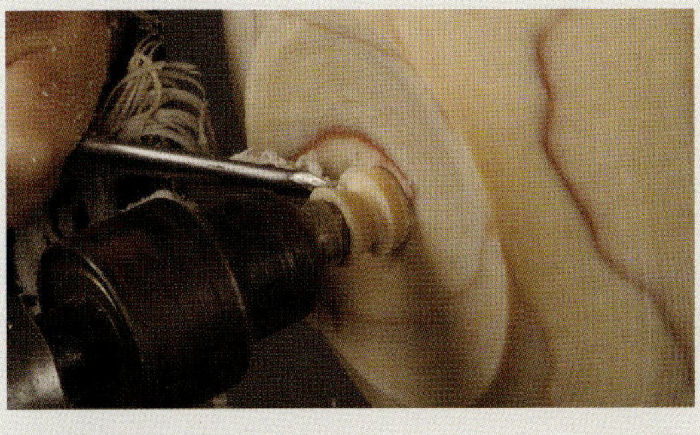

Dünnen Sie den Buckel immer weiter aus, um die Oberfläche, die Kontakt mit der Basis hat, zu verkleinern.

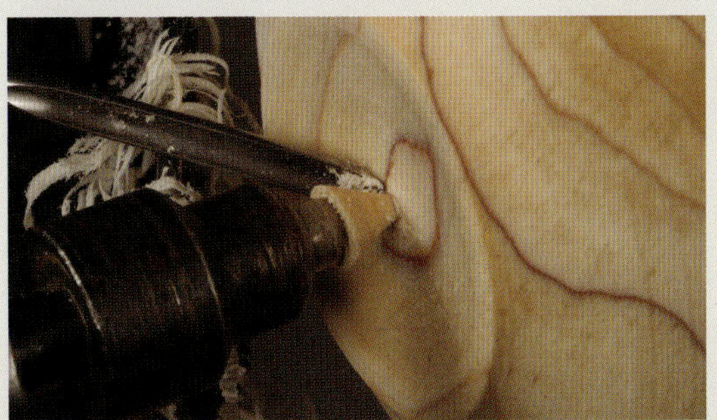

Machen Sie die Basis des konischen Rests so klein wie möglich. Je kleiner, desto weniger Handarbeit müssen Sie nachher verrichten.

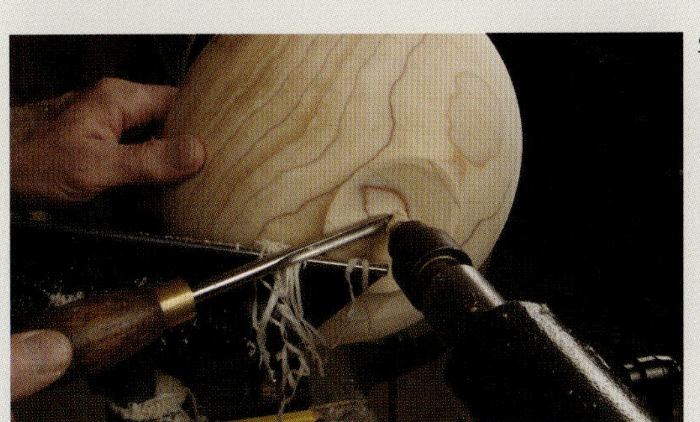

Schalten Sie die Maschine ab und drehen Sie das Objekt von Hand, während Sie durch den Rest schneiden und ihn von der Basis lösen. Halten Sie das Objekt gut fest, damit es nicht hinunterfällt.

Kapitel 15

Schleifen

Ich erinnere mich an 1975, als ich zum ersten Mal bemerkte, dass es auch noch andere Drechsler auf der Welt gibt. Das war zu derselben Zeit, als ich auf den Kampf zwischen „Schneidern" und „Schabern" aufmerksam wurde. „Schneider" waren ganz schön eingebildet wegen ihrer Fähigkeit, die Fasern zu schneiden, statt sie „wegzukratzen". Die „Schaber" hielten dagegen, dass ihre Väter es schon immer so gemacht hätten, also müsse es richtig sein. Außerdem tendierten die „Schaber" dazu, breite Schultern und riesige Unterarme zu haben, sodass unabhängig von ihren Arbeitsmethoden nicht allzu viele Leute wild darauf waren, mit ihnen zu streiten. Jedenfalls hatten beide Parteien eines gemeinsam: Wenn sie fertig waren mit Schneiden bzw. Schaben, schalteten sie ihre Drehbänke herunter auf 1000 U/min, nahmen ihr mit 36er-Felsbrocken bestreutes Papier und fuhren fort, die Hölle aus dem Holz herauszukratzen, während sie in ihren Wolken von Holzstaub nahezu unsichtbar wurden. Ich hielt schon sehr bald grobes Schleifen bei hoher Geschwindigkeit für das Äquivalent zu einem Frontalaufprall oder einer Verbrennung dritten Grades. Ich kann geradezu diese Holzfasern kreischen hören: „Mein Gott, du Rohling! Wie kannst du mich so gefühllos misshandeln?"

Eine glatte Oberfläche ist nahe, wenn Sie eine meiner kühlen Schleifmethoden verwenden; z. B. diese selbstklebende Scheibe auf einem 2,5 cm starken Schaumstoff.

Traditionelles Schleifen

Ich frage mich, über was andere Leute nachdenken, während sie ein Stück Holz mit Schleifpapier bearbeiten. Jeder Holzhandwerker schleift irgendwann, aber ich kenne keinen, der dieses Geschäft genießt. Wenn Leute lange Zeit etwas tun, das sie nicht mögen, dann müssen sie das kompensieren, indem sie dabei über interessante Themen nachdenken. In diesem Fall so lange, bis sie das Finish auftragen und sagen können: „Na also. Jetzt haben sich meine Anstrengungen gelohnt."

Ich habe mit einigen Holzwerkern darüber gesprochen und einige interessante Antworten erhalten. Zum Beispiel lösen manche einfache mathematische Probleme wie Additionen und Subtraktionen. Einige Möbelbauer erzählten mir, sie würden sich die Details des Zusammenbaues der einzelnen Teile vorstellen. Ein Mann übte Vogelrufe, und ein anderer dachte über die unliebsamen Vorkommnisse mit seiner ersten Frau nach.

Hier bin ich dabei, eine Naturrandschale mit einer Abranet-Scheibe zu schleifen.

Wann ist man fertig?

Ich glaube, wir alle denken über eine endlose Anzahl von Ideen oder Themen nach, während wir schleifen, nur nicht über den Schleifprozess selbst. Was immer Sie tun, um durch diese Phase zu kommen, irgendwann müssen Sie sich folgende Frage stellen: „Wann ist genug genug?" Das heißt, wann hören Sie auf mit Schleifen. Die meisten Leute antworten: „Ich schleife bis Körnung 220" oder „600" oder „12.000" und so weiter. Für mich ist das nichts anderes, als dass sie eine Gewohnheit entwickelt haben, bis zu einem gewissen akzeptablen Punkt zu schleifen oder was immer sie für „perfekt" halten, und dann hören sie auf. Daran ist nichts falsch, denn es vergrößert die Wahlmöglichkeiten, die die Leute haben, um die verschiedenen Effekte in Holz auszudrücken. Das heißt auch, dass zwei Leute das gleiche Stück Holz bearbeiten können und doch mit total unterschiedlichem Aussehen ihrer Objekte enden. Mich wundert nur, ob die Verwendung von mehrtausenfachen Körnungen von den Bedürfnissen des Holzes abhängt oder von denen des Anwenders. Ich vermute Letzteres. Was ist, wenn ich morgens eine Rosenholz-Schatulle schleife und abends eine Hohlform aus gestocktem Ahorn? Verlangen beide Materialien die gleiche Behandlung beim Schleifen? Sollte ich bei derselben Körnung aufhören?

Rotierende 7,5-cm-Schleifscheiben mit Klett- oder fester Rückseite sind eine nützliche Alternative zum Schleifen mit gefaltetem Schleifpapier.

Wo fängt man an?

Genauso wichtig wie die Frage, wo man mit Schleifen aufhört, ist die, wo man anfängt. Als ich noch jung war, reihte ich hübsche kleinen Schleifpapierstapel auf und ging durch alle, einen nach dem anderen. Das war ein Weg, Ordnung in die Sache zu bringen, aber ich nahm an, ich *müsste* immer mit dem gröbsten Korn beginnen. Das wäre ein Problem, wenn ich Hölzer verschiedener Art und Dichte schleifen müsste, z. B. Rosenholz und gestocktes Holz. Wenn ich Schleifmaterial auswähle, achte ich darauf, dass ich mich nicht auf eine Methode festlege und die Freiheit behalte, auf unterschiedliche Materialien, die ich schleifen will, einzugehen. Hier trifft der alte Spruch immer noch zu: „Wenn du Zweifel hast, frage das Holz."

Ich erinnere mich an James Prestini, der von 1933 bis 1953 dünnwandige Formen drehte, und an Bob Stocksdale, der einer der Väter des Kunstdrechselns war, die beide durch die ganze Reihe an Körnungen gingen, wie es, da bin ich sicher, die meisten anderen vor den späten 1970ern auch taten. Ich nenne das den Depressionsansatz, denn wenn man sich all diese Schleifpapiere während der Great Depression (Wirtschaftskrise in den 1930er-Jahren in den USA) leisten konnte, dann war man reich. Natürlich warf niemand gebrauchtes Schleifpapier weg, denn nach einiger Zeit wurde aus 120er ein 150er, dann ein 220er und so weiter, bis man behauptete, es wäre 600er, selbst wenn man wusste, dass dem nicht so war. Irgendwann endeten alle Schleifpapierstücke in einer Kiste, aber man warf auch diese Kiste nie weg.

Entwicklungen

Denken Sie einmal an die enormen Veränderungen, die es beim Drechseln seit den frühen 1970ern gegeben hat, viele von ihnen in direkter Relation zum Schleifen. Zuerst verschob sich die Funktion der hergestellten Objekte von industriell gefertigten Langholzwaren zu dekorativen Objekten. Dazu kamen dann die schwingenden und sich drehenden Schleifscheiben.

Eine Menge Verbesserungen erschienen in den nächsten zehn Jahren, einschließlich des Edelkorundpapiers (Aluminiumoxid), das als Alternative zum Granatpapier eingeführt wurde. Der echte Durchbruch kam mit den selbstklebenden Scheiben und denen mit Klettrücken. Mitte der 70er-Jahre galt die Idee, ein gefaltetes Stück Schleifpapier an ein sich drehendes Stück Holz zu halten, bereits als total veraltet. Es erzeugte exzessive Hitze am Holz und der Staub, der nicht in die Werkstatt flog, klebte am Schleifpapier. Man konnte keine unregelmäßigen oder rindenbedeckten Schalen schleifen, ohne die entgegenkommenden Kanten zu zerdrücken und das Schleifen von Grünholz war unmöglich. Rotierende Scheiben öffneten die Tür für die allerneueste Entwicklung: ein Polyamid-Netz mit harzgebundenen Korundkörnern und Klettverschluss auf der Rückseite. Wow!

Die Möglichkeiten der Oberflächenbehandlung (Finishing) nahmen zu von den traditionellen Ölen bis Schellackpolituren, Spraylacken, wasserbasierenden Lacken, Plastiksprays, Farben und sogar Sekundenklebern. Zuletzt änderte sich noch die Art der Hölzer. Mark und Melvin Lindquist leisteten Pionierarbeit bei der Verwendung gestockter Hölzer in den frühen 1970ern und forderten damit den Schleifprozess heraus. Meine frühe Arbeit beim Schleifen von Grünholz in den späten 1970ern war ein weiterer Anlauf, eine glatte Oberfläche an einem weiteren definitiv unkooperativen Material zu gewinnen.

Es wird leicht vergessen, dass während dieser Zeit, verglichen mit heute, nur wenige Drechsler ihre Arbeiten zeigten und dass das Kommunikationssystem zwischen uns so minimal war, dass es niemanden gab, der zu uns sagte, dass es ganz und gar *unmöglich* sei, gestocktes oder nasses Holz zu schleifen! Tatsächlich sind einige Traditionen beim Drechseln so stark, dass ich noch heute ziemlich aufgezogen werde, wenn ich bei Demonstrationen Grünholz schleife.

Gedanken über das Schleifen

Schleifscheiben, deren Rückseite mit Weichgummi oder Schaumgummi gepolstert sind und die Klettverschlüsse aufweisen, sind eine weitere Innovation. Drücken Sie einfach den Klettverschluss auf die Unterlage, um sie zu verbinden, oder ziehen Sie, um sie zu lösen.

Also, warum schleife ich gerne? Weil ich nicht viel zu schleifen brauche, da ich mit effektiven Methoden arbeite. Ich sehe Schleifen als eine *erlernte Fertigkeit*, nicht mehr oder weniger wichtig als die anderen Prozesse, wenn ich ein Objekt herstelle. Ich lerne es beim Anwenden und der Vorgang bietet ein gewisses Maß an Befriedigung. Manchmal schummele ich auch etwas, weil einige meiner Objekte nicht geschliffen zu werden brauchen. Aber das ist eine Frage der Umstände und des persönlichen Geschmacks.

Gutes Schleifen erfordert gute Oberflächenvorbereitung. Welcher Art Holzwerken Sie auch nachgehen, Sie können jedes gute Stück Holz mit Schleifen ruinieren; und gleichzeitig auch noch eine Portion Ihrer physischen und mentalen Gesundheit, wenn Sie die Oberfläche nicht sauber vorbereiten. Ausgerissene Fasern sieht man *immer*, egal wie viel Finish Sie benutzen, um sie zu verdecken. Ob Sie mit Schabwerkzeugen arbeiten, mit Röhren oder Flachmeißeln, Ihre Ergebnisse beim Schleifen werden besser, sobald Ihre Fähigkeiten im Umgang mit den Werkzeugen zunehmen.

Wenn ich ein Stück Holz betrachte und mich frage: „Wie möchte ich, dass dieses Stück aussehen sollte?", dann ist manchmal die Antwort offensichtlich. Ein anderes Mal habe ich keine Ahnung, bis ich das Stück auf die Drehbank nehme und mit der Bearbeitung beginne – die Rinde abschneide oder beobachte, wie sich die Röhre anfühlt, wenn sie die Fasern durchschneidet. Oder vielleicht schneidet sie ja überhaupt nicht gut, oder es gibt solides Holz an manchen Stellen und verpilztes Holz an anderen. Will ich, dass das gesamte Objekt überall gleich aussieht? Oder sagt mir meine Erfahrung mit dem Holz, dass es auch andere Möglichkeiten gibt? Will ich es glänzend oder matt, porös oder glatt? Will ich, dass das Objekt eine funktionale oder eine dekorative Oberfläche erhält? Und ganz wichtig ist, was ich an diesem Tag fühle … über das Material, die Form oder möglicherweise über das Leben selbst.

Schleifen ist bei *all* diesen Entscheidungen involviert. Wenn ich alle endgültigen Schnitte mit dem Werkzeug gemacht habe, ist Schleifen der letzte Schritt, der zur Endbehandlung führt. Wenn Sie mit dem Schleifen angefangen haben, gehen Sie fast nie einen Schritt zurück.

Nach meiner Erfahrung haben wir alle unsere eigenen Antworten auf diese Fragen, vor allem, wenn es darum geht, wie weit wir mit dem Schleifen gehen wollen. Meine Antwort ist, dass ich schleife, bis ich fertig bin. Wenn ich einmal eine Oberfläche so weit gebracht habe, dass ich mag, was ich sehe, dann bin ich fertig. Das kann bedeuten, dass überhaupt nicht geschliffen wird, z. B. bei sehr stark verpilztem Holz oder bei einem Stück Weiß-Eiche, das grobporig und rau aussehen soll wie eine japanische Raku-Keramik. Der wichtigste Aspekt bei meiner Arbeit ist, dass ich versuche, nicht viel zu schleifen, wenn es für den von mir erwünschten Effekt nicht notwendig ist. Wenn ich einmal die Oberfläche eines Objekts zu einem gewissen Fertigungsstand gebracht habe, höre ich auf zu schleifen. Wann dieser Fertigungsstand erreicht ist, weiß ich allerdings erst, wenn ich ihn erreicht habe.

Das bringt mich zu einer befremdlichen Frage: Warum schleifen wir überhaupt? Wenn die Antwort zu offensichtlich scheint, müssen Sie nochmals hart nachdenken. Schleifen wir, damit das Holz schöner aussieht? Zweifellos. Das führt uns zu der alten Frage betreffs Mode und Zeitgeist: „Was ist überhaupt Schönheit?" Schleifen wir, um die strahlende Schönheit des Holzes und seine schillernde Tiefe hervorzubringen? Wahrscheinlich. Schleifen wir, um das Holz gewissermaßen zu konservieren und zu schützen? Möglich. Viele werden sagen: „Ich schleife, damit ich es besser verkaufen kann." Letztlich führt es zur Frage zurück, was Ihre eigene Sichtweise von *Mode, Schönheit* und, gleich wichtig, *Absicht* ist.

Ich glaube, dass es die Unterschiede sind – weniger die Ähnlichkeiten –, wie wir mit den Oberflächen unserer Objekte umgehen, die so einen wundervollen Hauch und Fülle in ihnen erzeugen. Und wie bei anderen kreativen Ausdrucksmöglichkeiten sind es die Unterschiede, die persönlichen Wahlmöglichkeiten, die den Punkt interessant machen. Vielleicht ist doch die Frage „ Schleifen oder nicht schleifen?“ gar nicht so abwegig.

Die Kratzer wegkratzen

Unabhängig davon, wie Sie zum Schleifen stehen, ist es einfach so, dass durch das Schleifen nur eine Oberfläche vom gegebenen Zustand in einen gewünschten Zustand verändert wird. Aus all den oben angeführten Gründen bezeichne ich das Schleifen oft als einen der rätselhafteren Prozesse beim Herstellen von gedrechselten Objekten. Schlecht daran sind nicht nur die erheblichen Mengen von eingeatmetem Staub, den wir produzieren, während wir versuchen, magische Oberflächen zu erzeugen. Ich meine auch die zahlreichen Widersprüche und Fehlinformationen über das Schleifen, mit denen wir aufgewachsen sind. Kein Wunder, dass unsere Gedanken wandern, wenn wir schleifen … vielleicht wollen wir einfach nicht darüber nachdenken.

Denken Sie an all die Hitze, die durch Reibung zwischen der drehenden Schleifscheibe und dem rotierenden Holz erzeugt wird, und wie diese Hitze all die ärgerlichen kleinen Hirnholzrisse an unseren Schalen erzeugt. Einerseits reden wir öffentlich darüber, wie sehr wir die Schönheit unseres Materials verehren. Andererseits lassen wir die Drehbank mit 1000 U/min laufen und fressen die Oberfläche mit diesen heißen kleinen Steinbrocken weg. Und was ist mit den unebenen Oberflächen, die wir auf unseren Schalen und Tabletts produzieren, weil wir bei jeder Umdrehung Langholz und Hirnholz gleichermaßen schleifen?

Jeder Schreiner lernt, Holz nur mit der Maserung zu schleifen, damit er die Steinbrocken nicht quer oder diagonal zu den Fasern zieht. Und doch schleifen Langholzdrechsler ebenso wie Querholzdrechsler in *jede* Richtung, weil wir das Objekt an einer sich drehenden Maschine schleifen. Wenigstens stoppen Langholzdrechsler normalerweise die Maschine und schleifen mit den Fasern. Querholzdrechsler wechseln stattdessen zu immer feinerem Korn.

Schleifen kann genau so leicht erlernt werden wie andere Handfertigkeiten beim Drechseln. Das echte Problem ist, dass die meisten Leute Schleifen als eine notwendige Last empfinden. Sie ignorieren, dass Geschicklichkeit notwendig ist, und enden damit, alles tot zu schleifen.

Wäre es nicht besser, wenn Sie die gewünschten wunderschönen Oberflächen entwickeln könnten, ohne die Fasern zu zerreißen? Oder ohne die Risse im Hirnholz, die von der überhitzten Oberfläche stammen? Und ohne den natürlichen Glanz des Holzes zu zerstören? Das alles ist möglich, aber es erfordert, dass Sie beim Vorbereiten der Oberflächen Ihrer Schalen und Gefäße anders vorgehen sowie *sehr viel* Übung beim Umgang mit Ihren Werkzeugen, unabhängig davon, ob Sie Schaber oder Röhren bevorzugen.

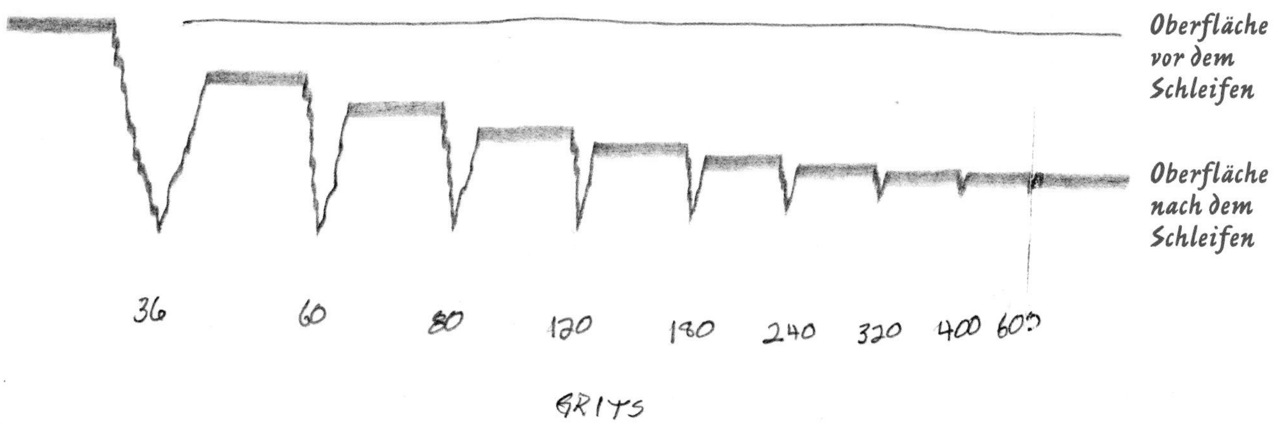

Wenn man das Schleifen mit groben Körnungen (engl. grits) beginnt, reduziert das nicht nur die Oberfläche, sondern die Seiten jedes Schleifkorns beschädigen die Fasern und reduzieren den Luster, die schimmernde Tiefe des Holzes.

David Ellsworth, *Koa Pot*, 2008. Gemaserte Koa-Akazie; 17,5 cm hoch, 20 cm ∅. Koa-Akazie wird von Holzhandwerkern wegen ihres natürlichen, tiefen Glanzes hoch gepriesen.

Luster

Holzliebhaber sprechen ständig von der „Schönheit des Holzes“ und zweifellos hat jeder eigene Vorlieben, was Holzart, Farbe, Ton oder Maserbild betrifft. Schönheit ist subjektiv und schwierig zu definieren, egal ob es sich um Holz, Menschen oder das Leben als solches handelt. Wenn es um Holz geht, sind sich die meisten einig, sie meinen die Schönheit des natürlichen Glanzes, der in manchen Holzarten vorkommt, „chatoyance“ im Englischen, in der deutschen Fachsprache „Luster“ oder „Lüster“. Er hat eine gewisse Ähnlichkeit mit dem Katzenaugeneffekt in Glasmurmeln (und Halbedelsteinen).

Der Luster entsteht durch Lichtstrahlen, die in das Holz eindringen und wieder zum Auge zurückgeworfen werden. Krauses oder verwachsenes Holz, bei dem sich die Fasern durch das Material schlängeln, zeigt diesen Effekt mehr als gerade gewachsene Holzoberflächen. In harzreichen Hölzern wie Grenadill oder Koa ist dieser Effekt maximiert und kann die Oberfläche geradezu dreidimensional wirken lassen.

Möbeltischler wissen schon seit Langem, dass gehobeltes Holz einen größeren Luster hat als geschliffenes Holz, und unabhängig vom Hobeln oder Schleifen arbeiten sie *immer mit* dem Holz und nie quer dazu. Drechsler haben keine Wahl. Bei Schalen schalten Sie die Maschine ein und das Schleifpapier schabt sofort über Querholz und dann ratscht es über Hirnholz, zweimal bei jeder Umdrehung. Wenn Sie eine Langholzarbeit schleifen, eine Vase oder Geländerstäbe etwa, schleifen Sie *immer* quer zur Faser.

Wenn Sie einen spitzen Gegenstand quer zum Faserverlauf über eine Holzoberfläche ziehen, beispielsweise ein 60er-Schleifkorn, unterbrechen Sie den Fluss des Lichts von der Oberfläche. Und weil die Seitenwände des Kratzers selbst zerrissen und gezackt sind, werden die Lichtstrahlen weiter aufgebrochen (siehe Illustration Seite 209). Als Resultat können Sie eine perfekt schöne Schale haben, aber wenn man sie unter verschiedenen Blickwinkeln betrachtet, wird kein Lichtstrahl aus der Oberfläche hervortreten. Ihre Luster-Fähigkeit wurde durch die Beschädigung der Holzoberfläche unterbrochen. Mit etwas Übung können Sie lernen, eine zu viel geschliffene Schale schon von Weitem zu erkennen.

Was beim Schleifen passiert

Bevor ich mich praxisbezogen den Schleifmethoden widme, muss ich grob skizzieren, was passiert, wenn Sie Holzfasern schleifen, und wie leicht es ist, zu viel zu schleifen, also zu überschleifen. Überschleifen beginnt schon damit, dass Sie mit einem zu groben Papier anfangen und dadurch zu viel Zeit verbrauchen, um mit immer feinerem Korn weiter zu schleifen. Oder Sie üben zu viel Druck aus. Oder beides.

Mit jedem Stück Schleifpapier schneiden Sie Furchen in das Holz, deren Tiefe der Korngröße entspricht. Wenn Sie danach immer feineres Papier verwenden, entspricht das Ihrer Absicht, die Furchen zu entfernen, die das vorhergehende gröbere Papier hinterlassen hat. An einem bestimmten Punkt ist das menschliche Auge nicht mehr imstande, die hinterlassenen Furchen zu sehen, und das ist der Punkt, an dem Sie normalerweise aufhören. Sie können aber nicht sehen, dass die Seitenwände der Furchen aufgerissen oder rau werden, vor allem, wenn Sie quer zur Faser schleifen. Wenn Sie mit einer zu groben Körnung anfangen, z. B. 36, werden Sie möglicherweise nie imstande sein, bis unterhalb der untersten herausgerissenen Faser zu schleifen. Eher kommen Sie auf der anderen Seite der Schale wieder heraus. Als Resultat dieser Gewaltaktion erscheint die Holzoberfläche glatt. Die Maserung und die Farbe werden erkennbar sein, aber das Holz hat seinen ursprünglichen Luster und Glanz verloren. Derselbe Effekt stellt sich bei gestocktem Holz ein, weil die Zellwände der Fasern zerstört sind. Ein ähnliches Resultat zeigt sich, wenn Holz gekocht wird, ausfriert oder in der Mikrowelle behandelt wurde. In allen diesen Fällen werden die groben Kanten der defekten Zellen den Glanz reduzieren.

Kühles Schleifen

Wie können Sie Ihre Objekte schleifen, ohne die Holzfasern zu zerstören? Ein Teil der Antwort ist, dass gute Werkzeugvorarbeit zu einer hochwertigen Oberfläche führen wird und so den Schleifaufwand reduziert. Wenn Sie eine hohe Oberflächengüte durch Drechseln erzielen, dann reicht es, wenn Sie mit Körnung 220 zu schleifen beginnen und nicht mit 60. Hitze ist einer der Hauptfeinde von Holz. Teil des Könnens beim Schleifen ist die Erkenntnis, dass eine 7,5-cm-Power-Schleifscheibe, die bei 1000 U/min in das Holz gerammt wird, so viel Hitze erzeugen kann, dass der Kleber des Klettverschlusses schmilzt und das Holz austrocknet. Hitze ist die Ursache all der kleinen mysteriösen Hirnholzrisse.

Kühles Schleifen bedeutet, Sie müssen die Schaumschicht, die die Scheibe stützt, weicher machen, ein dünneres, biegsameres Papier auswählen und die Drehbank langsamer laufen lassen, um die Reibungshitze zu reduzieren. Ich habe den Ausdruck „kühles Schleifen" gewählt, weil er den Vorgang angemessen beschreibt und auch den Unterschied zum oben erwähnten Power-Schleifen deutlich macht.

Ich benutze zwei Methoden, die meinem kühlen Anspruch genügen. Ich bin sicher, dass deshalb so wenige Drechsler über das kühle Schleifen Bescheid wissen, weil diese Schleifscheiben mit dem weichen Gummirücken in Drechslerkatalogen nicht angeboten werden. Sie müssen sie selbst machen, aber die Zutaten sind so gut wie überall leicht erhältlich.

Selbstklebende Scheiben (PSA-Discs)

Ich benutze selbstklebende Aluminiumoxidscheiben (Korundscheiben) sowohl bei Hohlformen als auch bei Schalen. Da sie so einen weichen Kontakt mit der Holzoberfläche ermöglichen, sind sie extrem effektiv verglichen mit jeder Scheibe, die eine harte Gummiunterlage hat, also die ganzen Klettscheiben. Ich kann mit einer 220er-Körnung dieselbe Arbeit tun, für die ich sonst eine 80er- bis 120er-Scheibe mit einer härteren Unterlage bräuchte. Ich war einmal sehr überrascht, dass ich eine ganze Außenseite einer Hohlform mit 25 cm Durchmesser und 25 cm hoch aus Gelb-Kiefer mit gerade einer 220er- und einer 320er-Scheibe von 15 cm Durchmesser fertig schleifen konnte. Die Anzahl der Scheiben variieren natürlich aufgrund vieler Faktoren, einschließlich der Holzdichte, des Feuchtigkeits- und Harzgehalts, dem Druck gegen das Holz und natürlich wie immer von der Oberflächengüte, die die Werkzeuge geschnitten haben.

Korund-Selbstklebeschleifscheiben sind erhältlich über die meisten Werkzeugkataloge, jeden Handel für Karosseriereparatur, die KFZ-Abteilung im Baumarkt und natürlich über den großen Internethandel. Meine Favoriten sind die Fabrikate Norton und 3 M, da sie leicht erhältlich sind. Andere Marken mögen weniger kosten, aber sie sind oft von minderer Qualität, sowohl was die Schneidfähigkeit des Korns als auch die Qualität der Klebung betrifft.

Was diese Schleifscheiben von anderen unterscheidet, ist die Weichheit, die die 2,5 cm starke Schaumunterstützung bietet. Tatsächlich rollt das Schleifpapier glatt über das Holz, passt sich 100 % seiner Oberfläche an und macht das Schleifen extrem effektiv. Im Gegensatz dazu springen harte Scheiben mit jeder Umdrehung zweimal über das Hirnholz und graben sich in das Langholz ein.

Was den Prozess so einfach macht, ist die geringe Umdrehungszahl der Drehbank mit höchstens 200 U/min. Bei Grünholz schalte ich nicht einmal die Drehbank an, sondern drehe ich die Bank von Hand und schleife, wo es nötig ist, mehr auf dem Hirnholz und weniger auf dem weicheren Langholz. In jedem Fall schleudert man keinen Saft auf das Schleifpapier, es gibt wenig Hitze und das Papier wird nicht so schnell abgenutzt, weil es nicht durch Reibung am schnell rotierenden Holz abgestumpft wird.

Das Selbstklebesystem besteht aus einem harten Gummischleifteller, einer Lage weichem 2,5 cm starkem Schaumgummi und einer selbstklebenden Korundschleifscheibe.

Aggression oder Effizienz ist eine Unterscheidung, über die ich gerne reden möchte. Klettschleifscheiben auf Power-Schleifern sind sehr aggressiv. Sie können eine Menge Werkzeugspuren damit entfernen und Sie können sogar die Gestalt Ihrer Schale damit ändern. Aber Sie können kein Grünholz damit schleifen und Sie werden es vermeiden, das Werkstück von Hand zu drehen, weil Sie sonst flache Stellen auf der Oberfläche anschleifen würden.

Die weichen Scheiben sind effektiv, aber *nicht* aggressiv. Sie können schleifen, ohne flache Stellen zu erzeugen, aber Sie können keine größeren Werkzeugspuren damit entfernen, außer Sie nehmen ein gröberes Korn. Sie werden Ihnen auch nicht helfen, eine Schale umzuformen. Dagegen können Sie, wegen ihrer größeren Effektivität, das Schleifen mit 180er- bis 220er-Körnung beginnen. Das Resultat: Sie verletzen keine Fasern und die endgültige Oberfläche sieht lebendig und gesund aus.

Nicht empfohlene Anwendungen für Selbstklebesysteme sollten wir auch betrachten. Es funktioniert nicht bei Objekten, die sehr klein sind oder scharfe Kanten haben. Das Schaumstoffpolster ist zu weich und die Scheibe wird über die Kanten rollen.

Auch auf der Innenseite offener Schalen arbeitet dieses System nicht allzu gut. Bei 15 cm Durchmesser passen diese Scheiben nicht in die Schalen. Und wenn sie es tun, dann schleifen sie nur auf der Außenkante der Scheiben, nicht auf der Fläche. Man kann die Scheibe auf 7,5 cm herunterschneiden, dann passt sie in Schale, aber nach meiner Erfahrung ist dann der Schaumgummi zu weich und die Scheibe löst sich von der Unterlage.

In diesen Fällen nehme ich eine 7,5-cm-Klettscheibe, aber ich lasse die Drehbank nicht schneller als 150 U/min laufen, dann schleift das Papier besser. Und nochmals, ich meide die Versuchung, die Scheibe fest auf das Holz zu drücken.

Der Aufbau eines Schleifsystems mit selbstklebenden Scheiben erfordert folgende Einzelteile: einen Schleifteller mit 12,5 bis 15 cm Durchmesser aus hartem Gummi, ein Bohrfutter, ein scharfes, spitzes Werkzeug, Kontaktkleber, 2,5 cm dicken Schaumstoff, eine selbstklebende Schleifscheibe und Künstlerfixativ. Die Herstellung ist relativ einfach und geht schnell.

Zuerst montiere ich den Schleifteller, den man in jedem Baumarkt bekommen kann, mit dem Bohrfutter auf der Drehbank. Mit einem scharfen Werkzeug raue ich die Vorderseite des Schleiftellers etwas auf, damit der Kontaktkleber auf dem Gummi hält.

Als Nächstes schneide ich eine runde Scheibe aus dem 2,5 cm dicken Schaumstoff aus, passend zum Schleifteller. Diesen Schaumstoff kann man z. B. in Polstereien als Abfallstück erhalten; ich benutze nicht den aus verschiedenen Stücken zusammengesetzten Kompositschaum, weil er unterschiedlich harte Brocken enthält, die das dünnwandige Schleifpapier ungleichmäßig gegen das Holz drücken würden.

Danach streiche ich den Gummiteller und den Schaumstoff großzügig mit dem Kontaktkleber ein, lasse sie ein paar Minuten trocknen und presse sie dann zusammen. Vorsicht: Wenn das Schaumstoffpolster nach dem Verkleben in der Mitte gewölbt ist, muss man die Drehbank einschalten und mit einem groben Schleifpapier, eventuell in der Bohrmaschine, die Schaumstoffscheibe eben schleifen. Sonst kann es passieren, dass die selbstklebende Schleifscheibe Falten wirft und sich bei der Benutzung löst.

Sprühen Sie die Oberfläche des Schaums ein paar Mal mit einem beliebigen Acrylspray (Künstlerfixativ) ein und lassen die Schichten jeweils abtrocknen. Dies wird die Oberfläche des Schaums schützen, wenn die selbstklebende Scheibe nach der Benutzung abgezogen wird. Auch sollten Sie die Oberfläche des Schaums mit Pressluft abblasen, dann hält die Schleifscheibe besser. Am Schluss wird die selbstklebende Schleifscheibe aufgeklebt.

Schleifsystem mit selbstklebenden Scheiben

Hier ist meine Methode für ein Schleifsystem mit selbstklebenden Schleifscheiben. Probieren Sie es aus, vielleicht wird es auch Ihre Lieblingsschleifmethode.

Spannen Sie einen 12,5- bis 15-cm-Schleifteller mit einem Bohrfutter in die Drehbank. Rauen Sie die Oberfläche mit einem spitzen Werkzeug auf, damit der Kontaktkleber Halt findet.

Schneiden Sie eine Schaumstoffscheibe aus und kleben Sie sie mit Kontaktkleber auf den Schleifteller.

Wenn die Oberfläche der Schaumstoffscheibe nach dem Aufkleben gewölbt sein sollte, benutzen Sie eine grobe Schleifscheibe in einer Bohrmaschine und schleifen die Wölbung zurück.

Abranet®-Schleifscheiben

Meine zweite Vorgehensweise für ein kühles Schleifsystem – Abranet-Schleifscheiben – wurde 2006 durch Elmer Adams aus Hilo, Hawaii, angeregt, und ich verwende es jetzt häufig. Die Firma KWH Mirka, ein weltweit tätiger, sehr großer Schleifmittelhersteller aus Jeppo in Finnland, entwickelte Abranet. Die Schleifscheiben sind überall erhältlich, zumindest über den Versandhandel. Sie bestehen aus einem Kunststoffgitter, auf dem Aluminiumoxid (Korund) fixiert ist und das mit einem Klettsystem auf der Schleifunterlage befestigt wird. Es sind Korngrößen von 80 bis 1000 erhältlich. Damit sind nahezu alle Anforderungen, denen ein Drechsler begegnen kann, abgedeckt.

Der Hauptvorteil des Systems ist, dass der Schleifstaub durch das Netz nach hinten durchgeht. Wenn ich Grünholz schleife und die Scheibe verstopft, dann ziehe ich das Netz ab, klopfe es aus oder blase es mit Pressluft aus und kann dann wieder weiterschleifen. Man kann auch den Werkstattstaubsauger an der Rückseite der Schleifunterlage halten und den Staub nach hinten absaugen.

Einer meiner Schüler brachte eine der Besonderheiten des neuen Systems zur Sprache: „Man benutzt Abranet-Scheiben nicht wie andere Schleifscheiben.“ Er hatte recht. Die meisten von uns, die mit harten Schleifunterlagen aufgewachsen sind, *drücken* Schleifpapier in die Holzoberfläche. Wir tun es unbewusst, vielleicht weil wir glauben, dass es so schneller geht. Mit Abranet-Scheiben muss man den Druck gegen das Holz und ebenso die Drehzahl des Objekts auf der Drehbank auf das absolute Minimum reduzieren. Sonst wird das Schleifmittel zu schnell abgetragen und die Scheibe wird unbrauchbar. Man lernt daraus, dass man es leicht angehen und das Werkzeug seine Arbeit machen lassen sollte.

Der Staub wandert in die Abranet-Schleifscheibe. Wenn sie verstopft sein sollte, wird sie mit Pressluft ausgeblasen oder einfach ausgeschüttelt.

Selbstklebesystem oder Abranet?

Was ist der Unterschied zwischen den beiden Systemen? Das Schleifergebnis auf der Holzoberseite ist ziemlich das gleiche. Um die Kosten zu senken, müssen Sie eine ganze Menge von jeder Körnung bei Abranet kaufen (Schachteln zu 50 Stück) oder eine 25-m-Rolle vom selbstklebenden Schleifpapier, was die Kosten nicht wesentlich senkt. Für Hobbydrechsler können sich beide Wege aus Kostengründen verbieten, aber auf lange Sicht bevorzuge ich Abranet, weil sich die Scheiben verwenden lassen, bis sie endgültig abgenutzt sind. Das Abranet mit Schaumrücken ist nicht so weich wie der 2,5-cm-Schaumstoff mit den Selbstklebescheiben, aber das wird mit der höheren Effektivität ausgeglichen. Ich fange auch bei Abranet immer noch mit 240er-Körnung an und ende mit 400er oder 600er, aber es geht schneller, und weil die Scheiben gereinigt werden können, halten sie länger als die Selbstklebescheiben.

Schleifen einer Form

Hier sind einige Möglichkeiten, um eine Form zu schleifen. Zuerst muss die Geschwindigkeit der Drehbank auf 150 bis 200 U/min gesenkt werden. Dann halten Sie eine Bohrmaschine mit einer eingespannten 220er-Schleifscheibe so, dass die Stelle, an der die Scheibe das Holz berührt, nach oben dreht, während sich das Holz nach unten bewegt, und gehen Sie so langsam über die gesamte Oberfläche der Form. Bei dieser langsamen Geschwindigkeit wird das 220er-Papier mit voller Kapazität arbeiten und die meisten Langholzbereiche glätten, sodass Sie die verbleibenden Problemzonen erkennen können. Diese Problemzonen werden in den meisten Fällen das Hirnholz umfassen, weniger das Langholz. Wenn Feuchtigkeit oder Harz im Holz sind, wird das Papier verstopfen. Auf diesem Weg finden Sie heraus, wo Sie noch mehr schleifen müssen.

Schalten Sie die Drehbank ab und drehen Sie das Objekt von Hand. Benutzen Sie eine weitere 220er-Scheibe, um die Problemzonen zu schleifen. Wenn das 220er nicht effektiv genug ist, versuchen Sie 180er oder 120er. Schleifen Sie nicht längere Zeit an einem Punkt und drücken Sie das Schleifpapier nicht in das Holz. Lassen Sie das Schleifkorn selbst arbeiten. Wenn Sie feststellen, dass der Bereich zwischen Langholz und Hirnholz immer noch problematisch ist, dann liegt das wahrscheinlich daran, dass es nicht sauber mit der Drehröhre geschnitten wurde. Sie müssen nochmals zurück und neu schneiden (siehe „Fertigdrechseln der Außenform mit einem scherenden Schabschnitt“ auf Seite 123).

Wenn Sie die gesamte Oberfläche mit 220er-Korn fertig geschliffen haben, wechseln Sie zu 320er-Korn und schleifen Sie mit langsamer Geschwindigkeit noch einmal die gesamte Fläche. Prüfen Sie die gesamte Fläche und schleifen Sie eventuelle Problemzonen mit einer frischen 320er-Scheibe.

Dieser Prozess kann so lange wiederholt werden, bis die gesamte Oberfläche so glatt ist, wie Sie es möchten. Wenn es Bereiche mit starkem Wechselwuchs im Holz gibt oder einen Naturrand mit Rinde, lassen Sie die Maschine abgestellt und drehen sie von Hand, während Sie die Form schleifen. Weil diese sanfte Schleifmethode so effektiv ist, kann eine 320er-Oberfläche oft aussehen wie eine 500er oder 600er.

Grünholz und Schleifen

Gleich als ich das erste Mal einen Grünholzklotz auf der Drehbank hatte, begann ich auch mit dem Schleifen von Grünholz. Ich wusste nicht, dass ich das nicht tun sollte. Alle meine Schleifmethoden entwickelten sich von diesem Punkt an bis heute. Konventionelle Einsicht verlangt, dass man Grünholz zuerst drechselt, dann trocknen lässt, dann nochmals drechselt, dann erst schleift und die Oberfläche behandelt. Das funktioniert prächtig, solange Sie konventionelle Objekte machen wie Möbel, Schalen, Tabletts und Dosen.

Hohlformen, besonders jene aus Grünholz, bieten neue Möglichkeiten der Oberflächenbehandlung, die über die konventionellen hinausgehen. Unter diesen ragen die eher taktilen, gerunzelten Oberflächen heraus, die ich die „Übergangsoberflächen“ nenne, oder jene Objekte, bei denen die gesamte Form verzogen ist.

Der wichtigste Grund, warum ich von diesen bewegten oder texturierten Oberflächen so besessen bin, liegt darin, dass sie die dem benutzen Holz innewohnende Natur direkt widerspiegeln. Sie zeigen, dass Holz total verschiedenen ist von allen anderen Materialien, die zur Anfertigung von Hohlkörpern und Schalen benutzt werden.

David Ellsworth, Ash Pot, 2007. Schwarz-Eschen-Maserknolle; 20 cm hoch, 16,5 cm ∅. Grün geschliffen, danach getrocknet und geölt. Die Oberfläche entwickelte ein natürliches Kräuselmuster, das dieser Art eigen ist.

Die feinen Elemente in der Oberfläche eines Objekts verleihen ihm große visuelle Kraft, einschließlich des Verbergens und Hervorbringens der Energien in allen Hohlkörpern. Die Oberfläche eines Objekts kann ebenso helfen, ein Mysterium um die Form hervorzubringen, und jeden von uns mit der Identität der Form verbinden. Was Sie mit Holz erhalten, ist mehr, als Sie sehen können – es ist auch das, was Sie fühlen.

Einmal abgesehen von persönlichen Vorlieben und angenommen, wir könnten unter den Oberflächeneffekten auswählen, wie behandeln Sie Grünholz, sodass Sie, nachdem es getrocknet und gerunzelt ist, das bekommen, was Sie haben wollen? Wenn Sie eine glatte, gleichmäßig geschliffene Oberfläche haben möchten, lautet die Antwort: Sie müssen das Holz schleifen, solange es noch nass ist und *bevor* das Runzeln beginnt.

David Ellsworth, *Oak Pot*, 2007. Rot-Eiche-Maserknolle; 25 cm hoch, 20 cm ∅. Die wundervoll verzogene Oberfläche gibt ein Gefühl für die freigesetzten inneren Energien.

Schleifen von Grünholz

Ich beginne bei Grünholz mit dem Schleifen, nachdem ich die Form gestaltet und die letzten Finishing-Schnitte gemacht habe, aber *bevor* ich die Form aushöhle. Dabei gehe ich vor, wie auf Seite 215 „Schleifen einer Form" beschrieben. Das heißt, ich lasse die Maschine sehr langsam laufen, schleife mit Körnung 220 und gehe über die gesamte Oberfläche, sodass ich problematische Bereiche erkennen kann.

Wenn das Holz zu nass zum Schleifen ist, was bei frisch gefällten Maserknollen und bei gestocktem Holz oft der Fall ist, verstopft das Schleifpapier fast sofort. Wenn das geschieht, höre ich auf zu schleifen und beginne mit dem Aushöhlen der Form, bis genügend Feuchtigkeit aus der Oberfläche verdunstet ist. In vielen Fällen ist das Holz so nass, dass ich die Form komplett aushöhlen kann, bevor ich anfange zu schleifen. Jedes Holz ist verschieden, daher beurteile ich die Situation erst, wenn sie vorliegt.

In jedem Fall gehe ich zuerst einmal mit der 15-cm-Schaumgummischeibe darüber, dann drehe ich das Objekt mit der Hand und schleife nur die Zonen, die besonderer Aufmerksamkeit bedürfen. Das sind meist die Bereiche mit Hirnholz, da sie wesentlich dichter sind als die Langholzzonen. Rindeneinschlüsse bei Naturrandformen können zusätzliche Beachtung erfordern, da hier die Röhre über die Oberfläche gerutscht ist oder eine kleine Rinne verursacht hat. Ein weiterer Grund für das Drehen von Hand ist, dass ich so bei Naturrandschalen mit Rinde die scharfen Kanten nicht abrunde oder zerstöre. Wenn ich einen Bereich mit besonders tief ausgerissenen Fasern finde, gehe ich entweder zurück auf Korn 180 oder ich drechsle nochmals über die Form mit einem scherenden Schabschnitt. Denken Sie daran, dass weich unterfütterte Schleifscheiben die Oberfläche nicht so stark herunterschleifen wie die härteren Gummischleifteller. Sogar wenn ich einen Bereich leicht tiefer schleife, lässt er sich einfach an die umgebenden Bereiche angleichen, ohne sichtbare Oberflächenabweichung.

Ich weiß, dass meine Methoden beim Schleifen etwas unorthodox sein mögen. Aber meiner Meinung nach siegt beim Schleifen der gesunde Menschenverstand über die Konvention. Je mehr ich beobachte, was meine Arbeitsmethoden tatsächlich bewirken, desto mehr fühle ich mich *durch* sie mit dem fertigen Werk verbunden. Ich arbeite möglicherweise morgens mit Ebenholz und mit Fichte am Nachmittag. Es ist sehr selten, dass eine einzige Methode mit so unterschiedlichen Materialien gleich gut arbeitet.

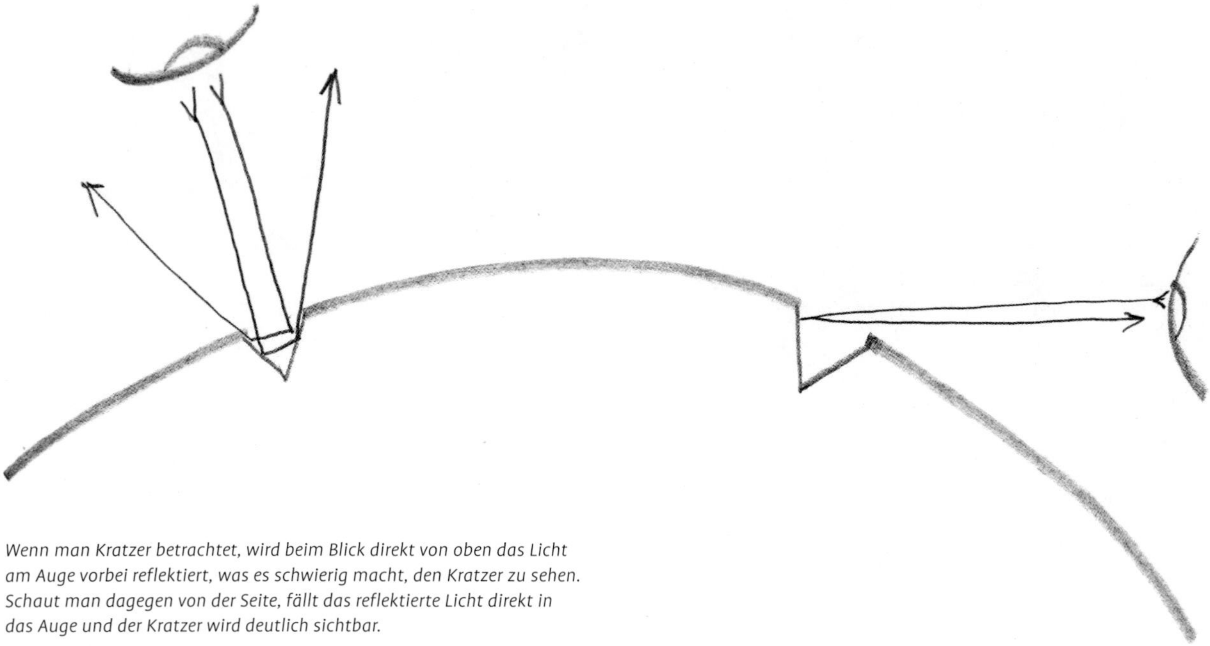

Wenn man Kratzer betrachtet, wird beim Blick direkt von oben das Licht am Auge vorbei reflektiert, was es schwierig macht, den Kratzer zu sehen. Schaut man dagegen von der Seite, fällt das reflektierte Licht direkt in das Auge und der Kratzer wird deutlich sichtbar.

Nach Problemstellen suchen

Festzustellen, wo die Problemzonen auf der Holzoberfläche sind, ist eine der hauptsächlichen Schwierigkeiten beim Schleifen. Ich meine nicht die offensichtlichen Bereiche so wie Grate, herausgerissene Hirnholzfasern und Werkzeugeinhaker, sondern eher die subtilen Dinge wie die sehr leichten Schleifspuren in Hirnholz, die durch anfänglichen Gebrauch von sehr grobem Schleifpapier verursacht wurden. Es ist kein großes Problem, sie zu entfernen, sondern eher, sie zu sehen. Sie scheinen sich zu verstecken, bis man die erste Schicht Finish aufgetragen hat. Jetzt das Finish abzuschleifen, um die Schleifspuren zu entfernen, ist nicht nur für Sie, sondern auch für das Holz eine Tortur.

Eine Methode, Kratzer zu finden, besteht darin, eine sehr helle Leuchte etwa 40 cm oberhalb des Objekts, das noch auf der Drehbank eingespannt ist, zu halten. Drehen Sie die Form von Hand, während Sie die Bereiche der Oberfläche nahe der oberen und unteren Silhouette betrachten.

Wenn Sie Kratzer entdecken, drehen Sie das Objekt so, dass sie nach vorne in die Mitte kommen, und sehen sie plötzlich verschwinden. Dies ist ein gutes Beispiel für den Katzenaugeneffekt und dafür, welche Tricks das Licht mit Ihren Augen spielen kann. Wenn ein Kratzer in einer Linie mit Ihren Augen ist oder in einem flachen Winkel zum einfallenden Licht, werden Einfallswinkel und Ausfallswinkel so flach, dass der Kratzer nicht mehr sichtbar sein wird. Aber wenn Sie den Kratzer entweder unterhalb oder oberhalb dieser Linie halten, wird er das Licht unterbrechen und scheint Ihnen förmlich ins Gesicht zu springen.

Man kann diese Problemzonen auch entdecken, wenn man das Objekt an das Fenster oder noch besser ins Freie bringt. Hier kommt das Licht aus vielen verschiedenen Richtungen gleichzeitig und Sie können die Kratzer besser sehen, wenn Sie das Objekt in der Hand drehen. Natürlich ist das nicht immer bequem, weshalb ich die Leuchte bevorzuge.

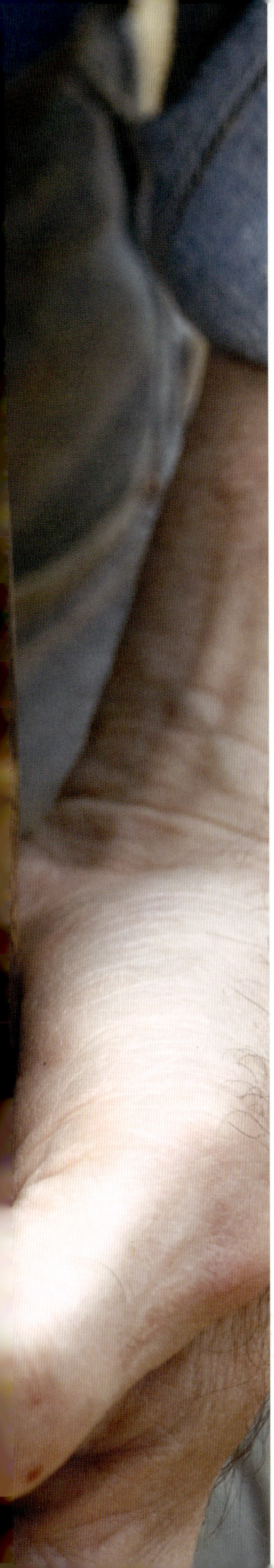

Ihr Objekt ist fertiggestellt, wenn Sie sagen, es sei fertig. In diesem Fall war ich fertig, nachdem ich es verkohlt, poliert und mit Einlagen versehen hatte.

Kapitel 16

Finishing

Ich erwähnte in vorigen Kapitel, dass das Schleifen zur Oberflächenbehandlung überleitet, und dies bringt mich zu einer faszinierenden Frage. Sie hat mit der Art von Finishing zu tun, aber ganz speziell lautet sie: *Wann* ist ein Objekt fertig? Ich werde dies hier erklären.

Ich bin immer etwas in Verlegenheit, wenn mich jemand fragt, was das „richtige" Finish für ein Objekt ist. Es gibt kein richtiges Finish. In einem derart breit gefächerten Arbeitsfeld mit so vielen unterschiedlichen Vorstellungen glaube ich, dass das richtige Finish einfach dasjenige ist, das die Absicht des Herstellers befriedigt. Mit der Zeit und durch Erfahrung kann sich diese Absicht ändern. Daher kann sich das Finish, das ich heute verwende, von dem vor zehn Jahren unterscheiden, aber beide sind gleichermaßen berechtigt.

Wenn ich weiß, wie mein Objekt aussehen soll, werde ich auch eine Oberflächenbehandlung finden, die das beabsichtigte Aussehen herbeiführt. Heutige Finishing-Methoden werden mit so ausgefeilter Präzision ausgeführt, dass ich mich manchmal frage, ob das Holz selbst in dieser Frage auch noch mitreden darf. Das ist vielleicht überspitzt ausgedrückt. Ein Finish für ein Stück Holz auszusuchen, ist jedenfalls eine sehr persönliche Angelegenheit. Ich habe Oberflächen gesehen, die mit Schweineblut, Kiefernteer, Verkohlung oder Sekundenkleber endbehandelt wurden.

Trends bei Oberflächen

Es gibt zwei weitverbreitete Trends, welche Finishing-Arten von Drechslern benutzt werden. Der erste ist, dass zwar einerseits die meisten Drechsler viel Zeit damit verbringen, um mit verschiedenen Finishs zu experimentieren, wenn sie aber andererseits etwas gefunden haben, das ihnen gefällt, wenden sie es bei jeder Art von Holz an.

Der zweite Trend ist eine Reaktion auf alte Zeiten, als die meisten Drechselerzeugnisse der praktischen Verwendung dienten: Die Produkte wurden so behandelt, dass sie präsentabel aussahen, aber vor allem Zeit und Abnutzung widerstanden. Heutzutage, wo die Aufmerksamkeit eher auf dekorative Objekte gerichtet wird, neigen Drechsler dazu, ein Finish zu benutzen, das die Schönheit des Holzes hervorheben soll oder die Idee, die das Objekt vermitteln soll. Auf jeden Fall war ich immer der Meinung, dass Holz ein besonders sinnliches Material ist.

Sie können leicht feststellen, dass die älteren Oberflächen eher etwas matter scheinen, während heutiges Finish zu seidenmatten oder sogar hochglänzenden Oberflächen tendiert. Und das ist verständlich, wenn man berücksichtigt, dass die Vielfalt der heutigen chemischen Mittel vor 50 Jahren noch gar nicht erhältlich war. Sie umfassen wasserbasierte Lacke, Urethanlacke, Acryllacke, verschiedene Epoxydharzlacke und ja, auch Sekundenkleber (Cyanacrylate). Wer will behaupten, die alten Drechsler hätten diese Produkte nicht benutzt, wären sie damals erhältlich gewesen? Ich vermute, die meisten hätten sie verwendet, wie wir am Gebrauch von Epoxydharz bei solchen Pionieren wie Ed Maulthrop und Harry Nohr sehen können.

Der Einfluss anderer Medien

Meine Erfahrungen mit Künstlern, die in anderen Medien arbeiten, deuten darauf hin, dass die Finishs, die bei Holz, Keramik oder Glas benutzt werden, immer den gegenwärtigen Stand der Technik, die kulturellen Stile und die ständigen Veränderungen der Mode widerspiegeln. Jede Generation fordert den Ausdruck *Schönheit* aufs Neue heraus und definiert ihn neu, ob vor dem Spiegel oder auf der Oberfläche einer hölzernen Schale.

Welchen Einfluss andere Kunstrichtungen auf das zeitgenössische Drechseln hatten, können wir beim Blick auf die Finishs der letzten Jahre des 20. und die ersten des 21. Jahrhunderts sehen. Einige der ersten Pioniere hatten einen grundlegenden Einfluss auf das Drechseln. Ed Moulthrop aus Atlanta, Georgia, entwickelte ein spiegelndes, glasartiges Finish, das von vielen Drechslern übernommen wurde. Frank Sudol aus Saskatoon, Saskatchewan, Kanada, durchbrach seine Drechselarbeiten und bemalte sie mit der Airbrush, eine Idee, die von Geweben, Papier und gestanztem Metall herrührt. Mark Lindquist aus Quincy, Florida, entwickelte stark strukturierte Oberflächen, die direkt von Lehm-, Stein- und Bronzeskulpturen beeinflusst waren. Michael Peterson von Lopez Island, Washington, schuf Oberflächen mit Patina, die von Metall und Stein herrührten. Giles Gilson von Schenectady, New York, erinnerte sich an seine Erfahrungen mit heißen Fahrzeugen und noch heißeren Flugzeugen und schuf lackierte Oberflächen. Und da bin schließlich noch ich selbst mit meinen gestockten oder verbrannt-polierten Oberflächen, die von Töpferwaren, besonders der indianischen Keramik, beeinflusst sind.

Ein Finish wählen

In Anbetracht der Vielzahl an Finishs kann es schwierig sein, sich genau festzulegen, für welches man sich entscheiden soll. Sie müssen jedoch nur sagen „Ich will, dass mein Finish aussieht, wie …" und irgendwie werden Sie ein Produkt oder einen Stil finden, der Ihren Anforderungen genügt.

Ein einzigartig ausdruckstarkes Finish

Was mein eigenes Werk angeht, so mag ich meine Finishs einzigartig ausdruckstark und aus dem Material heraus geboren. Der Ausdruck *einzigartig ausdruckstark* ist maßgeblich für meine Herangehensweise an ein Finish. Im Grund bezieht es sich auf die Tatsache, dass Ebenholz nicht aussieht wie verpilzter Ahorn, daher versuche ich nicht, dasselbe Finish auf beide Holzarten anzuwenden. Mein Finish zielt darauf, eine Oberfläche zu entwickeln, die die Energie und die Kraft bei jedem meiner Objekte ausdrückt. Ich bin überzeugt, dass dies nur erreicht werden kann, wenn das Finish mit dem Charakter der jeweiligen Holzart verträglich ist und aus ihr heraus entwickelt wurde.

Verträglichkeit ist ein sehr komplexer Begriff, wenn es um das Holzwerken geht, denn er bezeichnet für jeden etwas Unterschiedliches. Einer kann die chemische Verträglichkeit meinen oder wie ein Finishing-Produkt auf verschiedenen Untergründen hält. Eine anderer mag daran denken, wie sich ein Produkt in Bezug auf Farbänderungen oder Oberflächenstrukturen verhält. Ein anderes Element beruht darauf, ob und wie ein Objekt genutzt oder nicht genutzt werden soll. Was Finish betrifft, so ist meine Verwendung des Wortes *Verträglichkeit* darauf bezogen, wie sich eine bestimmte Oberflächenbehandlung – sei es ein Produkt, ein Vorgang oder eine Anwendung – zum gesamten Wesen eines Objekts verhält.

David Ellsworth, Sapah, 1991. Verbrannte und bemalte Esche; 58 cm hoch, 12,5 cm ∅. Sammlung Gordon Mayer. Ich benutzte eine verbrannte und bemalte Oberflächengestaltung auf Stücken aus meiner Solstice-Serie, was einige Leute verstörte, andere inspirierte.

David Ellsworth, Ohne Titel, 1996. Cocobolo; 6,3 cm hoch, 6,3 cm ∅. Ich wählte ein poliertes Acryl-Finish für diese Salz- und Pfefferstreuer.

Die Stücke meiner *Solstice*-Serie haben verkohlte und bemalte Oberflächen, die viele Leute verstörten, als ich sie 1989 einführte. Sie inspirierten allerdings auch viele andere, obwohl ich zugeben muss, dass das meistens meine Künstlerfreunde und ein paar loyale Kunstsammler waren. Worauf ich hinaus will: Mein Finish war für diese Formen genauso angemessen wie mein poliertes Acryl-Finish auf meinen Salz- und Pfefferstreuern. Die *Solstice*-Stücke waren als Kunstwerke gedacht, während die Streuer funktional waren.

Wann ist ein Objekt fertig?

Bevor wir tiefer in die Oberflächenbehandlung einsteigen, möchte ich zuerst auf die ursprüngliche Frage zurückgehen: Wann ist ein Objekt fertig? Viele bemängelten, dass meine gestockten Stücke und speziell meine Weiß-Eichen-Stücke nicht fertig wären, weil sie keine geschliffene und polierte Oberfläche hatten. Meine Antwort ist, dass ich bei jedem meiner Objekte die Oberfläche bis zu dem Punkt ausarbeite, an dem ich entscheide: Jetzt hat sie die optimale Wirkung für das, wofür das Objekt stehen soll – dann stoppe ich. Das ist ein sehr subjektiver Vorgang, weil ich mit zwei Stücken derselben Holzart arbeiten und doch ein unterschiedliches Gefühl für jedes entwickeln kann. Ich wähle dann für jedes das Finish, das diesem Gefühl entspricht. So kann ein Objekt ein bestimmtes Aussehen haben und das andere Stück ein ganz anderes, aber beide sind fertig.

Macht das das eine Objekt gelungener als das andere? Die einzige Methode, dies festzustellen, wäre, das Objekt eine Zeitlang – manchmal jahrelang – zu beobachten und zu schauen, ob meine Gefühle für das Stück stark bleiben. Nach meiner Erfahrung kann es als Erfolg bezeichnet werden, wenn – über die Zeit – das Stück fortfährt, mich zu inspirieren, oder wenn es mich zu neuen Ideen für neue Stücke führt und so zu meinem Lehrer wird. Teil dieses Erfolges ist die Art und Weise, wie ich die Oberfläche behandelt hatte. Aber wenn es nach einiger Zeit einfach nur dasteht, ohne mir ein Feedback oder eine Inspiration zu geben, dann ist es eben nur ein weiteres Produkt; gut gemacht, wie ich annehme und hoffe, aber ohne das gewisse Etwas.

Oberflächenbehandlungsmittel

Ich benutze bei meiner Arbeit eine beschränkte Anzahl von kommerziellen Finishing-Produkten, jedoch in möglichst vielfältiger Weise, um die vielen visuellen Effekte, die ich suche, auszuforschen. Die Finishs, die ich verwende, sind Waterlox (auch in D erhältlich), ein hart trocknendes Tung-Nuss-Öl, als Grundierung für ein Öl-Finish; einen matten Acrylsprühlack, erhältlich als Künstlerfixativ, für einen unsichtbaren Schutzfilm über texturierten Hölzern; ein Holzbleichmittel, wenn ich Holz aufhellen möchte; und braune Tripoli-Polierpaste, die ich benutze, um Ölüberschuss wegzupolieren oder um die Oberflächen meiner geschwärzten Objekte zu polieren.

David Ellsworth, WHITE POT, 1993. Weiß-Eiche; 23 cm hoch, 23–25 cm ∅. Manche sagen, dass dieses Stück und andere meiner Weiß-Eichen-Objekte nicht „fertig" seien. Ich glaube allerdings nicht, dass eine glatte, polierte Oberfläche notwendig ist, damit ein Objekt als fertig bezeichnet werden kann.

Öl-Finishs

Öl-Finishs sind außerordentlich vielseitig, weil sie zu einem matten Glanz gerieben oder zu Hochglanz poliert werden können. Ich neige zu einem Öl-Finish, wenn ich mit einem Holz arbeite, das nach einer warmen, gleichmäßig verteilten, schimmernden Glut verlangt. Dies umfasst die dichteren Hölzer wie Rosenholz, Ebenholz, Ahorn und Buche, vor allem, wenn das Holz starke Maserungen zeigt, wie Riegelwuchs oder gesteppte und gewellte Oberflächen oder Maserknollen und Astgabelungen.

Ich benutze bei gestocktem Holz kein Öl-Finish, da die porösen Fasern das Öl wie ein Schwamm aufsaugen und die Oberfläche schlammig wirkt. Ebenso wenig nehme ich Öl bei rauen Oberflächen, besonders bei Rinde, da es keine Möglichkeit gibt, den Glanz des getrockneten Öls zurückzuschleifen, ohne die natürliche Struktur der Rinde zu beschädigen. Glänzende Rinden erinnern mich an Weihnachtsgeschenkpapier und meine ästhetischen Grundsätze können damit nicht umgehen.

Öl-Finishs können auch viele Hölzer abdunkeln, vor allem mit der Zeit. Als Beispiel möchte ich alle die Ahorn-Objekte anführen, die ich vor zwanzig Jahren gemacht habe. Sie sehen heute alle gleich aus, einschließlich denen aus Silber-Ahorn, die ursprünglich sehr hell im Ton waren. Ich glaube, dass sie heute in den dunkleren Tönen noch schöner sind, aber das war nicht meine Absicht, als ich sie machte.

Meiner Meinung nach sollte Öl die optischen Qualitäten der Fasern verstärken, sodass die natürliche Ausstrahlung des Holzes gesehen und genossen werden kann und die Eigenheit jeder Spezies bewahrt bleibt.

Öl-Finishs funktionieren nicht immer auf harzreichen Hölzern wie Rosenholz oder Pockholz, vor allem weil in diesen Hölzern so viel Harz ist, dass das Öl an der Oberfläche immer klebrig zu bleiben scheint. Diese Hölzer haben offensichtlich eine schöne Maserung, aber sie haben nur eine geringe Tiefe in der optischen Ausstrahlung. Sie erscheinen fast matt, wenn sie geölt wurden, weshalb viele Leute sie wachsen oder ein glänzendes Oberflächenmittel wählen, um ihre optischen Qualitäten anzuheben. Andererseits strahlt Grenadill (engl. African Blackwood) als ebenfalls sehr harzreiche Rosenholzart in einem sehr tiefen Luster, aber nur wenn es im Quartierschnitt gesägt wurde. Entgegen seiner englischen Bezeichnung ist es nicht ganz schwarz, sondern hat ein fast purpurnes Braun mit cremigen perlweißen Streifen, die nur bei den Fasern im Quartierschnitt sichtbar werden. Ein Öl-Finish verstärkt diesen Effekt, aber nur wenn es zu einem mittleren Glanz poliert wird.

Ich benutze ein Öl-Finish, um den Betrachter in das Holz hineinzuziehen, so wie die Oberfläche das Licht aus ihrer Umgebung auffängt. Ich benutze keine hochglanzpolierten oder spiegelnden Oberflächen auf meinen Objekten. Obwohl diese großartig und verführerisch wirken, können sie doch das Licht vom Objekt weg spiegeln und daher den Betrachter abstoßen. Es ist ein Hauptzweck meiner Ästhetik, den Betrachter in einen Dialog mit dem Objekt zu verwickeln, und ich finde eine weniger glänzende Oberfläche erleichtert diesen Dialog.

Ein weiterer Vorteil von Öl-Finishs kommt beim Arbeiten mit Maserknollen zum Tragen, die eine geknitterte Oberfläche entwickeln, wenn das Holz trocknet. Öle sind eindringende Finishs, sodass man sie in die Maserung einreiben kann und sie gleichmäßig auch in den Vertiefungen auspoliert werden können. Acryl, Urethan und andere Poly-Produkte sind grundsätzlich oberflächenbasierte Behandlungen und sie tendieren dazu, sich in den Vertiefungen anzusammeln. Sie können sie nicht mehr auspolieren und die fertige Oberfläche wird fleckig aussehen.

Aufbringen eines Öl-Finishs

Ein Öl-Finish kann nicht nur als endgültige Oberflächenbehandlung dienen, sondern auch als schützender Mantel während des Drechselns. Besonders bei Hohlformen finde ich, dass ein Ölauftrag hilft, die Wände vor dem Austrocknen und Reißen zu schützen, während das Innere ausgedreht wird.

Ich trockne meine geölten Stücke, indem ich sie in meiner Werkstatt an Haken hänge.

Wenn das Öl zusammen mit dem Holz trocknet, bildet sich ein Rückstand auf der Oberfläche.

Um ausgehärtetes Öl von der Oberfläche zu beseitigen, nehme ich eine gesteppte Polier-Schwabbelscheibe und braune Polierpaste.

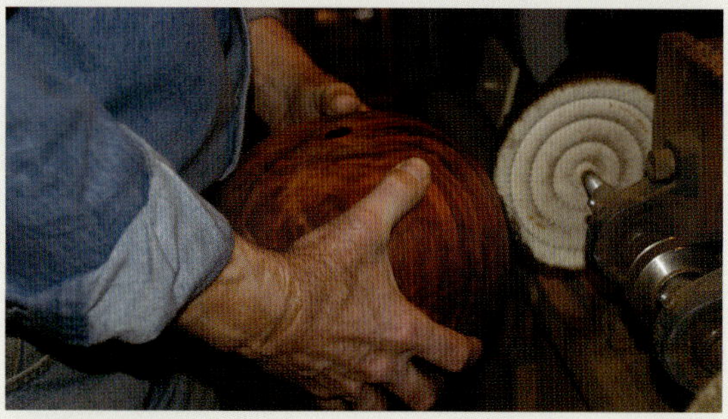

Als Abschluss poliere ich mit einer nicht gesteppten Schwabbelscheibe, um alle eventuell noch vorhandenen Rückstände der Polierpaste restlos zu entfernen.

Auftragen eines Öl-Finishs

Ich erzeuge eine geölte Oberfläche, indem ich mit dem Ölen sofort beginne, nachdem die Außenform fertig gedreht und geschliffen wurde und *bevor* ich damit anfange, das Innere auszuhöhlen. Das Öl wird in den Fasern des Grünholzes nicht aushärten. Stattdessen schmiert es die Fasern genug, um Oberflächenrisse durch die Hitze beim Ausdrehen zu verhindern. Es schützt auch die Fasern vor Verschmutzung durch Staub und Rückstände während der Zeit, die es dauert, das Innere auszuhöhlen. Daher vermeide ich es, die geölte Oberfläche mit meinen Händen zu berühren, solange ich an dem Objekt arbeite.

Es kann notwendig werden, mit einem Schwamm oder einem Lappen weitere Schichten Öl aufzutragen, um die Fasern zu schmieren, solange das Innere ausgedreht wird. Es mag nicht sehr ausgefeilt klingen, aber ich trage das Öl nur da auf, wo es benötigt wird, normalerweise auf das Hirnholz. Wenn jedoch das Stück zu einer dünnen Wandstärke ausgedreht ist, trage ich eine gleichmäßige Schicht auf die gesamte Oberfläche auf und hänge es zum Trocknen auf. Da die Wände so dünn sind, dauert es generell nur ein paar Tage, bis sowohl das Holz als auch das Öl getrocknet sind.

Während das Stück trocknet, trage ich täglich weiteres Öl auf die Stellen auf, die weiterhin Öl absorbieren, aber nicht auf Stellen, wo die Poren bereits gefüllt sind. Öl auf Öl aufzutragen ist ziemlich unnötig, aber manchmal schwer zu vermeiden. Es ist nicht wichtig, wie viele Aufträge gemacht werden, sondern wie das Holz das Öl akzeptiert.

Wenn die Holzfasern getrocknet sind, wird das Öl polymerisieren und hart werden und eine eher verkrustete Oberfläche von früheren Aufträgen hinterlassen. Jetzt poliere ich das überschüssige Öl mit einer 15-cm-Schwabbelscheibe aus gestepptem Musselin und brauner Polierpaste weg. Je nach Größe des Objekts kann das arbeitsaufwendig sein. Es ist wichtig, das überschüssige Öl auf der gesamten Oberfläche gleichmäßig wegzupolieren, damit die fertige Oberfläche nicht streifig wird. Man muss zudem extrem sorgfältig sein, besonders bei hellen Hölzern, damit man die Oberfläche nicht verbrennt, weil man eine Stelle zu lange an die Schwabbelscheibe gehalten hat.

Im letzten Schritt wird die Oberfläche gleichmäßig mit einer nicht vernähten Schwabbel poliert. Dies entfernt alle eventuell noch vorhandenen Rückstände von brauner Polierpaste und erzeugt eine tiefe, glühende Oberfläche mit einem leichten Glanz.

Acryllackspray

Ich benutze Lackspray auf Acrylbasis, wenn ich eine texturierte Oberfläche auf nicht geschliffenem Holz haben möchte. Eiche ist ein eher raues und aggressives Material, sodass ich das Gefühl von rohem Holz dadurch erhalte, indem ich die nicht geschliffene Oberfläche direkt von der Röhre mit Spraylack schütze. Wenn man mit der Handfläche darüberstreicht, fühlt es sich wie grobes Sandpapier an und es klingt wie eine Raku-Oberfläche an einem Keramikgefäß. Es ist ein sehr subtiles Finish, denn anders als ein „eindimensionales" Glanzfinish es die Interaktion von drei Sinnen: Sehen, Hören, Tasten. Ich benutze Spraylack zudem auch bei zersetztem, verpilztem Holz (siehe „Finishs für gestocktes Holz" auf Seite 229).

Ich benutze einen matten UV-beständigen Acryllack aus dem Künstlerbedarfsgeschäft, der Sprayüberzug trocknet unsichtbar auf und verändert die Farbe des Holzes nicht, schützt aber die Oberfläche beim Gebrauch und erlaubt die Reinigung mit dem Haushaltstaubsauger (Bürste!). Sie müssen aufpassen, dass Sie nicht zu viel aufsprühen, sonst wird die Oberfläche glänzend und sieht nach Plastik aus … was der Sprayfilm tatsächlich auch ist.

Raku-Keramik

Der Grund, warum ich mich immer zu Keramikgefäßen in japanischer Raku-Technik hingezogen fühlte, liegt darin, dass der Ton in seinem höchst natürlichen Zustand angesprochen wird; d. h., Objekte werden geformt, gebrannt und sind fertig zum Gebrauch. Indianische Keramiken waren mein erster Kontakt zu Töpferware, die nach diesem Verfahren gebrannt wurde. Selbst wenn die Gefäße mit Polieren oder Farbe dekoriert waren, sprachen die Effekte ehrlich über das benutzte Material. Holz besitzt dieselbe innewohnende Qualität wie Ton, insofern als seine wahre Schönheit von innen kommt. Der Unterschied ist die riesige Vielfalt an Arten, Farben und Mustern, die Holz bietet. Die Ähnlichkeit liegt darin, dass ein Finish gewählt werden muss, das die Natur des Materials widerspiegelt, ohne zu versuchen, dass es nach etwas aussieht, was es nicht ist.

Esche ergibt besonders gute sandgestrahlte Oberflächen, weil es sehr weiches Frühholz hat, das sich leicht entfernen lässt. Es war meine Absicht, mit dem Zusatz von Bleichmitteln eine einheitliche, geradezu geisterhafte Oberfläche zu schaffen und die Linien des Designs zu betonen.

Sandstrahlen

Sandstrahlen ist in den letzten Jahrzehnten eine verbreitete Technik geworden. Es produziert wunderbare neutrale, matte Oberflächen auf Hölzern wie Eiche oder Esche, die eine sehr stark kontrastierende Dichte in den Jahresringen zwischen Früh- und Spätholz aufweisen. Hölzer, die diese starke Abgrenzung nicht haben wie Ahorn und Birke, erhalten durch Sandstrahlen eine sandpapierartige Textur, aber nicht diese tief geätzte, wellenartige Qualität durch die Jahresringe im Baum. Sehr stark verpilztes Holz kann durch Sandstrahlen Oberflächen gewinnen, die oft sehr grob und aufregend sind. Ich benutze ein billiges Sandstrahlgerät aus einem Baumarkt und Sand zum Strahlen ist dort ebenso sackweise erhältlich. Ich trage den Strahler aus der Werkstatt ins Freie und lege los. Die einzigen Nachteile sind, dass ich eine Art Schutzanzug tragen muss und allen Sand verliere.

Mit einem feinen Pinsel aufgebrachtes Bleichmittel bereichert ein fertiges Objekt mit großer Dramatik und starkem Kontrast.

Bleichen

Bleichen macht die Farbe der Holzoberfläche heller. Manche Bleichmittel für Holz bestehen aus zwei Komponenten, die unmittelbar vor der Anwendung 1:1 gemischt werden müssen. (Wenn Sie wenig brauchen, mischen Sie wenig an!) Es gibt aber auch einkomponentige Mittel. Bleichmittel haben eine wässrige Konsistenz und sind daher leicht mit einem Schwamm, Lappen oder Pinsel aufzutragen. In engen Winkeln kann man den Auftrag aber schlecht kontrollieren, weil das Mittel verläuft. In kleinteiligen Bereichen nimmt man am besten einen feinen Pinsel. Man kann so viele Anwendungen durchführen, wie man will. Je mehr man bleicht, desto heller wird das Holz. Aufpassen muss man, dass jeder Auftrag durchgetrocknet ist, bevor der nächste kommt, außerdem müssen die Mixgefäße nach jedem Gebrauch gesäubert werden. Manche Hölzer können sich gelblich färben, da kann es helfen, mehrere Aufträge nur mit einer der Komponenten durchzuführen. Vor der Anwendung sollte man auf einem Stück Abfallholz Versuche durchführen!

Wachs

In den 1980ern benutzte ich auch Wachs auf meinen Objekten, heute jedoch nicht mehr. Dies mag sich widersprüchlich anhören, weil polierte Wachsüberzüge eine wundervolle Oberfläche hinterlassen. Das Problem ist, dass Wachs im Laufe der Zeit Feuchtigkeit anzieht und die Oberfläche stumpf macht. Ich habe einmal eines meiner gewachsten Stücke in einem Museum in Little Rock, Arkansas, gesehen, das mit einer leichten Schimmelschicht überzogen war. Wachs hatte ich verwendet, weil ich dachte, das sei es, was Drechsler täten. Nach der Lektion in Little Rock habe ich kein Stück mehr gewachst.

Sicherheit beim Bleichen

Denken Sie immer daran, dass Bleichmittel eine aktive chemische Substanz ist, die alles anfrisst, womit sie in Berührung kommt. Sie müssen Schutzbrille und Gummihandschuhe tragen!
In meiner Werkstatt ist das nicht nur eine Empfehlung, sondern eisernes Gesetz!

Brennen und Glätten

Vor einigen Jahren hatte ich einen Schüler, der exzellente Arbeit in der Werkstatt leistete, aber sehr jung und schüchtern war. Ich hatte Probleme, ihn so richtig in Schwung zu bringen. Am letzten Tag des Kurses nahm ich einen kleinen Propanbrenner und begann, eine meiner alten Hohlformen anzusengen. Der Junge warf einen Blick auf den Vorgang und fing selbst Feuer. Er rannte los und brachte alle seine Schalen an, die er im Kurs gemacht hatte, und begann, sie auf Teufel komm raus anzubrennen. Es war wundervoll!

Brennen macht Spaß! In Anbetracht der vielen Stunden der Anstrengung und des Stresses zur Herstellung einer perfekten Schale ist es geradezu eine reinigende Erfahrung, den Brenner an das Holz zu bringen. Grünholz zu brennen ist ein besonderes Vergnügen. Die Kombination von Feuchtigkeit mit elastischen Fasern kann einige sehr dramatische Veränderungen in der Oberfläche erzeugen und zusätzlich eine Menge Dampf.

Wenn Sie das Mark des Holzes oder Hirnholzflächen brennen, werden Risse, die bei der Bearbeitung des Stückes nicht vorhanden waren, urplötzlich erscheinen. Es ist nicht ungewöhnlich, dass sich eine ganze Sektion in der Nähe des Marks 10 mm oder mehr über die Oberfläche erhebt. In den meisten Fällen werden diese Erhebungen wieder zurückgehen, wenn das Stück endgültig austrocknet, und manchmal werden sich sogar die Risse wieder schließen, obwohl sie weiterhin sichtbar bleiben. Es ist eine

Vorsichtsmaßnahmen beim Brennen

Beim Brennen sind ein paar Regeln zu befolgen. Machen Sie es nie im Haus und beseitigen Sie vorher alle Späne in unmittelbarer Umgebung, was ich leider auf obigem Foto nicht gemacht habe ... Schande über mich. Zwei der weniger offensichtlichen Vorsichtsmaßnahmen sind: nicht an einem windigen Tag zu brennen, da sich die Flamme nicht kontrollieren lässt, und *niemals* ein Stück angekohltes oder gebranntes Holz unbeaufsichtigt draußen stehen lassen. Ich tat es einmal und es muss irgendwo noch ein kleines bisschen Glut gewesen sein. Als ich nach einer Stunde zurückkam, war nur noch ein Häufchen Asche übrig. Es schadet nichts, das Stück nach dem Anbrennen abzuspritzen, nur für den Fall der Fälle.

Brennen und Glätten

Ein Stück anzubrennen kann ein großer Spaß sein, meiner Meinung nach. Es ist immer interessant zu sehen, was dabei herauskommt.

Um ein Stück anzukohlen, benutzen Sie einen Propanbrenner und dann geht's los. Entfernen Sie vorher alle Späne in der Umgebung, nicht so wie hier auf dem Foto. Grundsätzlich sollten Sie diese Finishing-Technik nur im Freien anwenden.

Nachdem Sie das Stück nach Ihrem Belieben angekohlt haben, tragen Sie braune Polierpaste auf eine gesteppte Schwabbelscheibe auf.

Glätten Sie das Stück mit der Schwabbel, bis Sie das meiste der Kohle abgerieben haben.

wunderbare Erfahrung, wie viele Spannungen innerhalb der Holzfasern eingeschlossen ist und was alles unter der Hitze des Brenners passieren kann.

Holzbrennen ist nichts Geheimnisvolles und Sie lernen eine Menge daraus. Beispielsweise ist es extrem wichtig, die Wand eines Hohlkörpers auf gleichmäßige 3 bis 3,5 mm Stärke zu drechseln. Wenn sie stärker ist, beschleunigt der Brenner das Reißen der Oberfläche, ist sie dünner, verursacht das Feuer ringartige Erhebungen oder brennt ganz durch oder beides.

Sie müssen akzeptieren, dass die Hitze des Brenners Risse verursachen *wird*. Wenn Sie keine Risse mögen, greifen Sie nicht zum Brenner. Ich habe gelernt vorherzusagen, wo Risse erscheinen werden, und sie zu kontrollieren, wenn sie erscheinen, aber es braucht eine Menge Erfahrung mit dem Brenner. Experimentieren Sie mit dem Abstand der Flamme zur Oberfläche, mit der Intensität der Hitze, wenn sie mit Propan arbeiten oder mit MAPP-Gas (es wird heißer), und mit dem Tempo, mit dem Sie die Hitze über das Holz bewegen. Und ja, ich habe eine ganze Anzahl Objekte verbrannt, bis ich diese Kunst beherrschte. Am meisten entmutigte mich, als ich versehentlich eine unebene Wand gedreht hatte und sich beim Brennen ein sichtbares Band um die Form legte, wo die Wand dünner war.

David Ellsworth, BLACK POT – DAWN # 3, 1999. Gebrannte und geglättete Esche; 24 cm hoch, 13 cm ∅. Dieses Stück, inspiriert von der aufgehenden Morgendämmerung, hat eine durch Brennen, Schleifen und Polieren transparente Oberfläche.

Brennen des Marks und des Hirnholzes erzeugt immer Risse. Manchmal schließen sich die Risse wieder, manchmal tun sie es nicht. Es ist einer der Wege, Textur zu einer Oberfläche hinzuzufügen!

Glätten einer verkohlten Oberfläche

Um angekohlte Oberflächen fertigzustellen, poliere ich sie normalerweise. Dazu lade ich eine gesteppte 15-cm-Schwabbelscheibe satt mit brauner Polierpaste (Tripoli) und bringe dann das Holz direkt zur Schwabbel. Die Polierpaste reibt das meiste der Kohle herunter und gibt der Oberfläche eine etwas stumpf polierte Erscheinung.

Der nächste Schritt ist, die Lanolin- und Wachsrückstände des Tripolis *blitzartig zu verbrennen*. Dazu benutze ich die Hitzestrahlung der Brennerflamme, die ich etwa 2,5 cm von der Holzoberfläche entfernt halte, eher parallel zum Holz und nicht mit der heißen Flamme gegen das Holz. Danach poliere ich das gesamte Objekt mit einer sauberen, nicht gesteppten Schwabbelscheibe und das Objekt ist fertig.

Schleifen einer verkohlten Oberfläche

Meine Serie mit dem Titel *Black Pot – Dawn* entstand durch die Beobachtung jenes magischen Moments zwischen der pechschwarzen Nacht und der frühen Periode kurz vor der Dämmerung, wenn die Atmosphäre am Himmel ein wenig transparent wird. Meine Absicht mit diesen Stücken war, einen lasurähnlichen Effekt zu erzeugen, ähnlich einer keramischen Glasur, indem das hellere Holz durch die verkohlte Oberfläche hervorzutreten scheint. Ich schnitt die Stücke aus Gabelstücken großer Eschenstämme, sodass ich die intensive Maserung der Gabelung innerhalb der wirbelnden Muster der umgebenden Maserungen positionieren konnte.

Um den transparenten Effekt zu erzeugen, beginne ich damit, die gesamte Oberfläche kräftig zu verkohlen, dann schleife ich die Kohle in der stark gemaserten Fläche herunter. Das ist der aufregendste Teil, weil ich mit der Verwandtschaft zwischen den verkohlten und den geschliffenen Flächen spielen kann, um das gesamte Stück in eine visuelle Komposition zusammenzuziehen.

Ich beginne mit dem Schleifen der verkohlten Fläche mit 320er-Körnung und benutze eine sehr weiche Schaumstoffscheibe, 2,5 cm dick mit 12,5 cm Durchmesser. Das schneidet durch die Kohle und enthüllt die natürliche Farbe des helleren Holzes. Ich wähle die Flächen, die ich schleife, nach meinem Gutdünken aus. Wenn ich mehr helle Flächen möchte, schleife ich mehr Holzkohle weg. Wenn ich mehr dunkle möchte, brenne ich mehr. Wenn der visuelle Effekt erreicht ist, blitzbrenne ich die Oberfläche mit der Strahlungshitze, wie oben beschrieben, und bewerte das Ergebnis. Wenn ich es mag, wird im letzten Schritt die gesamte Oberfläche mit einer sauberen, nicht gesteppten Schwabbelscheibe poliert.

Finishs für gestocktes Holz

Welches Finish ich für gestocktes Holz wähle, beruht ganz auf dem Zustand der Verpilzung. Wenn das Holz immer noch solide ist wie bei *Spider Pot* (unten rechts), benutze ich ein Öl-Finish wie bei einem nicht verpilzten Holz. Ist das Holz sehr stark zersetzt wie bei *Maple Pot* (unten), dann schleife ich überhaupt nicht. Ich spraye eine dünne Schicht Künstlerfixativ auf, das ist ein Acryllack, der normalerweise zum Fixieren von Kohle- und Pastellzeichnungen verwendet wird. In Fällen, bei denen solides und zersetztes Holz zusammen vorkommt, benutze ich oft Öl an den soliden Bereichen und spraye die zersetzten. Ich wende das Öl zuerst an und dann das Spray, damit ich Spraynebel auf den geölten Flächen mit der Schwabbel wieder entfernen kann.

David Ellsworth, SPIDER POT, 2005. Gestockter Zucker-Ahorn; 28 cm hoch, 17,5 cm ∅. Wenn das gestockte Material noch fest ist, benutze ich ein Öl-Finish.

David Ellsworth, MAPLE POT, 2006. Ahorn; 25 cm hoch, 28 cm ∅. Sammlung Jane und Arthur Mason. Wenn verpilztes Holz sehr stark zersetzt ist, verzichte ich auf das Schleifen und spraye stattdessen eine leichte Schicht Künstlerfixativ auf.

Kapitel 17

Trocknen von Grünholzformen

Während der Jahre meines Drechselns sind etliche Fragen über den „richtigen" Weg, Grünholz zu trocknen, aufgetaucht. Weil Fragen generell aus einer Mischung aus Neugier und fehlenden verlässlichen Informationen entstehen, verstehe ich die Unsicherheit, die das Arbeiten mit Grünholz umgibt. Es kann sein, dass Grünholz einfach nicht richtig in das Lexikon konventionellen Holzwerkerwissens passt, vor allem, wenn es darum geht, den Trocknungsprozess zu kontrollieren. Ein Feuchtigkeitsmesser wird Ihnen sagen, dass eine bestimmte Menge Wasser in Ihrer Schale enthalten ist, aber nicht, ob Ihre Schale reißen wird, wenn sie beginnt auszutrocknen. Gerade wenn Sie denken, Sie wissen alles über eine Holzart, nehmen Sie eine neue und schon gelten wieder andere Regeln. Dann ist da noch das Problem von Hirnholz versus Langholz, die Unterschiede zwischen Stammholz, Astholz, Wurzelholz, die Rinde und all die anderen Dinge, um die sich Schreiner nicht zu kümmern brauchen, weil sie ihr Holz vom Holzhändler bekommen. Hier nun werde ich darlegen, wie ich dazu kam, die Mysterien des Grünholzes zu entdecken, wie es trocknet und welche Trockenmethoden ich anwende, um Rissen und Spalten vorzubeugen.

David Ellsworth, HICKORY POT, 2006. Hickory; 9 cm hoch, 12,5 cm ∅. Die untere Hälfte mit ihrer gesprenkelten und vernarbten Oberfläche repräsentiert Chaos. Das glatt geschliffene Holz der Oberseite repräsentiert Ordnung. Die mäandernde Linie steht symbolisch für die immerwährende Reise des Menschen, während das Maß der Öffnung von der Notwendigkeit spricht, Geheimnisse im Leben zu schützen.

Entdecken der freien Energie im Grünholz

Als ich begann, mit Grünholz zu arbeiten, wusste ich nicht, dass es diese Probleme mit Holz überhaupt gibt. Wie jeder andere hatte ich eine Menge trockenes Holz bearbeitet. Das war leicht. Man tat sein technisches Ding und das Holz tat sein Ding, d. h., es sitzt da und sieht gut aus.

Aber sobald ich anfing, das Arbeiten mit Grünholz zu erforschen, wurde alles zur Herausforderung. Ich machte eines Abends in meinem Studio in Colorado (in 2600 m ü.M.) ein Stück und am nächsten Morgen hatte es sich komplett verzogen und lag auf der Seite auf dem Fußboden. Ich war begeistert. Einige Zeit später nahm ich den Fingerzeig auf und machte ein Stück aus einer Rot-Eichen-Maserknolle, das eine runde Basis und keinen Fuß bekam. Als es fertig war, sein Ding zu tun, legte ich es auf den Boden und es rollte herum, bis es seine eigene Basis fand. „Mein Gott", dachte ich, „wozu kaufe ich Holz aus der Holzhandlung, wenn ich hier kostenlose Energie in der Hand haben kann?" Ich entwickelte sofort eine Philosophie, wonach trockenes Holz totes Holz darstellt, während Grünholz lebendiges Holz ist. Natürlich war ich naiv und später bereute ich, wie ich meine Erleuchtung ausposaunt hatte, denn das wurde von allen meinen Freunden, die mit trockenem Holz arbeiteten, als Ohrfeige missverstanden, obwohl es nicht so gemeint war. Wie dem auch sei, ich lag nicht weit daneben, was die Arbeitsaspekte mit diesem neu entdeckten Material betraf.

Dann gab es diese Fragen: Wie kann ich versuchen, den Verzug zu kontrollieren? Welches Design ist für Grünholz angemessen? Zu allen Zeiten haben Holzwerker ihrem Material Kontrolle aufgezwungen, um ihre Entwürfe zu realisieren. Aber ich wollte keine Kontrolle – ich wollte freien Ausdruck. Ich wollte die Verbindung zwischen einer Idee und dem Material durch den Prozess. Ich wollte Bewegung und Gesten. Ich wollte Ideen, die *aus* dem Werk kamen, und keine, die *in* das Werk hineingesteckt wurden. Ich wollte, dass Holz der *perfekt unvollkommene Werkstoff* sein sollte, der es von Natur aus ist. Und wie könnte ich das erreichen, wenn das Material immer dasselbe blieb? Anfänglich hatte ich eine Menge Schwierigkeiten, diesen Ansatz meinen Kunden klarzumachen, denn alles, was sie interessierte, war, wie dünn die Wände waren und: „Oh, aber da kann man ja gar keine Frühstücksflocken reingeben."

Natürlich war mir in diesen frühen Entdeckerjahren nicht klar, dass ich Fertigkeiten entwickelte, die mir letztendlich ein Ausmaß an Kontrolle über meine Formen verliehen, nach dem ich am Anfang gar nicht gesucht hatte. Anstatt die Kontrolle zu erzwingen, lernte ich, dass sie sich ganz natürlich von Information über Kenntnis zu Klugheit entwickelte. Je mehr Informationen ich beim Arbeiten mit diesem Material sammelte, desto kenntnisreicher wurde ich über den gesamten Aushöhlungsvorgang und desto klüger wurde ich beim Entwickeln von Formen, die meine immer noch wachsende Ästhetik zufriedenstellten.

David Ellsworth, Red Oak Burl, 1980. Rot-Eiche; 16,5 cm hoch, 17,5 cm ∅. Rot-Eiche-Maser hat durch und durch wundervolle Eigenschaften von Spannungen und Farbe. Dieses Stück begann als Kugel, mit dem Eintrittsloch in einem natürlichen Rindeneinschluss. Nach dem Trocknen hatte es seine eigene Gestalt und seinen Charakter angenommen.

Wie Holz trocknet

Also, wie trocknet Grünholz? Was geschieht und welche Faktoren tragen dazu bei, wie Holz sich verzieht? Außer dem Feuchtegehalt sind die Masse der Fasern, ihre Spannungen und Elastizität die wichtigsten Faktoren im Trockenprozess. Ebenso wird das Trocknen beeinflusst von der von Ihnen verwendeten Holzart, vom Klima, in dem Sie leben, und sogar davon, aus welchem Teil des Baumes das Holz stammt.

Masse, Spannung, Elastizität

Wenn Sie einmal akzeptiert haben, dass sich Holz verzieht, dann lernen Sie auch, dass sich Holz in einer vorhersehbaren Weise verzieht. Wenn in einer Schale oder einer Hohlform das Langholz trocknet, zieht es sich zusammen und schiebt die kurzen Fasern des Hirnholzes hinaus. Die Bewegung hängt ab von der Menge an Spannungen, die in den Fasern enthalten sind, und wie viel Masse im Spiel ist. Deshalb kräuselt Furnier und Bretter reißen. Als Letztes müssen Sie sich noch bewusst machen, dass trockenes Holz starre Fasern hat, während sie bei Grünholz elastisch sind. Diese elastischen, biegsamen Fasern sind es, die dem Holz erlauben, Spannungen abzubauen, wenn es den Übergang von nass zu trocken durchläuft. Jetzt wissen Sie es, das Geheimnis ist gelüftet, zumindest in der Theorie. In der Praxis kann die Kombination von Masse, Spannung und Elastizität der Fasern Ihrem Stück gut bekommen oder es zerstören.

Ein Riss in einer Pappelholzschale infolge nicht gleichmäßiger Wandstärke – 6 mm am Rand und 19 mm an der Basis. Der Rand trocknete schneller aus als die Basis, wodurch er seine Elastizität verlor und riss, als die Basis zu trocknen begann.

Wenn Sie z. B. eine Grünholzschale drechseln, die am Rand 6 mm Wandstärke hat und am Boden 12 mm, dann haben Sie am Boden eine Massenzunahme von 100 %. Ebenso offensichtlich ist, dass der Rand vor dem Boden austrocknen wird, da hier nur halb so viel Material trocknen muss. Aber am wichtigsten ist, dass die Fasern am Rand beim Trocknen ihre Elastizität verlieren und starr werden. Wenn danach die Basis zu trocknen beginnt und die Langholzfasern schrumpfen und die Endholzfasern nach außen gedrückt werden, sitzt der arme alte Rand voller Schmerzen da, weil er nicht mit dem Rest der Schale mitgehen kann. Peng! Jetzt haben Sie eine gerissene Schale. Um so eine Schale erfolgreich zu trocknen, müssen Sie den Trocknungsprozess verlangsamen, damit die Fasern im Rand nicht austrocknen und starr werden, bevor die gesamte Schale eine Chance hatte, ihre Spannungen abzubauen.

Ein anderes Beispiel wäre eine gedrechselte Grünholzschale mit einer durchgehend superdünnen Wandung von 1,5 mm. Nun nehmen Sie die Schale und setzen sie auf das Armaturenbrett Ihres Wagens an einem schönen sonnigen Mittag. Geben Sie ihr eine Stunde Zeit und beobachten, wie sie sich verzieht, wenn sie trocknet. Beachten Sie, dass sie nicht reißt. Warum? Weil bei einer Wandstärke von 1,5 mm nicht genug Masse in der Schale vorhanden ist, die im Weg steht, wenn sich die Spannung abbaut, noch bevor die Fasern trocken und steif werden können.

David Ellsworth, PLATTER, 1977. Walnuss; 38 cm ∅, 1,2 cm hoch, Wandstärke 3 mm. Dieses Stück Holz war knochentrocken, als ich es drechselte, und verzog sich nicht. Wäre es jedoch zu schnell getrocknet worden, wären die extra dichten Fasern in der Astgabel schneller geschrumpft als die Langholzfasern und hätten das Tablett verzogen.

Holzarten

Der nächste Schritt im Verstehen des Trocknens von Grünholz ist, zu erkennen, dass zwar alle Arten viele gemeinsame Eigenschaften haben, aber dennoch keine zwei Holzarten gleich sind. Jede Art besitzt eine einzigartige Mischung von Eigenschaften – einschließlich Festigkeit, Maserung, Zellstruktur und Fasergröße –, und jedes Element beeinflusst, wie das Holz trocknet. Stellen Sie sich die Holzfasern als ein dicht gepacktes Bündel von Trinkhalmen vor, manche haben einen großen Durchmesser mit viel Zwischenraum zu den benachbarten, andere sind fein mit wenig Zwischenraum. Esche, Pappel, Hickory und Weiß-Eiche haben große Fasern mit großen Zwischenräumen. Andere Arten, z. B. Pockholz, Buchsbaum, Ebenholz und Zucker-Ahorn, haben feine Fasern mit wenig Platz dazwischen. Die Letzteren brauchen länger zum Trocknen, weil es für das freie Wasser zwischen den Fasern schwierig ist, zu entweichen und zu verdunsten.

Darüber hinaus haben die meisten tropischen Arten hohe Konzentrationen von Harzen. Je mehr Harz, desto weniger Platz ist zwischen den Fasern für das Wasser und desto schwieriger ist die Kontrolle des Trocknungsprozesses. Ich bin nicht überzeugt davon, dass Arten wie Pockholz oder Cocobolo jemals ganz trocken sein werden. Es ist nicht sicher, sie für segmentverleimte Arbeiten zu verwenden, weil der Leim auf dem Harz nicht hält. Auch habe ich einige ältere Schalen aus diesen Holzarten, bei denen das Harz durch das Finish gepresst wurde, weil die Fasern über all die Zeit weitergetrocknet sind. Der Feuchtigkeitsgehalt dieser Schalen scheint für den Trocknungsprozess irrelevant zu sein, weil der dominierende Faktor bei der Kontrolle der Faserbewegungen der Harzgehalt ist.

Teile des Baums

Abgesehen von den Arten sind nicht einmal zwei Teile eines Baumes gleichartig. Die unterschiedliche Beanspruchung jedes Teiles kann unterschiedliches Verhalten beim Trocknen hervorrufen.

Stammholz – meine Erfahrungen mit Stammholz unterscheiden sich wahrscheinlich von denen anderer Drechsler, weil ich bevorzugt mit Grünholz arbeite. Hohlformen zu drechseln – meine Spezialität – ist wesentlich schwieriger mit trockenem Holz, weil hier die Fasern steif und brüchig sind. Die feuchten und geschmeidigen Fasern des Grünholzes sind leichter zu schneiden und helfen Vibrationen zu vermeiden, die bei den von mir verwendeten langen Werkzeugen mit dünnem Schaft entstehen. Wenn ich zufällig über einen trockenen Stammabschnitt stolpere, schneide ich ihn vorzugsweise in Stücke und mache kleinere Formen. Wenn ich jemals in einer masochistischen Anwandlung einen großen Stamm trocknen wollte, dann würde ich beide Enden mit mehreren Lagen Anchorseal verschließen, in einer geschützten Ecke meines Studios bei gleichmäßiger Temperatur und wenig Feuchtigkeit lagern und ganz einfach zehn bis zwanzig Jahre warten. Ich nehme mal an, dass ich dann älter und weise genug wäre, um zu erkennen, dass ich den Stamm hätte gleich von Anfang an in kleine Stücke aufteilen und grün drechseln sollen.

Es ist vollkommen akzeptabel, eine Hohlform grün mit dicken Wänden zu drechseln, zu trocknen und danach nochmals zu drechseln, wie man es beim zweifachen Drechseln von Schalen oder Tabletts macht. Es ist nicht meine Methode, aber ich kenne Drechsler, die es tun, und sie machen richtig gute Formen.

Astholz reißt tendenziell leichter als Stammholz wegen der extremen Spannungen, die entstehen, wenn der Ast sein Gewicht beim Wachsen tragen muss. Die Fasern in Ästen sind kompakter, haben weniger Platz zwischen den Fasern und daher weniger Möglichkeiten, sich beim Trocknen gleichmäßig zu bewegen.

Wurzelholz ist weicher und flexibler als Stammholz, sonst würden die Wurzeln reißen, während sie den Baum bei starkem Wind zu halten versuchen.

Holz aus Gabelungen, manchmal als Zwickelholz bezeichnet, hat die dichtesten und am engsten verflochtenen Fasern überhaupt, da es superstark sein muss, um die Äste vor dem Abreißen zu schützen.

Maserkollen sind nicht notwendigerweise härter als Stammholz. Aber ihr kreuzweise verwobenes Fasergeflecht in einem strukturierten Muster macht sie extrem stark und elastisch.

Gestocktes Holz, dessen Fasern von natürlichen Pilzen befallen sind, kann verschiedenartige Dichten haben, die das gesamte Spektrum vom massiven Holz bis absolut wertlos aufweisen.

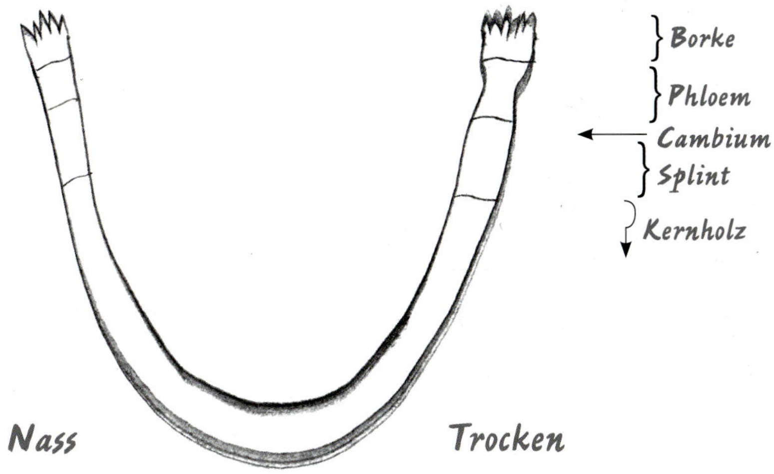

Das Phloem (umgangssprachlich Bast) schrumpft stärker als die Borke, wenn es trocknet. Dieser Querschnitt durch eine Schale mit Naturrand und Rinde zeigt, wie die frisch gedrechselte Seite (links) dort dicker ist als die getrocknete Rinde (rechts).

Borke (oder Rinde) gleicht in gewisser Weise der Dachdeckung eines Hauses, denn wenn Sie sie durchbrechen oder wegnehmen, legen Sie frei, was darunter ist. Was unterhalb einer Rinde steckt, ist das Saftholz oder der Splint, und wenn Sie die Rinde abmachen, was bei Grünholz leicht ist, legen Sie den Splint frei und möglicherweise beschleunigen Sie den Trocknungsprozess. Wurde der Baum im Winter gefällt, wenn der Saft nicht fließt, kann die Rinde nicht so leicht gelöst werden. Und natürlich können Sie die Rinde (an Ihren Naturrandschalen) leicht wieder mit Sekundenkleber festmachen, wenn Ihnen die Verfärbung im Hirnholz nichts ausmacht. Wir vergessen oft, dass Rinde und Splint unterschiedlich reagieren. Sie trocknen unterschiedlich schnell und sie schwinden unterschiedlich stark. Auch haben manche Hölzer, z. B. Esche, Pappel oder Walnuss, eine dicke Unterrinde (Phloem) zwischen der oberen Rinde (der Borke) und dem Splint. Und dieses Phloem kann 30 % stärker schwinden als die Rinde und der Splint, zwischen denen es eingeschlossen ist.

Dieses schon Jahre alte Bein am Studiotisch meiner Frau wurde aus frisch gefällter Buche gemacht. Es ist ein gutes Beispiel der Rolle, die Mutter Natur spielen kann, wenn es um Design geht; die Rinde und das Holz sind zweierlei Materialien, die – siehe hier – durch das Cambium getrennt sind.

Alle diese Teile des Baumes sind als Drechselmaterial begehrenswert, und solange Sie die Relation zwischen Masse, Spannungen und Faserzustand beachten, wird Ihre Erfolgsrate beim Trocknen Ihrer Objekte aus den verschiedenen Teilen des Baumes ansteigen.

Mit anderen Worten, um Grünholz erfolgreich trocknen zu können, müssen Sie zuerst wissen, warum sich Holz so und nicht anders verhält. Dann können Sie eine Umgebung schaffen, in der seine notwendigen Veränderungen graduell ablaufen können. Schauen wir mal auf einige Methoden, wie wir genau das erreichen können.

Trocknungsmethoden und Tipps

Intuition, gesunder Menschenverstand und ein bisschen Erfahrung (okay, manchmal sehr viel Erfahrung) spielen eine große Rolle, wenn es darum geht, das Trocknen von Grünholz zu erlernen. Ich verstehe, dass Menschen, die in der Stadt aufgewachsen sind, diesen intuitiven Faktor entmutigend finden. Für mich war es leicht, weil schon als Junge Feuerholz sägte, spaltete und trocknete. Ich wusste, dass die Risse am Hirnholz bedeuteten, dass das Scheit fertig war, um in den Ofen geschoben zu werden. Aber für diejenigen, die diese Erfahrungen nicht haben, kommen jetzt ein paar spezifische unmittelbare Hinweise zum Trocknen, die hilfreich sein können, und gleichzeitig einige meiner gewöhnlichen und ungewöhnlichen Methoden, gedrechselte Grünholzgefäße zu trocknen.

Die beiden Ideen, denen ich anhänge, sind: 1. wenn Sie Zweifel haben, verlangsamen Sie den Vorgang, und 2. schneiden Sie Beispielstücke und experimentieren Sie damit. Verlangsamen des Vorgangs ist das grundlegende Prinzip der Lufttrocknung bei Holz. Aber die wenigsten haben die erforderliche Geduld, weshalb es Trockenöfen gibt. Ofentrocknen (Kammertrocknen) kontrolliert die Menge Feuchtigkeit, die dem Holz entzogen wird, sodass es nicht zu schnell schwindet. Die einzige Methode, um festzustellen, wie ein Holzstück trocknet, besteht darin, es in kleine Proben zu schneiden und zu beobachten, wie sie trocknen. Generell gilt, dass Weichholz mit seinen großen Fasern leichter zu trocknen ist als Hartholz mit dichten oder harzhaltigen Fasern.

Trocknen von Grünholzschalen in braunen Kraftpapiersäcken hilft, Risse zu vermeiden. Der Sack erzeugt eine kontrollierte Atmosphäre, die der Feuchtigkeit erlaubt, langsam zu verdunsten, und die so den Trocknungsprozess verlangsamt.

Feuchte Späne im Papiersack können helfen, den Trockenprozess so weit zu verlangsamen, dass sogar unterschiedliche Wandstärken einer Schale ohne zu reißen trocknen sollten. Nehmen Sie nicht zu viele Späne, sonst wird das Holz möglicherweise nur an den Stellen trocknen, an denen es direkt der Luft ausgesetzt ist, und es können Risse entstehen.

Die Papiersack-Methode

Um eine Umgebung für langsames Austrocknen zu schaffen, kann man das Objekt in einen Sack aus braunem Kraftpapier stecken. Der Sack funktioniert als Dampfbremse. Angenommen, im Raum ist weniger Feuchtigkeit in der Luft als innerhalb des Papiersacks, dann wird das Papier die Feuchtigkeit nach und nach aus dem Holz absorbieren und langsam an die Raumluft abgeben.

Während dies geschieht, erlaubt die feuchte Luft innerhalb des Sacks den dünnen Teilen der Schale, die abgegebene Feuchtigkeit aus den dickeren Teilen zu übernehmen. Die Spannungen in den Holzfasern können dadurch so langsam abgebaut werden, dass die Fasern in der gesamten Schale sich langsam vom elastischen zum starren Zustand verändern können und nicht nur an einer einzigen Stelle. Nochmals: Wichtig ist der langsame Übergang ohne schnelle Trocknung.

Die Feuchte-Späne-Methode

Feuchte Späne zu einem Drechselteil in einen Papiersack zu geben ist gelegentlich hilfreich, wenn Sie mit relativ trockenen Hölzern wie Esche oder Hickory arbeiten, vor allem, wenn das Objekt ungleiche Wandstärken hat. Im Endeffekt fügen Sie etwas Feuchtigkeit hinzu, um das Feuchtigkeitsgleichgewicht zwischen dünnen und dicken Wandstärken herzustellen. Dies hilft den dünnen Wänden, nicht so schnell auszutrocknen. Aber wenden Sie diesen Trick nur maßvoll an. Es hat keinen Wert, das Objekt dick mit Spänen einzupacken, das würde nur das Trocknen zu sehr verlangsamen und Schimmel wachsen lassen. Auch ist eine Schale mit 1 cm Wandstärke und 10 cm Spänen drum herum nichts anderes als eine Schale mit 11 cm Wandstärke. Und die braucht eine unnötig lange Zeit zum Trocknen.

Die Papiersack-Methode für trockenes Klima

Die Methode mit dem braunen Papiersack funktioniert gut im moderaten Klima, aber im trockenen Klima eines heißen Sommers in Deutschland oder in zentralgeheizten Werkstätten sind mehrlagige Säcke notwendig, um die Verdunstung aus dem Papier zu reduzieren. Versuchen Sie mal mehrlagige Grüngutsäcke oder stecken Sie notfalls mehrere einlagige ineinander. Prüfen Sie öfter, ob sich innen Schimmel bildet, und erneuern Sie den Sack, wenn das der Fall ist.

Die Plastiksack-Methode

Trockenes Wüstenklima erfordert die Anwendung von Plastiksäcken, besonders um Grünholzrohlinge aufzubewahren, bis sie gedrechselt werden. Wenn gedrechselte Objekte in einem Plastiksack getrocknet werden, bewahrt man ihn an einem kühlen Platz auf und wendet ihn täglich von innen nach außen, damit die kondensierte Feuchtigkeit nach außen kommt und abtrocknen kann. Das Objekt ist trocken, wenn keine neue Feuchtigkeit mehr kondensiert oder es keine Gewicht mehr verliert.

Die Plastikplanen-Methode

In weniger trockenen Gebieten können Sie Plastikplanen benutzen, um Holz zu trocknen. Decken Sie einfach das Objekt mit Plastikplanen zu und lassen Sie kleine Öffnungen für den Luftaustausch. Drehen Sie die Plane täglich um, damit das Kondenswasser entfernt wird. Das Objekt ist trocken, wenn kein neues Kondenswasser mehr auftritt.

Die Holzversiegelungs-Methode

Wenn Sie Schalen zweimal drehen (grob vordrehen, trocknen, fertigdrehen), bedecken Sie die Außenseite mit Holzversiegelung und bewahren Sie den Schalenrohling mit der Öffnung nach unten auf einem nicht metallenen Gitter an einem kühlen Ort auf. Das lässt Luft von unten zutreten und verhindert Rostflecken

Wie man feststellt, wann ein Stück getrocknet ist

Eine schnelle Methode, um festzustellen, ob ein Stück Feuchtigkeit enthält, geht so: Halten Sie es gegen Ihre Wange oder gegen den Handrücken. Wenn es sich kühl anfühlt, enthält es noch Feuchtigkeit. Klopfen mit der Rückseite des Fingernagels – nicht mit der Spitze – ist eine andere gute Methode, denn trockenes Holz hat einen ganz bestimmten Klang. Beide Methoden benötigen etwas Erfahrung, aber die bekommen Sie mit der Zeit.

Ich wiege oft meine Stücke, während sie trocknen, mit meiner alten Waage, weil mir das hilft, den Prozentsatz an Feuchtigkeitsverlust der einzelnen Arten, die Trocknungsrate, zu verstehen und zu lernen, wie sich ein Stück anfühlt, wenn es kein Gewicht mehr verliert und trocken ist. Wenn sich ein leichtes Holz wie Pappel schwer und kühl anfühlt, brauche ich keine Waage, um zu wissen, dass es noch nass ist. Dichte Hölzer, wie z. B. Cocobolo, können an einem Tag 60 bis 90 Gramm verlieren, brauchen aber zwei bis drei Wochen, um das gleiche Gewicht nochmals zu verlieren. Da brauche ich dann die Waage, um sicher zu sein, wenn sich das Gewicht stabilisiert.

Ich glaube, dass Erfahrung und Instinkt eine wichtige und verlässliche Rolle beim Erlernen des Trocknungsprozesses spielen. Ich könnte wohl auch einen Feuchtigkeitsmesser benutzen, aber ich steche nicht gerne kleine Löcher in meine Schalen und ich könnte mit den Zahlen nichts anfangen. Zahlen sind relativ – aber relativ zu was? Meinen sie in einem trockenen Klima dasselbe wie in einem feuchten Klima? Ich habe nichts gegen diese Dinger, wenn es darum geht, Holz für Schwalbenschwanzverbindungen zu trocknen, aber ein Feuchtigkeitsmesser gibt nur Zahlen vor. Er erzählt nichts über den Trocknungsprozess oder darüber, wie sich trockenes Holz anfühlt oder wie man den Trocknungsprozess anpasst, wenn man die Holzart wechselt. Mit anderen Worten: Holz für Schalen und Hohlformen zu trocknen, hat weniger mit Formeln zu tun als mit Intuition und Erfahrung.

Eine Waage ist ein gutes Hilfsmittel, um die Trocknungsrate für jede Holzart festzustellen.

Dieser Klotz zeigt Hirnholzrisse infolge zu schneller Trocknung. Die gleiche Art Risse kann auftreten, wenn eine Schale zu heftig geschliffen wurde oder sich insgesamt zu lange auf der Drehbank gedreht hat.

am Rand der Schale. In trockenen Gebieten sollte auch die Innenseite der Schale versiegelt werden. Auch hier gilt: Eine Schale mit 3,5 mm Wandstärke trocknet schneller als eine mit 12,5 mm, und eine 12,5 mm dicke Schale kann in einem Papiersack in einer Woche trocken sein. Sie können experimentieren und unterschiedlich dicke Probestücke aus Grünholz in einen Papiersack geben und ihr Trocknen beobachten. Oder Sie drechseln einfach ein paar Schalen und schauen, was passiert.

Umgehen mit Hitzerissen

Dieser Blick auf das Hirnholz eines Klotzes illustriert, was passiert, wenn zu schnell getrocknet wurde. Nun stellen Sie sich vor, eine Schale durch Schleifen bei zu hoher Drehzahl zu überhitzen. Oder stellen Sie sich vor, wie viel Feuchtigkeit eine Schale einfach dadurch verliert, dass sie sich stundenlang auf der Drehbank dreht. In beiden Fällen bekommen Sie dasselbe Problem. Wenn Hitzerisse in den Hirnholzfasern einer Schale erscheinen, während sie gedreht wird: Nicht aufregen … und nicht zum Sekundenkleber greifen! Holz „gähnt" und diese Risse werden sich ganz natürlich wieder schließen, manchmal sogar komplett, wenn das Holz austrocknet. Wenn Sie jedoch diese Risse mit Sekundenkleber füllen, werden sich nicht nur die Hirnholzfasern verfärben, sondern die Risse können sich nicht mehr natürlich schließen, weil der Kleber im Weg ist. Stattdessen werden sie sich noch mehr öffnen. Nebenbei, Sekundenkleber hindert Risse in Grünholz nicht daran, größer zu werden. Eine mögliche Lösung ist es, 5 cm breites Verpackungsband (Klebeband) oder Schrumpffolie um diese Stellen zu wickeln, um dort das weitere Austrocknen und Reißen zu vermeiden. In allen Fällen befasse ich mich mit den Rissen erst, wenn das Stück ganz trocken ist und die Fasern sich stabilisiert haben.

Umgehen mit variierender Wandstärke

Schalen und Hohlformen mit unterschiedlichen Wandstärken sind am schwierigsten zu trocknen. Welche Trocknungsmethoden Sie auch immer anwenden, Sie müssen den Vorgang verlangsamen.

Vermeiden Sie extremen Wechsel von Temperatur und Feuchtigkeit, vor allem schützen Sie das Objekt vor Klimageräten und Raumheizungen. Kühler ist besser, nahe am Boden ist am besten.

Alternative Trocknungsmethoden

Wenn Sie nicht so lange warten wollen, bis ein Stück Grünholz an der Luft durchgetrocknet ist, oder wenn Sie für ein spezielles Stück eine spezielle Methode benötigen, dann sollten Sie einmal das Auskochen oder die Mikrowelle testen. Beide Methoden haben eines gemeinsam: Sie treiben das lose Wasser zwischen den Zellen heraus und sie zerreißen die Wände der verbundenen Zellen, sodass mehr Wasser entweichen kann, als es bei regulären Trocknungsmethoden möglich ist. Auskochen und Mikrowelle scheinen die harten und die weichen Bereiche in den Fasern zu neutralisieren und so die Gefahr des Reißens zu minimieren. Sie müssen dafür Opfer bringen. Einiges an Tiefenglanz geht verloren, weil die Zellen explodiert sind. Gewellte, verwobene und figurierte Hölzer sehen zwar weiterhin hübsch aus, aber sie haben nicht mehr den dreidimensionalen Luster-Schimmer wie vorher. Mehr über Luster in Kapitel 15 „Schleifen" auf Seite 210.

Dies ist mein Aufbau für das Kochen von Holz. Sie brauchen eine verzinkte Abfalltonne, zwei Hohlblocksteine, zwei kräftige Stahlstäbe, eine Propangasflasche, einen langen Gummischlauch, einen leistungsfähigen Propanbrenner und etwas Wasser zum Kochen.

Kochen ist meine Methode, um starkt verpilzte und zersetze Stücke zu trocknen. Ohne die richtigen Trocknungstechniken zerbrechen verpilzte Flächen oder reißen (siehe Foto rechts). Ebenso benutze ich die Kochmethode, wenn ich weiß, dass Risse infolge starker Spannungen im Holz auftreten können.

Zuerst verlöte ich die Falze an der Abfalltonne, damit sie nicht leckt, dann stelle ich sie auf die Stahlstäbe oder ein Gitter über einen 25-kW-Brenner und gebe Wasser hinein, dass das Objekt bedeckt ist. Da meine Stücke relativ dünne Wände haben (höchstens 6 mm), habe ich keine Formel, die Objektgröße und Kochzeit berücksichtigt. Ich stecke das Objekt einfach ins Wasser und lasse es ein paar Stunden kochen. Wenn die Wände dicker wären, musste ich sie länger kochen. Nach dem Kochen rolle ich das Stück vorsichtig aus der Tonne und lasse es zum Abkühlen stehen. Eine Schale mit 6 mm Wandstärke trocknet normalerweise in zwei Tagen, ohne Risse im Kernholz oder in den gestockten Bereichen.

Mit der **Mikrowellenbehandlung** zum Trocknen von Grünholz habe ich keine persönlichen Erfahrungen. Ich kann also nichts Konkretes raten. Experimentieren Sie ruhig mit Stücken unterschiedlicher Dicke und verschiedener Arten – aber nehmen Sie am besten das Mikrowellengerät von jemand anders …

David Ellsworth, STRATUM POT # 3, 1997. Gestockter Zuckerahorn; 33 cm hoch, 33 cm ∅. Sammlung Yale University Art Gallery. Schenkung von Ruth und David Waterbury. Dieses Stück zeigt stark zerstörte verpilzte Bereiche direkt neben gesundem Holz. Dennoch wurde es sicher und ohne zu reißen mit der Kochmethode getrocknet. Kochen neutralisiert die Spannungen im Holz, sodass verpilzte Bereiche nicht reißen.

Die zusammengebrochenen Bereiche in diesem verpilzten Holz hätten vermieden werden können, wenn das Stück mit einer alternativen Methode getrocknet worden wäre. Kochen und Mikrowelle neutralisieren die harten und weichen Bereiche im Holz, sodass weniger Gefahr des Aufbrechens besteht.

Das echte Problem mit dem Trocknen

Zum Schluss möchte ich noch sagen, dass die meisten Drechsler nicht bemerken, dass viele Probleme, die sie mit dem Trocknen ihrer Stücke haben, nicht während des Trocknungsprozesses auftreten. Wir übersehen gerne, dass Trocknungsprobleme auf die exzessive Zeitdauer zurückzuführen sind, während der das Objekt auf der Drehbank Schnitt nach Schnitt nach Schnitt in die perfekte Form gebracht werden soll. Bei Grünholz führt dieses überlange Schneiden zu einer Art Schleudertrocknung an der Oberfläche des Objekts. Sie können es leicht an den Spuren auf der Drehbank, an der Wand, der Decke und auf dem Fußboden sehen, wo sich die Feuchtigkeit niedergeschlagen hat. Und dann gibt es noch die Hitze, die durch zu heftiges Schleifen entstanden ist. Glücklicherweise wird Ihre zunehmende allgemeine Erfahrung zu mehr Geschick und Effizienz beim Drechsel- und Schleifprozess führen. Und damit einher geht eine verminderte Zeit, die Sie mit Drehen, Schneiden und Schleifen verbringen.

Nehmen Sie sich die Zeit und genießen Sie den Lernprozess, indem Sie mit weniger wertvollem Material üben, auch wenn das bedeutet, dass Sie ein paar Stücke verlieren – es ist nur Holz. Das ist die wertvollste Lektion, die Sie sich selbst geben können.

FIRST-AID
ROBUST

Unterrichten

Das Einzige, was der Befriedigung und der Intensität meines Engagements im Herstellungsprozess gleichkommt, ist, diese Erfahrung mit anderen zu teilen, besonders dadurch, dass ich Drechseln unterrichte. Für mich ist Unterrichten ein fairer Austausch zwischen Lehrer und Schüler. Da ich in erster Linie ein Werkstattlehrer bin, habe ich den Vorzug, direkt mit kleinen Gruppen zu arbeiten, in denen dieser Austausch möglich wird. Drechseln zu unterrichten, erfordert vier grundlegende Elemente: einen sicheren Rahmen zum Arbeiten, Sachkenntnis, die Fähigkeit, während der ganzen Unterrichtsperiode wie ein Schüler zu denken, und schließlich als viertes einfach die eigene Geschichte zu erzählen.

Für mich ist Unterrichten genauso anziehend und interessant wie der Herstellungsprozess selbst.

Einen sicheren Rahmen schaffen

Der sichere Rahmen hat eine zweifache Bedeutung und beginnt in dem Moment, in dem der Schüler den Unterrichtsraum betritt.

Einmal umfasst er den physischen Ort – speziell: sichere Maschinen und Werkzeuge, richtige Beleuchtung, die Betonung sicherer Arbeitsmethoden und den geringstmöglichen Kontakt zu Holzstaub und anderen in der Luft schwebenden Materialien. Das bedeutet eine ordentliche Staubabsaugung, aber natürlich auch minimale Nutzung giftiger oder allergener Hölzer bzw. Finishing-Materialien. Genauso wichtig ist die Orientierung der Maschinen im Raum, damit eine wegfliegende Schale keinen anderen Schüler treffen kann.

Einen sicheren Ort zu schaffen schließt aber auch emotionale Sicherheit ein. Nichts stoppt den Lernprozess so schnell wie ein Lehrer, der einen Schüler tadelt für etwas, was dieser noch nicht tun kann oder noch nicht versteht. Teil der Verantwortlichkeit des Lehrers ist auch, die Schüler auf allen Niveaus zu schützen, einschließlich rassistischer, religiöser oder sexueller Belästigungen.

Sachkenntnis

Um Schülern seine Ideen und Informationen zu präsentieren, folgt man am besten denselben Ansätzen und in derselben Reihenfolge, in denen man vorgeht, wenn man etwas für sich selbst machen will. Auf diesem Weg sieht der Schüler die zeitliche Abfolge und die Logik in den Methoden des Lehrers. Auch ist es hilfreich, noch andere Methoden als die eigenen zu kennen.

Lehrer übersehen oft, dass sie den Eindruck vermitteln, es gäbe nur ihren eigenen Weg. Um dem entgegenzuwirken, sollten Sie verschiedene Ansätze aufzeigen, das Problem zu lösen, und vergleichen, wie verschiedene Werkzeuge denselben Schnitt machen. Die Schüler können dann die neuen Informationen ihren bisherigen Erfahrungen hinzufügen, ohne das Gefühl zu haben, sie müssten alles bisher Gelernte über Bord werfen.

Die Einstellung „Mein Weg ist der einzig richtige" kann auch der erste Schritt in die Abhängigkeit sein. Es ist ganz natürlich, dass sich ein Schüler zu einem bestimmten Lehrer oder Unterrichtsgegenstand hingezogen fühlt. Jedoch ist es wichtig für Lehrer, die Möglichkeiten zu schaffen, dass der Schüler unabhängig wird und lernt, seine Probleme auf eigenem Weg zu lösen. Im Idealfall ist das Ziel, Ideen und Arbeitsmethoden vom Lehrer zum Schüler ohne Eigentumsanspruch zu transferieren, sodass die Schüler mit der Zeit und zunehmender Praxis ihre eigenen Drechselstile entwickeln.

Wie ein Schüler denken

Die Vorstellung, ein Lehrer müsse wie ein Schüler denken, steht in direkter Beziehung zu dem Klischee, wonach „zu viel Wissen gefährlich" ist. Ich kann alles Wissen und alle Erfahrung der Welt haben, aber wenn ich nicht weiß, wie ich es vermitteln kann, bin ich kein guter Lehrer.

Betrachten Sie sich einmal aus der Sicht des Schülers und fragen: „Was kommt aus meinem Mund?" „Kommt meine Botschaft an?" „Gibt es einen besseren Weg?" Und am wichtigsten: „Hat das, was ich gerade zeige, eine Beziehung zu dem, was den Schüler am Drechseln interessiert?" Denken wie ein Schüler erinnert uns daran, dass alle Menschen Informationen verschieden empfangen. Wir können visuell orientiert sein, verbal, taktil, konzeptionell oder jede überlappende Kombination dazwischen. Durch Präsentation von Informationen in verschiedenen Formaten und Ansätzen kann ich meine Methoden besser an einen größeren Teil der Klasse vermitteln.

Es ist ebenso wichtig, aufnahmefähig dafür zu sein, wie die Schüler Informationen für mich präsentieren. Es ist genauso wichtig, hinzuhören, was sie mir zu sagen haben, wie ich hoffe, dass sie mir zuhören. Dies hilft mir auch zu lernen, wie verschiedene Leute verschiedene Themen angehen.

Ein Beispiel ist das Messen der Tiefe einer Schale. Ich nutze dafür irgendetwas, das in der Nähe herumliegt und gerade und lang genug ist, um vom Rand bis zum Boden der Schale zu reichen. Aber diese Methode kann einen Ingenieur durcheinanderbringen, der es gewohnt ist, einen Maßstab zu benutzen, weil die Millimetereinteilung seine Herangehensweise widerspiegelt, nämlich Abstände von A nach B zu messen. Beide Methoden funktionieren und beide Methoden ergeben dasselbe Ergebnis bei der Übertragung der Schalentiefe nach außen. Die Erkenntnis daraus: Indem ich den Wert beider Methoden anerkenne, wertschätze ich die Methode des Schülers, ein Problem zu lösen. Zusätzlich hat sich eine Kommunikationslinie aufgetan, die es sonst vielleicht nicht gegeben hätte.

Mich in den Schüler hineinzuversetzen, hält mich als Lehrer frisch. Es gibt nichts Schlimmeres, als vor einer Gruppe Schüler zu stehen und sich anzuhören wie eine alte Schallplatte mit Riss. Um meinen Unterricht frisch zu halten, frage ich meine Schüler, ob und wie das, was ich erzähle, mit ihren Erfahrungen zusammenpasst. Was ist, wenn ein Schüler Erfahrungen mit einem Werkzeug hat, das ich nicht kenne, und dieselben Ergebnisse erzielt? Ich möchte das unbedingt wissen.

Ich arbeite auch mit Kursteilnehmern von sehr unterschiedlicher Handfertigkeit. Einige sind sehr erfahren, die meisten sind mehr oder weniger Anfänger und einige haben nie an einer Drehbank gestanden. Dadurch, dass ich diese Mischung in jedem Kurs habe, können die Schüler über die wechselseitigen Erfahrungen nachdenken. Arbeiten mit Schülern von unterschiedlichem Erfahrungshorizont hilft auch, die Konkurrenzsituation zu mindern, die bei kleinen Gruppen schnell hochkommt.

Die eigene Geschichte erzählen

Bei der heutigen Breite des Fachgebiets Drechseln werden neue Themen, die unterrichtet werden könnten, geringer sein als die Zahl neuer Lehrer. Das heißt, in den nächsten zwanzig Jahren wird die Zahl der Leute, die Schalendrechseln unterrichten, weiter ansteigen, während das Thema im Prinzip dasselbe bleiben wird. Jedoch sind die Persönlichkeiten der Lehrer verschieden, so wie ihre Ansätze, Methoden, Stile und Absichten. Was jeder Lehrer zum Thema einbringt, ist vital für das andauernde Interesse, Schalen drechseln zu lernen. Ich denke, dass jeder von uns seine eigene Geschichte kennt: was wir gerne lehren, wie wir lehren und was unsere Schüler lernen wollen. Was wir nicht kennen, sind die Geschichten unserer Schüler. Wenn ich als Lehrer effektiv sein will, muss ich eine umfassende Lernsituation etablieren, sodass meine Schüler mehr mitbekommen als nur die Technik, wie David Ellsworth eine Schale drechselt. Als Lehrer muss ich eine Möglichkeit schaffen, damit die Geschichten meiner Schüler zutage treten können.

Fremde für bedeutsame Themen zu begeistern erfordert ihr Vertrauen. Drechselkurse lassen nicht viel Zeit, daher ist der beste Weg, den ich gefunden habe, um Vertrauen zu schaffen, die klassische Hierarchie Lehrer – Schüler gar nicht erst aufkommen zu lassen. Wenn wir die Hierarchieschranke niederreißen, können die Kommunikation und das Lernen nach beiden Richtungen funktionieren.

Mahlzeiten zu bereiten ist ein guter Weg, die Geschichten unserer Schüler kennenzulernen. Zum Glück kochen sowohl mein Frau Wendy als auch ich gerne. Bei den Mahlzeiten kann man entspannen, von der Intensität an der Drehbank wegkommen und andere Dinge bereden. Das kann alles Mögliche sein, von Lebenserfahrungen über Politik bis zur Religion.

Lehrmethoden

Genauso bedeutend wie unsere Lehrmethoden ist das Was: Was genau vermitteln wir unseren Schülern? Einfach nur die Handfertigkeiten im Umgang mit dem Werkzeug? Oder können wir die Handfertigkeiten mit Designfähigkeiten kombinieren? Wenn wir Drechseln als den grundlegenden Prozess ansehen, können wir uns darauf konzentrieren, den Schülern zu helfen, das Geschenk des Selbstausdrucks zu gewinnen.

Erfahrung erzeugt Selbstvertrauen, das ganz selbstverständlich zu persönlichem Stolz führt. Das haben alle unserer Schüler gemeinsam, aber ihre Interessen sind doch ganz offensichtlich unterschiedlich. Kursteilnehmer können an allem interessiert sein vom drechseln eines Schreibgerätes bis hin zu kühnen Kunstwerken. Statt weiterhin zu lernen, wie man etwas produzieren kann, das bereits x-mal hergestellt wurde, müssen wir Wege entwickeln, unsere Unterschiede zu verstehen und wertzuschätzen. Nur das wird die kreativen Elemente des Drechselns auf allen Ebenen voranbringen.

Ein Wort zum Schluss

Mir ist bewusst, dass dieses Buch hauptsächlich Antworten gibt, ich hoffe aber, dass es auch genauso viele Fragen provoziert hat. Dann wird jeder von uns das *Unbekannte* und das *Bekannte* in unserem Werk und in sich selbst herausfordern. Und von diesem Ansatz aus stellen wir das Rahmenwerk für die Zukunft zur Verfügung.

Man muss nur einmal die Wunder anschauen, die heutzutage hervorgebracht werden, um zu erkennen, wie sich unsere Abstammungslinien und die Lernprozesse durch Ideen und Engagement entwickelt haben. Drechseln ist ein sehr fesselnder Zeitvertreib. Zumindest scheint er das Beste aus denen herauszubringen, die sich ihm hingeben.

Glossar

Abranet®: Markenname für ein neuzeitliches Schleifmittel der finnischen Firma KWH Mirka. Auch in Deutschland erhältlich.

Abstechstahl, Abstecher, engl. parting tool: Werkzeug zum Abstechen und Vorstechen; mit unterschiedlichen Querschnitten und Anschliffformen. Vermeiden Sie Abstecher, die eine Hohlkehle auf der Schmalseite eingeschliffen haben; sie verursachen Kerben in der Handauflage.

abziehen, engl. to slip, to hone: Die Schneide (Fase und Spiegel) mit einem Stein, Kunststein oder einer Diamantplatte feinstschleifen, auch honen genannt. Dabei wird ein beim Schleifen entstandener Grat entfernt. Auch benutzt für das schnelle Nachschärfen zwischen den Schleifvorgängen.

Anchorseal®: Markenname für eine auch hierzulande verbreitete Wachsemulsion zum Versiegeln des Hirnholzes bei Grünholz, das eingelagert werden soll. Verhindert das zu schnelle Austrocknen und damit das Reißen. Traditionell wurde Packpapier mit hygroskopischem Haut-/Knochenleim aufgeleimt. PVA-Leim und Ölfarbe funktionieren nicht, da sie wasserdampfundurchlässig sind und abgestoßen werden können.

arbeiten (beim Holz): Holz „arbeitet"; d. h., es quillt oder schwindet bei Änderungen von Luftfeuchtigkeit und Temperatur. Auch Formänderungen durch internen Spannungsausgleich werden als Arbeiten bezeichnet.

aufwerfen, anziehen: Einen Grat an einer Schneide mit einem Stahl anziehen (wie bei der Ziehklinge) oder durch das Schleifen entstehen lassen. Es ist der Grat, der bei Schabern schneidet! Die Schneidkante selbst kann nur schaben/abscheren.

Ausdrehstähle, Innenschrotstähle: Schabend wirksame Werkzeuge, gerade oder gekrümmt, wie sie von Ellsworth speziell angefertigt werden. In dieser Bauart sonst nicht allgemein üblich.

Backenfutter, engl. four-jaw chuck: Spannvorrichtung mit vier Backen, die sich mechanisch verstellen lassen, meist über ein Schneckengetriebe. Die früheren aus der Metallbranche stammenden Futter wurden ab etwa 1980 durch speziell für das Holzdrechseln konstruierte Backenfutter abgelöst, die mit auswechselbaren Backen viele Spannmöglichkeiten bieten. Dreibackenfutter sind ungeeignet.

Beitel (Drehbeitel, Stechbeitel, Hohlbeitel): Sammelbezeichnung für in einen Holzgriff eingesetzte, lange Schneidwerkzeuge, die an der Spitze schneiden, unabhängig von der Schneidenform und vom Werkzeugquerschnitt.

Bohrfutter, engl. Jacobs chuck: Vorrichtung zum festen Einspannen von Bohrern. In der Drehbank ist ein kurz bauendes Zahnkranzbohrfutter mit Schlüssel vorteilhaft. Die selbstspannenden, schlüssellosen Futter sind meist deutlich länger.

Buckel, Hubbel, Butzen, Nabel, engl. nib: Bei vielen Querholzarbeiten bleibt im Zentrum eine Erhöhung stehen, die schwierig zu entfernen sein kann: der Buckel. Auch an der Spannstelle der Reitstockspitze.

Cyanoacrylat-Kleber, Cyanacrylat, engl. superglue: Umgangssprachlich Sekundenkleber oder Superkleber genannt. In unterschiedlicher Viskosität erhältlich. Zum Aufspannen empfiehlt sich ein hochviskoser Kleber, der etwas langsamer abbindet. Wird teilweise mit Beschleuniger (Aktivator) verarbeitet.

David Ellsworth, MAPLE POT, 2007. Gestockter Zuckerahorn; 23 cm hoch, 25 cm ∅.

drechseln, engl. to turn wood: Drechseln als Tätigkeitswort ist allgemein üblich und bedeutet „Holz drehen" im Gegensatz zu „Metall drehen".

Drechsler, engl. wood turner: Fachsprachlich bezeichnet der Drechsler seine Tätigkeit als „Drehen" und sich selbst als „Drechsler", um sich gegen Dreher, die an einer Drehmaschine arbeiten, abzugrenzen. Die Arbeitsbereiche und Methoden von Drechslern und Drehern haben sich erst spät, ab etwa 1830, auseinanderentwickelt. Bis dahin gab es keine Metalldrehbänke. Die beiden Fachsprachen überschneiden sich entwicklungsbedingt bis heute. Formelle Berufsbezeichnung: *Drechsler (Elfenbeinschnitzer und Holzspielzeugmacher)* ist in Deutschland ein Lehrberuf mit dreijähriger Ausbildung. Abschluss als Geselle.

Drehbank, Drechselbank, engl. lathe, oft kurz: die Maschine: Drehbank ist die Bezeichnung in der Fachsprache der Drechsler, Drechselbank ist eher umgangssprachlich. Die Maschine, auf der ein Drechsler das Holz formt, besteht aus Untergestell, Drehbankbett, Spindelstock, Reitstock, Handauflage (mit Halter). Antrieb je nach Technologiestufe mit Muskel-, Wasser-, Dampfkraft oder Elektromotor. Eine der ältesten Maschinen der Menschheit, bereits in der Jungsteinzeit nachgewiesen. Auch zum Bohren verwendet. Beim Drehen/Drechseln rotiert das Werkstück und der Schneidstahl wird von Hand frei geführt. Professionelle Drechslereien verwenden heute meist Drehautomaten mit zwangsgeführten Schneidstählen (Fassonstählen) zur Herstellung großer Stückzahlen.

Drehmaschine: In der Fachsprache eine Drehbank für Metallbearbeitung, bei der der Schneidstahl fest eingespannt und zwangsgeführt ist.

Drehzahl siehe „Geschwindigkeit".

Fase, engl. bevel: Allgemein eine geradlinige, flache Abschrägung. Bei Werkzeugen eine der beiden Flächen, die die Schneide bilden. Die andere Fläche heißt Spiegel.

Beim Schärfen wird nur die Fase geschliffen. Der Spiegel wird manchmal abgezogen. Hat nichts mit „Phase“ zu tun!

Faser, engl. fiber/fibre: Holz besteht aus Zellen mit unterschiedlichen Aufgaben und Zusammensetzungen. Sie sind zu Fasern angeordnet, die sich längs des Stammes/der Äste erstrecken. Spalten entlang der Fasern ist leicht. Quer zur Faser kann nur geschnitten und gesägt werden.

Finish (Plural: Finishs), Finishing: Zwei englische Begriffe, die in die deutsche Drechslersprache eingegangen sind. Kürzer und prägnanter als die korrekte Bezeichnung „Oberflächenendbehandlung“ (Finish) oder gar „Oberflächenendbehandlungsmethode“ (Finishing). Finishing bezeichnet ebenso das Material, also z. B. Lacke oder Öle, wenn sie als Finish verwendet werden.

Flügel, Propeller: Beim Drechseln von Naturrandschalen mit oder ohne Rinde stehen Teile des Holzes weit vor und drehen sich auf der Drehbank wie Windmühlenflügel oder eben Propeller. Ziemlich gefährlich für Ihre Fingerknöchel!

Flute, Kehle, engl. flute: Drechselröhren haben eine Flute oder Kehle der Länge nach in den Grundkörper eingearbeitet. Traditionelle Röhren sind geschmiedet, die Flute ist flach-rund, bei modernen Röhren ist die Flute aus einem Rundstahl tief ausgefräst.

Futter, engl. chuck: Sammelbezeichnung für unterschiedliche Aufspannvorrichtungen wie Spundfutter, Klemmfutter, Schraubenfutter, Backenfutter, Spannzangenfutter, Vakuumfutter.

Geschwindigkeit, engl. speed: Die Schnittgeschwindigkeit, d. h. die Umfanggeschwindigkeit des Holzes am schneidenden Stahl. Sie errechnet sich aus der aktuellen Drehzahl und dem Durchmesser des Werkstücks. Theoretisches Optimum ist 6,6 m/s. Da jede Holzart anders reagiert, kann keine allgemein verbindliche Schnittgeschwindigkeit angegeben werden. Da man auch nicht ständig die Drehzahl ändern kann, wählen Sie die größte Drehzahl, die die Situation erlaubt. Ich arbeite meist mit 550 und 1100 U/min bei Querholzarbeiten und mit 1500 und 3000 U/min bei Langholzarbeiten.

Grat, engl. burr: Eine mikrofeine Aufbiegung der Schneide, die beim Werkzeugschliff entsteht. Holzwerker ziehen den Schleifgrat in der Regel ab (siehe „abziehen“), Drechsler benutzen ihn an Schabwerkzeugen zum Schneiden. Siehe auch „aufwerfen“.

Greifzirkel, Außentaster, engl. caliper: Zirkelähnliches Prüfgerät für Steinmetze, -bildhauer und Drechsler, zum Abgreifen bzw. Prüfen von Außenmaßen.

Grünholz, engl. green wood: Frisch geschlagenes oder nicht abgelagertes Holz. Das Holz enthält noch sehr viel Feuchtigkeit, dadurch ist es leicht zu drechseln. Neigt beim Abtrocknen zum Reißen und Verformen.

Handauflage, engl. tool rest: Müsste eigentlich Werkzeugauflage heißen, denn hier wird das Werkzeug aufgelegt, weniger die Hand. Die Handauflage bildet den Dreh- und Hebelpunkt für die Werkzeuge.

Hirnholz, Kopfholz, Endholz, engl. endwood: Holz, dessen Jahresringe man direkt sehen kann, also an Schnittflächen quer zur Achse des Stammes oder Astabschnittes.

Inbus®, Inbusschlüssel, engl. Allen key: Oft fälschlicherweise Imbus geschrieben/ausgesprochen. Akronym für „**In**nensechskantschraube **B**auer **u**nd **S**chaurte“, den Ersthersteller, landläufig oft als Ikea-Schlüssel bezeichnet.

Inlays: Einlegearbeiten. Das können Holzstreifen, gemusterte Bänder oder eingebohrte kontrastierende Dübel sein.

Kaliber: U. a. veraltet für verschiedene Messvorrichtungen, heute in D nur noch gelegentlich umgangssprachlich für Messschieber/Schieblehre benutzt.

Kantel: Fachsprachlich: zugesägtes Rohmaterial beim Langholzdrechseln mit meist quadratischem Querschnitt, oft achtkantig; meist fertig rechtwinklig abgelängt.

Keilwinkel, Anschliffwinkel, gelegentlich auch Schneidenwinkel: Der Winkel, der von der Fase und dem Spiegel gebildet wird. Bei Drechselwerkzeugen zwischen 80 Grad (Schaber) und 28–30 Grad (Flachmeißel). Nicht mit dem „Schnittwinkel“ beim Hobel zu verwechseln, der das Hobelbett mit einbezieht. In englischsprachigen Publikationen wird oft die Abweichung von einem 90-Grad-Winkel angegeben, 10 Gad Anschliff bedeutet dann einen Keilwinkel von 80 Grad.

Kieselsäure, Silikate: Im Deutschen übliche, aber chemisch ungenaue Sammelbezeichnung für eine ganze Reihe von Siliciumverbindungen, vor allem wenn sie im Holz eingelagert sind und die Meißel schneller stumpf schmirgeln, als man sie wieder scharf machen kann.

Klebefutter, Kittfutter, Leimfutter, Leimblock, engl. glue block: Eine Aufspannmöglichkeit hauptsächlich beim Querholzdrechseln, bei der das Werkstück durch Leimen/Kleben auf einer Holzscheibe befestigt wird, die wiederum in ein anderes Futter gespannt ist. Eine gelegentlich etwas umständlich anmutende Spannmethode, die aber sehr vielseitig ist und mit der fast alles gespannt werden kann.

David Ellsworth, VASE, 1978. Claro-Walnuss-Maserknolle; 19 cm hoch, Mitte 9 cm ∅.

Klemmfutter, engl. jam chuck: Selbst gefertigtes Futter aus Holz mit einer passenden Aushöhlung, in die das Drehgut eingeklemmt werden kann. Vor der Erfindung der Vierbackenfutter für viele Zwecke verbreitet, heute eigentlich nur noch, um den Boden von fertigen Schalen zu überdrehen. David Ellsworth nennt ein auf dem Spindelstock befestigtes Holzzwischenstück, das zum Einklemmen des Drehgutes mithilfe der Reitstockspitze dient, ebenfalls Klemmfutter (jam chuck).

Körner, Körnerspitze, Reitstockspitze, engl. tailstock centre, living centre: Beim Drehen zwischen den Spitzen ist der Körner das rechte Gegenlager im Reitstock. Heute meist kugelgelagert als mitlaufende Körnerspitze.

Langholzdrechseln, engl. spindle turning: Hier verlaufen die Fasern des Holzes parallel (längs) der Drehachse. Oft wird das Holz beidseitig zwischen Spitzen eingespannt, aber auch einseitig mit Backenfuttern oder Spundfuttern. Kerzenleuchter, Geländerstäbe, Holzblasinstrumente, Baseballschläger, Eierbecher sind typische Langholzarbeiten.

Luster, Lüster, engl. Chatoyance: Der besonders tiefe Glanz, den manche Hölzer aufweisen können. Chatoyance kommt vom französischen Wort für Katzenauge.

Mark, Markröhre, Zentrum, Herz, engl. pith: Die innerste Längsachse des Holzes, verläuft durch Stamm und Äste. Im Hirnholz als das Zentrum der Jahresringe sichtbar, also das zuerst gewachsene Holz. Bei Spannungsholz asymmetrisch angeordnet.

Maserknolle, Kropf, engl. burl: Eine Wucherung am Baum, die ein stark gemasertes Holz ergibt. Oft entstanden durch Wildwuchs von Besenreisern. Keine krankhafte Veränderung!

Maserung, engl. grain: Muster an der sichtbaren Oberfläche des bearbeiteten Holzes, gebildet durch unterschiedliche Wuchsdichten (Frühholz/Spätholz) oder Verfärbungen. Wird oft mit Faserrichtung verwechselt.

Meißel: Sammelbegriff für Drechselwerkzeuge. Sehr oft Kurzbezeichnung für den Schrägmeißel.

Mitnehmer, Mitnehmerspitze, Vierzack, Zweizack (auch Doppelspitze), traditionell Wirtel, engl. prong chuck: An der Spindel durch Aufschrauben oder Einstecken im Morsekonus befestigtes essenzielles Zubehörteil, das neben einer Zentrierspitze zwei oder vier schneidenartige Zacken enthält, die in das Drehgut eingreifen. Der Mitnehmer dient zur Kraftübertragung von der Spindel auf das Werkstück. Meist für Langholz, aber auch für bestimmte Querholzarbeiten. Zweizackmitnehmer sind universeller verwendbar.

Panzerband, Gafferband, engl. duck tape, duct tape: Sehr kräftiges, faserverstärktes Klebeband, meist silberfarben oder hellgrau.

Planscheibe, engl. faceplate: Eine runde, ebene (plane) Scheibe aus Metall, die auf die Spindel aufgeschraubt wird. An die Planscheibe können Rohlinge direkt angeschraubt werden oder auch mit Holzscheiben als Zwischenfutter.

PM-Stahl: Pulvermetallurgisch erzeugter, gesinterter Stahl. Wird seit Kurzem auch für professionelle Drechselwerkzeuge verwendet. Für Amateure lohnen der hohe Preis und der Mehraufwand beim Schleifen weniger.

Querholzdrechseln, engl. faceplate turning: Hier verlaufen die Fasern des Holzes quer zur Drehachse. Die Schwierigkeiten des Querholzdrechselns liegen u. a. darin, dass bei jeder Umdrehung zweimal Hirnholz und zweimal Langholz geschnitten werden müssen. Schalen, Teller, Servierbretter und Fußstücke für Stehlampen sind bekannte Beispiele.

Reitstock, engl. tailstock: Der Reitstock ist das verschiebbare Gegenstück zum festen Spindelstock. Er enthält die Pinole (Reitstockspindel), die mit einem Handrad oder Hebel zu verschieben und arretierbar ist, um das Werkstück festzuhalten. In die Pinole können drehbare oder feste Spitzen und Bohrfutter eingesteckt werden.

Röhre, Langholzröhre, Spindelröhre, Querholzröhre, engl. gouge: Das wohl am meisten benutzte Drechselwerkzeug, meist mit rundem Querschnitt und außen angeschliffen. Es hat der Länge nach entweder eine Flute eingeschliffen oder ist durch Schmieden halbrund geformt. Für Langholz und Querholz werden unterschiedliche Röhren verwendet. Die Bezeichnung „Röhre" ist fachsprachlich korrekt; Hohlstahl oder gar Hohlmesser sind Hobbyausdrücke und sollten tunlichst vermieden werden.

Sandpapier, Glaspapier, engl. sandpaper, glasspaper: Heute nur noch bei sehr alten Handwerkern (und D. Ellsworth) gängige Bezeichnung für Schleifpapiere. Tatsächlich werden aus guten Gründen schon seit 50 Jahren keine mit Sand (Quarz, Flint, Feuerstein) oder Glas bestreuten Schleifpapiere mehr verwendet.

Schaber, Schabstahl, traditionell Schrotstahl, engl. scraper: Ein Werkzeug, das die Fasern des Holzes nicht schneidet, sondern schabt, also abschert, leider oft auch herausreißt. Schaber werden oft von Anfängern mit beklagenswerten Resultaten missbraucht, was zu ihrem schlechten Ruf geführt hat. In der Hand eines Fachmanns und an der richtigen Stelle eingesetzt, sind mit ihnen erstklassige Ergebnisse möglich. Sehr unterschiedliche Schneidenformen mit Keilwinkeln zwischen 65 und 80 Grad!

schärfen, engl. to sharpen: Der Oberbegriff für alle Tätigkeiten, die eine Schneide scharf machen, also ihre Schneidfähigkeit verbessern. Siehe auch „schleifen" und „abziehen".

Scherschnitt, engl. shearing cut: Ein aggressiver, materialabtragender Schnitt mit relativ guter Oberfläche, der nicht nach der Schneidmethode oder der Schabmethode ausgeführt wird, sondern irgendwie dazwischen liegt. Meist nur mit einer Röhre möglich und mit Gefahr von Einhakern und Schlägen.

Schlag, Einhaker, „Nürnberger", engl. dig-in: Eine böse Sache, die *ausnahmslos jeder* Drechsler aus eigener Erfahrung kennt. Der Drehstahl verhakt sich im Holz, wird seitlich mitgerissen und pflügt geradezu eine tiefe, spiralförmige Furche in die Oberfläche. Ist für den Drechsler meist nicht gefährlich, aber er kann einen ziemlichen Schreck bekommen. Seltener brechen dabei Stücke aus der Schneide oder das Werkstück wird aus der Einspannung gerissen und fliegt durch die Werkstatt. Merke: Nie, wirklich nie, ist der Stahl schuld, auch nicht das Holz, sondern immer der Drechsler!

schleifen (siehe auch „überschleifen"): a) Eine Schneide an der Schleifmaschine formen oder auffrischen. b) Mit Schleifpapier o. Ä. eine Werkstückoberfläche glätten.

Schneide, engl. edge: Der Teil eines Werkzeugs, der die Materialabtragung vornimmt. Bei Drechselwerkzeugen werden Schneiden in der Regel aus den beiden Flächen „Fase" und „Spiegel" gebildet, die in spitzem Winkel aufeinandertreffen, siehe auch „Keilwinkel". Aufgrund des hohen Materialabtrages beim Drechseln ist die Schneide meist kräftiger ausgebildet als bei vergleichbaren Stemm- oder Schnitzeisen.

schneiden, engl. to cut: a) Unspezifisch für Material abtragen, unabhängig von der Methode. b) Mit der „Schneidmethode" arbeiten, bei der die Fase des Werkzeugs auf dem Holz gleitet. c) Sauberes, glattes Durchtrennen der Holzfasern, die von darunterliegenden Fasern gestützt werden.

Schrägmeißel, oft nur Meißel, engl. skew, skew chisel: Ein Werkzeug aus einem Flachstahl mit rechteckigem Querschnitt, dessen Schneide schrägu zur Längsachse im Winkel von ca. 70 Grad angeordnet ist. Zwei Fasen werden sehr flach angeschliffen, sodass sie üblicherweise eine Schneide von rund 30 Grad bilden. Schrägmeißel werden nur bei Längsholz eingesetzt und ergeben im Schneidverfahren eine erstklassige, glatte Oberfläche.

Schraubenfutter, engl. screw chuck: Vielseitige und schnelle Einspannvorrichtung mit zentraler, meist sehr kräftiger Schraube. Ideal für Querholz, hält nur bedingt in Langholz.

Sekundenkleber siehe „Cyanoakrylat-Kleber".

Signature-Röhre, engl. Signature gouge: Von David Ellsworth entwickelte Röhre, die durch eine tiefe Flute mit parabelförmigem Querschnitt und sehr weit nach hinten gezogenem Anschliff charakterisiert ist. Wird von verschiedenen Herstellern angeboten.

Silberstahl, in USA „O-1 drill rod" genannt: Hat nichts mit Silber als Bestandteil zu tun, sondern bezieht sich auf das Aussehen. Silberstahl ist ein ölhärtbarer Werkzeugstahl guter Qualität, Werkstoffnummer 1.2210, besonders beliebt im Modellbau. Ellsworth fertigt daraus die Schäfte seiner Ausdrehstähle.

Spindel, engl. spindle: a) Gängige Bezeichnung für ein Langholzwerkstück. Der traditionelle, aber heute selten gebrauchte Fachausdruck ist „Docke". b) Die Antriebswelle im Spindelstock.

Spindelformröhre, traditionell als Langholzröhre bezeichnet, engl. spindle gouge: Ein neuzeitlicher Marketingbegriff für eine im spitzen Keilwinkel (30–40 Grad) angeschliffene Röhre. Die Schneide ist meist fingernagelförmig geschliffen und gut für das Formen von Langholz geeignet. Röhren wurden traditionell geschmiedet (teuer). Aus Kostengründen werden sie heute oft aus einem Rundstahl gefräst.

Spindelstock, engl. headstock: Der Spindelstock sitzt links auf dem Drehbankbett und enthält die Spindelwelle, die vom Motor angetrieben wird. Das rechte Ende der Welle hat ein Gewinde zum Aufschrauben von Spannwerkzeugen und in der Regel eine Morse-Bohrung zur Aufnahme von Mitnehmern oder Bohrfuttern. Manche Spindelstöcke sind auf dem Bett verschiebbar oder drehbar oder haben auch linksseitig Einspannmöglichkeiten für das Drehen außerhalb des Betts.

Spitzenhöhe und **Spitzenweite:** Die beiden wichtigsten Maße der Drehbank. Spitzenhöhe ist der Abstand der Spindelmitte zum Drehbankbett, senkrecht gemessen. In englischsprachigen Publikationen wird meist der maximale Drehdurchmesser angegeben, er entspricht der doppelten Spitzenhöhe. Spitzenweite ist die waagrecht gemessene Entfernung zwischen der eingesetzten Mitnehmerspitze und der Körnerspitze, wenn der Reitstock ganz nach rechts geschoben wurde.

Splint, Splintholz, engl. sapwood: Splint ist das oft heller gefärbte Holz zwischen dem verholzten Kern und der Wachstumszone unter der Rinde. Im Splint werden Wasser und Nährstoffe transportiert. Splint enthält deutlich mehr Feuchtigkeit als der Kern und neigt beim Austrocknen zum Reißen. Manche Hölzer haben keinen sichtbaren Splint, andere bestehen nur aus Splint.

Spund, Spundfutter, Einschlagfutter, engl. cup chuck: Das Spundfutter ist eine inwendig leicht konisch ausgebohrte Hülse, die auf das Spindelgewinde geschraubt wird. Die besten bestehen aus Gusseisen oder starkwandigem Stahl. Am Drechselrohling wird ein leicht konischer Spund angedreht, der dann in das Spundfutter geschlagen wird (bitte nicht auf der Drehbank!). Sehr sicher und universell nutzbar für Langholzarbeiten. Früher aus Holz selbst hergestellt.

Stahl: a) In der Drechslersprache Kurzbezeichnung für Drechselwerkzeuge. b) Material, aus dem die Drechselwerkzeuge bestehen. Früher oft niedrig legierte Stähle mit Kohlenstoffgehalt von 0,7 bis 1,2 % (umgangssprachlich: Kohlenstoffstahl). Heute meist hochlegierte HSS-Stähle mit unterschiedlichen Zusammensetzungen, die länger scharf bleiben und höhere Temperaturen vertragen.

Standzeit: Bezeichnet die relative Dauerhaftigkeit einer Schneide beim Arbeiten.

Stocken, gestockt, verpilzt, engl. spalted: Fachausdruck für das Verpilzen des Holzes, also das erste Stadium des natürlichen Holzabbaus. Gewisse Pilze können dabei je nach Holzart dramatische Musterungen und Verfärbungen hinterlassen. Drechselanfänger (und einzelne große Meister wie D. E.) neigen zur Verwendung von gestocktem Holz, weil die erzeugten Spuren der Pilze optisch attraktiv sein können. Andere lehnen es kategorisch und ohne Diskussion ab, sie meinen: gestocktes Holz = totes Holz.

Stocklinien, Demarkationslinien, engl. zone lines: Linien, die Baumpilze beim Befall von Holz hinterlassen und die beim Aufschneiden oder Drechseln deutlich sichtbar werden. Die Linien sind Abbauprodukte der Pilze. Die Pilze selbst wachsen in den Holzzonen neben und zwischen den Linien.

überschleifen: a) Zu viel an einer Schneide wegschleifen oder insgesamt zu lange schleifen, sodass die Schneide blau anläuft. b) Ein fertig bearbeitetes Objekt mit Schleifpapier kurz nachschleifen. c) Zu viel an einem fertigen Objekt herumschleifen.

Universalfutter, Universalspannfutter: Spannfutter, die mithilfe verschiedener Zusatzteile als Zangenspannfutter von innen und außen spannen können und als Stiftfutter, Planscheibe, Schraubenfutter, Spundfutter umgebaut werden können. Vorteil: Die meisten funktionieren recht gut. Nachteile: Die Zubehörteile sind teuer und die Umrüstzeiten oft lang.

Zangenspannfutter, engl. collet chuck: Spannfutter, die mit konusgeführten „Zangen" von außen oder innen spannen. Vorteile: Sehr präzise und wiederholbar spannend. Sicher, da keine vorstehenden Teile. Für Querholz und Langholz gleich gut geeignet. Nachteil: Leider ist der Spannweg meist recht klein (wenige mm), daher muss die Einspannfläche genau vorbereitet werden.